中国当代药用植物栽培研究精品专著

王英平　冯　家 / 主编

Zhongguo Renshen Zaipeixue

中国人参
栽培学

中国农业出版社

北京

图书在版编目（CIP）数据

中国人参栽培学 / 王英平，冯家主编. —北京：
中国农业出版社，2024.10
（中国当代药用植物栽培研究精品专著）
ISBN 978-7-109-31216-6

Ⅰ.①中… Ⅱ.①王… ②冯… Ⅲ.①人参-栽培技
术 Ⅳ.①S567.5

中国国家版本馆 CIP 数据核字（2023）第 194436 号

中国人参栽培学

ZHONGGUO RENSHEN ZAIPEIXUE

中国农业出版社出版
地址：北京市朝阳区麦子店街 18 号楼
邮编：100125
责任编辑：李 瑜 史佳丽 黄 宇
版式设计：杜 然 责任校对：周丽芳
印刷：中农印务有限公司
版次：2024 年 10 月第 1 版
印次：2024 年 10 月北京第 1 次印刷
发行：新华书店北京发行所
开本：787mm×1092mm 1/16
印张：16 插页：16
字数：450 千字
定价：260.00 元

本书编写人员

主　编　王英平　冯　家

副主编　张志财　许永华　陈晓林

参　编　（按姓氏笔画排序）

卢宝慧　田义新　朴向民　曲正义

孙卫东　肖盛元　邸　鹏　张红杰

张恺新　张　瑞　张楠淇　金银萍

郑斯文　逢世峰　候玉兵　高　洁

穆瑞鹰

第一章

人 参 概 论

第一节　人参的历史

一、人参资源分布

人参，五加科（Araliaceae）人参属（Panax）多年生宿根性草本植物。据植物学家考证，人参大约起源于第三纪古热带山区的"东亚"至"北美"分布的植物区系成分，是古老孑遗植物（活化石）的幸存者。

中国是人参的"宗主国"，有五千余年的历史，是世界上最早发现和应用人参的国家。

中国古代人参的产区有两个。东汉许慎的《说文解字》中有"人参药草出上党"，这是中国人参产地的最早记录。春秋时期范蠡的《范子计然》中有"人参出上党，状类人者善"。《名医别录》记载："人参生上党山谷及辽东，上党郡在冀州西南，今魏国所献即是，形长而黄，状如防风，多润实而甘。俗用不入服，乃重百济者，形细而坚白，气味薄于上党。次用高丽，高丽（高句丽）即是辽东。"

（一）太行山的上党地区

上党，即上党郡。战国时期由韩、赵各置一郡，以后韩郡并入赵，直至秦代，这一设置仍然存在。上党郡的郡址设在壶关（今山西长治市北），至西汉迁到长子（今山西长子县西）。上党郡所辖区域相当于现在山西省和顺、榆社以南，沁水流域以东地区，这一地区在南北朝时期改称潞州。由于历史上先有上党郡，后将其改称潞州，在朝代更迭中，其州名、州址及管辖区域等又几经变迁，故在历史文献（特别是非历史、地理文献）中，对上党、潞州按一地异名相待。在这个地区所产的人参，结合产地命名，便有历史上的"上党人参（上党参）""潞州人参（潞州参）"之称，其中，以"上党"命名者，在文献中较为多见。

（二）辽东

战国时代燕国之郡名，辽东第一城襄平（今辽宁辽阳市）为郡址。东汉安帝时分成辽东、辽西两郡，由辽东属国都尉管理，治所设在昌黎（今辽宁义县），辖区相当于今辽宁省西部大凌河中下游一带。

唐显庆四年（公元 659）《新修本草》（简称《唐本草》）完成，该书是国内外公认的世界上第一部药典。其中对于我国人参的主产区有极为准确的记载，除历代记述的人参"出上党及辽东"以外，还明确指出"今潞州、平州、泽州、易州、檀州、箕州、幽州并出，盖以其山连亘相接，故皆有之也"，"人参苗似五加而阔短，茎圆，有三、四桠，桠头有五叶"，这都是今天人参的形态。

在唐代，我国人参主产区分布在中条山以北，管涔山和吕梁山以东，大马群山以南，在太行山、太岳山、五台山、军都山、燕山绵延地区。以现代行政区划而论，唐代人参主产区分布在今山西省中部和南部地区，以及河北省西部和北部地区。

由于过度采挖，上党人参在宋元时期就濒于灭绝，长白山地区的人参变成一枝独秀。

二、人参文化

伴随着中华民族五千年的文明历史，人参一直有"百草之王""百药之王""百补之王"的美誉，从被人类发现之时起，就被赋予了神秘、神圣、神奇的文化内涵，形成了一门奇光异彩、博大精深的灿烂文化——人参文化。

中国人参文化是中华文化的一部分，是先民创造和传承的农耕文化的一条支脉，具有独特的心理特征和思维方式，是农耕、采集、狩猎技艺与习俗的复合体。

中国人参文化包涵了人参医疗、人参保健、人参栽培、人参加工、人参史考、人参科研及其成果推广应用全过程。中国人参文化涉猎中医学、本草学、中药学、中药化学、中药药理学、古文字学、宗教学、民俗学、语言学、历史学和考古学等多种学科的研究领域。

人参文化是基于人类对于自然的认识，对天然植物人参的应用而产生的。人参是人参文化的载体，人参文化存在于中国古代璀璨的文化长卷之中。

我国是最早用文字记载人参的国家，人参的"参"字，最早出现在中国 3 500 年前商代殷墟出土的甲骨文上。出土文物商周时期的青铜器"簸参父乙"盉上也记载了"参"字，距今 3 000 多年。中国人参文化研究专家孙文采教授根据出土的商周时期青铜器"簸参父乙"盉上面的"参"字，解释参为象形字，即参字上半部分为人参果，中间横线是地面，地面以下是人形的人参主体根部。西汉史游编撰的《急就章》和出土文物《流沙坠简》中也有参的记载。

三、人参加工史

在人类发现人参药用价值的早期阶段，主要是通过随采随用的方式使用人参鲜品。当采集量较大，或难于在短时间内用完时，则将剩余的鲜人参旁置一处，在自然条件下使其慢慢失水干燥（其间也会有腐烂者被丢弃）。当人们食用干燥的人参能感受到其药效仍然存在时，这种极为方便的贮藏经验便得以提炼和流传。于是相当于现代所用的"生晒参"也随之产生。

对采集、生产的剩余产品进行加工，以利于贮存和延长供应时间是人类物质生产上的一大进步。

在我国古人类活动史上，仰韶文化时代彩陶已经普及，蒸煮熟食维持健康、摄取营养，已成为人们生存的必备方法。古人把采集到的野生人参，采取将蒸煮后的动植物食物制成干肉、干菜、干果的方法，对鲜人参用煮、蒸、焯等方法进行加工处理，便可以得到熟人参；再对熟人参加以干燥保存，就出现了另一类人参加工制品，犹如现代的大力参、红参等。

人参加工及其产品的最早文献，见于南北朝时期陶弘景所辑录的《本草经集注》。书中关于人参的采收加工记载得十分明确："二月，八月上旬采根，竹刀刮，暴干，勿令见风。"显然，在 1 500 多年以前，我国加工人参的方法，已不只是简单地利用自然条件晾晒获得生晒参，而是特别强调用竹刀刮去人参表皮，进行"暴干"，这种方法同现代加工白干参的工艺相当接近。

从加工技术取得显著进步而言，刮去鲜人参的表皮，有两项优点。其一，对鲜人参进行整理，清除不洁附着物；其二，破坏鲜人参表皮，有利于组织中水分的散失，缩短加工、干燥时间。至于"暴干"，则不是简单地利用自然条件干燥，"暴"有急骤、猛烈之意，即把鲜人参在短时间内快速干燥，制成使用方便、质量较佳的产品。根据现代知识，一般干燥方法获得的人参，在缓慢失水中，其体内的有机物质、有效成分还在不断分解；而快速脱水干燥可减少人参体内物质的分解和破坏，相对提高人参内在品质。尽管刮皮可能损失一部分人参有效成分，但从人参加工技术改进和提高的观点进行分析，1 000 多年以前有这种人参加工方法具有一定的科学价值。

南北朝刘宋时期雷敩撰《雷公炮炙论》，是我国医药史上最早的一部制药著作，约成书于 5 世纪，收藏有 300 余种药物炮制加工方法，在《雷公炮炙论》中关于人参的记载为："凡使，要肥大，块如鸡腿并似人形者。凡采得，阴干，去四边芦头并黑者，锉入药中。"显然，南北朝刘宋时期，对人参的加工炮制不及陶弘景《本草经集注》记载得细致具体。但雷敩著作中反映的炮法、炙法、焙法、爆法、蒸法、煮法等加工炮制技术，在人参加工中也可加以运用，因此加工生产出熟人参及其干燥制品，如红参等，亦能问世。以加工技术而论，红参等蒸后（或用其他高温加热方法处理）的干燥制品，应始于南北朝刘宋时期。

寇宗奭《本草衍义》记载："上党者，根颇纤长，根下垂，有及一尺馀者，或十歧者，其价与银等，稍为难得。土人得一窠，则置板上，以新彩绒饰之。"

明代陈嘉谟（1486—1565）在《本草蒙筌》中记载："紫团参，紫大而稍扁。百济参，白坚而圆，名曰条参，俗名羊角参。辽东参，黄润细长而有须，俗名黄参，独胜。高丽参，近紫体虚。新罗参，亚黄味薄。"细审"紫团参，紫大而稍扁"这一特征，应是经过特殊加工方法而赋予紫团参的感官性状，这是药用人参史上首次记载红参及其精制品的具体形状。紫，是紫团参的颜色，大而稍扁则是紫团参的体形特征。说明，陈嘉谟记述的上党人参，即紫团参，是经过长时间蒸制、加工后所获得的新型人参。紫色是红色深重之色泽，我国古代以紫色为尊贵，对深红色、红褐色等均以紫色相称；扁，是蒸制人参经过整形、加压后留下的典型形体表征。红参色泽与蒸参时间和蒸参压力相关：随着蒸参时间延长与蒸参压力增大，红参的颜色逐渐加深，深红色、褐红色的商品红参得以生产。

现今的市场经营中，对颜色十分深重的红参，仍称之为紫红色或红褐色的红参。当今，精制红参、小包装红参在加工中有加压整形的工序，以保证红参具备特有的形体，这是行业内人所共知的知识。陈嘉谟在《本草蒙筌》中记述"紫大而稍扁"的人参，就是最早问世的、经过精心加工的大支头压制红参，这是人参加工史上具有重大意义的进步。此外，陈氏还提及，高丽参近紫体虚，说明产自高丽的人参中也有红参，但体虚、质量较差。

李时珍对人参采收季节与其质量的关系记载为"秋冬采者质坚实，春夏采者虚软，非地产有虚实也。辽参连皮者黄润色如防风，去皮者坚白如粉"。说明在辽参中已经有"生晒参""白干参"两个品种，但不见"紫大而稍扁"的红参，即在上党人参中早已出现的红参，在辽参中却不见这个品种。

李言闻对人参生用、熟用的医疗价值和临床具体应用有十分精辟的论述"人参生用气凉，熟用气温；味甘补阳，微苦补阴"，进而强调"凉者，高秋清肃之气，天之阴也，其性降；温者，阳春生发之气，大之阳也，其性升"，又说"人参气味俱薄，气之薄者，生降熟升；味之薄者，生升熟降。如上虚火旺之病，则宜生参，凉薄之气，以泻火而补土，是纯用其气也；脾虚肺怯之病，则宜熟参，甘温之味，以补土而生金，是纯用其味也"。至此，生、熟人参的特有用途和医疗地位得以全面论述和确立。

清代《宁古塔纪略》记载："人参以八九月间者为最佳，生者色白，蒸熟辄带红色。红而明亮者，其精神足，为第一等。凡掘参者，一日所得晚即蒸，次晨晒于日中，干后有大小、红白不同，非产地之异，故土人贵红贱白。"《大清王朝事略》有"卖水参国人恐难以久，遂煮熟卖之"的记载。《柳条边纪略》引合《清实录》，说明人参经煮、蒸方法加工的过程："先以水渍参，明人佯不欲市，边人恐朽败急售，多不得价，太祖乃命煮而售之，煮参始此。近又以煮则味薄，改而为蒸矣。"可知，产于我国东北地区的人参，长期以"生晒参"供用，到明末清初才出现红参。至乾隆（1736—1795）后期，生、熟人参种类益加繁杂。

唐秉钧在《人参考》（1778年刊行）中对人参的多种加工方法及其加工品做了记载，所列举的成品人参（包括切制品等）共40多个品种，如尖顶熟、塘西熟、先顶熟、顶熟、统顶、二顶、光熟、次顶、炼熟、中熟、小熟、条小、宫熟、短熟、顶糙、拣糙、统糙、次糙、小红糙、顶太参、太参拿条、太拣条、统条、中条、短条、小糙、强糙、银凤、白熟、泡头、片料、糙条、须中条、须条、泡条、净须、芦管条、芦头等；此外，还区分有20个等级，上等为干、鲜、矮、壮、光、圆、文、笨、熟、糯；下等为潮、晕、长、瘦、糙、瘪、武、尖、生、粳。商品参及其加工方法的复杂程度，由此可见一斑。

《鸡林旧闻录》记载："加工时，须将鲜人参置沸水中炉过，再以小毛刷将表皮刷净，并用白线小弓之弦将人参纹理中的泥土清除。将冰糖溶化，把人参浸入糖汁中1～2天，再蒸熟，取出用火盘烤干。"这种加工方法，应属于加工掐皮参和糖参的较早记述。显然，糖参只是在有精制的白糖，甚至有冰糖供应之后才能生产，糖参作为商品，大约是在清朝晚期始问世。

新中国成立初期，在商品人参中有山参、生晒参、全须生晒参、红参、白干参、大力参、掐皮参、冲参、糖参、边条参、白直须、白弯须、红直须、红弯须、混弯须等15个品种。

在加工技术方面，有许多较为成熟的方法至今仍在各地被有选择地应用。

四、人参栽培

野山参的药用价值被人类发现，其重要地位被肯定之后，需要量则与日俱增。由于无计划无止境地索求，野山参资源在乱采乱挖之下遭到严重破坏。在野山参资源日趋减少、需用量却不断增长的矛盾中，为满足药用，必须寻求新的途径。摆脱单纯依赖野生资源，确保人参供应的最好办法就是变野生为家植，发展人参栽培生产事业。

中国人参栽培历史要分别从上党和辽东两个产参地区的栽培历史来研究。这两个地区的人参栽培史年代不同，但人参栽培发展过程相似。

（一）上党人参栽培

1. 移山参栽培期 这一时期尝试将野山参幼苗移植到庭院附近。我国历史上最早的移植野山参记载出自《晋书·石勒载记》和《石勒别传》。石勒（274—333），上党武乡（今山西榆社）人，十六国时期后赵建立者，史称后赵明帝，也是中国历史上的唯一一个奴隶皇帝。

《石勒别传》记载，石勒贩卖野山参时，因见幼小山参支头纤细重量甚微，而将其移植于家园中，待其长大后贩卖，以获其利。《晋书·石勒载记》记载："勒居武乡北原山下，草木皆有铁骑之象，家园中人参花叶甚茂，悉成人状。"此为中国最早有据可查的"移山参"栽培文献，距今至少有1 700年的历史。

历代古人对野山参的移植尝试一直没有停止。唐代诗人陆龟蒙在他的诗文中就有这样描述。

《奉和袭美题达上人药圃二首 其一》

陆龟蒙（唐）

药味多从远客赍，旋添花圃旋成畦。

三桠旧种根应异，九节初移叶尚低。

山芙便和幽涧石，水芝须带本地泥。

从今直到清秋日，又有香苗几番齐。

这首诗的意思是：很多味中药是远方客人寄送来的，在花圃里作成畦床，把不同根形的野生人参幼苗栽种。从立春起第90天，把野山参移栽到山间峡谷和幽静的石涧旁边。移栽时野山参的幼苗须用苔藓包裹好，还要带点原产地的泥土，以保证移栽成活。到初秋时可以看到茂盛的人参苗了。由此可见，唐代已经掌握移山参栽培技术。

宋代苏东坡《小圃五咏·人参》记载："上党天下脊，辽东真井底。玄泉倾海腴，白露洒天醴。灵苗此孕毓，肩股或具体。移根到罗浮，越水灌清泚。地殊风雨隔，臭味终祖祢。青丫缀紫萼，圆实堕红米。穷年生意足，黄土手自启。上药无炮炙，齕啮尽根柢。开心定魂魄，忧恚何足洗。縻身辅吾生，既食首重稽。"由此可知，苏东坡曾将野山参苗移植到了广东罗浮山。

《东坡集》自注曰：正辅分人参一苗，归种韶阳。《广东新语》曰：粤无人参，苏长公尝种于罗浮，与地黄、枸杞、甘菊、香薷为罗浮五药之圃。清代陆烜《人参谱》记载："姚安、祥舸亦与高丽为近，若韶阳、罗浮，则东坡偶然戏种，恐今亦无其种也。"指出苏东坡将野山参移植到广东，显然不符合野山参生长环境，应该是属于偶然戏种，不会有结果。

由以上可知，从1 700多年前的石勒栽参到唐宋时期，都为移山参的栽培时期，主要是采挖年限不足的野山参幼苗，将其移栽于深山野林或家园附近背阴处。移栽山参只是使野生参苗人工培养后重量增加，不能增加移山参的个体数目；另外，野山参幼苗本来也不多。

2. 籽参种植期　上党人参用种子种植记载于明代李时珍的《本草纲目》"人参亦可收籽，于十月下种，如种菜语。""十月下种"与现在园参、野山参种植时间吻合。明代用参籽种植人参虽无太多记载，但从李时珍这一句话中仍可看出当时用种子繁育的技术也已比较成熟，只是无法区分是将人参种子如同种菜一样种到林子里还是撒播到池床之中。

从李时珍《本草纲目》中另一记录："上党，今潞州也。民以人参为地方害，不复采取。今所用皆是辽参。"和《明史·食货志》"太祖洪武初却贡人参，以劳民故也。""上曰：朕闻人参得之甚艰，岂不劳民，今后不必进。"这两段记载来看，明代上党野山参濒临灭绝，也并未出现人工种植园参。李时珍所记"如种菜语"应是在林子里撒播参籽，如同当代的林下参种植。

中国人参道地产区只有上党和辽东，并无其他产地。虽然很多古籍也把当地某种植物称为人参，但那并不是真正的人参。正如明代李时珍在其所著《本草纲目》中写道："宋代苏颂《图经本草》所绘潞州者，三桠五叶，真人参也。其滁州者，乃沙参之苗叶。沁州、兖州者，皆荠苨之苗叶。其所曰江淮土人参者，亦荠苨也。并失之详审。今潞州者尚不可得，则他处者尤不足信矣。"此说法也可从《四库全书》中的各地人参图中得以说明。

（二）辽东（长白山）人参栽培

1. 移山参栽培期　移山参出现的历史背景为，清初，由于参禁甚严，野山参资源完全被清政府垄断，清政府每年派往各山场严查偷采人参的官兵多达数万人，那时想私自种植人参非常难。而且当时人们认可的人参全部是野山参，野山参生长极其缓慢，要几十年、上百年方可采收作货出售，人为大面积、长时间种植而不被官兵发现根本不可能。

清初禁令颇严，设立柳条边，设立卡伦①。顺治十年（1653）规定："有偷采人参者，将带至之头目斩决，余众治罪。"康熙五年（1666）规定："偷采人参之铺头，拟绞监候；出财招集多人偷采者，照为首例处死，牲畜等物一并入官，"并规定："采参处如遇汉人，一概缉捕。"清初实行八旗分山制，设立一百多处参场，康熙三年（1664）设打牲丁400余人，康熙二十五年（1686）因发现乌苏里大参场，盛京派满洲兵4 000人，宁古塔满洲兵4 000人，乌拉打牲兵2 000人，共一万余人前往采参。乾隆三十二年（1767）设打牲丁2 551人，乾隆五十六年（1791）增加至3 993人。

清政府为了垄断人参资源，又在东北设立参局主管发放参票，招募入山刨采之人。领票入山之采参者，称为刨夫。入山前，刨夫借支粮衣款项，称为"接济银"或"帮贴银"。入山刨夫分为正夫、余夫，按户部则例，吉林各处每四名刨夫领票一张，如果每名刨夫愿

---

① "台"或"站"的满语音译。——编者注

意多带二、三人，则作为余夫，余夫的姓名与刨夫一样要写在参票上。规定每张参票交官参二两，每名余夫另加交参五钱，完成官参多余之参为余参，另作价给钱。刨夫除按参票规定上缴官参外，每人还需交给保人一两银子，并需归还入山"接济银"等。

领票刨夫进入山场，参局发给专门进出山腰牌，且参局专派员役分路巡查，以防有私人入山偷刨或领票不按指定山场采刨者。为了严控刨夫，配合参务管理，清廷为刨夫立下重律。每年，对领票刨夫采得余参不足以抵还放票时所借款项、负欠较多者，清律要处以重枷号1年，刑满后重责四十大板押回原籍。对发现有藏匿余参的刨夫，则按得私参本律从重处置。官府特在各山场路口增设卡伦，查得带私参"黑人"，治以重罪。乾隆二十五年（1760）放票万张，至咸丰放票 600 张。

由于人参日益稀少，常年受朝廷监管的刨夫要完成官参上缴任务也非常困难，当时有少数刨夫将采回的未成年的小山参种于深山林下人迹罕至之处，待长大后充作山参，这种参，当时叫做"秧参"或"移山参"。

据《鸡林旧闻录二》记载："挖出之参，杂以青苔，裹以松树皮，俗呼曰棒椎甬子。背负下山制售，亦有下山后移植参营者，名曰移山参，坚壮者亦为佳品。"这种移山参经过移植后，生长迅速，保留了部分野山参形态，当时官府难以辨别，一时达到了鱼目混珠、蒙混过关的效果，直到嘉庆十五年（1810）颁发了《嘉庆参务案》，"谕：如有偷种秧参，即将地方官实降三级调用，稽查之员未经查出，与失查地方官一体降调。知情容隐者，革职治罪。"因为这种参是以野山参幼苗为基础，而野山参幼苗本身就很难得，所以秧参产量实际上也不是太大，只是冒充野山参上缴官府勉强够用。因此，靠秧参并解决不了当时人参供不应求的局面。

这就促使人们想到用种子大量移种的方法来解决货源问题。嘉庆十五年（1810），当时协办盛京参务的户部侍郎贵庆在他的一份奏书中写道："……刨夫自四月出边，设立参营，将先刨者用原土包裹，送交参营，加意培养，以俟秋令蒸制，土人名为营子。"又说："秧参则于腴美之地，挖畦布子，三十六个月出土，环以栅栏，培养一、二年即能肥大，土人名为栏子。"但是，清朝上下统治者均视秧参为"充货"、伪品，使之处于被"剿灭"的地位。

以下引述清地方官员的关于验收人参和清剿栽培人参活动的报告，即可了解清代人参栽培业的一斑。

嘉庆十五年（1810），内务府对缴纳到中央部门供最高统治阶层应用的人参，在验收情况的专项报告中写到："此次验收官参，系会同稽查御史令各该解员眼同拆封，并添传经纪铺户人等认看。"所验结果是："宁古塔秧参尚止一斤有余，盛京十居其六，吉林至好参不及一成。盛京四等以上参，六斤内亦有秧参二斤；吉林四等以上参三斤二两，大枝参十两竟全系秧参。"由此可知，在清代的中、晚期，人参栽培业已相当发达，但是，清朝统治者视栽培人参为大敌，采用极为愚昧而野蛮的手段，对人参栽培业进行摧残。

文献显示，此期人参栽培事业已得到大面积的发展，有势不可挡之势，且逐渐形成了规模经营，出现了大面积栽培人参的"人参营"。至清代后期，秧参的产量日渐超出野生人参，吴其浚（1789—1847）在《植物名实图考》中记载，秧参不仅供国内需要，而且有部分销往国外。

2. 园参栽培期 至光绪七年（1881），清政府财政十分困难，已无力官办参业，在野生人参资源远远不能满足需要的情况下，吉林将军铭安请求清政府"弛禁秧参，与诸草药分别抽收税课""筹办经费，安插流民"，清政府为了增加财政收入批准了铭安的请求，乃决定"凡有山场地面，按界查清营户人数，统令赴局承领执照"。这实际上给人参栽培业的发展开了绿灯，东北人参栽培得到迅速发展。

至此，清廷已完全放弃了参禁，人参种植业成为一项公开的事业，在长白山区对人参栽培"开禁"，并借以扩大清政府财源（征税）的情况，见于辽宁省宽甸县振江乡石柱子村的《爽公德政》碑上。碑文记载了在清光绪十八年（1892）之前，这个地区的人参栽培业早已形成特有的产业，是维持当地居民生计的重要财源。但在纳税中，贪官污吏巧取豪夺，鱼肉百姓，因而发生了民告官的斗争。上层统治者为平息民愤而实行了"德政"，便出现了这"颂德"石碑，留下了真实的史料。

道光、咸丰年间，因"征税后，参禁稍弛"。此后东北各地山区聚集了成千上万从事人参栽培和采挖的行帮。其中，从事人参采挖的叫"人参营"，种植"籽参"的叫"棒槌营"，蹲在林间树下，种植"秧参"的叫"蹲树根"。当时锡赫特山等处，种植人参的人尤多。至1860年，乌苏里江以东的领土被侵占后，东北人参栽培业就转移到长白山地区。

清代医家唐秉钧撰写的《人参考》中记述的"秧参"栽培方法相当先进，有些栽培技术至今仍在应用。在栽培人参的参园内先"掘成大沟，上搭天棚，使不日，以避阳光，将参移种于沟内，二三年内始生苗，将劳掘出倒栽地下，以其生殖力向下，故灌芦头，使其肥大，以状美观，七八年间即长成。""种参之圃名曰参营，凡三种：一为苗圃，发参苗用；一为第一本圃，发苗后移种用；一为第二本圃，移栽三年后再行移栽用。地址择向阳斜地面，每圃垒土为畦，高二尺，宽五尺，用质软、色黑的腐殖土，施以牛马粪，搅周有细，每畦距三尺，以资排水，而便人行。每畦周围树木架，盖上木板，前高后低，以便流水，称板子营。每年可在春秋雨季揭板向阳三五次，放雨一二次，皆有程期。"书中对人参施肥也有较细致的记载，用"人粪尿、木灰、堆肥，每亩地用木灰五六百两，堆肥三四百斤，人粪尿四五百斤。用三分之一作基肥，另三分之二作补肥，分三四次施之，以助其生长。"《人参考》中所述诸多人参栽培技术，是当时居于世界领先地位的重要记载。

同治二年（1863）调查，盛京"自东边门外至浑江，东西宽百余里至二、三百里不等，南北斜长约一千余里，多有垦田、建房、栽参、伐木等事。"清末通化县山内参园亦极多，"连畦布子，灌溉如蔬菜。夏则降芦席以降炎日，八、九年后则撷而市诸肆。在人参栽培技术方面，当时亦有很大的进步。据《桦甸县志》记载，当时栽参的情况是："在深山择肥沃土壤，伐去草木，使土轻松，取参籽，用沸水浸润，纳之土中，以板或布为覆，其见日见雨皆有定度。五、六年后取出入市。"《永吉县志》记载："种植时，先择森林土性相宜处，将草木根掘出，翻土尺许播之，使松。以长三丈，阔五尺为一畦。预将参籽窖地一年，名为发籽。及翌年，将畦拓成时，再发其种，漫撒畦内，覆以细土。次年，至旧历九、十月，由畦拔出，移植乙畦。播之成垄，排列如指。更用七、八尺高之板或布棚覆其上，于春秋两季撤棚'放阳'三、五次，并'放雨'一、二次，均有定期。过或不及，则颓参。又三、四年白露节后，依次起出。"

民国十七年（1928）《辑安县志》记载当时种参的情况："园参种于山坡生地。畦作，畦宽三尺六寸，长二丈五尺。秋末播种，明年初夏苗长，畦边相间树木桩，上盖苇帘，宽五尺余，以遮日光，挡大雨，保持土壤疏松。越二年，于别处生地垦畦，秋末移栽。又越二年，再开生地移栽。此时为'小中货'；再越二年，另作别栽，即成'大中货'，再越二年，按旧法移栽，即成'大货'；又越二年，即可'收获'。"

由此可见，当时人参为"二、二、二、二"八年移栽制。比现在"三、二、二"制多移栽一次，多栽植一年。主要是因为当时参地不施肥，全靠自然地力，人参自然生长时间就长。当时人参产量比现在差得多，人参支头小，单产也很低，有的每帘只有 0.55kg，最高不过 1.5kg；当时采用的都是伐木养参的方法，参地用过即报荒废，绵延山岭，荒秃近半。

从这些记载可见，当时人参的栽培技术，已相当科学，其中提到的"放阳""放雨"，至今仍有参考意义。

清代后期至 1951 年，我国人参栽培业在吉林省通化地区甚为兴盛。清道光二十年（1840），在集安新开河下游的霸王朝、财源子、花甸子、柞树村，苇沙河流域的团结、头道崴子、驮道、腰营村等也相继出现了新的参户。

1951 年，我国大力扶持发展人参产业，使这濒临灭绝的神奇物种得以保护和发展。解放初期即在通化集安、抚松等人参产区建立国营参场，发展人参栽培业，并在通化、集安两地分别设立人参研究所，人参科学研究也达到空前水平。20 世纪 80 年代末，通化地区实行人工密林播种，完全模拟野生人参生长环境的野山参业逐步发展起来，至今已经接近 40 年，当初的野山参幼苗已经具备了野生人参的药用价值和食用价值。通化地区独特的气候条件、植被生态、土壤结构和优良的选种，使濒临灭绝的野山参物种得以保护和发展，通化地区成为我国优良道地野山参、栽培人参的主产地，产量基本满足了人们对野山参和栽培园参的食用、药用需求。至此标志着人参进入了一个空前的辉煌时期。

第二节　我国人参产业发展现状及展望

人参是举世闻名的药用植物，是国内外公认的珍品，是我国中医药行业的战略性产业。人参（*Panax ginseng* C. A. Mey）为名贵中药材，其学名 *Panax ginseng*，Panax 是 Pan（"总"之意）和 Axos（"医药"之意）的结合语，指人参可治"所有"的病，人参也有"百药之王"美誉。我国是世界上最早发现和利用人参的国家，在甲骨文时期就有了人参的象形文字，远在 2 000 多年以前，我们的祖先就把人参用于临床，《神农本草经》也把人参列为上品。自古以来，流传着许多关于人参的神话和美丽传说，人参成为人类世世代代追寻的药中珍宝。

一、种植情况

我国是人参的"宗主国"，人参作为医药应用的历史达 2 000 多年，栽培历史近 500 年。近年来，我国人参种植面积和模式发生了巨大变化，种植面积由新中国成立初期的 200hm² 到现在的 2 万 hm²，增长 100 倍；种植模式也由原来的采伐迹地种植到现在的采伐迹地、非林地和林下种参 3 种方式相结合。随着国家林业相关政策的出台，采伐迹地种植模式逐年减少甚至可能不复存在，仅会为传统林地种参品种保留少量采伐迹地；发展非林地人参种植成为我国人参产业发展的必经之路，目前非林地模式的人参种植面积已占我国人参总留存面积的一半左右。

据统计，全世界人参种植面积约 3.83 万 hm^2，其中，我国种植面积 2 万 hm^2、韩国 1.8 万 hm^2、朝鲜 333hm^2；我国的人参种植区主要分布在东北三省，其中，吉林省种植面积 0.9 万 hm^2、黑龙江省 0.7 万 hm^2、辽宁省 0.3 万 hm^2。

二、初级产品、加工产品情况

我国人参市场的初级产品、加工产品主要分为鲜参、红参、生晒参和野山参。根据市场反馈信息，各类人参产品的综合分析如下。

（一）鲜参

全世界鲜参年总产量约 6.25 万 t，其中，我国鲜参产量 3.2 万 t、韩国 3 万 t、朝鲜 0.05 万 t。

（二）加工品

全世界年加工品红参约 5 100t，其中，我国年产量 3 500t、韩国 1 500t、朝鲜 100t。我国红参中，用于药厂投料参占 50%、模压红参占 25%、药房及零售占 25%。同时，我国加工生晒参等其他人参加工品有 5 000t。

（三）野山参

野山参主产于我国和俄罗斯，俄罗斯多产野生人参，产量逐年减少，年产 3t 左右。我国的吉林省和辽宁省是野山参的主产地，目前年产量约为 15t，辽宁占 60%，吉林占 40%。

三、市场情况

（一）我国是世界人参交易中心

华人是人参的主要消费群体，每年有大量产自国外的人参通过各种渠道进入我国市场，其中，包括韩国原料红参 300t、模压红参 12t，占韩国红参总产量的 20%；加拿大西洋参 2 300t，占加拿大西洋参总产量的 90% 以上；还包括美国西洋参约 400t，占其总产量的 80% 以上。

（二）我国专业人参市场特色鲜明

广东的普宁和清平中药材市场分别有业户 400 家和 1 000 多家，是全国 17 个中药材市场中以经营人参为主的专业市场，浙江苍南有业户 700 多家，是以人参为主的综合农贸市场。

清平市场以销售红参为主，东北产地直接销往药厂的投料红参和零售红参共 2 000t，还有 500t 以上的红参经过清平市场批发销售，占产地以外红参销售量的 1/3 以上。

普宁市场以销售进口西洋参为主，年批发量超过 1 600t，约占外产西洋参总量的 60%。

上海市和以杭州为主的浙北地区是野山参的主要消费市场，两地每年消费量在 3t 左右，占野山参市场的 20%，其余大部分野山参被环球医药、隆泰制药、辽宁参仙园公司等收购。

以上各市场均有生晒参销售，销售量差距不大，每个市场销量在 500t 左右。

（三）红参市场差距缩小

1. 中韩原料红参市场价格差距小　在普宁人参市场，20 支韩国原料红参单价为每千克 1 750 元；我国同规格红参单价为每千克 700 元，而新开河边条红参单价为每千克 1 100 元，二者价格相差不到 1 倍。

2. 中韩高档模压红参价格差距正在缩小　韩国模压铁盒红参从高到低分"天、地、良"三个等级。过去普遍认为，正官庄高丽红参价格是我国同类产品的 10 倍以上，而在清平市场上，如今正官庄 10 条 600g"天"字红参市场标价 7 万元，同规格新开河红参标价 1.2 万元，价格差距将近 6 倍，同规格高丽"良"字红参售价 1.05 万元，同韩国其他小众品牌一样，与我国新开河红参价格相差不明显。

3. 我国模压铁盒红参是同类产品市场销售的主力军　韩国模压铁盒红参推算销量为 12~15t，其中，"天、地、良"比例为 1∶2∶7，而康美新开河模压铁盒红参每年销量接近 150t，其他品牌模压铁盒红参销量也有 500t 以上，相比之下，韩国模压铁盒红参虽然品牌形象好、附加值高，但市场占有量小，对我国人参市场冲击有限。当前市场普遍认为康美新开河红参货真价实、品质优良、诚信度好，得到越来越多消费者的青睐。

4. 朝鲜模压红参可忽略不计　开城牌模压红参产自朝鲜，在我国市场占有量很小，伪冒品多，价格基本与康美新开河红参持平。

（四）出口贸易保持稳定

全世界人参出口总量约 3 亿美元，其中韩国出口量 2 亿美元，占 67%；中国 1 亿美元，占 33%。从出口地区来看，亚洲和欧盟是我国人参产品出口的主要地区，亚洲出口量占我国人参出口量市场总份额的 60% 以上；欧盟主要出口地区为德国、意大利和荷兰，对这 3 个国家的出口额占我国人参出口量市场总份额的 15% 左右。

四、主要问题

（一）适宜种参土地资源减少

随着国家林业政策收紧，我国的种参模式已经由采伐迹地种参向非林地种参转变，虽然非林地种参多是利用产粮低的农田或山坡荒地等闲置土地进行种植，但这种土地资源随着非林地种参的开展也在逐渐减少。以吉林省为例，在东部山区的白山、通化等传统人参主产区，目前的宜参土地资源即将枯竭，预计 20 年后将面临无地种参的窘境。

（二）产业化、集约化程度低

我国人参加工产业发展不平衡，吉林省是人参加工企业较多的省份，其他省份多以药厂应用人参原料为主。虽然吉林省加工企业数量多，产品品类较丰富，但龙头企业数量少、带动能力较弱，缺乏精深加工的拳头产品，原料型产品比重大，高精尖产品比重小，产品附加值低，产业链条短，市场占有率低，品牌知名度不高，难以与国际知名企业竞争。

（三）同类产品竞争大

近年来，国内滋补品市场火热，有相似保健作用的产品日益增多，许多新兴的滋补品进入消费者视野，消费者的选择更广，这些同类产品与人参形成了激烈的竞争。

（四）精深加工产品市场占有率低

我国人参主要消费市场在长三角和珠三角地区，消费者习惯应用初级加工人参制品，市场上很难见到精深加工的人参产品，这是人参文化宣传、消费认知、产品营销等综合因素导致的结果。

五、前景展望

我国是人参产品的主要消费市场，人口数量庞大，居民自古就有滋养进补的习惯。在几千年的人参应用过程中，我国的人参文化由形成、延续、壮大，到今天蓬勃发展。随着人民生活水平的不断提高和消费者保健意识的增强，人参需求量将明显上升，未来的 10～15 年将是我国人参产业快速发展的关键阶段。

第二章

人参化学成分

第一节　人参药用成分概述

　　人参属植物中，人参（*Panax ginseng*）、西洋参（*Panax quinquefolius*）和三七（*Panax notoginseng*）是 3 种最常用的药材，三者化学成分比较接近。据文献报道，人参属植物中分离鉴定到的化学成分超过 760 种，主要包括人参皂苷、人参多糖、多肽、人参炔醇和其他化学成分等。

一、人参皂苷

　　皂苷是人参的主要活性成分。迄今为止，国内外学者已从人参根、茎、叶等部位分离鉴定到超过 300 种人参皂苷。Yao C. L. 等采用色谱质谱联用技术从三七叶片中鉴定到了 945 种人参皂苷。人参皂苷属于三萜类皂苷，根据苷元骨架的不同分为达玛烷型和齐墩果烷型，其中大多数为达玛烷型。达玛烷型人参皂苷为四环三萜，根据皂苷元不同又分为原人参二醇型（PPD）和原人参三醇型（PPT）两大类。常见的原人参二醇型（PPD）包含人参皂苷 Rb_1、Rb_2、Rb_3、Rc、Rd、Rg_3、Rh_2 等；常见的原人参三醇型（PPT）包含人参皂苷 Re、Rf、Rg_1、Rg_2、Rh_1 等。二者结构上主要差别在于三萜骨架的 C_3 位和 C_6 位，原人参二醇型 C_3 位由羟基取代，与不同的糖单元往往形成糖苷键，C_6 位没有取代基；原人参三醇型皂苷 C_3 位由羟基取代但是不连接糖链，C_6 位由羟基取代，通常连接有糖链。达玛烷型人参皂苷 C_{17} 位有一个 2 - 异辛基的脂肪链，该链上发生的化学修饰导致达玛烷型人参皂苷的结构多样性。奥克梯洛醇型皂苷（octilloltype）如拟人参皂苷 F_{11}（pseudoginsenoside F_{11}），结构上是三醇型人参皂苷 C_{17} 脂肪链发生氧化反应和环合反应的结果。齐墩果烷型人参皂苷的苷元为齐墩果酸，人参中以人参皂苷 Ro 为主，其余成分含量较低。

二、人参多糖

　　多糖是人参的另一类具有良好生物活性的组分。淀粉是人参根中的主要多糖类物质，含量接近 50%，其中接近 90% 是支链淀粉；人参根水溶性多糖中 80% 是人参淀粉。人参多糖分为中性糖和酸性果胶两大类，中性糖占比较大，主要是葡聚糖；酸性果胶主要由杂多糖组成，结构较为复杂。经淀粉酶脱去淀粉后的人参多糖主要是果胶，由半乳糖醛酸、半乳糖、阿拉伯糖残基组成，也有少量鼠李糖残基。其中半乳糖醛酸残基可能是以 α-（1→4）糖苷键连接，半乳糖残基可能以 β-（1→3）和 β-（1→6）糖苷键连接。这两种结构可能是人参果胶的主链，其余糖基，如阿拉伯糖、鼠李糖可能分布在支链上。研究表明，人参中总糖、多糖、低聚糖、还原糖的含量均高于西洋参中的含量。但齐晋楠等研究表明人参水提物中的多糖含量低于西洋参水提物中的多糖含量。

三、挥发油

挥发油是人参特有香气的主要来源，含量较低，但活性成分种类很丰富。挥发油作为特异气味的来源，化学成分复杂，种类繁多，包括萜类、醇类、酮类、醛类、酚类、杂环类、脂肪酸及其酯类化合物、烷烃及其他化合物等。其中，倍半萜类为挥发油的主要成分，其在人参和西洋参中的含量较低，人参中占 0.02%～2.5%，西洋参中约占 0.25%。人参与西洋参在挥发油总量上差异较小，但在挥发油种类数量上差异较大。佟鹤芳等发现人参挥发油检出的倍半萜种类和含量较西洋参多，且人参挥发油较西洋参多检出 27 种化学成分，西洋参挥发油则较人参多检出 13 种化学成分。

四、人参炔醇

人参炔醇是人参中的一类聚乙炔类成分，具有细胞毒性和体外促进肿瘤细胞分化等功能，目前在人参属植物中发现的人参炔醇至少有 33 种。

五、多肽和氨基酸

氨基酸与人参的药理作用密切相关，人参中氨基酸多为精氨酸、谷氨酸等。氨基酸作为构建、修复组织的基础材料，是机体生长发育，强壮防老的必需营养物质，也是机体调节代谢功能，增强抗病能力所需的有效物质。研究发现人参和西洋参均含有 17 种以上的氨基酸，其中包括 7 种必需氨基酸。岳彬发现人参根中氨基酸含量高于西洋参，李向高等发现人参中的必需氨基酸含量高于西洋参。

第二节　人参皂苷类化学成分

皂苷是人参属药用植物最主要的活性成分，虽然其基本骨架只有达玛烷和齐墩果烷两大类，但是修饰基团的差异增加了人参属药材皂苷类活性成分结构的多样性，Yang W. Z. 等对 2013 年前分离鉴定的人参皂苷类成分做了较全面的综述。目前从人参、西洋参和三七中分离鉴定的皂苷类化合物，其结构多样性体现在以下几个方面。

一、原人参二醇型皂苷

原人参二醇型皂苷是达玛烷型人参皂苷，主要结构特征是 C_3、C_{12} 和 C_{20} 位由羟基取代，即苷元上有 3 个羟基，其中 C_3 位和 C_{20} 位上通常连接糖基，少数皂苷 C_{12} 位连接糖链。目前发现的原人参二醇型皂苷均为 20（S）构型。C_{20} 位糖苷键不稳定，在酸性条件下容易发生水解或消除，生成相应的次级人参皂苷，酸水解过程会导致 C_{20} 外消旋化。

二、原人参三醇型皂苷

原人参三醇型皂苷结构特征与原人参二醇型皂苷相似，二者的主要区别在于原人参三醇型皂苷苷元母核的 C_6 被羟基取代，通常 C_6 位和 C_{20} 位的羟基被糖基化，少数皂苷 C_3 位或 C_{12} 位羟基发生糖基化。

三、奥克梯洛醇型人参皂苷

从结构上看，奥克梯洛醇型人参皂苷是原人参三醇 C_{17} 侧链氧化环合的产物，目前已从人参属药材中分离鉴定多个这一类皂苷类成分。

四、齐墩果烷型人参皂苷

齐墩果烷型人参皂苷为五环三萜皂苷，目前从人参属药材中分离鉴定的齐墩果烷型人参皂苷均为齐墩果酸的糖基化产物。

五、C_{17} 侧链发生变化的达玛烷型人参皂苷

人参皂苷的 C_{17} 位侧链羟基和双键容易变化，增加了人参皂苷结构多样性，目前已经从人参属药材中分离鉴定多个 C_{17} 侧链发生变化的化合物。

六、苷元骨架环上发生变化的人参皂苷

皂苷药理活性比较强，其在抗肿瘤、抗氧化损伤、神经保护、抗疲劳等方面具有重要的药理作用。人参和西洋参中的皂苷均以含四环三萜达玛烷类皂苷为主，所含单体皂苷类别极其相似，但由于生长环境和来源等的差异，两者的皂苷含量差别较明显，且有些皂苷类成分又是各自所独有的。研究发现，西洋参中总皂苷含量和人参二醇型皂苷含量均高于人参；人参中人参皂苷中人参三醇和人参二醇的比例高于西洋参；人参中含有人参皂苷 Rf 和人参皂苷 RS_1，而西洋参中则不含这两种人参皂苷；西洋参的特征性成分拟人参皂苷 F_{11} 和人参皂苷 RAO，在人参中也未发现。

第三节　人参的药理作用、物质基础及其作用机理

人参及其化学成分具有广泛的药理活性，包括调节免疫系统、抗衰老、抗炎、消除疲劳、减肥、保护肝损伤、保护心血管、抗肿瘤等多方面的功能。人参含有上述药理功能的物质基础主要是人参皂苷、人参多糖等物质。

一、人参抗炎活性、物质基础及其作用机理

人们很早就认识到人参具有抗炎作用。Park E. K. 等发现人参皂苷 Rh_1 是抗炎活性成分，可有效抑制脂多糖（LPS）引起的微小胶质细胞诱导型一氧化氮合成酶（iNOS）和炎性细胞因子表达。Park J. S. 等发现 Rh_2，Rh_3 和 Compound K 也可有效抑制 LPS 引起的微小胶质细胞诱导型一氧化氮合成酶和炎性细胞因子表达。人参皂苷 Rp_1 通过激活多足细胞和调节性 T 细胞发挥抗炎作用。人参皂苷 Rh_2 通过 TGF-b1/Smad 细胞通路抑制 LPS 引起的小胶质瘤细胞炎性因子的过度表达。人参皂苷 Rh_3 能够抑制 LPS 诱导的小胶质瘤细胞炎性因子的释放和 iNOS 表达；同时，通过上调沉默调节蛋白-1（$SIRT_1$）的表达，以及增加 Nrf_2 与 DNA 的结合活性抑制 NF-kB；增加 AMP-活化蛋白激酶（AMPK）的磷酸化。Compound K 降低关节炎大鼠脾脏指数，减少淋巴结增生，下调脾脏中记忆性 B 细胞的比例。人参皂苷 Rg_3 显著抑制白介素 1b（IL-1b）处理的人气管上皮细胞的 NF-kB 的活性，同时减少 NF-kB 介导的炎症因子分泌；腹腔注射人参皂苷 Rg_3 可有效抑制 LPS 引起的大鼠脑部慢性炎症和记忆衰退。其作用机制可能与 Rg_3 减少 LPS 引起大鼠的海马体肿瘤坏死因子 α（TNF-α），IL-1b 以及环氧合酶（COX-2）等炎性因子的表达有关；Rg_3 还可以抑制 LPS 引起的巨噬细胞（RAW264.7）氧化氮（NO）、前列腺素 E_2（PGE2）、活性氧（ROS）的释放，以及 TNF-α，IL-1b 和 IL-6 等炎性因子的分泌。人参皂苷 Rg_5 抑制 LPS 引起的微小胶质细胞 NO 和 TNF-α 的分泌，同时下调 iNOS、TNF-α、IL-1b、COX-2 和 MMP-9 的转录水平。人参皂苷 Rg_1 可有效减少 LPS 引起的巨噬细胞 NO 和 TNF-α 的分泌，同时可有效提高糖皮质激素受体（GR）的表达。Rg_1 抑制肝脏缺血再灌注引起的核因子-kB（NF-kB）和 p65 磷酸化激活，可抑制饮酒引起的肝部炎性因子过度表达，同时调节 NF-kB 磷酸化使之趋向正常水平。Rg_1 还可以通过上调 PPARγ 的表达抑制脑缺血再灌注损伤引起的炎症反应。人参皂苷 Rd 可有效抵抗卡拉胶引起的局部炎症，降低炎性因子的分泌，抑制相关蛋白质的表达和磷酸化；人参皂苷 Rf 能够显著抑制 TNF-α 诱导的小肠上皮细胞和巨噬细胞 IL-1b、IL-6、TNF-α、NO 和 ROS 等炎性因子的分泌；还能降低疼痛引起的大鼠血清中炎性因子的表达水平。人参皂苷 Rb_2 通过上调 w-3 脂肪酸受体（GPR120）的表达降低巨噬细胞受 LPS 刺激后产生的炎症反应。Chung I. M. 等从经70％乙醇提取后的红参渣中提取分离到两种乌苏烷型人参皂苷和一种原人参二醇皂苷 3-O-葡萄三糖-原人参二醇，鉴定其具有抗炎作用，体外实验能够抵抗 LPS 对巨噬细胞增生的抑制作用，以及 LPS 引起的 NO、COX-2 等炎性因子的释放。Luo H. 等从人参中分离鉴定了几种糖肽具有减少福尔马林引起的大鼠足垫炎症反应。Krylova N. V. 等证明悬

浮培养的人参细胞的多糖也具有抗炎作用。

二、人参抗疲劳活性、物质基础及其作用机理

抗疲劳是人参的主要功效之一，研究表明人参具有抗疲劳作用。人参 20％乙醇提取物（约含人参皂苷 14％）显著缓解人的原发性慢性疲劳，降低血清活性氧、丙二醛的含量，提高谷胱甘肽总量以及谷胱甘肽还原酶的活性。人参可以缓解肿瘤病人的疲劳症状。Lee N. 等将人参提取物用酶（0.9％乳糖酶，0.1％ β-葡萄糖苷酶）处理后，发现酶处理后的人参提取物可有效缓解健康人的疲劳程度，而且耐受性很好，没有任何不良反应。

人参皂苷 Rb_1 可能是通过增加了 Akt_2 和 Nrf_2 的表达和 PI3K/Akt 通路的激活，显著降低了大鼠的活性氧种类和丙二醛释放，提高了大鼠骨骼肌超氧化物歧化酶活性；减少炎症细胞因子和降低模型大鼠海马体中 NMDA 受体的表达以改善术后疲劳综合征（POF）引起的疲劳。人参皂苷 Rb_1 还可能通过改善能量代谢和抑制骨骼肌氧化应激水平改善大鼠小肠切除术后疲劳综合征。大鼠术后 1、3、7、10d 每天腹腔注射一次 Rb_1（10mg/kg）能显著提高 POF 对大鼠的最大握力。降低血液中乳酸、肝糖原、肌糖原和丙二醛含量，增加了乳酸脱氢酶和超氧化物歧化酶的活性。

20（R）-人参皂苷 Rg_3［20（R）-Rg3，鼻内给药］可显著延长大鼠负重游泳时间，同时增加肝糖原水平；也可升高血清中 TC、TG 和 LDH 浓度，增加 SOD 的浓度，降低骨骼肌中内二醛释放。

另外西洋参小分子寡肽能显著延长强迫游泳时间，降低血清尿素氮（Sun）和血乳酸（BLA）水平，增加乳酸脱氢酶（LDH）活性和肝糖原含量；其作用机制可能与抑制氧化应激和改善骨骼肌线粒体功能相关。西洋参小分子寡肽能提高超氧化物歧化酶（SOD）和谷胱甘肽过氧化物酶（GSH-px）的活性，并降低了丙二醛（MDA）的水平。显著增强琥珀酸脱氢酶（SDH）、钠钾 ATP 酶和钙镁 ATP 酶的活性，增加核呼吸因子 1（NRF-1）、线粒体转录因子 A（TFAM）的转录水平和骨骼肌线粒体 DNA（MTDNA）含量。对小鼠灌胃给药西洋参蛋白类成分提取物可显著提高小鼠强迫游泳时间，降低血乳酸和血清尿素氮水平，并增加肝糖原水平，降低丙二醛含量，提高谷胱甘肽过氧化物酶和超氧化物歧化酶水平。

三、人参抗衰老作用、物质基础及其作用机理

人参及其活性成分对延长生物体寿命的作用包括对生物体心血管、神经、免疫和皮肤等多器官、系统的调节，以及增强其抗氧化和抗炎特性。人参皂苷 Rg_1 增强 D-半乳糖诱导老龄大鼠骨髓间充质干细胞的抗氧化和抗炎能力，提高造血微环境的抗衰老能力。红参可促进衰老大鼠睾丸 C_{21} 类固醇激素代谢，其作用机制可能是上调了 CYP11A1 基因表达。红参可以调节生物体的新陈代谢，有利于延长寿命。人参皂苷 Rg_1 可通过减轻氧化应激损伤和下调衰老相关蛋白的表达对抗 D-半乳糖诱导的衰老大鼠的脾脏和胸腺损伤。人参皂苷 Rg_1 显著降低 Ab25-35 干预的小鼠神经胶质细胞 Toll 样受体（TLR3、TLR4）以及

NF-kB 和肿瘤坏死因子受体相关因子-6（Traf-6）的转录水平，显著降低 TNF-α、IFN-β 等细胞因子的分泌。人参皂苷 Rg₁ 可通过增强海马体的抗氧化和抗炎能力，保护 D－半乳糖诱导衰老大鼠的神经干细胞，促进神经发生，提高认知能力。

参考文献

李向高，郑友兰，贾继红，1984. 人参属三种药用植物化学成分的比较研究 [J]. 吉林农业大学学报，（3）：90-96，22.

刘佳，2013. 吉林产区人参、西洋参化学和蛋白差异性对比研究 [D]. 北京：北京中医药大学.

刘校妃，等，2016. 白参、红参和西洋参脂溶性成分的 GC-MS 分析 [J]. 中国现代中药，18（1）：76-81.

彭雪，李超英，2017. 人参挥发油研究 [J]. 吉林中医药，37（1）：71-74.

佟鹤芳，薛健，童燕玲，2013. GC-MS 法测定人参和西洋参挥发性成分 [J]. 中医药学报，41（1）：49-54.

岳彬，2008. 人参与西洋参根中氨基酸积累规律的研究 [D]. 吉林：吉林农业大学.

赵岩，等，2017. 人参挥发油化学成分及其主要活性成分聚乙炔醇类药理作用研究进展 [J]. 中国药房，28（13）：1856-1859.

钟运香，等，2020. 西洋参化学成分、药理作用及质量控制研究进展 [J]. 中国中医药现代远程教育，18（7）：130-133.

Ahn，S.，et al.，2016. Suppression of MAPKs/NF-kappaB Activation Induces Intestinal Anti-Inflammatory Action of Ginsenoside Rf in HT-29 and RAW264. 7 Cells [J]. Immunol Invest，45（5）：439-49.

Arring，N. M.，et al.，2018. Ginseng as a Treatment for Fatigue：A Systematic Review [J]. J Altern Complement Med，24（7）：624-633.

Bae，J.，et al.，2012. Ginsenoside Rp₁ Exerts Anti-inflammatory Effects via Activation of Dendritic Cells and Regulatory T Cells [J]. J Ginseng Res，36（4）：375-82.

Chen，J.，et al.，2016. The ginsenoside metabolite compound K exerts its anti-inflammatory activity by downregulating memory B cell in adjuvant-induced arthritis [J]. Pharm Biol，54（7）：1280-8.

Chen，W. Z.，et al.，2015. Prevention of postoperative fatigue syndrome in rat model by ginsenoside Rb1 via down-regulation of inflammation along the NMDA receptor pathway in the hippocampus [J]. Biol Pharm Bull，38（2）：239-47.

Chung，I. M.，et al.，2014. Triterpene glycosides from red ginseng marc and their anti-inflammatory activities [J]. Bioorg Med Chem Lett，24（17）：4203-8.

Gao，Y.，et al.，2015. Anti-inflammatory function of ginsenoside Rg₁ on alcoholic hepatitis through glucocorticoid receptor related nuclear factor-kappa B pathway [J]. J Ethnopharmacol，173：231-40.

Hu，W.，et al.，2015. The positive effects of Ginsenoside Rg₁ upon the hematopoietic microenvironment in a D-Galactose-induced aged rat model [J]. BMC Complement Altern Med，15：119.

Huang，Q.，T. Wang，and H. Y. Wang，2017. Ginsenoside Rb₂ enhances the anti-inflammatory effect of omega-3 fatty acid in LPS-stimulated RAW264. 7 macrophages by upregulating GPR120 expression [J]. Acta Pharmacol Sin，38（2）：192-200.

Jee，et al.，2014. Morphological Characterization，Chemical Components，and Biofunctional Activities of Panax ginseng，Panax quinquefolium；and Panax notoginseng Roots：A Comparative Study [J]. Food

Reviews International，30（2）．

Jung，H. J.，et al.，2012. Enhancement of anti-inflammatory and antinociceptive actions of red ginseng extract by fermentation [J]. Pharm Pharmacol, 64（5）：756-62.

Kim，H. G.，et al.，2013. Antifatigue effects of *Panax* ginseng C. A. Meyer：a randomised，double-blind，placebo-controlled trial [J]. PloS one, 8（4）：e61271-e61271.

Kim，I. H.，et al.，2011. Korean Red Ginseng Up-regulates C21-Steroid Hormone Metabolism via Cyp11a1 Gene in Senescent Rat Testes [J]. J Ginseng Res, 35（3）：272-82.

Kim，M. K.，et al.，2018. Antinociceptive and anti-inflammatory effects of ginsenoside Rf in a rat model of incisional pain [J]. J Ginseng Res, 42（2）：183-191.

Kim，M. S.，2013. Korean Red Ginseng Tonic Extends Lifespan in D. melanogaster [J]. Biomol Ther (Seoul)，21（3）：241-5.

Krylova，N. V.，et al.，1990. Anti-inflammatory effect of polysaccharide obtained from ginseng cell cultures [J]. Antibiot Khimioter, 35（4）：41-2.

Lee，B.，et al.，2013. Ginsenoside Rg₃ alleviates lipopolysaccharide-induced learning and memory impairments by anti-inflammatory activity in rats [J]. Biomol Ther (Seoul)，21（5）：381-90.

Lee，I. S.，et al.，2016. Anti-Inflammatory Effects of Ginsenoside Rg₃ via NF-kappaB Pathway in A549 Cells and Human Asthmatic Lung Tissue [J]. J Immunol Res, 2016：7521601.

Lee，N.，et al.，2016. Anti-Fatigue Effects of Enzyme-Modified Ginseng Extract：A Randomized，Double-Blind [J]，Placebo-Controlled Trial. J Altern Complement Med，22（11）：859-864.

Lee，Y. Y.，et al.，2013. Anti-inflammatory effect of ginsenoside Rg₅ in lipopolysaccharide-stimulated BV2 microglial cells [J]. Int J Mol Sci, 14（5）：9820-33.

Lee，Y. Y.，et al.，2015. Anti-inflammatory mechanism of ginseng saponin metabolite Rh₃ in lipopolysaccharide-stimulated microglia：critical role of 5'-adenosine monophosphate-activated protein kinase signaling pathway [J]. J Agric Food Chem, 63（13）：3472-80.

Li，D.，et al.，2018. Anti-fatigue effects of small-molecule oligopeptides isolated from *Panax* quinquefolium L. in mice [J]. Food Funct, 9（8）：4266-4273.

Li，Y.，et al.，2017. Neuroprotective Effect of the Ginsenoside Rg₁ on Cerebral Ischemic Injury In Vivo and In Vitro Is Mediated by PPARgamma-Regulated Antioxidative and Anti-Inflammatory Pathways [J]. Evid Based Complement Alternat Med，7842082.

Liu，L.，F. R. Xu, Y. Z. Wang, 2020. Traditional uses，chemical diversity and biological activities of Panax L [J].（Araliaceae）：A review. J Ethnopharmacol, 112792.

Luo，H.，et al.，2018. Study on the Structure of Ginseng Glycopeptides with Anti-Inflammatory and Analgesic Activity [J]. Molecules, 23（6）．

Park，E. K.，et al.，2004. Ginsenoside Rh₁ possesses antiallergic and anti-inflammatory activities [J]. Int Arch Allergy Immunol, 133（2）：113-20.

Park，J. S.，et al.，2009. Anti-inflammatory mechanism of ginseng saponins in activated microglia [J]. J Neuroimmunol, 209（1-2）：40-9.

Pourmohamadi，K.，A. Ahmadzadeh, M. Latifi, 2018. Investigating the Effects of Oral Ginseng on the Cancer-Related Fatigue and Quality of Life in Patients with Non-Metastatic Cancer [J]. International Journal of Hematology-oncology and Stem Cell Research, 12（4）：313-317.

Qi，B.，et al.，2014. Anti-fatigue effects of proteins isolated fromPanax quinquefolium [J]. J Ethnopharmacol, 153（2）：430-4.

Shin, Y. M., et al., 2013. Antioxidative, anti-inflammatory, and matrix metalloproteinase inhibitory activities of 20 (S)-ginsenoside Rg₃ in cultured mammalian cell lines [J]. Mol Biol Rep, 40 (1): 269-79.

Song, Y., et al., 2013. Ginsenoside Rg₁ exerts synergistic anti-inflammatory effects with low doses of glucocorticoids in vitro [J]. Fitoterapia, 91: 173-179.

Sun, J., et al., 2018. Protective effects of ginsenoside Rg₁ on splenocytes and thymocytes in an aging rat model induced by d-galactose [J]. Int Immunopharmacol, 58: 94-102.

Tan, S., et al., 2013. Anti-fatigue effect of ginsenoside Rb₁ on postoperative fatigue syndrome induced by major small intestinal resection in rat [J]. Biol Pharm Bull, 36 (10): 1634-9.

Tan, S. J., et al., 2014. Ginsenoside Rb₁ improves energy metabolism in the skeletal muscle of an animal model of postoperative fatigue syndrome. J Surg Res, 191 (2): 344-9.

Tang, W., et al., 2008. The anti-fatigue effect of 20 (R)-ginsenoside Rg₃ in mice by intranasally administration [J]. Biol Pharm Bull, 31 (11): 2024-7.

Tao, T., et al., 2014. Ginsenoside Rg₁ protects mouse liver against ischemia-reperfusion injury through anti-inflammatory and anti-apoptosis properties [J]. J Surg Res, 191 (1): 231-8.

Vinoth Kumar, R., T. W. Oh, Y. K. Park, 2016. Anti-Inflammatory Effects of Ginsenoside-Rh₂ Inhibits LPS-Induced Activation of Microglia and Overproduction of Inflammatory Mediators Via Modulation of TGF-beta1/Smad Pathway [J]. Neurochem Res, 41 (5): 951-7.

Yang, Q. Y., et al., 2018. Effects of Ginsenoside Rg₃ on fatigue resistance and SIRT1 in aged rats [J]. Toxicology, 409: 144-151.

Yang, W. Z., et al., 2014. Saponins in the genus *Panax* L. (Araliaceae): a systematic review of their chemical diversity [J]. Phytochemistry, 106: 7-24.

Yang, Y., et al., 2017. Ginseng: An Nonnegligible Natural Remedy for Healthy Aging [J]. Aging Dis, 8 (6): 708-720.

Yao, C. L., et al., 2018. Global profiling combined with predicted metabolites screening for discovery of natural compounds: Characterization ofginsenosides in the leaves of Panax notoginseng as a case study [J]. J Chromatogr A, 1538: 34-44.

Zhang, W., et al., 2017. Intranasal Delivery of Microspheres Loaded with 20 (R)-ginsenoside Rg₃ Enhances Anti-Fatigue Effect in Mice [J]. Curr Drug Deliv, 14 (6): 867-874.

Zhang, Y. X., et al., 2013. Ginsenoside-Rd exhibits anti-inflammatory activities through elevation of antioxidant enzyme activities and inhibition of JNK and ERK activation in vivo [J]. Int Immunopharmacol, 17 (4): 1094-100.

Zhao, B. S., et al., 2014. Effects of ginsenoside Rg₁ on the expression of toll-like receptor 3, 4 and their signalling transduction factors in the NG108-15 murine neuroglial cell line [J]. Molecules, 19 (10): 16925-36.

Zhu, J., et al., 2014. Ginsenoside Rg₁ prevents cognitive impairment and hippocampus senescence in a rat model of D-galactose-induced aging [J]. PLoS One, 9 (6): e101291.

Zhuang, C. L., et al., 2014. Ginsenoside Rb₁ improves postoperative fatigue syndrome by reducing skeletal muscle oxidative stress through activation of the PI3K/Akt/Nrf2 pathway in aged rats [J]. Eur J Pharmacol, 740: 480-7.

第三章

人参生物学基础

第一节 人参的生长发育

一、人参的生育期

栽培人参（园参）从播种出苗到开花结实需要 3 年时间，3 年以后年年开花结实。野山参生长 10～15 年开始开花，但很少结实，在 15～20 年后基本可以年年开花结实。林下参从播种出苗到开花结实需要的时间与环境条件相关，由于人工参与了种植地的选择，林下参的开花结实时间一般介于园参和野山参之间。

园参在生长发育过程中，特别是 1～9 年低龄阶段，地上植株形态随年龄的增长变化较大。7 年以后，茎叶形态相对稳定，9 年以后，植株高度、花果数目和大小也相对稳定。据观测，一年生人参地上只有 1 枚由三小叶组成的复叶，没有茎，平均株高 7.2cm，俗称"三花"；二年生植株绝大部分是 1 枚掌状复叶，生于茎顶，平均株高 9.6cm，俗称"巴掌"；三年生植株多数为 2 枚掌状复叶，都生于茎顶，开始现蕾开花结实，但开花结实比例不大，平均株高 32.3cm，俗称"二甲子"；四年生人参茎顶生有 3 枚掌状复叶和 1 个伞形花序，俗称"灯薹子"，平均株高 46.71cm；五年生植株茎顶多生有 4 枚掌状复叶和 1 个伞形花序，俗称"四批叶"，平均株高 52.9cm；六年生人参茎顶除伞形花序外，还有 4 枚或 5 枚掌状复叶，由于 5 枚掌状复叶居多，俗称"五批叶"，平均株高 57.1cm；七年生以上的人参，茎顶多生有 5 枚或 6 枚掌状复叶，6 枚复叶居多，因此称为"六批叶"，伞形花序上的小花数目较多，平均株高 64.4cm。应当指出，人参地上植株的这种形态变化趋势是受外界生长条件和自身生长发育状况的影响，外界环境条件差、自身生育不良等，这种形态变化趋势推迟，相反则变化趋势提前；而且各年生的形态也只是统计学上的概率情况（表 3-1）。

野山参的生长年限与植株形态的变化，不像园参或林下参那样存在形态变化规律。一般生长 1～5 年的野山参，地上部植株多数是"三花"；生长 6～10 年多数是"巴掌"；生长 11～15 年多数是"巴掌"或"二甲子"；生长 16～20 年多数是"灯薹子"或"四批叶"；生长 21 年以上，具开花能力的各种植株形态共存，包括"灯薹子""四批叶""五批叶"或"六批叶"。生长年限过长的野山参，有时会出现多个地上茎，也生长了多出复叶（"六批叶"以上）。在正常情况下，地上植株同一形态生长发育需5～10年才能转为另一形态生长，在不良条件影响下，甚至会反转为上一个形态。

表3-1 一至六年生人参地上各种形态所占比例统计表（单位：%）

生长年限	三花	巴掌	二甲子	灯薹子	四批叶	五批叶	六批叶
1	100						
2		70～80	20～30				
3			25～46	18～65	1～10		
4			3～20	20～54	26～63	15	
5				1～10	56～65	33	
6				5～20	30～63	10～55	2～6

二、人参的年生长发育

成熟人参植株每年从出苗到枯萎可以划分为出苗期、展叶期、开花期、结果期、果后参根生长期、枯萎休眠期6个阶段，全生育期一般为120～180d。

（一）出苗期

通过后熟的人参种子与越冬芽遇到适宜萌发条件就开始萌动出苗。一般地温稳定在5℃时开始萌动，地温8℃左右时开始出苗，地温稳定在10～15℃时出苗最快。气温过高或过低，出苗速度都显著减缓。据观测，出苗期气温低于10℃，不仅出苗缓慢，已出土的参苗也迟迟不展叶；出苗期气温如果高于30℃，则出苗也慢，出苗率低。出苗期的参苗较耐寒，一般−4℃低温也不出现冻害，但叶片会缩成球状，低温过后，叶片仍能正常生长展平。

人参苗是曲茎出土，茎不断伸长，把叶片和花序带出地面，当叶片离开地表时，茎开始直立生长，使叶片伸向上方。一般土壤板结、大的树根和石块都会造成憋芽现象，因此对栽参的地块必须进行细致整地。

人参出苗靠胚乳和贮藏根供给营养，营养充足，只要温湿度合适，便迅速生长。一般从萌动到长出地面需5～7d，出苗后10～15d便可长到正常植株高度的2/3。人参出苗初期，即展叶前，光合作用微弱，展叶后光合作用逐渐加强，五年生人参此期光合速率（以CO_2计）为2.30mg/(dm^2·h)。

人参出苗期花序轴生长不明显，参根开始萌发须根，越冬芽原基无变化。

（二）展叶期

人参叶片从卷曲褶皱状态逐渐展开呈平展状态的过程叫展叶。东北产区5月中旬为人参展叶期，人参茎出土后开始逐渐伸直，同时叶片也开始舒展，先是皱缩叶片呈条状伸开，4～7d后叶片展平，直至叶面上皱纹消失，最后由深绿色有光泽转变成黄绿色无光泽。人参的叶片每年都是一次性长出，出土的叶片是边展边长，茎秆也同时生长。开始展叶时，平均气温为12℃，在14~18℃、相对湿度80%~90%时，展叶可持续10~15d。展叶初期花序轴生长缓慢，展叶后期花序轴生长加快，此期越冬芽原基仍无变化，须根逐渐伸长。展叶期是人参地上植物体生长最快的时期，光照充足（20~35klx）时，植株健壮，茎短粗，叶片稍小而厚，叶呈金绿色。此期若遇强光高温（30℃以上），植株矮小，叶片小而黄，有时会出现光害，即叶片局部失绿变白；此期若光照不足（6klx以下），人参茎叶徒长，一般表现为叶片大而薄，植株偏高，复叶近于平展，伸展幅度大，有时植株向光强处倾斜生长。展叶初期遇大风，易损伤人参叶片。展叶期水分养分充足，人参生长良好，据测算，人参从出苗至展叶结束的需水量占年生育期总需水量的20.25%，如遇干旱，茎叶矮小。在吉林、辽宁许多栽参的地区春旱较重，及时灌水是保证人参优质高产的重要措施之一。

进入展叶中期，人参的花序轴渐渐伸长，大小孢子开始发育，此期大孢子囊内已形成孢原细胞，小孢子囊内的花粉母细胞进入减数分裂期或二分体时期。

展叶后期，即开花前12d时，花序长到正常大小，大孢子母细胞已进入减数分裂中期。到开花前3d，子房内已具有8核的胚囊，雄蕊的花粉粒已成熟。

（三）开花期

人参花萼、花瓣由闭合状态渐渐开放，露出花药即为开花。人参的花芽是在上一年分化形成的，上年枯萎时，花序雏形已在越冬芽内形成，待每年春季出苗展叶后再发育成完整的花序。在东北参区，人参6月上旬开花，6月中下旬结束，花期15~20d。

人参开花时，气温多在13~24℃，在此温度范围内，开花数目约占总开花数目的86.83%，其中以15~22℃条件下开花最多，约占总数的63.35%；温度低于12℃或高于27℃，人参不开花。开花期空气相对湿度多在35%~99%，其中空气相对湿度在47%~79%时，开花数目约占总数的81.16%；空气相对湿度低于35%，则不开花。一般晴天气温高时，小花开得快、数目多，遇阴雨天且气温低时，人参花开得慢而少。

人参进入开花期后，茎、叶生长近于停止状态，但茎、叶光合作用强度提高，根的吸收能力渐渐增强。据测定，五年生人参此期光合速率（以CO_2计）为7.09mg/(dm²·h)，随着光合作用强度的提高，制造积累的营养物质还能供根生长之需，此时季节性吸收根生长速度最快，越冬芽原基开始分化。人参进入开花期后，所需营养水分数量增多，据测定，花期5d（5月31日至6月4日）需水量约占全生育期需水量的10%以上。

（四）结果期

人参小花开放后3~4d凋萎，凋萎时花瓣、花萼脱落，子房明显膨大。结果初期果实生长较快，10~15d就可长到接近成熟时2/3的大小。随着果实膨大，胚乳也渐渐充满种壳；胚乳充满种壳后，胚开始生长发育，内果皮逐渐木质化。人参是浆果状核果，成熟前为绿色，近于成熟时紫色，成熟时为绛红色，果期50~60d。结果期平均气温20~25℃，空气相对湿度80%~90%，此期如温度低、湿度大、光照不足，人参植株易感病；如果温度高（35℃以上）、湿度小、光照强，则果实灌浆不佳，子实不饱满，成熟期推迟。强光也可使果实、果柄产生日灼现象，形成"吊干籽"。

人参进入结果期后，参根不断伸长增粗。与此同时，越冬芽原基进一步分化，分化出茎、叶、花序原基，并开始长大。结果期人参的光合能力很强，绿果期五年生人参的光合速率（以 CO_2 计）为 7.21mg/(dm²·h)，红果期五年生人参的光合速率（以 CO_2 计）为5.58mg/(dm²·h)。结果期是人参需要营养和水分最多的时期，此期需水量占全生育期需水量的 42.73%。如果营养、水分不足，势必影响人参根、果实的产量和越冬芽的正常发育；但人参结果期土壤湿度过大或积水也会造成大面积烂根。

人参果实是由伞形花序外围渐次向内成熟形成的，红熟的果实会自然落地，生产上应适时采收。

（五）果后参根生长期

人参果实于 7 月下旬至 8 月上旬成熟，果实成熟前，茎、叶制造的有机物优先供给果实的生长，致使参根和芽苞生长速度不快。果实成熟后，茎、叶制造的有机物主要运送到地下贮藏器官。因此，果后参根生长期便成了人参等多年生宿根性草本植物特有的发育阶段。此期从果实红熟后算起，到枯萎前结束；东北产区多在 8 月上旬开始，到 9 月下旬为止，持续 40~50d。人参刚进入此期时，环境气温为 20~22℃，以后逐渐降低，当平均气温降到 8℃以下时，人参便进入枯萎期。果后参根生长期是人参根增重的主要时期，此时期营养、水分充足与否，对参根产量高低影响很大，此阶段人参吸水量约占全生育期需水量的 26.46%，营养、水分充足，参根生长快。据测定，7 月15 日（近于红果期）参根增重率为 49.1%，8 月 1 日（红果期）增重率为 67.3%，8 月 15 日（进入果后参根生长期）参根增重率为 114.3%，9 月 15 日为 156.4%，即此期的参根增重率是果期的 2~3 倍。果后参根生长期如遇干旱，会导致参根增重率降低，参根不仅小，质地也不坚实。

此生育期芽苞生长也很快，分化后的芽苞各个部位都伴随参根生长而迅速长大，接近枯萎时，芽苞已长到正常大小。此阶段后期即接近枯萎时，参根停止生长，但体内物质转化积累速度加快，此时收获参根产量高、质量好。

（六）枯萎休眠期

秋末气温逐渐降低，当平均气温降到 10℃以下后，人参光合作用减弱；气温再低就出现早霜，人参停止光合作用。此时地上茎和叶片中的物质继续转送给地下器官，直至枯黄为止。参根进入枯萎期后，季节性吸收根开始脱落，根内积累的淀粉等物质开始转化为糖类，准备越冬。枯萎时间越久，转化的糖类越多，此时起收加工，出货率低，且易出现抽沟现象。当参根冻结后，人参便进入冬眠阶段。

参根上的芽苞，在低温下逐渐完成生理后熟，通常情况下，进入冬眠前即完成或接近完成生理后熟。此期芽苞和萌动前一样，怕一冻一化，一冻一化易使人参遭受缓阳冻。人参进入枯萎期后，如果土壤湿度过大，也易遭受冻害。

第二节　人参种子的形成与休眠

一、人参种子的形成

人参授粉后约 5h，花粉萌发，花粉管进入柱头，约 10h 进入胚囊，授粉后 18h 融合核受精，25h 卵细胞才受精。受精后受精卵并不马上分裂，约在受精后 20h 即授粉后 45h，进行第一次分裂。人参的子房壁发育较快，授粉后 10～15d 果实就长到接近正常果实的 2/3。种胚发育缓慢，授粉后 9d，胚乳核只有 40 个左右；授粉后 12d，胚乳核才充满胚囊，此时胚体只有 2～4 个细胞；授粉后 17d，胚的直径为 48～50μm，约 10 个细胞，属球形胚阶段；授粉后 21d，胚长 81μm（肉眼可以辨认出）；授粉后 30～40d，胚长 220～230μm，此时已分化出子叶原基，子叶原基长 70μm，两子叶原基之间有明显可见的生长锥突起；授粉后 50～60d 即采种时，胚长 320～430μm，与胚乳长相比，胚率（胚长占胚乳长的百分率）为 6.7%～8.2%，与发芽种子胚长相比，自然成熟时种子的胚长只有发芽种子胚长的 1/10。

二、人参种子的休眠

自然成熟的人参种子具有休眠特性。像吉林省抚松、靖宇、长白等寒冷地区，每年 8 月上旬采种，采收后立即播种，由于温度低，大部分种子要在第三年春天（经过 21～22 个月）才能发芽出苗。像吉林集安、辽宁桓仁和河北、山东等引种区，每年 7 月下旬采种，采收后立即播种，由于播后气温高，胚后熟期长，翌年春季就能发芽出苗，这与人参种子具有形态后熟和生理后熟的特点有关。

（一）种胚形态后熟

种胚形态后熟又叫形态休眠或胚后熟。自然成熟的人参种子，其胚长约为能发芽种子最小胚长的 1/10，胚的纵切面约为胚乳纵切面的 1/300。

剥开能发芽种子的种壳和胚乳，其胚长为 3.48～4.53mm，基本上都达到或超过了胚乳长的 2/3。胚的各部分形态（胚根、胚芽、胚轴、子叶）明显可见，子叶长 2.4～3.5mm，胚根长 1～1.5mm，两子叶间有具三小叶状的胚芽，芽长 2～3mm，胚芽基部有越冬芽原基。而自然成熟的种子同样纵切取胚观测，其胚总长为 0.3～0.4mm，只有子叶和胚根原基，生长锥原基很小，看不清楚。要使形态未成熟的种子达到成熟的基本条件，需要在适宜温湿度下，度过 3～4 个月时间。有研究报告指出，人参种胚形态后熟阶段，开始是子叶、胚根原基继续生长期，此期需 60d 左右，胚长可达 0.80～1.00mm；接着进入胚芽原基的分化与形成期，此期约需 25d，胚长可达 1.60～2.34mm；最后是三出复叶形成期，需 30～40d，最终胚长达 3.86～5.60mm（图 3-1）。

各地经验认为，人参种胚形态后熟的适宜温度范围为 15～20℃，低于 15℃ 或超过

25℃，种胚生长发育缓慢，处理时裂口率低（图 3-2、表 3-2）。

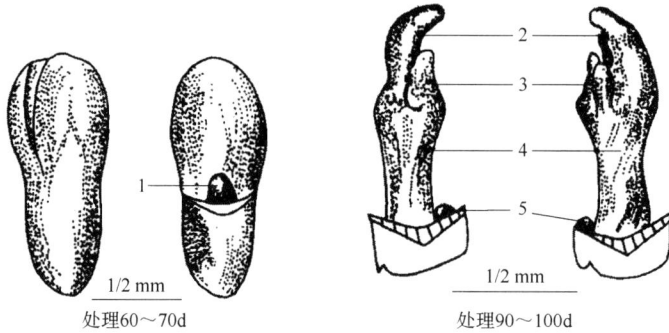

图 3-1 人参种胚形态发育
1. 胚芽原形 2. 中小叶原基 3. 侧小叶原基 4. 上胚轴原基 5. 更新芽原形

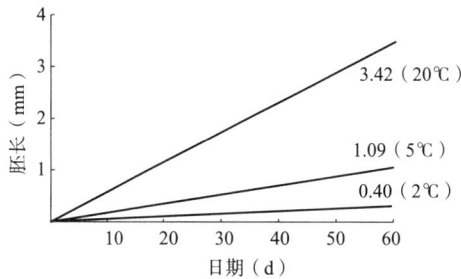

图 3-2 催芽温度与胚长的关系

表 3-2 催芽温度与裂口率的关系

催芽温度（℃）	<20	20	25	30
裂口率（%）	83.2	80.8	25.6	28.0

种胚形态后熟前期的温度通常为 18～21℃，后期为 15～18℃，积温达 970～980℃，种胚在床温低于 10℃时停止发育，超过 30℃则易烂种。种胚后熟期间，最好把种子混拌在湿润的河沙或腐殖土中，种子与土（沙）体积比以 1∶3 为宜，这样可预防种子霉烂或伤热。混拌河沙的含水量为 10%～15%（前期 15%，后期 10%），混拌腐殖土的含水量为 35%～40%（前期 40%，后期 35%），一般土壤的含水量为 20%～30%。

人参种子种胚形态后熟的速度与种子状况和后熟条件有关。就种子状况而言，参龄长和成熟饱满的种子，特别是疏花疏果后的种子，种胚大（胚长＞1/2 胚腔）、形态后熟快、裂口率高。成熟饱满、种胚大的种子，80～90d 就能完成形态后熟。据测定，在相同处理条件下，青熟种子裂口率为 3.8%，红熟初期种子裂口率为 54.3%，红熟后期种子裂口率为 96.2%。三至九年生种子的裂口率依次为 90.2%、95.3%、95.9%、97.2%、97.2%、96.5%、96.1%。就后熟条件来讲，温度、湿度、生长调节剂等都是主要影响因子。用适当浓度的生长调节剂进行浸种后催芽，都收到了一定的效果。其中赤霉素（GA₃）、6-呋喃腺嘌呤（6-BA 或 BA）效果较好，两种生长调节剂中，GA₃ 最廉价，用 GA₃ 浸种催芽，以催芽前浸种处理最好，GA₃ 浓度有 40、50、100mg/L 3 种，通常用 50～100mg/L GA₃ 浸种 24～36h。相同处理环境下，40d 后检查种子裂口率，100mg/L 处理组为 77.3%，50mg/L 处理组为 72.3%，对照组 0%。处理组胚的长度与对照组相比，胚长大 1 倍左右。新采种子用 GA₃ 处理 17d 后，个别种子开始裂口，其裂口率为 100mg/L 组大于 50mg/L 组。据观察，GA₃ 处理组（50 或 100mg/L）种胚生长速度快，57d 时胚长为 2.05mm，而对照组只有 1.19mm。目前，在无霜期短的地方，处理当年新籽时，多采用 50～100mg/L GA₃ 浸种 24h，然后拌土催芽，70d 左右种胚就可完全通过形态后熟，不误当年播种农时。

（二）种子生理后熟

人参种胚形态成熟后，给予适合种子萌发的温湿度条件，仍无法萌动出苗，即使胚率达 100%，也不出苗。这是由于人参种子生理后熟未完成的缘故。

低温是人参种子生理后熟的必要条件。自然条件下，完成形态后熟的人参种子，在 0～10℃条件下，60～70d 才能通过生理后熟。由于各地低温期条件不一，人参种子生理后熟期的长短也不一样，一般种子结冻前温度低的地方生理后熟时间短，反之则长。在自然条件下，当自然低温不能满足人参种子生理后熟条件时，播于田间的种子就不能出苗。

应当指出，人参种子生理后熟必须在种胚完成形态后熟后开始，在种子种胚完成形态后熟以前，任何低温只能抑制种胚的生长，而对生理后熟无作用。目前生产中，有的种植者对人参种子种胚完成形态后熟标准不明确，误认为种子裂口了，种胚就完成了形态后熟，常常把裂口 50%～60% 的种子于秋季直接播于田间，结果出苗不整齐，播后第一年出苗率低。据测定，裂口 50%～60% 的种子，至少有 30%，其种胚长尚未达到胚乳长的 2/3，这 30% 的种子，在低温来临后只能抑制种胚形态后熟的继续进行，而无法进行生理后熟，因此这些种子要到第三年春季才能出苗。

（三）种胚发育缓慢的原因

人参种子的休眠期比一般的种子长，人工处理种子一般也需要 5～6 个月时间才能打破休眠，在自然条件下，则需要 10～22 个月的时间。研究显示，人参种胚发育缓慢的主要原因有 3 方面。第一，人参种子的休眠属于综合休眠。后熟过程中，不仅需要其不健全的胚生长发育良好，即形态后熟，而且还要满足发芽前的生理准备即生理后熟。形态后熟要求较温暖的温度条件，生理后熟则要求在 0℃ 以上的低温条件。第二，胚在生长发育过程中，酶化系统活性弱。有的学者指出，种胚在形态后熟过程中，吸水前未检出过氧化物酶，吸水后，种胚周围有少量过氧化物酶，伴随种胚的进一步分化和生长，过氧化物酶活性增强，但整个后熟过程中酶的活性也较一般植物种子弱。第三，含有抑制种胚发育的物质。一些研究证实，抑制种胚生长发育的物质存在于果肉、内果皮和胚乳之中。

崔京求等用带果肉和去掉果肉的种子分别催芽，去掉果肉的种子处理两个月后，能看出分化明显的心形胚，两个月后胚长 1.27～1.64mm，胚率为 25%～28%，此时开始裂口；处理 5 个月后，胚长（3.76±1.03）mm，胚率为 70%。而带果肉的种子处理两个月后，发现胚基本没有生长，胚率只有 9.5%～9.7%；处理 5 个月后，胚长也只有 0.81～

0.88mm，胚率为 16%～17%。因此证明，果肉中确实含有抑制种胚生长发育的物质。

中国学者崔淑玉等人也证实在人参果肉及胚乳中含有发芽抑制物，其果肉和胚乳的甲醇提取物及果肉的乙醚提取物均对白菜种子具有较强的抑制作用。果肉和胚乳的甲醇提取物起抑制作用的物质 Rf 值为 0，0.1，0.2，0.3，0.4，0.5 及 0.9〔硅胶 HF_{254}，氯仿：甲醇：水（26：14：3）为展开剂〕；果肉的乙醚提取物起抑制作用的物质 Rf 值为 0.1，0.3，0.5，0.6〔硅胶 HF_{254}，氯仿：甲醇（8：2）为展开剂〕。

三、人参种子的寿命

人参种子在常规贮存条件下，贮存 1 年生活力降低 10% 左右，贮存 2 年生活力只有不到 5%，贮存 3 年完全丧失生活力（表 3-3）。种子寿命与种子成熟度和贮存条件有关，成熟饱满的种子比不饱满种子生活力强，阴干种子生活力高于晒干种子，伤热种子生活力低；在高温、多湿条件下贮存种子，种子寿命偏短。

表 3-3　人参种子贮存时间与生活力关系

贮存月数	0	5	11	17	23	29	35	41
有活力种子（%）	100	100	93～95	86	5	5	0	0
无活力种子（%）	0	0	5～7	14	95	95	100	100

人参种子是生产中的繁殖材料，种子质量直接影响播种质量，识别或检查种子好坏是生产者必须掌握的基本技术。一般新采收的种子，种壳白色，胚乳色白新鲜；贮存 1 年的种子，种壳略显黄色，近种胚一端的胚乳色黄，似油浸状；贮存 2 年的种子，种壳黄色，胚乳大部分似油浸状，色黄。人参种子具有休眠特性，休眠期较长，检查种子活力大小多采用种子活力快速测定法，常用的是 TTC 法。

第三节　人参越冬芽的生长发育

一、人参越冬芽的形成

在种子形态后熟初期，生长锥分化成两个锥状体，其中一个锥状体是休眠的越冬芽原基，另一个锥状体分化成三花小叶的叶原基，种子形态后熟完成时，叶原基发育成三花小叶雏体，种子生理后熟后，三花小叶雏体出土长成地上小苗。产区进入 6 月上旬后，越冬芽原基先分化鳞片原基，接着又分化成两个锥状体。其中一个锥状体（即越冬芽原基）休眠，另一个锥状体（即生长锥）分化出茎原基、叶原基，伴随鳞片原基的生长，茎原基、叶原基渐渐发育成茎叶雏体。地上部枯萎后，越冬芽形态建成，翌春越冬芽出苗后，越冬芽内的茎叶雏体长成小苗。进入 6 月上旬后，越冬芽原基进行鳞片原基分化，相继又形成两个锥状体，还是其中一个锥状体（越冬芽原基）休眠，另一个分化出茎、叶、花原基，茎、叶、花原基伴随鳞片原基长大而发育成茎、叶、花序雏体，直到地上部枯萎时，越冬芽形态建成。人参越冬芽分化通常在 7 月底结束，果实成熟后生长速度加快，9 月底形态基本建成。

二、越冬芽的休眠特性

人参越冬芽到 9 月底形态基本建成，到 10 月中下旬也不再生长。这时把参挖回，栽于室内，给予常规的萌发条件，仍不能萌发出苗，这是因为人参越冬芽具有休眠特性。打破越冬芽休眠需要低温条件，在 0～10℃条件下，培养 60d 后就能通过休眠。产区自然气候条件下，完全可以满足越冬芽的低温休眠条件，因此才有年复一年的正常生长发育。在我国广西南宁附近引种人参，由于自然气候条件不能满足人参越冬芽对低温的需求，因此人参地上部枯萎休眠后不能再萌发出苗。这一休眠特性，用 50～100mg/L 的 GA_3 浸泡芽苞 4h 可以打破。

三、潜伏芽的生长发育

人参根茎的节上都有潜伏芽，通常情况下，由于顶端芽苞具有生长优势，这些潜伏芽不生长发育。某些发育良好的植株，由于顶端芽苞受损伤，可使 1～3 个具有一定生长优势的潜伏芽分化发育，形成新的越冬芽，因而参根具有 2～3 个越冬芽，翌年人参具有双茎或多茎。有的生产单位利用人参此特性于 6 月上旬人为破损顶端越冬芽原基，促使潜伏芽发育，诱导多茎参，现有技术水平的诱导率为 50% 左右。

已有实验证明，用细胞分裂素、生长素等处理人参，可诱导出多茎参，诱导率高达 70% 左右，但诱导出的越冬芽多数不同步，要使该技术应用于生产，尚需进一步完善。

综上所述，人参的茎、叶、花均出自越冬芽，人参的越冬芽形成期较长，由越冬芽原基建成到形成越冬芽为 16 个月，从茎、叶、花原基建成到形成越冬芽为 3 个月，形态健全的越冬芽需要经过低温生理休眠才能出苗，没有越冬芽或越冬芽未通过生理后熟的人参都不能出苗。因此，在人参栽培管理中，要注重保护越冬芽不受损伤。

第四节　参根的生长发育

一、园参参根的生长

播种后的人参种子于 5 月萌动出苗，5—7 月胚根不断伸长，发育成主根，此期伸长速度最快，增粗速度较慢；8 月至 9 月下旬根粗增加较快，长度生长不如 5—7 月快；9—10 月，参根干物质重量增加较明显。一般一年生参根根长 10～20cm，根重 0.4～0.8g，须根数量不多，也不太长。二年生参根，5—7 月长度生长较快，8—9 月粗度生长快，干物质积累也较多，根长多在 15～20cm，根重 3～5g，须根数量增多，是移栽的较好时期。三年生参根的生长趋势与一、二年生基本一致，不过由于床土厚度的限制，根部伸长生长不明显，主根失去顶端生长优势，因此须根多，须根长度相近，根茎上开始长不定根（即芋）。四年生参根是在移栽条件下生长，主根长度伸长不明显，主根粗度逐渐增加，须根多，芋垂直地面生长，生长速度较快。五年生、六年生参根生长趋势与四年生相似，芋长得较大。为培育主根长、须根少（2~3条）而粗的优质参形，集安等参区采取移栽两次，栽培8~9年采收加工，移栽时对参根进行整形下须，一般育苗2年进行第一次移栽，移栽时把主根上2/3的须根掐掉，下部须根只留2~3条较大的、粗细相近的支根；生长2~3年后再移栽，移栽时再整形，此次修根要去掉芋和主体上2/3的毛细根及粗大支根基部的须根，栽后3年起收加工。这样培育出的参根主体粗大，支根少而大，参形美观。

参根的生长速度随参龄的增加而逐渐减缓，通常一至六年生参根生长速度较快，十年生以上的人参根，生长速度较慢，我国栽培人参多在生长6年左右收获。在传统栽参条件下，一年生参根平均根重0.3~0.6g，二年生为3~5g，三年生参根平均根重为10~25g，四年生平均根重20~50g，五年生为50~70g，六年生参根平均根重60~100g，七至九年生参根的增重速度没有六年生以下的高。近年，我国参业生产技术进步较大，人参的产量和质量提高，参根增重速度进一步加快。如1986年，吉林省长白县65万 m^2 人参种植区，平均每平方米产鲜参2.25kg；1988年，98万 m^2 人参种植区，平均每平方米产鲜参3.76kg，六年生参根平均单株重70~150g。

二、山参参根的生长

山参生长环境光照弱，营养不足，生长缓慢（表3-4）。

表 3-4　山参年龄与单株根重

参龄（年）	平均年龄	调查株数	单株根重（g）
10~19	16	30	25
20~39	27	40	39
40~59	41	10	52
60~79	73	3	89
80~100	90	2	96

人参根茎正常生长发育时，为单一生长且不分枝。当出现多芽苞后开始产生分枝，伴随芽苞形成和萌发，根茎伸长，伴随茎的生长而不断增粗，茎死亡脱落后的茎痕称为芦碗，根据芦碗数目可以判断参根年龄。山参生长年限较长的出现二节芦，即马牙芦、堆花芦，山参参龄较大的根茎有三节芦，即同时有马牙芦、堆花芦、圆芦。人参根茎上能长不定根，产区把不定根叫"芋"。三年生和三年生以上的人参开始长不定根，参龄大的人参不定根的数目多而且体积大，一般每根有2~7条。移栽人参不定多而大，直播人参不定根细而少。

三、园参参根年内生长变化动态

每年出苗后参根略有减重，人参展叶后，光合产物积累增加，开始逐渐增重，8月下旬至 9 月下旬增重较大，10 月后参根开始减重（表 3-5，表 3-6）。每年进入 8 月下旬后，园参根内干物质积累加快，9 月中旬前为参根增重高峰期，是收获加工的好时期。

表 3-5　四年生参根年增重状况

测定日期		栽时根重（g）	起收根重（g）	增重（g）
月	日			
5	15	5.46	5.56	0.10
	30	5.48	4.96	−0.52
6	15	5.5	5.80	0.30
	30	5.4	7.00	1.60
7	15	5.5	8.20	2.70
	30	5.5	9.20	3.70
8	15	5.6	11.90	6.30
	30	5.4	12.90	7.50
9	15	5.5	14.10	8.60
	30	5.43	13.60	8.17
10	15	5.71	13.10	7.39
	30	5.53	13.10	7.57

表 3-6　不同参龄参根干鲜比年变化

参龄（年）	7 月 15 日	7 月 25 日	8 月 15 日	8 月 31 日	9 月 15 日
3	1：4.12	1：3.93	1：3.96	1：3.53	1：3.50
4	1：4.73	1：4.20	1：3.92	1：3.49	1：3.51
5		1：3.70	1：3.66	1：3.34	1：3.31

四、"反须""皱纹"和"珍珠点"

人参根喜欢生长在疏松、肥沃和温暖的土层中。野生于林间或栽培在全阴棚下的人参，种子萌发后，胚根向下生长，发育成主根。但林间或全阴参棚下，表土层很薄（林间 10cm 左右、棚下 25cm 左右），底土冷凉，不适合人参生长，参根便产生侧根。侧根逐年向疏松、肥沃、温暖的表层生长，年长日久，须根多分布在表层，产区把此种现象叫"反须"。如果把参床加厚到 35cm，或选用底土疏松、肥沃、热潮的地块种参，则无此种现象。

"皱纹"又叫纹，是指参根主体上的横纹。一般一至二年生参根主体上无皱纹，3～4 年以后，参根主体上都有皱纹。皱纹有无和粗细是鉴别参龄大小、区别山参和园参的特征之一。山参"皱纹"多而密、浅而细，而且近似于环状，位于肩部之上；园参"皱纹"稀少且粗，断断续续不呈环状，参龄长的纹多而明显。"皱纹"是参根伸长受阻，最后弯曲生长而形成的。山参生长缓慢，细胞细小，弯曲程度低，因此纹细；而园参由于营养充足，细胞大，生长快，弯曲程度大，因此皱纹大而稀少。

"珍珠点"是细小须根脱落后留在支根或须根上的根痕，脱落次数多的，根痕大而明显。山参生长年限长，须根细长，脱落次数多，根痕明显，故有"珍珠点"点缀须下之说。

第五节　人参茎叶的生长

人参茎叶数目有限，一年生地上无茎，只有复叶柄，二年生以上都有茎，通常为单茎，少数为双茎或多茎。参龄长、生长好的人参，每株最多为 6 枚掌状复叶。这有限的茎、叶都是在每年越冬芽形成时建立起雏形，伴随萌发一次性出土。出土后的茎叶一旦受损（不论是病虫鼠害或是机械损伤），当年内都不能再萌发出新的茎叶，因此从事人参各项田间管理时，必须注重保护好茎、叶。否则一旦人参地上部无茎、叶，地下器官就无营养来源，容易感病腐烂。人参生育后期茎、叶受损害，其根虽然不烂，但浆气不足，不仅出货率低，而且质量差、等级低。

人参叶片小、复叶数少。据测定，二年生人参叶面积为 0.59dm²，叶面积指数为 0.231；三年生人参叶面积为 2.62dm²，叶面积指数为 0.811；四年生人参叶面积为 5.48dm²，叶面积指数为 1.090；五年生、六年生人参叶面积分别为 8.94dm²、13.64dm²，叶面积指数为 1.272 和 1.531。

人参属阴性植物，上表皮无气孔，上表皮下无栅栏组织或栅栏组织不健全，海绵组织细胞大。在东北产区，展叶期和 9 月后的人参叶能耐 58klx 自然光，炎热夏季（7 月至 8 月中旬）能耐棚下 25klx 光强，在春夏和夏秋之间，能耐 35klx 光强；空气湿度大时，抗强光能力强。

第六节　人参的开花结果习性

一般人参生长 3 年开始开花（极少数植株生长 2 年开花），3 年以后年年开花结实。人参的花芽是在上一年夏季越冬芽分化时形成的，伴随越冬芽生长发育，花芽发育成花序雏形。越冬芽萌发出苗、展叶时，花序显露并渐渐长大。人参出苗后 15～25d 开始开花，田间花期 15～20d。人参见花后，逐日开花频率如表 3-7 所示。人参是伞形花序，小花从伞形花序外缘开始开放，渐次向中央开放。序花期（株花期）7～15d，其中 8～10d 开放数量最多，约占总开放数的 70%。人参小花从第一个花瓣开放到第一个花瓣脱落需 23～120h，即朵花期 1～5d，朵花期以 1～2d 者为最多（约占 50%）。天气晴朗朵花期短，阴雨天朵花期长。人参小花在全天都可以开放，每天以 6—14 时开花最多，占全天开花数的 90%～95%。人参小花第一个花瓣开放后，花丝快速伸长，1～2h 可伸长 1 倍，花瓣全部开放后（开花后 1～3h），花药开裂，花粉散出，全部散粉需 10h 左右。花瓣开始脱落时，花丝花药干秕。花粉粒侧面观为圆形，极面观为近三角状圆形，平均直径 34.5μm（27～42μm），成熟花粉生命力可保持 3d。花粉粒染色体数为 24，但据杨涤清研究报道为 22。

表 3-7　人参开花后逐日开花频率

见花后天数（d）	1	2	3	4	5	6	7	8	9	10	11	12	13	14	15	16
开花频率（%）	5.81	6.60	5.62	5.07	7.04	11.45	10.39	11.02	10.01	8.64	5.45	4.45	3.43	3.37	0.92	0.81

人参是常异花授粉植物，自然异交率较高（朝鲜书籍记述为 11%～27%，中国农业科学院特产研究所报道为 41.82%）。人工杂交时，去雄日期以开花前 1～3d 较合适，以上午 8—11 时采粉为好，采后立即授粉。一次人工授粉，结实率在 20% 以上，高者可达 83.3%。

人参开花后 2～31d 子房明显膨大，生长速度加快，结果顺序与开花顺序相同。结果 15d 后，果实可长到正常果实 2/3 大小，此后胚乳生长速度加快。当胚乳充满种壳后，即果实大小停止生长时，胚开始生长发育，随着果实由绿变紫、红、鲜红等不同特征，胚的形态由球形到心形，最后呈棱形，整个果期 55～65d。人参果实成熟后，极易脱落，采种田应适时采种。人参参龄不同，结果数量也不同，三年生人参果实小、种子也小，果实及种子数量都少；五、六年生人参结果数目多，果大、种子也大。同参龄同等生育条件下，结果数目少的果大籽大，同一花序外缘果实比中央果实大而饱满。

第七节　有效成分的分布及积累动态

人参所含的化学成分种类多，了解其分布与积累动态，对科学种植和利用人参具有重要的意义。由于对人参药效成分的深入开发较晚，目前，人参所含多种化学成分的分布、积累动态尚不清楚，这里仅就近年研究报道作简略介绍。

（一）人参皂苷

人参属（*Panax*）植物都含有皂苷，以四环三萜类达玛烷型皂苷为主。

人参的主根、茎、叶、花、果实、种子都含有人参皂苷，其中花蕾含量最高（表 3-8）。

表 3-8　人参不同部位皂苷含量（单位：%）

测定部位	根				茎	叶	花蕾	果肉	种子
	主根	须根	不定根	根茎					
总人参皂苷含量	3.40	10.00	4.00	6.10	2.10	10.20	15.00	8.90	0.70

皂苷是人参的重要活性成分之一，我国传统医药学以参根入药为主，茎、叶、花、果尚未开发利用。就皂苷而言，人参花蕾、果肉及叶的含量均高于主根。按 1983 年吉林省 2 万 m² 的人参种植区计算，若茎叶产量为 85g/m²（干品），全省年产 1 700t，这 1 700t 只利用 60%，按茎叶比例和皂苷含量推算，每年可产皂苷 57t，相当于每年参根皂苷产量的 2 倍。因此，深入开发利用人参茎、叶、花、果皂苷资源是非常必要的。但应当指出，人参地上部分皂苷含量是以三醇型皂苷为主，而地下的主根、须根、根茎等部位所含皂苷以二醇型皂苷为主。

另外，参根中的皂苷主要分布于形成层外侧组织，集中于树脂道及其周围的细胞。据测定，周皮占主根总重的 6.9%，周皮皂苷含量为 2.6%，占主根皂苷总含量（5.95%）的 43.70%；韧皮部占主根重量的 46.6%，韧皮部皂苷含量为 3.04%，占主根皂苷总含量的 51.09%；木质部占主根总重的 46.5%，木质部皂苷含量为 0.31%，占主根皂苷总含量的 5.21%。因此，选种应选韧皮部厚的参根。

参根中的皂苷含量受品种、地区、土壤、栽培方式和年限、加工方法等因素的影响。据报道，长脖人参皂苷总含量最高，为 6.15%±0.53%，黄果种 5.89%±0.184%，圆膀圆芦 5.50%±0.173%，大马牙 5.06%～5.78%，二马牙 4.99%～5.56%，竹节芦 4.82%±0.153%。栽培年限长的人参皂苷总含量高，参龄短的人参皂苷总含量低；光照适宜的皂苷总含量高；摘蕾、科学施肥的人参皂苷总含量也高。参根加工成产品后，参须皂苷含量最高。生晒参皂苷总含量高于红参，红参皂苷总含量高于糖参（表 3-9）。

表 3-9   不同产地人参皂苷含量比较（单位：%）

产地	生晒参	红参	糖参	参须
中国	5.22	4.26	2.81	11.50
朝鲜	—	3.80	2.10	—
日本（长野）	2.50	3.90	3.10	14.00
日本（福岛）	—	4.90	1.50	6.50

关于人参皂苷的积累动态问题，许多研究报告都指出，人参皂苷积累随栽培年限增长而逐渐增加（表 3-10）。苏联学者报告了一至六年生人参的药理作用，其结果也是药理活性随人参参龄增长而增强（表 3-11）。参根皂苷含量在 1 年内也会随着生长发育变化而波动（表 3-12）。

表 3-10   不同栽培年限参根皂苷含量（单位：%）

栽培年限	1	2	3	4	5	6
正丁醇浸膏	4.08	4.82	5.64	6.18	6.26	6.40
人参总皂苷	1.51	2.22	2.78	3.16	4.02	4.85

表 3-11   栽培年限与药理作用关系

栽培年限	药理作用（垂体后叶激素作用单位）
2	740
3	900
4	1 060
5	1 580
6	1 720

表 3-12　不同参龄期间参根皂苷含量变化（单位：%）

日期	二年生	三年生	四年生	五年生	六年生
4 月 28 日	1.71	2.56	3.13	4.06	4.44
6 月 22 日	2.40	2.83	3.92	4.37	5.16
8 月 9 日	2.22	2.77	3.28	3.82	4.74
8 月 25 日	—	—	—	4.14	4.65
9 月 1 日	1.83	2.68	3.46	—	—
9 月 10 日	—	—	—	4.10	4.36
10 月 4 日	—	—	—	4.08	4.35

（二）挥发油

人参根中挥发油以倍半萜类成分为主，具有香气和生物活性，多数成分具有消炎、调味和抗癌等效用。鲜参中其含量最高（0.141%～0.165%），生晒参次之（0.056%），红参中其含量为 0.023%～0.051%。成品参挥发油含量与加工工艺有关。人参根和茎中都含有脂肪，茎在生育后期脂肪含量高，枯萎时却不含脂肪；根中脂肪含量以花期最多，休眠期较低。

（三）氨基酸

人参中已检出的普通氨基酸有 16 种，精氨酸含量最高，谷氨酸次之。氨基酸总量为 6.149%～10.087%，其中人体必需氨基酸含量为 2.10%～2.35%，人参中还含有三七素、γ-氨基丁酸等活性成分。鲜参中的氨基酸在加工中（特别是加工红参）的损失率为 24.6% 左右。

（四）人参糖类

人参糖类占干参根重的 60%～80%，可以说是参根的主要成分。它包括多糖、三糖、双糖和单糖。许多报告指出，人参多糖是有药理活性的物质，它有抑制小鼠 Ehrlich 腹水癌细胞增殖作用，对小白鼠 S180 的抑癌率高达 55%～60%，对慢性肝炎等病症具有一定疗效。目前从人参根中鉴定出 21 种人参多糖，淀粉、果胶是多糖的主要成分，淀粉约占多糖的 80%。淀粉虽不是活性成分，但对参根加工质量影响极大。淀粉含量高的鲜参，加工后的干品质量好。

淀粉等糖类成分含量的季节性变化更为明显，人参萌发初期，淀粉含量开始下降，5 月达最低极限。当叶片光合积累物质满足机体建造的需要并有余时，开始在根内积累，7 月中旬至 8 月末淀粉积累达高峰。9 月中旬后，部分淀粉开始转化为糖，以适应人参越冬的需求。栽培在不同条件下的不同参龄的人参，根中有效物质积累过程基本相似。其趋势为：早春萌动前淀粉等糖类成分含量最高，出苗展叶期含量显著下降，开花后积累加快，到生长末期达最大含量。

鲜参糖类成分含量较高，加工成商品后，糖类成分含量有所降低，其中红参类下降较多。

人参活性成分含量变化除与品种、参龄、产地、加工工艺等因素有关外，还与栽培管理有关。如摘蕾管理，减少了人参生殖生长对养分的消耗，把生殖生长的营养物质转入营养生长，不仅能提高产量10%以上，还能提高药效成分的含量。又如参棚透光状况管理，从传统的固定式一面坡全阴棚，改成拱形调光棚，又配合以科学施肥和灌水，不仅使人参产量翻了一番，而且皂苷、氨基酸、多糖等活性成分含量也得到了提高。

第八节　人参生长发育的环境条件

一、野生人参的生态环境

人参多生于以红松为主的针阔混交林或杂木林中，我国野生人参主要分布在长白山、小兴安岭的东南部，即北纬 40°—48°、东经 117°—137°的区域内。此区域内的长白山森林地带，年平均气温 4.2℃，1 月平均气温－18℃，7—8 月平均气温 20～21℃，年降水量800～1 000mm（7—8 月降水量为 400mm），无霜期 100～140d。在长白山一块海拔 800m的人参样地上调查，乔木层为红松（*Pinus koraiensis*）、风桦（*Betula costata*）、色木槭（*Acer mono*）、裂叶榆（*Ulmus laciniata*）等，灌木层为堇叶山梅花（*Philadelphus tenuifolia*）、东北山梅花（*Philadelphus schrenkii*）、刺五加（*Eleutherococcus senticosus*）、忍冬属数种，伴生的草本植物有（1m² 样方内）东北香根芹（*Osmorhiza aristata*）、假茴芹（*Spuriopiminella brachycarpa*）、白石芥花（*Dentaria* sp.）、无毛山尖子（*Caxaliahastate* f. *glabra*）、美汉草（*Meehania urticifolia*）、苔草（*Carex* sp.）、山茄子（*Brachybotrys paridiformis*）等。

有经验的采参人介绍，柳树林、杨桦林、落叶松以及生有木贼、和尚菜和苔草植物的湿润林下，一般不生人参。在稍湿，生有粗茎鳞毛蕨、猴腿蹄盖蕨群落的林下，偶尔也有山参生长。土壤为棕色森林土（又叫山地灰化土、灰棕壤、暗棕壤），pH6.0 左右，小地形，大都是微坡或斜坡，坡度 30°左右，林间郁闭度为 0.5～0.8 的林地常生有野山参。在山参生长地，人参常有数株、十几株乃至几十株，散生或丛生。

二、园参产区的环境概况

我国参区把栽培人参统称为园参，园参栽培是按野生人参的生境选地栽培的，园参生态环境大体上与野生人参的生境一致。不过，由于栽培面积的扩大和伐林栽参方式的普及，园参产区的空气湿度和气温、土温等条件都与林间条件不同。加上栽培技术的发展和引种栽培的出现，人参的栽培区域迅速扩大，致使目前世界各地参区的气象条件，特别是空气湿度和气温、土温及降水量年均差异较大。但限于人参生物学特性的基本条件，世界各参区人参生育期间（5—8 月）的气象条件基本相近，如表 3-13。我国园参生产区的土壤剖面见表 3-14，土壤机械组成见表 3-15。土壤比重、容重、总孔隙度见表 3-16，土壤的化学性状见表 3-17。

表 3-13　部分人参产地气象条件

产地	年平均温度（℃）	8月平均温度（℃）	1月平均温度（℃）	降水量（mm）	蒸发量（mm）	生育期（5—8月）气温（℃）	降水量（mm）	蒸发量（mm）	海拔（m）
中国集安	6.5	23.2	−14.5	947	1 124	20.2	659	658	400～600
中国通化	4.8	21.7	−17.8	899		19.4	649		400～600
中国抚松	4.3	21.9	−16.5	763		18.6	535	655	400～800
中国靖宇	2.5	20.6	−18.7	767		17.2	525	640	400～900
朝鲜开城	10.8	29.5	−11.4	1 289	1 104	21.4	906	570	100～380
朝鲜锦山	11.9	30.5	−8.8	1 205		22.6	759		100～500
日本长野	10.9	30.9	−6.0	998	1 167	21.5	422	623	400～800
日本岛根	13.9	31.5	−0.8	2 033	1 106	22.3	652	587	20～40
日本北海道	7.3	27.4	−16.7	1 084	803	18.9	449	461	

表 3-14　吉林省抚松东岗、集安花旬子附近参园土壤剖面概况

抚松县东岗 厚度（cm）	土壤性状	集安市花旬子 厚度（cm）	土壤性状
0～6	深灰棕色或黑色，植物根很多，黏壤土，pH6.8	0～10	黏壤土，湿时黑色，粒状结构，pH7.0
6～25	灰白色粉沙壤土，结构不明显，pH5.8	10～15	颜色比上层浅，粒状结构不明显，pH6.5
25～40	土壤黏性较大，且少量棕色旋纹，pH5.8	15～40	深灰棕色，夹有石砾，pH6.3
40～90	蓝灰及红棕交杂黏土	40～90	棕色黏壤，石砾增多，pH6.5

表 3-15　参地土壤（深度10cm）机械组成

地点	质地（国际法）	1～0.25	0.25～0.05	0.05～0.01	0.01～0.005	0.005～0.001	<0.001	>0.01	<0.01	参龄
抚松一参场	粉沙壤土	12.71	33.24	34.91	12.00	4.91	2.18	80.91	19.09	四年生
	壤土	10.18	35.18	33.56	11.37	7.58	2.13	78.92	21.08	五年生
	粉沙壤土	6.36	23.64	33.12	21.21	9.55	2.12	67.12	32.88	六年生
集安一参场	壤土	19.69	36.14	26.61	6.92	7.45	3.19	82.44	17.56	五年生
	粉沙壤土	17.65	22.82	36.24	10.35	10.87	2.07	76.71	23.29	六年生

表 3-16　参地土壤（深度10cm）比重、容重、总孔隙度

地点	比重（g/cm³）	容重（g/cm³）	总孔隙度（%）	含水量（%）	三相容积比（%）固	液	气
抚松一参场	2.58	0.65	74.61	39.59	25.39	25.73	48.88
集安一参场	2.57	0.71	72.38	33.12	27.62	23.52	48.86

表 3-17　参地土壤（深度 10cm）化学性状

| 地点 | pH | 100g 土中毫克当量数 | | | 盐基饱和度（%） | 有机质（%） | 100g 土中毫克数 | | | 全氮（%） | 全磷（%） | C∶N | 硼（μg/g） | 铜（μg/g） | 锌（μg/g） | 铁（μg/g） | 锰（μg/g） |
		代换量	代换性盐基	代换性氢			水解性 N	P₂O₅	K₂O								
抚松一参场	5.7	30.51	22.54	7.97	73.86	9.30	14.34	2.71	17.76	0.50	0.95	10.3	0.41	2.60	8.60	538	440
集安一参场	5.5	23.84	20.98	2.96	87.64	4.70	13.24	2.87	18.77	0.41	0.52	11.5	0.17	1.10	2.40	130	78.5

三、人参生长发育与温、光、水、肥

（一）温度

据报道，地温稳定在 4～5℃时，人参开始萌动，地温 10℃左右开始出苗。展叶期气温变化为 12～20℃，开花期气温处于 13～24℃，以 15～22℃最为适宜，结果期温度处于 16～28℃，红果期气温多在 20～28℃，气温低于 8℃人参停止生长。生育期间最适温度范围 15～25℃，生育期间大于 10℃的积温要求为：抚松东岗地区 2 163～2 223℃、集安地区 2 949～3 468℃。

人参出苗、展叶期间，气温 15℃左右为宜，气温超过 30℃（塑料小棚或地膜）出苗缓慢，出苗率很低；气温低于 8℃，出苗展叶缓慢，甚至停止生长，遇到 −2～4℃低温，虽不能冻死参苗，但会出现茎弯叶卷现象，参苗卷缩呈球状。如果气温降低到 −4℃以下，则会发生冻害。人参生育期间，一般气温在 20～25℃下光合速率较高。在 25klx 光照下，气温高于 25℃，光合速率下降，高于 34℃，光合速率很低，参叶易被晒焦。参根在萌动时或地上部枯萎后至结冻前，最怕一冻一化。一旦出现一冻一化，参根就出现冻害，即缓阳冻。人参进入冬眠后，耐低温能力增强，产区自然低温条件下可以安全冬眠。

人参种子种胚形态后熟时，前期最适温度为 18～21℃，后期最适温度为 15～18℃；低于 15℃后熟时间延长，此期气温过高，水分偏多，烂籽数量增多。种胚生理后熟温度为 0～10℃，以 0～5℃最为适宜。越冬芽生理后熟温度为 0～10℃，也以 0～5℃为最佳。人参种子和越冬芽的生理休眠，在 0～10℃条件下要持续 50～60d 才能通过。否则就不能正常萌动出苗。

（二）光照

人参是阴性植物，怕强光直接照射，因此，栽培人参需要遮阴管理。如果遮阴过大，光照过弱，人参生育不良。

人参的光合作用补偿点为 250～400lx，光饱和点为 15～35klx。通常温度高时，光补偿点和光饱和点低，相反则高。在 20～25klx 光照强度下，20～25℃时，光合速率高。二至五年生人参光合速率日动态呈单峰曲线，较高值出现在 9—15 时，此时光强和气温分别达到 1d 中的极值。六年生人参光合速率日动态呈双峰曲线，中午稍有下降，后又回升，类似小麦的午休现象（图 3-3）。二至六年生人参的最大真光合速率（以 CO_2 计）为 10.81mg/(dm² · h)，出现在六年生人参的开花期。人参生育期间光合速率的日变化随温度和光强的变化而变化。在气温 30℃、光强 22klx 之内，日光合速率与温度、光照强度成正相关（图 3-4）。

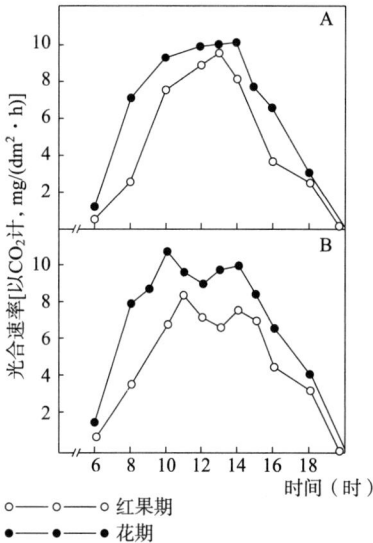

图 3-3 四年生（A）和六年生（B）人参不同生育期光合速率日动态

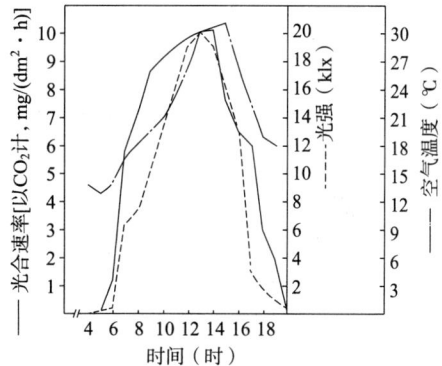

图 3-4 人参日光合速率和光强及气温的关系

光合速率的年动态以五年生人参各生育期日均光合速率（以 CO_2 计）表示时，展叶期为 2.30mg/(dm² · h)、开花期为 7.09mg/(dm² · h)、绿果期为 7.21mg/(dm² · h)、红果期为 5.58mg/(dm² · h)、枯萎期为 0.64mg/(dm² · h)。其中以绿果期为最高，开花期次之。二至六年生人参 $\delta^{13}C$ 值依次为 -2.675‰、-2.830‰、-2.491‰、-2.664‰、-2.743‰，各年生之间无明显差异。二至六年生人参 PEPCase 活性分别为 14.61、14.27、14.93、13.98、13.86U/mgprot · min。二至六年生人参的 CO_2 补偿点相近，变化范围为 80~102μL/L，各年生人参从开花期到红果期的 CO_2 补偿点变化呈略有上升的趋势（80~102μL/L）。基于人参 $\delta^{13}C$ 值为 -2.681‰，在划分 C3 植物 $\delta^{13}C$ 值（-2‰至 -4‰）范围内，而 CO_2 补偿点又和 C3 植物菠菜（88~108μL/L）相近，故按此划分标准把人参划为 C3 植物类。

通过不同色膜（制作透光棚）栽参试验，结果表明，淡绿色膜、淡黄色膜（透过红光多）栽参比无色膜栽参产量提高 39%，红色膜增产 11%。深色膜（红、绿、蓝、紫、黄）尤其是深绿色膜影响人参的正常生长发育（叶片、根长显著偏小），产量均低于无色膜，紫色膜、黄色膜能使参根皂苷含量提高 10%~12%，深蓝色膜却降低了参根中的皂苷含量。

在我国参区，每年人参出苗、展叶时，气温偏低，人参的光饱和点高（约 35klx）。要想使人参生长快，生长好，供给光照强度应不低于 35klx。随着季节变化，气温逐渐升高，光饱和点降低，供给光照强度也应逐渐降低。每年 7 月上旬至 8 月中旬，是气温最高时期，人参光饱和点低，供给光照强度应控制在 15～22klx（气温在 25℃以下地区光照强度供给 22klx）。8 月中旬以后，气温逐渐降低，光照强度供给应相应增强。进入 9 月以后，其光照强度又与出苗展叶时相同。就 1d 来说，早晚温度低，供给人参的光照强度可适当高些，而中午温度较高，供给的光照强度应低些，但不能低于光饱和点。

有关不同参龄人参的需光强度，目前未见详细测试报道，生产单位摸索的经验参数是：一年生小苗，每年 7—8 月供给的光照强度控制在 10klx 或 10klx 之内，二年生人参控制在 15klx 以下，三、四年生人参供给 18～20klx 光照，五、六年生人参以 20～25klx 的光照强度为宜。

（三）水分

水是植物生命活动的必需物质，水的代谢涉及植物生理活动的各个方面，掌握人参的生理生态需水规律，满足其生长发育周期中水分代谢的供需平衡，是获得人参优质高产的先决条件之一。

人参在单透（只透光）大棚内、全生育期土壤相对含水量为 60% 的条件下，蒸腾强度为 $6.25g/(m^2 \cdot h)$，蒸腾系数为 167.95g，蒸腾效率为 6g。全生育期总需水量为 $135kg/m^2$（26 株），其中出苗期（12d）需水量占 2.8%，展叶期（10d）需水量占 17.2%，开花期（5d）需水量占 10.7%，结果期（69d）需水量占 41%，果后参根生长期（33d）需水量占 28.3%。有报告认为，人参生育期间，土壤相对含水量以 80% 为适宜，土壤相对含水量在 60% 时，人参生长不良，出现烧须或浆气不足；土壤相对含水量近于 100% 时，人参易感病死亡。

我国学者认为，在吉林省棕色森林土上栽培的人参，出苗期土壤相对含水量为 40%，展叶期为 35%～40%，开花结果期为 45%～50%，果后参根生长期以 40%～50% 为宜。高于 60% 易烂根，低于 30% 出现干旱，严重影响人参的生育和产量；旱涝不均或骤然变化是引起烂参的重要原因之一。日本报道，在日本的气候、土壤条件下，参地适宜的含水量为 50%～60%，60%～70% 为湿润，70% 以上为过湿，40%～50% 为干燥，40% 以下为过干。

我国多数参区春季都有不同程度的干旱现象，由于灌溉条件限制，人参生长发育不良，产量不高，这种状态应尽快改变。

（四）肥

人参对氮、磷、钾的吸收、积累与分配因参龄不同而呈现有规律的变化。一至二年生人参吸收积累氮、磷、钾的量较少，约占一至六年生总吸收积累量的 3.5%；三至四年生吸收积累量有所增加，约占一至六年生总吸收积累量的 37%；五至六年生吸收积累量较大，约占一至六年生总吸收积累量的 60%。各参龄人参吸收积累氮、磷、钾的趋势相近，以钾的吸收积累量为最多，其次是氮、磷（表 3-18、表 3-19）。一年内以开花期、果实成熟期吸收氮、磷、钾的量最多。据日本报道，每公顷人参需氮 28.5kg、磷 6.7kg、钾 31.5kg，这与表 3-18 的结果相近。

表 3-18　一至六年生人参单株氮、磷、钾吸收积累量（单位：mg）

参龄（年）	氮	磷	钾
1	8.4	2.9	11.6
2	27.3	5.5	34.4
3	91.1	16.7	126.3
4	285.7	74.2	444.6
5	302.2	68.8	579.7
6	359.1	75.6	854.9

表 3-19　形成 1kg 人参所需氮、磷、钾的量（单位：g）

参龄（年）	氮	五氧化二磷	氧化钾
4	22.10	5.30	26.03
5	28.45	6.40	34.32
6	32.53	7.07	38.94

人参吸收氮肥总量的 60％用于根的生长和物质积累，40％用于茎叶生长。一般 7 月中旬前，茎、叶、花、果生长期需氮较多，7 月以后，根中含氮量增加。硝态氮对人参生长有促进作用，铵态氮不利于人参生长。氮肥过多，人参抗病力降低，出苗缓慢（铵态氮过多影响出苗更明显）；氮肥不足，人参生长不佳，茎矮小而细，叶片也很小。应用 ^{15}N 测定表明，氮素在人参的叶和根中分布较多，茎中分布较少。人参中氮素营养来自土壤的占 90％左右，而来自肥料的约占 10％。此种结果表明，选好地、改好土是人参增产的重要措施。

人参吸收磷的数量比氮、钾都少，约为氮的 1/4、钾的 1/6。人参在展叶、开花、结果期需磷较多，在开花至绿果期吸收磷的速度较快，24h 能把吸收的磷分布到各个器官中，开花至绿果期叶面喷磷，种子产量增加 10％。磷能增强人参的抗旱、抗病能力，促进种子发育。缺少磷时，人参生长受抑制，根系发育不良，叶片卷缩，边缘出现紫红斑块，种子数量少且不饱满；磷肥过多，易引起烂根，影响保苗。

人参需钾量较多，钾除了促进人参根、茎、叶的生长，以及抗病、抗倒伏外，还能促进人参中淀粉和糖的积累。

钙、镁、铁、硼、锰、锌、铜等都是人参生长发育中的必需营养元素，它们对人参的生长、代谢都有促进作用。据报道，生长 1～5 年，各参龄每株人参需钙量分别为 0.15、0.64、2.9、8.2、14.5mg，每株需镁量分别为 0.15、1.5、5.1、10.3、20.1mg，每株需铁量分别为 0.01、0.09、0.18、0.27、0.27mg。人参吸收硼的数量较多，据测定，每克新林土含硼 0.17～0.67μg，人参生长 3 年后，土壤中硼的含量为原有含量的 3.8％。新林土中其他元素也在栽培人参后有不同程度的消耗，如每克新林土中含锌量为 2.4～8.6μg、含锰量为 78.5～440μg、含铜量为 2.6～3.8μg，栽参 3 年后，土壤中锌的含量减少 69％、锰的含量减少 66.6％、铜的含量减少 25％。

　　人参各器官中，含硼量最多的是花，缺硼时，花粉发育不良，花药花丝萎缩，花期喷施0.05%的硼酸，可提高人参小花受精率近10%，种子千粒重提高3.5g。用0.05%的硫酸锌和高锰酸钾分别浸种30min，播种后2年比较参根产量，锌处理增产10%，锰处理增产18%；用0.2%的硫酸锌浸种30min后播种，3年后参根增产24%；用0.3%的硫酸锌浸种15min后播种，3年后参根增产62%。近年来，许多参区采用根侧或根外追施微量元素肥的方式，都获得了一定的增产效果。

第四章

人参遗传育种

中国使用人参已有 4 000 年的历史，人工种参有 400 多年的历史。由于人参对生态环境的要求比较严格，世界上只有少部分区域适合人参生长。进行人参大量生产的国家有中国、朝鲜、日本和俄罗斯，其主产区集中在北纬 32°—48°、东经 120°—145°地区，即亚洲东部，主产地区有吉林、辽宁、黑龙江等省，山东、山西、河北、湖北等省亦有栽培。在长期的栽培过程中，各地形成了地方品种，通过引种、选育、杂交、诱变等对育种方法有了一定的研究，为进一步育种奠定了理论基础。

第一节　种质资源

一、属内种质资源

人参属（*Panax* Linn.）是五加科的一个小属，其中人参（*P. ginseng* C. A. Mey）、三七［*P. notoginseng*（Burk.）F. H. Chen］、西洋参（*P. quiquefolium* L.）均为享有盛名的珍贵药用植物，驰名世界，竹节参［*Panax japonicus*（T. Nees）C. A. Mey.］、珠子参（*Panax japonicus* var. major）等也有长期的药用历史。

人参属 *Panax* 由著名植物学家林奈（C. Linne）1975 年创立，*Panax* 源于希腊字Pan（全面）和 Acos（药物），即"全面的药物""万灵药"之意。早期由于人参属和楤木属（*Aralia* Linn）相合，以及将东亚种与北美西洋参相混，而造成分类上的混乱。为此，早在 20 世纪 70 年代初，人参属种质资源的分类研究就引起了许多学者的重视。20 多年来，许多专家学者采取多种鉴定方法与技术相继对人参属内、种内品种资源的变异进行考究，尤其是对于人参种内品种的鉴定开展了较广泛深入的研究，并通过系统研究取得很大进展。人参属共有 7 个种（包括 1 个外来种）、3 个变种，除三叶人参（*P. trifolius* L.）产于北美洲外，其他种在我国均有分布。

二、种内种质资源

迄今共发现了十几个变异类型，尽管先后有日本、韩国和我国学者选育出根形好、产量高和含量高的人参新品种，但均未成为生产上的主栽品种。

韩国根据果实和茎叶颜色，从人参中分离出如下 3 个变种：黄熟种、青茎种和果实橙黄种。并认为上述变种的特性是可遗传的，其茎秆颜色可分为纯绿色、绿色、紫色、深紫色等。

据韩国专卖厅的报告，人参茎秆、叶柄颜色与地下部的生长发育和抗病性均有相当密切的关系。叶柄紫色和深绿色的植物比叶柄绿紫色的植物具有较强的抗灰霉病能力。依据果实颜色有红果、黄果、橙黄果3种；依据茎的颜色有紫茎、绿茎、青茎3种；依据果穗松紧有紧穗、散穗2种。具体分类如下。

（1）按果实和茎秆颜色分类，可分为以下3种。

①固定种。目前栽培的人参大部分是紫茎、红果种，基因型为PPRRhh，称为固定种。

②黄果种。人参以红果种为主，而果实黄色作为隐性性状仍旧存在着，它的茎、叶柄和叶片因没有花青素，呈现浅绿色，果实的外果皮、果肉为橘黄色，内果皮和种皮为浅黄白色，基因型为pprrhh，称为黄果种。

③青茎种。若茎色是由两对基因互作的抑制作用（inhibiting effect）控制，基因型为P-hh、ppH-、pphh个体，由于P为花青素，显性基因、H为花青素抑制基因，因此P-hh个体表现型为紫茎，ppH-、pphh个体表现型均为青茎，其理论数据青茎、紫茎比为13：3。研究认为茎色与光照有一定相关性，因此茎色遗传还需进行深入研究。

（2）按根的形态分类。依据人参根及根茎的形态可将人参分类为大马牙，二马牙（包括二马牙圆芦、二马牙尖嘴子），长脖（包括草芦、线芦、竹节芦），圆膀圆芦（包括大圆芦、小圆芦）4个变异类型，又称农家类型，主要区别如下。

①大马牙。芦头短粗，芦碗（茎痕）大、明显，芦碗节间小。主根粗壮，支根短粗而多，须根多，植株高大，茎秆粗壮，根产量高。

②二马牙。与大马牙相似，但各部位的特征不如大马牙明显，主根粗壮、比较长，根茎稍长且较细，茎痕较小，越冬芽也小，支根较长，须根少，茎叶较壮，产量略低。

③长脖。分为竹节芦、线芦、草芦，均表现芦头细而长，芦碗小，芦碗节间长而明显，主根细长，须根长，生长缓慢，产量低。

④圆膀圆芦。体形介于长脖与二马牙之间，根茎长，主根肩膀圆，根形美观，植株较矮小，根产量略低。

（3）其他变异类型。人参果穗有紧穗和散穗类型，前者果实多，果穗紧密，呈圆球形；后者果实少且稀疏。还可根据茎的数目将人参分为单茎参（一般多为单茎）、双茎参和多茎参等。

第二节　研究进展及育种目标

一、遗传的主要研究进展

（一）细胞遗传学

从20世纪30年代开始，许多学者对人参属植物进行了染色体的分类研究。杨涤清（1981）对人参属植物进行染色体分类研究，将该属中的种按染色体数目顺序排列，假人参（*P. pseudo-ginseng* Wall.）（$2n=24$）、三七（$2n=24$）和竹节参（$2n=24$）是二倍体种，人参（$2n=44$，48）和西洋参（$2n=48$）等为四倍体种，从而形成该属的多倍体系列。其中染色体数目最少的种通常就是始生种，倍数多的种被认为是较进化的类群，即从染色体探讨该属的演化方向。崔秋华（1982）观察了人参染色体数目，并进行核型及Giemsa深染区分析，得出核型公式 $2n=48=24m+16sm+8st$，根据染色体核型公式认为人参是异源多倍体。任跃英进行了西洋参根尖染色体的计数，并对其染色体核型进行分析研究，得出核型公式为 $K（2n）=48=20m+26sm+2st$。

李方元对 8 个不同农家品种类型的染色体核型差异做了研究，认为抚松大马牙参、抚松二马牙参、集安二马牙参应统称为马牙类型，虽然集安大马牙参染色体核型的臂比偏大，但仍应归为马牙类型；抚松长脖参、集安长脖参、竹节芦参应归为长脖类型；集安圆膀圆芦参应归为园芦类型。

（二）生物学性状及经济学性状遗传

对分离的各种农家品种开展了多方面的鉴定研究工作。如各种农家品种在各产地的混合比例及与产量的关系、形态和组织解剖、农艺性状、抗逆抗病性、生理生化、染色体核型、种皮纹饰、化学成分等。统计学分析确认人参种内的变异类型在性状上有差异。研究认为，大马牙是产量最高的类型，黄果是人参皂苷总含量最高的类型，长脖（石柱参的基原植物）、圆膀圆芦（石柱参的基原植物）和二马牙（边条参的基原植物）根形好且各有特色。

赵寿经等（1993）用方差和聚类分析研究了集团选择的各类型子代 17 个苗期性状，其中，单株重等 12 个性状存在差异显著，他认为大马牙与二马牙亲缘关系接近，圆芦与长脖接近。在对农家类型子代成熟植株 11 个经济性状的比较中，7 个性状存在差异显著，在对 5 个主要产量性状进行遗传分析中，证明不同农家类型的产量和产量构成因素有较高的遗传力，单根重、根粗、茎粗与单产呈极显著正相关，各产量因素与产量构成因素有较大的选择改良潜力。

魏建和等采用系统选育方法，从群体中选育了近 3 000 个边条人参单株，经过连续 5 代自交选择，培育出了综合性状优良的边条人参新品种和一批性状稳定、一致的株系。采用变异系数及相关、回归和聚类等多元统计分析方法，对经 5 代自交获得的边条人参种质材料（株系）性状的变异及性状间的相互关系进行分析，为人参品种选育和规范化种植提供依据。

任跃英等人对抚松一参场人参地上植株的茎高、茎粗、叶宽、果形、叶特征、叶面积等性状差异进行调查，结果表明人参植物群体是一个品种高度混杂的群体。种源变异多，有广泛的育种基础。

二、育种的主要研究进展

（一）国外育种的目标动态

20 世纪 50 年代日本开始开展人参系统选育工作，在 1968 年育成人参品种——御牧种，其特点是根形美观，但产量偏低。韩国在黄果人参育种及高光效人参育种等方面已开展了多年的研究工作，韩国 CHoi K. T. 等（1998）从农家参田中挑选了许多具有独特性状的植株，并与当地已经分离纯化了的地方栽培品种进行比较，命名为 KG（Korean Ginseng）系列品系。KG 系列的四年生人参长势强壮，KG101 品系的主根显示出比地方品种 Jakyung-jong 和其他品系的主根都长的特性；KG102 品系显示出茎多而株矮的特性，单根重比地方品种高出 15%。韩国有 20 个人参新品种通过国家审批，其中，天丰的特点是紫茎，叶柄具黑色斑点，浆果粉红色，果熟期较农家品种晚 10d，根长适中，根病少，抗人参锈腐病（Cylindrocarpon sp.），适于加工红参，耐强光，六年生参根单产 1.39kg/m²；连丰的主要特点是茎矮，双茎多，光合作用好，参根短粗，单产 1.74～2.08kg/m²；金丰的主要特点是黄果，结果率比其他品种高，沙壤土栽培好，土壤湿度大，红皮病严重，加工出的红参色泽偏浅，平均单产 1.74～2.08kg/m²；高丰的主要特点是茎矮，浓绿色，平均单产 1.74kg/m²，产量不如连丰和金丰；仙丰的主要特点是质量好，抗地上部病害。通过分析，我国研究人员对国外特别是韩国的人参育种目标有了一定了解。

（二）国内育种的目标动态

赵寿经等开展人参的农家类型主要数量性状的综合比较分析，探讨类型间的亲缘关系和相关的主要性状，采用 8 种聚类方法对人参不同类型进行了聚类分析，结果以采用类平均法和离差平方和法的分类效果最好。7 个样本被分成 4 类，一类是黄果人参；二类是大马牙、二马牙、圆芦；三类是长脖、竹节参；四类是西洋参。以离差平方和法对性状的聚类将全部 100 个性状分为 9 组，探讨了主要性状之间的关系，筛选 60 个有代表意义的性状进行主成分分析，得到累积贡献率达 85% 以上的前 3 个主成分，分别为齐墩果酸因子、生长势因子和总皂苷因子。

赵亚会等人于 1986—1996 年在人参混合群体中，依据单根重、根形等经济性状选择 4 个集团，现已成功育成 2 个人参新品种——吉参 1 号和吉林黄果参。赵寿经等人对吉林黄果参与普通红果人参的形态特征、农艺特性以及主要有效成分含量等综合性状进行了多年对比观察分析，表明吉林黄果参茎和叶柄为绿色，果实成熟时为黄色，与目前生产上栽培的红果人参明显有别；花轴较短、叶片较宽；出苗期略晚 1～2d；开花和果实成熟期提早 1～2d；出籽率高于红果人参；三年生种苗单产高于红果人参，五至六年生人参产量略低；人参总皂苷含量、总挥发油含量、总氨基酸含量以及总蛋白质含量分别比红果人参高 0.39～0.44、0.067、1.88 和 3.56 个百分点，总糖含量比红果人参低 2.44 个百分点。

中国医学科学院药用植物研究所应用系统选育法，从生产上选择近 3 000 株优良单株，经连续 4 代自交纯化培育出了我国第一个边条人参新品种——新开河 1 号。该品种茎绿色，参根粗长，参形优美；对黑斑病具中等抗性；边条参率比对照品种高 15%，达 80% 以上，产量比对照品种高 30% 以上，总皂苷及大多数分组皂苷的含量高出对照品种 1.8%～2.5%；地上部和根部性状整齐度高，稳定性好。

目前，我国的人参主要育种目标有：人参的浆果颜色（红果、黄果）；结果率高；地上部植株耐强光；根形美观、短粗、根重、质量好；多茎、株矮、茎紫色、浓绿色或具黑色斑点；长势强壮、抗病性强、根病少；总皂苷、总挥发油、总氨基酸以及总蛋白质含量高等。

三、育种目标

人参品种选育工作在各地区有所不同，新栽培地区主要表现为单产低而不稳，老参区主要表现为病害严重，尤其是根病；同时，人参普遍表现生产周期长，多达 6 年以上，因此，人参的品种选育应主要以优质、高产、多抗为目标。

（一）优质

人参的有效活性成分主要是人参皂苷，其在植物根、茎、叶、花、果实中均存在。按化学结构可分为三类，即齐墩果烷（oleanolicacid，OA）型如 Ro 等；20s-原人参二醇（20s-protopanaxadiol，PPD）型如 Ra_1-3，Rb_1-3，Rc，Rd，Rh_2，Rg_3 等；原人参三醇（20s-protopanaxatriol，PPT）型如 Re，Rg_1，Rg_2，Rh_1 等。同时，还含有糖类、脂肪类、挥发油类、氨基酸类、甾醇类、维生素类等有效成分。有效成分和营养成分含量的高低是衡量人参品质优劣的重要标志。

当前，加工人参产品主要有大力参、红参、生晒参等，这些产品的性状表现与鲜参根的形状、各部位的比例直接有关。当主根占的比重大，芦头、艼、支根和须根少时，出货率高。另外，为了提高产值、扩大销路、换取更多的外汇，应该培育根形美观、支头大的品种。由此可见，根形也是人参育种的目标之一。

（二）高产

人参系宿根性草本植物，多以六年生作货（收获），也有七年生、八年生，甚至十几年生作货。主要收获地下部主根、支根、艼（不定根）和芦（根茎）。近年来对人参的茎、叶、花、果等也进行收获，进行综合利用。人参的产量构成因素主要是单位面积株数、单株重、单支重。人参生长缓慢，以地上部为例，人参叶片数量在每年内的生育期中是不变的，即春季出苗是几片叶，直到枯萎前还是几片叶，茎叶生长期仅为出苗期后 20 余天。人参根在 1 年内不同生育期间，生长速度差异很大。从出苗后 60d（7 月上中旬）到 100d（9 月上旬），参根生长速度很快，这 40d 仅为生育总天数的 30% 左右，但这一段时间的生长量占参根每年总增重量的一半以上。高产是优良人参品种最基本的条件，在保证质量的前提下，应选育具有高产、稳产性能的品种。

近年来，人参最低单产为 $1.46 \sim 2.79 kg/m^2$、单株鲜重（31.5 ± 1.24）g，造成人参单产低、单株鲜重差异大的原因有很多，除自然环境条件和栽培技术外，还存在着品种类型的差异，高产品种多为马牙类型，低产品种多为长脖类型。

（三）多抗

人参地上部器官每年秋季枯死，翌年重新长出地面，大量消耗根内养分，降低了根的抗病性；人参有须根年年脱落的习性，致使导管等组织敞开，成为病原微生物侵染的入口；人参根木栓层薄，木质化程度低，几乎没有机械组织，病原物一经侵入，根将迅速腐烂；人参为阴性植物，地上部器官怕强光照射，有抗性差的特点，国内外记述人参上发生的侵染性病害有 50 余种,非侵染性病害 8 种。我国北方人参病害 20 余种,这些危害根部的病原微生物多为土壤习宿性、非专化型的病原;加之人参一地要连续种植 3 年以上,更利于病原物的积累,造成病害日益猖獗。当前生产中,防治人参根部病害多通过农业综合措施。六年生人参因根病造成缺苗 20%,严重地块达 50% 以上。由此可见,人参经常受到病害、虫害、冻害等自然灾害的影响,这也是造成人参产量不高的重要因素,在选育新品种时,必须针对上述灾害,选择抗性强的品种,特别是抗病性强的品种。

第三节　繁殖方式与育种途径

一、繁殖方式

(一)有性繁殖

以吉林省中南部地区为例,人参开花期为 6 月初至 6 月末,伞形花序,外缘小花先开,逐渐推向中心。花期一般 7~11d,不同参龄植株花期不同,开花后 4d 将进入盛花期。从第一花瓣开裂到全部开放需 4.5h,到凋谢需 2~3d。单朵花开放的时间与当时环境的温湿度有密切关系,晴天 23~48h,阴雨天 30~60h(檀树先,1985)。日开花多集中在 6—14 时,其中 7—11 时为开花高峰期,可占 75%,夜间很少开花。人参属长日照植物,但在短日照的地区(如云南省)也可开花结实。人参是雌蕊先熟开花授粉的植物,自然异交率在邻株间为 20%~27%,邻畦间为 11.3%(大隅敏夫,1962),属常异花授粉植物,常发生昆虫传粉,在人参良种选育及单株选择时,应采取有效措施防止异交。

在黑暗、干燥、低温(4~6℃)条件下,人参花药开裂的花粉生活力可保持 3d,花药未开裂的花粉可保持 5~7d,花穗花粉可保持 10d 以上。未开花的花粉在室内条件下可保持生活力 3d。未开裂花药(含水量 26%~32%)经 20% 蔗糖或 10% 甘油的水溶液作冷冻保护剂进行冷冻处理,在液氮(−196℃)中进行超低温保存,可使花粉生命力由几天延迟到 11 个月以上,这对开展人参属间杂交及保存种质资源有重要意义。人参为中型花粉,粒径一般为 35μm,一朵花有 25 万个花粉粒。

(二)无性繁殖

(1)带有芦和芽苞的根茎无性繁殖。秋季将人参主根切除,利用带有芦和芽苞的根茎作繁殖材料,可进行无性繁殖。但由于烂根严重,出苗率仅为 30% 左右。同时,切下根芦和芽苞进行繁殖的这种做法严重影响作货参根的质量,因此人参的无性繁殖对生产实践没有多大意义。

(2)利用组织培养繁殖。利用人参的根、茎、叶、花梗、花丝、上胚轴、子叶等体细胞作外植体,在添加一定激素的 White、MS 等培养基上可以培养出愈伤组织,进而培育出完全植株;利用花药单倍体也可以培养出纯合二倍体植株。但目前还没有解决试管苗移植到田间的技术问题,因此该繁殖方法尚未进行实际应用。

二、育种途径

（一）选择育种

1. 集团选择　人参是一种以自花授粉为主，常发生异交的常异花授粉植物，因此更多的情况下可视为自花授粉植物，不同群体可视为不同的"纯系"。针对这一特点，在人参中开展集团选择，即从混杂群体中按不同性状分别选择属于各种类型的单株，并将同一类型植株的种子混合组成若干个集团，将这些种子集团分别播种在不同小区上加以比较、鉴定，这是人参培育新品种简单易行且见效快的方法。例如，中国农业科学院特产研究所在吉林省集安市头道镇参场，从 1986 年开始在当地四年生人参混杂群体中，按单根重、根形等性状进行根选，分别栽植，获得 4 个集团，然后在各集团上分别留种，下一代分别播种，同时在子代移栽时再依据各集团根选后分别栽植、留种，这样反复进行。王荣生（1990）、赵寿经（1991）等，对选后的 4 个编号为集安 1 号（G1）、集安 2 号（G2）、集安 3 号（G3）、集安 4 号（G4）品系的集团进行选择，选择后代的二年生苗性状表现进行调查和产量比较试验，得出如下 3 个效果。

（1）纯化效果。对品系 G2、G4 及混杂群体各选 120 株，对根长进行测量。由于人参根长是一个典型的数量性状，呈连续变异，混杂状态的人参根长的正态曲线表现为平缓峰，选择后变为较集中的陡峰，每个集团都保持各自平均长度的特征，并朝选择的方向移动，表现出纯化效应。

（2）增产效应明显，产量性状具有较高的遗传力。从子一代二年生苗看，G1 较当地混杂系增产 24.49%，G2 增产 22.49%，G3 增产 12.52%，G4 减产 21.04%。将集团选育子代二年生苗单产与亲代作货单产比较，可发现亲代产量高的集团基本上其子代产量也高，表明产量性状具有较高的遗传力。

（3）主要农艺性状的遗传特性和集团选择效果。赵寿经等（1992，1993）对集团选择方法选育的人参各集团子代苗期（二年生）与成龄期（四年生）植株主要农艺性状进行选择，效果分析见表 4-1。

表 4-1　人参各集团子代苗期植植主要农艺性状的数值表现及方差分析（赵寿经等，1992）

集团编号	单产** (kg/m²)	单株根重** (g)	存苗数*	茎高** (cm)	茎粗* (cm)
G1	1.799±0.096	3.81±0.31	389±52	6.98±0.59	0.22±0.02
G2	1.770±0.045	3.48±0.08	421±76	8.37±0.21	0.22±0.02
G3	1.626±0.128	3.41±0.16	395±31	5.21±0.41	0.19±0.01
G4	1.141±0.081	3.09±0.19	306±48	6.78±0.63	0.21±0.01

集团编号	叶长** (cm)	叶宽** (cm)	根长** (cm)	根粗** (cm)
G1	8.95±0.23	4.66±0.04	17.70±0.90	1.15±0.03
G2	8.04±0.16	3.83±0.06	19.25±0.81	1.03±0.06
G3	7.40±0.48	3.59±0.12	16.37±1.44	1.11±0.05
G4	7.90±0.17	3.90±0.11	17.98±1.33	1.01±0.03

注：* 表示达差异显著水平，** 表示达差异极显著水平。

①苗期主要农艺性状。人参各集团子代苗期植株主要农艺性状的数值表现及方差分析结果表明，测定的 9 个性状均达到差异显著水平，其中，存苗数和茎粗达差异显著水平，其他 7 个性状均达差异极显著水平。

②成龄期主要农艺性状。人参各集团子代成龄期植株主要农艺性状的数值表现及方差分析结果表明，测定的 11 个性状中，有 7 个性状达到差异显著水平，这与苗期的研究结果基本一致。其中，单产、单株根重、根粗、根长、茎粗性状的差异达极显著水平。

2. 系统选育　系统选育作为基本的选择育种方法，在人参育种中是一类行之有效的育种手段，但由于人参为多年生植物，采用系统选育方法育成新品种需经十几年甚至几十年的艰苦努力。

在系统选择过程中，要注意以下几个问题。

为了获得优良遗传的变异单株，系统选择要建立在对群体混杂情况进行调查的基础上，并在掌握优良性状比较评价方法的基础上进行。

为了获得优良遗传的变异单株，应适当扩大选择目标，少则几百个，多则数千个优良单株。注意研究各性状间的关系以及性状间的相互影响，掌握性状选择的关键；淘汰那些与原品种无变化的单株或株系，减少不必要的工作量；性状选择时，应在表现最明显和便于了解其发展变化的时期进行观察与选择；注意优良单株或株系的选择和培育。

（二）杂交育种

杂交育种是一种常规的育种方法，但在人参育种中开展得并不广泛，仅在种间开展了远缘杂交育种。其原因是人参种内的农家品种还不稳定，在亲本不纯的情况下，进行杂交没有意义。为此，中国、日本、朝鲜等国家都不同程度地开展人参属内不同种间的杂交工作。对杂交后代选育，观察发现杂交不育、后代不结实的现象普遍存在，表现了远缘杂交的特性。

日本的宫泽洋一试图通过杂交培育人参高产、抗病新品种，曾于 1959—1964 年用人参、西洋参和竹节参进行正、反交，共做了 125 个杂交组合，并且均得到了种子，但结实率有差异。其中，人参作母本的结实最好，竹节参作母本的结实最差，竹节参、西洋参的组合，供试 11 株，仅收 3 粒种子。F_1 种子裂口率以人参×西洋参杂交的杂种一代种子最好，为 81.2%，以竹节参为母本的种子胚和胚乳发育不良，竹节参×人参杂交的杂种一代种子裂口率仅 33.3%，竹节参×西洋参的杂交后代种子全没裂口。

无论哪个组合，F_1 茎叶、根的长势均比亲本旺盛，表现出显著的生长优势。随着杂种人参的生长发育，到第 6 年这种优势更突出。F_1 的叶形态指数（叶宽/叶长×100）一般呈双亲中间型，但西洋参×竹节参的杂交后代小于双亲。根质表现为人参×西洋参、西洋参×人参的杂交组合根质脆、侧根易损坏。人参×竹节参、竹节参×人参、西洋参×竹节参杂交的组合地下茎部均稍长，表现了竹节参的形状，根部的表皮也稍呈粗糙的质地。各杂交组合除人参×竹节参组合得到若干种子（F_2）外，其他几个组合高度不育。对 F_1 花粉调查结果表明，多数花粉因缺少内含物，无发芽力或很少发芽。人参×西洋参、人参×竹节参组合的 F_1 花粉母细胞在减数分裂中，多数情况下形成 2 个单价体，稀有 4 个单价体；而人参×竹节参 4 个单价体的情况最多，少有 6 个或 8 个单价体。

　　杜令阁等（1990）利用组织培养方法对人参×西洋参以及西洋参×人参的杂种胚进行培养，得到了具有不定芽长久分化能力的体细胞无性系和可大量形成胚状体的愈伤组织无性系，为人参远缘杂交育种创造了条件。

1. 有性杂交

　　（1）调节开花期。人参属内不同种间杂交必须调节开花期。如人参与西洋参杂交，由于人参开花期早于西洋参1个月，因此需将西洋参提前1个月以上，3月中旬于室内盆栽。人参与三七杂交，由于人参开花比三七早3个月，且三七为短日照植物，应将三七提前3个月，约在1月于室内盆栽；并给予短日照或赤霉素处理，促使其提前开花。也可将人参在低温（−5℃）下保存，以调节人参开花期。

　　（2）母本去雄。当花蕾上部膨大、浅绿色的花瓣边缘即将露出时，选择健壮无病的母本植株，留下花序外圈的小花，其余花和花蕾全部剪掉，于开花前1～2d人工去雄。去雄时，用解剖针轻压花蕾，花瓣便可开裂，用解剖针逐一去除白色的花药，去雄过程中，绝对不许碰伤柱头、碰开花药，可以去掉部分花瓣。去雄后立即套袋，1～2d后授粉，也可在去雄当天授粉并套袋。

　　（3）采集花粉与授粉。选取未开花的健壮父本参株并套袋，待开始开花时，将刚开花的花药收集于小瓶中，用毛笔蘸取花粉涂抹柱头。若花药未开裂或阴天不开裂，可日晒或置于温度不高于30℃的干燥地方处理。一般于去雄当天或第二天授粉2～3次。套袋可在7d后取下。

　　（4）胚的发育及种子生物学特性。人参授粉后，胚乳原核在24～36h内完成第一次有丝分裂。初期，核是同步分裂，核间不形成隔膜（细胞壁），核被细胞质包围并分散在胚囊里；9d后分散在胚囊里的胚乳核有40个左右，12d后胚乳细胞充满胚囊。卵核在授粉后24h左右受精，受精卵约有8d的停滞期，随后才开始分裂；到授粉17d后，胚长达48～50μm，此时，胚由数十个细胞组成；授粉21d胚长81μm，由6～8层细胞组成，并开始吸收胚周围的胚乳细胞；胚长228～230μm时，胚先端子叶分离，伸长70μm左右；授粉56d后，胚长340μm左右，进入采种期。

　　人参种子具有胚后熟的特性。它需要在温度15～21℃、湿度适当的条件下，经过90～120d人工催芽处理，使胚长达4.5mm以上，才完成胚的形态发育。此时，可明显地看到两片长勺形的子叶和一个小的三出复叶。发育完好的胚还有生理休眠的习性，需要在温度0～5℃、湿度适当的条件下，经2个月左右的低温处理，才能通过休眠。此时的种子在适当条件下方能出苗。40mg/L的赤霉素浸种24h可加速胚的形态发育；对完成胚后熟的种子，用40mg/L赤霉素浸种24h则可打破生理休眠。

2. 有性杂交应注意的问题

　　（1）杂交后代分离现象严重，优良类型占比不高，因此要增加杂种后代群体数量和进行多代选择，才能获得符合选育目标、遗传性状比较稳定的类型。

　　（2）注意采取必要的措施进行开花期的调节，使杂交亲本的花期相遇。

　　（3）把握好适宜的采粉、授粉时机，采用必要的、克服远缘杂交困难的方法，如杂交授粉时，可对杂交母本柱头进行激素处理，提高结实率；对 F_1 的后代进行必要的复交或回交，以提高可育性。

（4）为了有效克服远缘杂交的困难，可开展杂种胚组织培养或利用 F_1 花粉进行离体培养，提高后代成活率，减少杂交后代分离。

（三）诱变育种

人参种内变异类型少，生产上又急需抗病、高产的品种，为此应大力开展物理、化学方法诱变育种，从而扩大变异范围，增加变异类型，从中选育新品种并为杂交育种提供更多的资源。

庄文庆（1990）曾用 0.1%～0.2% 秋水仙素处理人参种子，获得了变异体，其气孔比对照大 30% 左右，花粉败育率达 90%，结实率仅为 5% 左右；用 ^{60}Co 源及中子源处理人参种子、花粉，通过观察后代表现，摸清了诱变种子的适宜剂量 ^{60}Co 源为 $7.74 \times 10^6 C/kg$。快中子照射花粉的适宜剂量为每平方厘米 5×10^7 个。

多倍体育种在人参育种中有实际意义。可利用多倍体的巨大性，提高人参产量，利用多倍体的旺盛新陈代谢，提高人参皂苷含量，特别是利用多倍体有较强的抗逆性获得抗病品种。但由于多倍体植物的染色体倍数存在限度问题，人参已经是多倍体，再进行多倍体诱导，人参多倍体的适宜倍数是多少，是否能达到预期的效果，至今尚无定论。1972 年吉林农业大学张亨元等人用 0.1%～0.2% 秋水仙素处理种子 12～24h，播后发现有的参株叶片肥厚、叶色浓绿、刚毛变长、茎粗壮，开花时花粉败育率达95%，结实率不足 10%，气孔比对照大 27% 等。日本曾于 20 世纪 50 年代用秋水仙素诱变处理人参但未获成功。

李方元（1989）探讨了秋水仙素诱导多倍体的方法。应用梯度浓度的秋水仙素，对人参裂口种子和种栽芽苞进行梯度时间处理，出苗后定期进行性状长势调查和显微镜观察。结果显示，裂口人参种子经处理后与对照差异不显著，植株形态未分化；种栽芽苞经处理后，生长的植株地上部变化很大，叶片皱缩卷曲，茎秆增粗，植株矮小、花粉败育、子房萎缩，甚至有芽苞不发育等，细胞染色体数量也发生变化，结果见表 4-2。研究摸清了秋水仙素诱变的最佳浓度为 0.2%～0.5%，处理时间为 8～12h；并得出结论，在一定的浓度范围内，植株变异率与秋水仙素浓度和处理时间成负相关。

表 4-2　人参植株不同处理诱变效果（李方元等，1989）

秋水仙素浓度（%）	处理株数	处理 4h		处理 8h		处理 12h		处理 24h	
		变异率（%）	结实率（%）	变异率（%）	结实率（%）	变异率（%）	结实率（%）	变异率（%）	结实率（%）
0.05	25	0	—	0.12	—	0.12	—	0.22	0.78
0.10	25	0	—	0.32	—	0.39	—	0.61	0.26
0.20	25	0	—	0.74	—	0.74	0.78	—	0
0.50	25	0	—	0.74	0.87	0.90	0.60	—	0
1.00	25	0	—	0.79	0.68	0.90	0.30	—	0

另外，人参属种间杂交与多倍体诱变结合培育异源多倍体也是一条可以探索的育种途径。

三、良种繁育

（一）疏花

6月上旬，在人参花序有 1/2 小花开放时需进行疏花。将花序中央的小花蕾掐除 1/3～1/2，花序中的病弱花及散生花全部掐除，使营养物质集中供应保留的花序，有效地提高种子产量。

（二）疏果

疏果在坐果后进行为宜。用手掐掉发育不好的果粒及一些病果，保留健壮发育好的种果，使果粒更大、更整齐。

（三）留种田混选

选择一级种栽为种源建立良种繁育田，如此保证良种繁育优选优育。7月下旬至8月上旬红果期，从长势良好、健康无病的五年生人参田中挑选植株高大、茎秆粗壮、叶片宽而厚的健康人参为留种植株，挂牌标记，待果实红透时混合采果。

参考文献

崔秋华，1984. 人参染色体核型及 Giemsa 染色的研究 [J]. 吉林农业大学学报，11：1-7.

李方元，1985. 八个人参农家品种类型染色体核型差异 [J]. 特产科学实验（6）：2-7.

鲁歧，等，1992. 人参属植物分类学的研究进展 [J]. 吉林农业大学学报，14（4）：107-120.

任跃英，1994. 西洋参根尖染色体的核型分析 [J]. 吉林农业大学学报，16（3）：43-46.

任跃英，等，2003. 人参地上植株田间混杂情况的调查研究 [J]. 人参研究，15（1）：3.

王本祥，等，1985. 人参的研究 [M]. 天津：天津科技出版社.

王玉良，1989. 人参高产技术指南 [M]. 海口：南海出版公司.

魏建和，等，2001. 人参种质形状变异及相互关系的研究 [J]. 中药材，24（10）：703.

魏建和，徐昭玺，等，1994. 人参、西洋参育种研究概况 [J]. 中药材，17（1）：43-45.

徐昭玺，冯秀娟，盛书杰，等，2001. 边条人参新品种的系统选育 [J]. 中国医学科学院学报，23（6）：542-546.

杨涤清，1981. 几种人参属植物的细胞分类学研究 [J]. 植物分类学报，19（30）：298-303.

赵寿经，刘任重，等，1994. 不同类型人参数量性状的综合比较分析 [J]. 特产研究（4）：1-4.

赵寿经，刘云章，赵亚会，等，1998. 吉林黄果人参多性状综合评价 [J]. 特产研究（4）：1-6.

赵寿经，王荣生，1992. 人参主要农艺性状的遗传相关和选择响应 [J]. 中草药，23（1）：42.

赵寿经，王荣生，刘云章，等，1993. 人参不同类型苗期主要数量性状的差异及亲缘关系探讨 [J]. 中药材，16（5）：3-5.

赵寿经，王荣生，刘云章，等，1993. 人参农家类型主要经济性状的遗传特性研究 [J]. 中药材，16

（8）：6.

赵亚会，赵寿经，李方元，等，1996. 人参育种研究进展 [J]. 吉林农业大学学报，18（增刊）：142-144.

庄文庆，1993. 药用植物育种学 [M]. 北京：中国农业出版社.

ChioK. T. et al.，1998. Breeding of Korean Ginseng （*Panax ginseng* C. A. Mey.） [C]. the 7th International Symposium on Ginseng，Seoul，Korea，96.

CHoi. K. T，1999. 高丽人参 （*Panax ginseng* C. A. Meyer） 品种选育 [J]. 特产研究 （3）：63-64.

第五章

人 参 栽 培

第一节 农田土壤改良和休闲

农田土壤改良是农田种植人参的关键技术。农田地与新林地相比，土壤有机质含量低，土壤容重较大，土壤孔隙度小，不利于人参生长；土壤养分缺乏，pH 较高；土壤中真菌数量较多，特别是土壤的物理性状对人参生长的影响非常大。因此，用农田土壤栽参必须进行施肥改土，通过种植绿肥和增施肥料，提高土壤有机质含量，降低容重，增加总孔隙度，改善土壤物理性状。

土壤有机质是土壤肥力的物质基础之一，对土壤肥力起着多方面的作用。国内外大量研究表明，长期施用有机肥能提高土壤有机质含量，施用有机肥可使土壤微生物生物量碳大量增加，有机肥不仅是土壤有机质的主要来源，也是作物养分的直接供应者。施入土壤的有机肥补充土壤有机质，有利于有机质的积累，而且能促进土壤原有有机质的矿化与更新。土壤有机质积累量与有机肥的种类、施入量、土壤肥力、气候条件、土壤质地等有关，土壤有机质的积累随有机肥施入量的增加而增加。

大量施用有机肥是我国传统的保持地力的重要措施之一。在大田作物上有很多试验表明，种植绿肥、秸秆直接还田和增施有机肥料是提高土壤肥力的有效措施。开发农田栽参，存在盐类聚集而造成土壤有害化学物质残留过高和土壤板结的问题。农田土壤大量施用化肥、农药等化学物质几十年，使土壤的理化性状变差，尤其是除草剂的残留对人参的毒副作用很大。多年来人们在玉米耕作中普遍重复使用的除草剂，半衰期为 1～2 年，对轮作人参将产生较大的不良影响。如果再使用化学制剂降解农田土壤中有害化学物残留量，将会加剧土壤生物群落活性降低和结构破坏的发生，从而处于恶性循环。使用有机肥和生物制剂，提高土壤生物群落的活性，分解土壤中残留物质，达到降解有害物质、加速自然碳循环的目的。微生物在生长繁殖时分泌酶和多糖类物质，使土壤疏松肥沃。

有机物辅以生物制剂，既能改善土壤结构，防止返盐，补充土壤养分及促进难溶性养分转化，提高土壤有效养分含量，还可以改变土壤微生物相，使土壤的细菌密度增大、真菌密度减少、微生物活性提高。在土壤改良上，有机物辅以生物制剂可以改善土壤三要素（物理、化学、生物学性状）。

农田种植人参技术大体上包括：选地、整地、作畦、施肥、种子培育处理、播种育苗、遮阴调光、田间管理以及病虫害防治等。

一、选地

最好选择前茬作物是玉米、小麦等禾本科作物的地块作为参地，前茬作物是蔬菜、甜瓜、花生、西瓜的地块不宜栽培人参和西洋参。

选择有机质含量较高、土质疏松肥沃，具有较厚的土层、底土为黄泥土，且保水、保肥性能好的壤土或沙壤土为宜。酸碱度为微酸性至中性（pH5～7）的土壤为宜。

以地势平坦或者坡度低于 15° 的缓坡为宜，应选择临近水源、背风向阳、排灌及交通方便的地块。地下水位高、地势低洼易涝、土壤黏重、干旱的地块不宜选择；另外，对于前茬用过除草剂的地块，要慎重使用，使用前要进行降解处理。

二、休闲养地

选好地块以后，要对地块进行 1 年以上的休闲养地。在初春种植苏子、玉米等绿肥作物，于同年 7 月初对作物进行割倒晾晒 2～3d，之后实施第一次耕翻，耕翻深度为 20～25cm。以后每间隔 10～15d 耕翻 1 次，到 10 月前共耕翻 6～8 次。在进行第二次耕翻的时候，大量施入猪粪、羊粪、鹿粪等有机肥，每亩施肥量为 3 000～5 000kg；同时，施入石灰 30～40kg 以降低农田土的酸度。经过休闲养地，土壤肥力可以得到明显提高，土壤有机质含量也会得到明显增加，土壤理化性质得到改良，虫卵、蛹及病原菌需要通过日光及夏季高温等杀灭。

三、施底肥与土壤消毒

（一）施底肥

做床时需要施加 1.5～2kg/m² 腐熟有机肥，可以有效改善土壤结构和土壤中微生物的组成，抑制有害病菌，促进参根的生长。

（二）土壤消毒

做床的同时，或者最后 1 次耕翻的同时进行土壤消毒，喷洒 0.5～1g/m² 绿亨 1 号，在土层表面，将喷洒过消毒剂的土壤搅拌均匀即可。杀虫剂选用辛硫磷颗粒剂，每帘拌入 12～15g/m²。

如果选用的土壤在种植前茬作物的过程中使用过除草剂，则需要在土壤休闲期间，对土壤进行翻耕处理时，施加降残剂（沃土安）来降解农药残留，每亩施用 750g 除草剂，兑 500～1 000 倍水，喷施后耕翻土壤，混合均匀。

第二节 作　　畦

一、作畦时间、方向和畦面规格

（一）作畦时间

如果春季播催芽籽或移栽，应在播种或移栽前 7～10d 作畦；如果秋季播种裂口籽或移栽，要边作畦边播种或移栽。

（二）畦床方向

要根据人参对光照的要求，结合地形地势等情况确定。平地或岗地参床多采用南北或稍南偏东走向，早晨的阳光从东、东北方向射入床内，俗称"露水阳"。定向总的要求是：利用早晚阳，躲开中午阳，不用正南阳。一般以上午阳光从参床内退出的时间为标准，多数参区采用 9—10 时为退阳标准时间。山区的岗地参床多是正南正北走向，平地参床一般是稍南偏东为好，山地的南北两坡，可顺山做床，参床南北走向。东坡和西坡山地，如果坡度不大，雨水能顺利排出，可横山或斜山做床；坡度很陡的山地，一定要斜山或顺山做床，以利排水。由于山区、半山区和平原地区自然条件的不同，参床南偏东的角度要逐渐加人，一般采用南偏东 5°～30°，要因地制宜。

（三）参畦规格

应根据地势的具体情况确定适宜参畦的高度。平地或缓坡地畦高为 25～35cm，岗地、坡地畦高为 25～30cm，低畦、甸子地畦高为 35cm。畦宽 130～160cm，作业道宽 120～135cm。育苗地畦高 25cm、畦宽 120～150cm、作业道宽 100～120cm。

二、作畦方法

按确定的参床方向和床的规格要求划分小区。一个参床和一个作业道的占地合计称为一个小区。划分小区就是按确定的参床方向和确定的参床规格，将参床宽度加作业道宽为小区宽度，把整个场地的参床位置固定下来以便做床，这一作业俗称"挂串"。划分小区一般要用罗盘或经纬仪在地块的一侧架好仪器，调节罗盘上的度数，使其与确定的参床走向要求的度数相一致，通过镜筒找准标杆位置，使之与罗盘仪十字线相重合。同时在标杆点和罗盘仪重锤指点各插一个标桩，这两个标桩的两个点叫端点，将这两个端点用线连接，这条连接线就是基准线。参农把这一操作过程叫确定基准线。从基准线的两端，即从两个端点即南端线和北端线再用米尺沿两条端线的同一方向量出参床宽，插上标桩，再量出作业道的宽度，插上标桩。依此类推，在两条端线上插好标桩，这一过程参农称为"挂端线"。将南北或上下两条端线上相对应的标桩，用绳连接起来，就构成了与基准线平行的床线，两条床线间所夹的面积就是参床的位置，这一过程参农叫"挂床线"。由于种参技术的改进，调节光照已由以参床方向为主变成了以参棚上的帘子稀密度为主了，因此对参床走向要求并不严格。参床走向主要以排水通畅为主，特别是山区，做床时多不使用罗盘仪，往往以沿参地的下端和上端做两条与拦水坝平行的两条线为上端线和下端线，然后在参地的一侧将上端点和下端点连接起来就成了基准线。有了基准线和床线就可按上述方法挂床线了。

做参床挂好床线后，两条床线间即为参床位置，作业道上的土提到床面上，收好边，将床帮拍实，但床帮不能过陡，倒匀土垄，耙平床面，使之呈瓦背形，做成的参床一般宽 120～150cm，高 20～35cm。由于山区地形地势复杂，做床时常常出现局部地方作业道内排水不畅，此时应把床截断，使水从截断处排出，产区称腰沟。

参床高度要根据播种、栽植、山地和平地等条件而定。播种床，床土可厚一些；移栽床，床土可薄一些；低洼地势，参床要高些；地势高的，则低一些。一般参床高 25cm 左右。

第三节　人参种子的生物学特性与催芽

一、人参种子的生物学特性

（一）人参种子的寿命

人参种子在常规贮存条件下，贮存 1 年生活力降低 10％左右，贮存 2 年生活力只有不到 5％，贮存 3 年完全丧失生活力。种子寿命与种子成熟度和贮存条件有着密切的关系，成熟饱满的种子生活力比不饱满种子强，阴干种子生活力高于晒干种子，伤热种子生活力降低。在高温、多湿条件下贮存种子，种子寿命偏短。

种子是大规模生产的重要条件，种子质量直接影响幼苗生长和人参生产。准确识别人参种子的质量好坏，是确保人参生产正常进行的重要基础。一般新采收的种子种壳白色，胚乳白色新鲜；贮藏 1 年的种子，种壳显微黄色，近种胚一端的胚乳色黄，似油浸状；贮藏 2 年的种子，种壳黄色，胚乳大部分油浸状，色黄。人参种子休眠期较长，通过常规发芽实验，检查种子活力难度较大，实践中多采用四唑染色技术-TTC 法进行种子活力快速测定。

（二）人参种子的后熟过程

自然成熟的人参种子具有休眠特性，而且后熟期很长。在吉林省抚松、靖宇、长白山等寒冷的人参主产区，每年 8 月上旬采种，采后立即播种，自然条件下大部分种子要在第三年春天（经过 21～22 个月）方能发芽出苗。人参种子的后熟过程，大体分为种胚形态后熟和生理后熟两个阶段。

（1）种胚形态后熟。种胚形态后熟又叫胚后熟。自然成熟的人参种子，其胚长仅为能发芽种子最小胚长的 1/10。剥开能发芽种子的种壳和胚乳，发现其胚长都能达到或超过胚乳长 2/3。胚根、胚芽、胚轴、子叶各部分形态明显可见，两子叶间可见具三小叶状的胚芽，胚芽基部还有 1 个越冬芽原基。而自然成熟的种子纵切后观察，其胚长不及种子长度的 1/10，切面约为胚乳的 1/300，胚部只有子叶和胚根原基的分化，生长锥原基也很小，几乎看不清楚。

自然成熟的人参种子要完成形态后熟，需要在适宜温度、湿度下，经过 3～4 个月的时间。人参种胚后熟的适宜温度 15～20℃，低于 15℃ 或超过 25℃，种胚生长发育缓慢，处理时裂口率大幅度降低。低于 10℃ 时停止发育，超过 30℃ 则易烂种。

种胚形态后熟前期的温度以 18～21℃ 为宜，经 30～40d；后期最适温度为 15～18℃，需 2 个月左右，积温 970～980℃，低于 15℃ 后熟时间延长。种胚形态后熟完成时，由于胚体积增大，迫使种皮开裂，称为"裂口"。此外，在种子采收后用 20～100mg/L 赤霉素溶液浸种 24h，可加速种胚形态后熟过程，70d 左右种胚即可完全通过形态后熟。

（2）种子生理后熟。人参种胚形态成熟后，仍需在 0～10℃ 条件下经 60～70d 才能完成生理后熟，实现正常萌动出苗人参种胚生理后熟的最适温度为 0～5℃。由于各地低温期的条件不一，人参种子生理后熟期的长短也不一样。种子冻结前在温度低的地方生理后熟时间短，反之则长。在自然条件下，当自然低温不能满足人参种子生理后熟条件时，播于田间的种子翌年春季就不能出苗，这些种子要到第三年春季方能出苗。这时只有增加人为的低温处理，方能实现人参种子的正常出苗。

通过种胚形态后熟和生理后熟的人参种子，在适宜的温度、湿度和通气条件下，经过一定的时间，即可萌动发芽。

二、优质种子的采收保管方法

（一）人参种子标准

人参种子质量与人参的出苗率以及人参根重有着直接关系。据报道种子千粒重达到 30g 以上，一般三年生苗根重在 10g 以上；采用 10g 以上苗根移植，6 年起收作货时，产量 1.5kg/m² 以上，优质参率可占 70% 以上。因此，应选择充实饱满、种胚发育完全、无病种子作为播种材料。农业农村部根据种子的千粒重、生活力等指标将人参种子分为 3 个等级，一等种子：千粒重 31g 以上、生活力不低于 98%；二等种子：千粒重 26g 以上、生活力不低于 95%；三等种子：千粒重 23g 以上、生活力不低于 90%。

选种时，可将新搓出的种子放在水中以浮出不饱满的瘪粒种子，放阴凉处晾干水汽后，用适当孔眼的筛子将小粒种子筛出，经过筛选的种子千粒重一般可达 28～30g，基本上可达农业农村部所规定的二级种子以上标准；另外，测千粒重时，种子含水率一般应在 14% 左右。

（二）培育获取优质种子的方法

在栽有高参龄一、二等参苗且当年不作货的地块进行留种试验，结果表明，人参种子千粒重随参龄增加而增加，从三年生的 43g 增加到六年生的 49g（未经晾干的鲜种称重），六年生以后千粒重不再增加，如普通参多在五、六年生收获，因此以四、五年生采种为宜，并注意病弱株和三等以下参苗不留种。试验表明留种直接影响参根的产量和质量，既要留种，又要减少对参根生长的影响，各地经验认为在作货的前一年留种为好，因此，普通参一般采用三三制或二四制时，参区五年生留种；采用二三制时，参区四年生留种；边条参区收获年限较长，采种可延后。

当一个花序周边的花已开始开放时，可进行疏花疏蕾工作。用镊子将花序中央的小花蕾去除，根据用种量和采种面积，除去中间小蕾 1/3～1/2，使种子剩下的花果营养充足，成熟期一致，可极大提高种子千粒重。若时间掌握不好，蕾花期已过，也可疏果，但效果稍差，一般疏蕾疏花后种子千粒重可比对照提高 15%～26%，而疏果后种子千粒重可比对照提高 11%～17%。

留种田要加强田间管理，花果期不能缺水，适当调光，及时喷药，防治病虫害，开花前及绿果期喷洒 2%过磷酸钙或其他高效叶面肥。

（三）人参种子采收及保存方法

一般从 8 月 1 日至 8 月 10 日，当果实完全由绿色变成鲜红色时，即为人参种子采收时期。当花序上的果实充分红熟时，用手将果实一次撸下来或从花梗 1/3 处剪断，剪断花梗的人参果实应随时脱粒；花序果实未完全红熟的参籽，暂时不采，待二次采摘；在采摘过程中的落地果，应随时拣起；采种时应将好果、病果及吊干果分开采收，病果、吊干果要单独存放，远离生产田运至销毁处销毁。将干净的人参果粒装入包装袋，运回种子处理厂，进行搓籽。搓籽前清场，清场包括清理搓籽使用的工具、搓籽机以及打扫场地卫生等。

用搓籽机搓籽操作如下：①将挑选好的人参果放入水池中，用清水漂洗 3 次，去净泥土，将漂洗过程中浮于水面上的果实捞出，单独处理；②清洗后的人参果装入容器运至搓籽机区；③搓籽机分离出来的人参种子用清水漂洗，将不成熟的人参种子漂洗出去，将混杂在人参种子中的果皮等清除干净；④清洗干净的种子运至晾晒区，将种子摊开，阴干或弱光下晒干，严防伤热及阳光暴晒；⑤用 75%的食用酒精按照 1∶5 的比例兑入人参果汁中，冷藏保存或直接销售；⑥搓籽工作完成后，对搓籽区内的工具、器具、机械进行全面清洗、消毒、晾晒、入库保存。

人参种子贮藏分为干贮和沙贮。干贮是把人参种子分开，分别装入透气的编织袋中储藏。如入库，可用吊袋或木板格存放；贮存库内温度一般无特别要求，随季节变化，最好控制在 5～15℃，相对湿度应控制在 12%～15%。贮存库要求通气良好。定期进行灭虫杀菌。人参种子沙贮是按种子贮存量，1 份人参种子掺 3 份沙子，装入编织袋中，埋在背风、不积水的地块，翌年 4 月末至 5 月初起出。人参种子出库前应进行生活力测定，挑出坏籽，贮存时间不可超过 1 年。

（四）人参种子的消毒

人参种子表面常常带有各种病原菌，致使人参种子催芽和播种后引起烂种及幼苗病害。因此，在催芽或播种前，对人参种子进行消毒处理十分必要。常用方法有：①干种子用 1%甲醛浸种 15min，捞出后晾至种子表面无水时，即可进行催芽或播种；②用 1 000～

2 000倍多抗霉素拌种，效果也好；③当年采收的水参籽或浸泡后干参籽可用1∶10的大蒜汁浸泡10min，或用1%的甲醛浸泡10min，还可用300倍的代森锌液浸泡10min，但浸后种子必须用清水洗2～3遍，洗至无药味后再进行种子催芽或播种。

（五）人参种子的催芽

人参种子催芽又称发籽。人参在不同产区，由于气候差异，育苗方法各有不同。在气候温暖地区如吉林省集安县，种子7月成熟，采后立即播种，利用自然温度能够完成形态后熟和生理后熟，翌年能顺利出苗，种子不需处理即可播种；在气候较冷地区，种子成熟晚，头年采的籽若要翌年出苗，就需对种子进行催芽处理。

种子催芽有如下两种方法。

1. 箱槽催芽法　利用木箱、砖砌的槽形床等进行催芽的方法称为箱槽催芽法。催芽时间为夏催秋播，用上年的干籽，于6月底前进行催芽，多在室外进行；8月下旬种子裂口，9月末种胚可完成形态后熟，10月即可播种。具体操作为选择地势高燥、背风向阳、排水良好的场地，在靠近场地的北侧，放置一个用木板做成的方框，框高40cm、宽90～100cm，长度根据种子多少而定；可用砖砌槽代替木框，框的前边作晒种场。与此同时，准备好过筛的腐殖土和沙子，并将一部分腐殖土和沙子按2∶1混合种子，用适宜孔径的筛子筛选，或用盐水选种（50kg水加15～25kg盐），将种子用温水浸泡24h后，捞出稍晾干（以种子和土接触不粘为度），加入2倍混合土（按体积算）混匀，并调好湿度（湿度以用手握成团，距地面1m高落下即散为宜）。种子装床前先在床底铺厚约5cm的过筛细沙，然后装混拌土的种子厚约20cm，搂平，其上再覆10cm厚的细沙，最后在床上架起一个透光不遮雨的棚，棚的四周挖一个排水沟，在西、北两侧排水沟外设一防风障。处理期间温度控制在18～20℃（后期以15～18℃为宜）。温度过高影响种胚发育，易引起种子腐烂，为降温可盖帘遮阴或置阴凉处降温，温度过低，可揭开棚盖或撤掉部分遮阴物进行日晒。注意经常倒种，一般开始时每15d倒一次，后期适当增加倒种次数。倒种时，要注意调节水分和晾种。如果后期温度低，种子刻口不好，可在床上盖上塑料薄膜，提高床温，晚上在塑料薄膜上盖上草帘保温；也可将处理的种子带上土装箱，放在适宜的室内继续处理。种子一般经90～120d即可全部裂口，参农把这样的种子叫裂口籽或处理籽。箱槽催芽法的要求条件高、技术性强、管理环节多，因此要注意加强管理，特别要注意经常检查水分，经常保持腐殖土加沙的湿润状态（手捏成团，落地即散）。若以含水量为标准，用腐殖土加沙催芽含水量以20%～30%为宜，纯腐殖土催芽含水量以30%～40%为佳，纯沙则以10%左右为好。

2. 床土自然催芽法　指将种子和过筛细土混合好，埋藏在床土中，让种子在自然条件下完成胚的生长发育。该方法比箱槽催芽法简单、省工、省料，种子裂口整齐，安全可靠，此法处理干籽和水籽皆可。干种子于6月底前处理，当年籽于8月5日前处理。利用待栽参的土垄，将床土做成宽100cm、深10cm的平底槽，先在槽底铺一层塑料编织布或网纱，既透水又透气，把种子和过筛土按1∶3混合均匀，装入槽内，5～7cm厚，摊平，编织布宽的可折过来覆在上面，否则在上面再覆编织布或塑料纱，上面再覆5～10cm厚的土，搂平床面，上盖落叶或杂草，以防雨水冲刷，保持床内温度和水分。10月可取出播种，如果不秋播，可加厚防寒物，翌年春播。此法处理当年水籽，后期要在床面盖膜保温，待种胚完成形态后熟后再撤膜防寒，使其在畦内完成生理后熟，春播出苗，形态后熟的标准是种子裂口率达 90％以上，90％以上种胚长度达胚乳长度的 80％以上。

第四节　播种育苗

一、人参播种时间

人参种子因种胚具有缓慢生长发育特性，其播种期也不同于其他作物，只要土壤未封冻，均可进行播种。根据种子发育程度和气候特点，一般分为春播、夏播（伏播）、秋播 3 个时期。①春播在 4 月下旬，当土壤解冻后，即可进行播种。催芽种子春播，当年可出苗；也可播种干籽，翌年春出苗，但因播后需要管理，故生产上多不采用。②夏播亦称伏播，多播种干籽，无霜期短的地区要求在 6 月底播完，无霜期较长的地区可延迟到 7 月上中旬。水籽要在 8 月上旬以前播完为好，否则会影响翌年出苗。③秋播多于 10 月中下旬播种催芽的种子。以上 3 个播种期，各有利弊。春播催芽种子当年能出苗，但常因春季干旱，由于做床播种，会加重土壤旱情，影响出苗率。夏播只能播干籽和水籽，播后要进行适当的田间管理，增加了用工量，但省略了人工催芽烦琐程序，避免催芽期间造成的损失。秋播有利于春季出苗，各地多采用秋播。

二、人参播种方法

目前各人参产区采用的播种方法有点播、条播、撒播 3 种（彩图 5-1）。

（一）点播

采用点播机或压眼器进行等距离点播。每穴播 1 粒种子，均匀覆土 3～5cm 厚，用木板稍镇压，利于保墒。点播的株行距设置如下：培育二年生种苗采用 3cm×5cm 或 4cm×4cm 点播；培育三年生种苗采用 4cm×5cm 或 5cm×5cm 点播；四年生直播采用 6cm×8cm 点播。

（二）条播

用平刃镐在做好的床面上按行距开成深 5cm 的平底沟，将种子均匀撒在沟内。或用特制的条播器平放于床面上，把种子撒在播幅内，覆土厚 3～5cm。一般采用行距 10cm、播幅 5cm 的播种密度，也有采用行距 5cm、播幅 5cm 的播种密度。

（三）撒播

用木耙或刮土板将床面上的土壤推向两边，搂平底床，做成深 5cm 左右的床槽。要求床边齐、床底平、中间略高，呈整面形。将种子均匀撒在槽内，覆土厚 5cm。

以上 3 种播种方法以点播为好，其优点为节省种子，种子分布均匀，覆土深浅一致，出苗齐，生长整齐健壮，种苗可利用率高。条播比撒播省籽，有利于苗床通风，便于田间管理，但种子分布不均匀，营养面积不一致，植株生长不够整齐，参根大小不一，种苗利用率低。如果在条播基础上，适当进行间苗，培育较高质量的参苗也是可能的。撒播省工，但浪费种子，种子分布不均匀，覆土深浅不一致；单株营养不均匀，参苗生长不整齐，可利用率低。

三、人参播种量的计算

关于播种量问题，需要注意的是商品人参的质量。试验得知，栽一等参苗生长 3 年后，单根鲜重在 63g 以上，属一等商品水参；栽四等参苗生长 3 年后，单根鲜重仅 37g 左右，属三等商品水参。因此，培育大苗是提高产量和品质、增加效益的关键措施。而苗田的密度和播种量多少对培育参苗的大小影响很大。掌握的原则是在种子质量好的基础上适当稀播，使单株有充足的生长空间，点播是最容易满足该条件的，撒播和条播应尽量播匀，而且必须控制在单位面积内最适当的种子量。农业农村部在种子风干条件下测定人参种子一、二、三等的千粒重，当时种子含水率在 13％ 左右，按此种风干种子标准，每平方米的适宜用量为 15～20g。辽宁省和吉林省集安等地气候温暖，多使用刚采下搓好的鲜籽播种，这样的种子每平方米用量为 30～35g，若用经处理的裂口种子，每平方米用量为 25g 左右。播种量也有以丈、帘为单位的，我国用丈、帘，国外用坪和间，1 丈＝5m²，1 帘＝10m²，1 坪＝3.305 8m²，1 间＝1.62m²。国家标准以平方米为统一单位。

如果受天气、劳力等因素影响，不能用点播而用撒播育苗时，可适当加大播种量，待苗出齐后，按 4～5cm 的株距间去弱小苗，保留大壮苗，这样也能得到优质苗。有试验表明，撒播不间苗，二年生苗平均根长 14cm，平均根重 0.7g，最大根重 7.5g，最小根重仅 0.2g；而间苗后每平方米留苗 326 株，平均根长 15cm，平均根重 1g，最大根重可达 10g，最小根重 1.5g。因此，对撒播、条播育苗的苗田要实行间苗以提高参苗质量。间苗应从一年生苗开始，按 5cm×5cm 行株距留苗，每平方米保留 300～400 株，按 50％ 扣除病残损失，还剩 150～200 株。1m² 苗可移栽 3m² 以上的田，有利于培育优质人参。为了保证参苗的标准、培育大参，除了加强管理外，适当扩大育苗面积，从中选优栽种，也是必要的措施之一。关于育苗面积与移栽面积的关系，绝大多数参区的经验是：育苗 1m²，移栽 3m²，但为了选择优等苗，生产中多为 1m² 移栽 2m²，也可利用下列公式计算：

育苗面积＝（移栽面积×每平方米移栽株数）/（每平方米生产苗数×可利用率）

每平方米生产苗数＝播种粒数×存苗率

可利用率＝（每平方米总苗数－每平方米不能利用苗数）/每平方米总苗数×100％

第五节　人参移栽技术

人参生长达标一般要 6 年以上。6 年以上的人参生长速度减缓，有效成分达到较高水平，符合商品要求。人参种植从播种到收获，收获时每平方米只需 50 株左右，如果不移栽，就只能播得很稀，二至三年生植株太浪费土地和棚架等遮阴设备。如果按育苗时每平方米播400～500 粒种子，生长 3 年以后植株密度太大，相互遮蔽，通风透气不好，病害严重。由于空间拥挤，光照不足，土壤中营养成分经 3 年已被消耗吸收得差不多了，而且土壤板结，透气性差，容易造成参根腐烂。因此，在人参生产中基本上都采用移栽的方法。

一、人参栽培制度

人参生产的栽培制度包括育苗年限、移栽后生长年限及移栽次数。移栽又称倒栽，移栽一次称一倒，再次移栽称二倒。目前我国传统的人参栽培制度基本分为两种：一是一倒制，即育苗后移栽一次，如"三三"制、"二四"制、"三四"制等；二是二倒制，育苗后移栽两次，如"二二二"制、"三二二"制、"三二三"制、"三三三"制等。根据我国多数参区地处高寒山区，生育期短等特点，普通参培育一般采用三三制或二四制，边条参和石柱参采用二倒制。

二、人参移栽时间

人参移栽依据时期分为春栽和秋栽：一般疏松的腐殖土多用于秋栽，能保质保量进行各项作业。黏重土壤和农田栽参，因土壤板结，易憋芽子，采用春栽方式有利出苗。

春栽于 4 月下旬栽参层土壤解冻时就可进行。由于气温回升快，因此栽期短。另外，春季风大，土壤易干旱，嫩芽易受伤，易发生芽干，影响成活率，一般春季墒情好栽参量不大时可以采取春栽。

秋栽于 10 月中下旬至土壤结冻前均可进行。秋栽时间长，工作不"催手"，但也不能栽培过早或过晚，要根据参苗生育情况和温度变化决定移栽时间。天气暖和可推迟几天，天气寒冷可提前几天。过早栽培，参苗没枯萎，生长还没停止，参根营养积累不足，同时气温、地温高，栽后易引起烂芽；过晚栽培，参根易受冻害。

秋季栽参，有人主张在 9 月下旬至 10 月上旬栽完，认为这段时间人参体内新陈代谢缓慢，移栽后成活率高，而且天气较暖和，作业方便，后期人参越冬田间管理时间充足，一般不用顶雪干活。但是，由于这段时间气温和地温相对较高，人参的生长还在进行，参根越冬需要的营养物质积累得还不足，移栽后芽苞还可萌动，人参容易因热伤而引起烂芽。传统栽参时间，一般安排在 10 月下旬至 11 月上旬，防止人参因天气暖和而受害。但是，由于这段时间天气变化无常，遇降雪早的年头，就要顶雪栽参，作业不方便，运输时植株容易受风冻，影响生产。有的可能因错过栽参季节，只好改秋栽为春栽。因此，上述两种栽参时间都不宜采用。

秋季栽参时，要根据参苗的生长情况和当年秋季的天气情况决定栽参时间。最适宜的时间是寒露至霜降，也就是 10 月 10 日至 10 月 25 日，以这段时间栽参为好。如天气暖和可稍延迟 2~3d，这样既保证人参移栽后不伤热、不受冻，又不影响人参生产，人参成活率可达 95%。

三、人参移栽前的起苗、选苗

起人参种苗比收获作货时间晚，应在栽参季节内进行。一般是在栽参头一天起苗。起种苗时，应在当天拆掉参棚和立柱，清除地上茎叶，然后从床的一端一镐一镐地刨出参根，刨的深度以到床底为宜。刨苗时勿损伤根部和芽苞，起出的参苗要及时装入箱或筐里，芽苞向内，须根向外。起出后的参栽子要严防风吹日晒；掰出茎秆抖掉泥土，如果有参须和参茎盘连在一起的，要轻轻将参茎掰掉，不要损伤胎苞，尽量不碰断参苗的须根。将参苗运回室内，选苗分级。起参量要根据栽植面积和进度而定，能栽多少起多少。当天栽不完的暂放在凉爽湿润的室内。偶尔超过 1d 以上时，要芽向上、须根向下立着存放，芦上盖湿苔藓或湿麻袋，严防芽苞鳞片干枯，影响出苗。

起出参苗后要经挑选、分级后才能栽种。挑选标准主要是根须健壮，须芦完整，胎苞肥大，浆足无病虫害，无伤口。用手一捏发软，主根有一层老皮，质地不实的"干浆参"不宜作参苗。身条长，体形好，有 2～4 条"腿"的参苗，可留作培育边条参。选择参苗时，要轻拿轻放，注意保护胎苞；要按参栽子大小和胎苞大小进行分级，同等参苗要均匀一致，这一过程俗称分路。

四、移栽时合理的密度

移栽时合理密植是获得优质高产的必要条件之一，而实际移栽密度应根据移栽年限和参苗大小来定，年限长，栽子大的，行株距要大些，反之则小些。过去为了提高单产，单纯重视密植效应，由于密度过大，产品单株重偏低，近些年趋向适当稀植。现将近几年培育普通参的行株距归纳如下（以抚松参区为例，表 5-1）。

表 5-1　行株距规格

参苗等级	行距（cm）	每行株数（株）	每平方米株数（株）	备注
一	20	8～10	40～50	
二	20	10～12	50～60	床面宽度 1.2m
三	20	12～14	60～70	
四	20	14～16	70～80	

数据来源于徐昭玺，2005，《人参西洋参栽培百问百答》，岳湘译. 北京：中国农业出版社。

注：参苗过大时，每行株数可减少 1～2 株；参床加宽时，可适当增加苗数。

五、人参移栽的方法

移栽人参首先要选择根须、芦头、芽苞完整，体形好，色正、浆足、无病虫伤痕的特等和一、二、三等参苗，分别栽培便于管理。在同等级参苗中，支头较大的要栽在池床中间，较小的栽在池床两边，两边参苗的根须栽时要向床里边斜靠 25°。参苗要栽得距离一致，芦头整齐。

摆放好参栽子后要在芦头上撒一把沙子。撒沙子的原因是：土壤越肥沃，微生物越多，每克腐殖土就有几亿、几十亿微生物活动繁殖，在这小小范围之内，人参芦头被薄薄的鳞片包裹着，易受微生物中的有害病原菌感染，引起芽苞腐烂。因此，在栽参时，每单株芦头上覆盖一小把沙，是为了使芦头局部土壤松散，有利于保水、保温，更重要的是可保护芦头不受细菌感染，出苗齐，然后覆土盖参。

盖土要细致认真，防止参栽子卷须影响人参生长。盖土厚度要根据参栽子大小来确定。一般特等和一等参栽子盖土厚8～9cm，二、三等参栽子盖土厚7～8cm。如地势高，土壤疏松，土壤湿度又较小，盖土要深一些；地势低洼，土壤较黏重，盖土就要浅一些。盖土过厚，参苗出得慢，春天容易憋芽子，出苗率低；盖得过浅，春、秋容易受缓阳冻害。栽参盖土的原则是：深栽、浅盖、多上防寒土。另外，不要顶雨、顶雪栽参。参苗要用布盖好，做到随拿、随栽、随盖，防止风吹日晒。参苗要等距离顺直摆好，越冬芽摆在一条水平直线上，不得有前有后、有高有低，否则出苗不一致、生长不整齐，又不便于薅草与松土。覆土时要防止卷须，深浅要一致。秋栽人参后，床面及时用落叶或杂草覆盖，上面压土做好防寒。春栽人参后，用板条将床面轻轻压一下，使土壤和参根贴实，特别是干旱地区，覆土后床面再盖一层帘子，保持土壤水分，待出苗时将帘子撤掉。

六、人参移栽的方式

人参移栽大体可分为平栽、斜栽和立栽3种。

平栽是把整好的池面做成宽20～30cm的平底槽，把参苗平放在槽内，芦头稍高，盖土厚7～9cm。平栽时，人参根整齐、支头大、体长、水须返得好，根系分布在5～10cm的土层中，吸收水分充足，产量较高。在低温多湿的环境下，以平栽参为好，但由于须根多，大支头参出成品率低。

立栽是把整好的池床做成宽20cm、深20～25cm的斜底槽，参苗斜放在槽内，大约倾斜60°，盖土厚7～9cm。立栽的人参产量低于平栽和斜栽。除干旱地区外，一般不采用。

斜栽是把整好的池床做成宽20～30cm的斜底槽，参苗斜放在底槽内，大约倾斜30°，盖土7～9cm。斜栽人参主根发育好，须根比平栽参少，出成品率高。根系分布于10～15cm的土层中，作业方法比平栽稍费工，但对人参吸收土壤中深层水分和养分有一定好处，具有抗旱、保苗、长势好的特点，参栽子的芦头朝上，盖土较浅，促使人参长成身长、"腿"长、须清、形美的高档参。在高温、干旱条件下，采用斜栽效果好。

按参苗制定栽培方法的原则是：特等和一、二等的参苗，如果培育高档参可采用斜栽法，培育普通参可采用平栽法。

第六节　防寒管理

一、防寒防冻

在晚秋和早春，气温在0℃左右变化剧烈，会使参根脱水、腐烂，形成缓阳冻害。冻害的特点是新栽发生比陈栽多；阴坡比阳坡多；不防寒比防寒重；中扣地膜不压土比扣膜压土、压草的严重。防寒措施要在秋播籽或秋移栽完成后马上进行。其具体方法如下。

（一）上防寒土

秋后播种或栽参后，在上冻前一定要封好参床，特别是当年新栽的人参，结合排水沟清理，把清理出来的土培到参畦上，要贴好畦帮，包好畦头。一般上防寒土厚度达6～10cm即可，既能防旱，又可防止秋、冬、春三季雨雪造成原来畦床表土形成板结层，翌年搂畦床后不会影响人参出苗。封参床也可用树叶和杂草代替，覆盖厚度以10cm左右为宜，但必须盖严，用帘子压好，防止被风刮跑。

（二）畦面覆盖参膜

深秋参膜撤下后盖在畦面既防寒又保湿，还可防止大雪后雪水化开渗入畦内危害人参，但盖膜要注意以下问题：①参膜下面的畦面上防寒土时上面的土层厚度不能少于7cm；②要掌握好盖膜时间，以气温下降至上冻时扣膜为宜，过早过晚都不好；③坡度大的地块，覆盖参膜要防止膜上的土脱坡，造成损失。

（三）盖雪和撤雪

许多地方的新栽参地冬季参棚不上帘，这样当床面降雪少时，整个冬、春季节床面裸露，常造成春旱，因此要人工上雪，把作业道上的雪集中到床面上盖匀，厚度15cm左右，既可防寒又能保湿。如果参畦湿度已达要求，秋末封冻前或春季化冻时降到床面上的积雪，在春季积雪融化时也要及时清除，这样可以预防菌核、烂芽苞等病害。

近几年采用透光棚遮阴，有的阴棚平缓或架材简陋、冬季又不下帘、棚上积雪多，也会把参棚压坏，因此当冬季棚上积雪厚度达到10cm以上时，也要及时清除，防止压坏参棚。每年3—4月，积雪开始融化，常发生排水不畅使积水浸入参床或漫过冲坏参床。经验证明，受桃花水危害的参床，人参病害多，易烂芽苞或烂根，危害严重的地段人参成片死亡。因此，每年积雪融化时，派专人检查，疏通好排水沟，把存水的地方刨开，引出桃花水。积雪大的年份，春季桃花水猛，更要精心管理。

二、下防寒土

下防寒土（物）是指撤出秋季为防人参缓阳冻覆到床面上的防寒土或物。下防寒土（物）与搂畦床是同时进行的，一般在4月中下旬进行，个别生育期短的地方于5月初进行也可以，各地都要根据气温变化、土壤解冻深度和越冬芽活动情况决定具体时间。当气温逐渐升高，床土全部化透，越冬芽要萌动时，撤防寒土（物）最适宜。过早撤掉防寒土（物），人参萌动快，易受缓阳冻；过晚撤掉，人参越冬芽萌动慢，造成憋芽子，影响出苗率。

下防寒土要先下阳坡后下阴坡；先下陈栽、后下新栽；先下移栽地块、后下播种地块。新栽的地块先架棚后下防寒土。其方法是用木耙子将防寒时的覆盖物，一耙一耙地搂下，搂下的防寒土要覆在床帮上，起到加厚床帮防旱保湿的作用，用树叶、杂草防寒的要及时清除或烧掉杂物。下完防寒土接着用木耙子将覆土层土壤搂松，搂畦床深度以不伤参根和越冬芽为度，一般芽苞上留 0.8cm 不动为好，这样做既松土又保墒，便于人参出苗和生长发育。结合搂畦床可以往覆土层施农药（多菌灵等），预防根病或茎斑病，还可以结合施追肥（施入腐熟豆饼或复合肥）。搂畦床的深度，要根据覆土厚度和春季气候特点而定。一般倒春寒即出苗期温度低会影响人参出苗，因此要深松，并适当把床面上土撤下一薄层，以提高地温、促进早出苗，减少烂芽苞等现象发生。不是倒春寒的年份搂土过深易伤根、伤芽苞，或是把参根掀起，均会影响以后正常生长。因此，搂畦床要深浅适当，以利疏松土壤，提高地温，达到苗全、苗壮为好。注意一至三年生的苗床只撤防寒物，不搂或浅搂畦床，以免伤害小苗芽苞。

第七节　调光管理

人参90％以上的干物质都来源于光合作用，提高人参光合作用效率，制造更多的光合产物是提高人参品质和产量的重要途径。但是目前大部分参农对光合作用在人参增产栽培中的重要作用并没有足够的重视，因此在栽培人参时也并没有采取合理有效的措施以提高人参的光合作用，例如，人参阴棚颜色、材质，棚内空气流通，温度，土壤中水分含量等条件的设置并不适合人参光合作用的进行。在人参栽培的生产实践中，涉及人参光合作用问题时，人们往往只强调光照强度，忽略了其他因素，而影响人参光合作用的因素是交叉互作的，不能单一地只强调某种因素的作用，这就要求通过学科交叉与融合，结合生理生态因子、光合特性间关系的研究找出适宜人参生长的因素组合。

一、人参的遮阳

人参有喜欢散射光、怕强光直射的特性，在人工栽培时，需要用遮阳来调节光照时间和光照强度，这与人参的生长发育和产量有着密切的关系。遮阳一般采用搭建遮阳棚的方式来解决。

人参遮阳棚大体分为三大类，即全阴棚、透光棚和双透棚。全阴棚中，用木板苫盖人参的叫全阴板棚；用草苫盖人参的叫全阴草棚；采用油毡纸苫盖人参的叫全阴油毡纸棚；全阴棚适宜气温比较高、光照强度比较强的地区采用。透光棚有塑料薄膜大棚（图 5-1）、起脊棚、弓形棚、裙子拱形透光棚、一面坡透光棚（图 5-2），还有白布透光棚；透光棚适宜于无霜期短的高寒山区采用。双透棚是既透光又透雨的一种人参棚，这种人参棚适宜于有沙质壤土、干旱少雨的地区采用。

人参遮阳棚的种类较多，各有利弊。人工栽培人参在选择和采用人参遮阳棚时，应考虑当地的气候条件、土质情况、物质条件和遮阳棚的性质，因地制宜地采用合适的人参遮阳棚。如高温地区可采用全阴棚；沙土、干旱地区可采用双透棚；高寒地区可采用透光棚中的一种——裙子拱形透光棚，这种棚既可人为地调节光照时长和光照强度，满足高寒山区人参生长发育对光照的需要，又可防止晚霜和秋冻对人参的损害，延长人参在高寒山区的生长期，可提高 20％～30％的产量，是值得高寒山区推广和采用的一种人参遮阳棚。

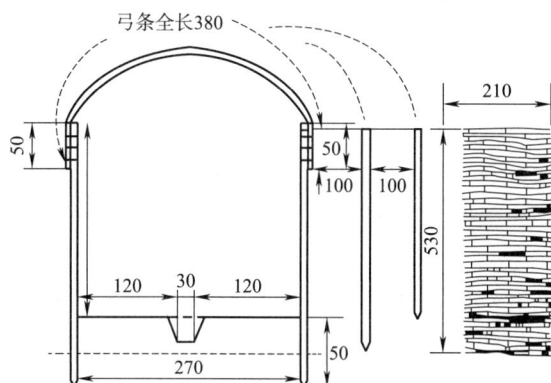

图 5-1　塑料薄膜大棚的构造（单位：cm）

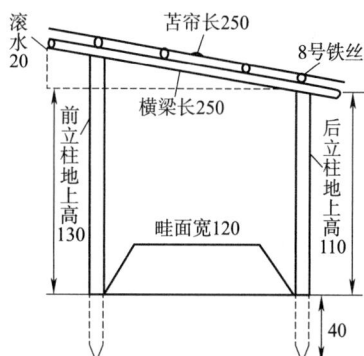

图 5-2　一面坡透光棚结构（单位：cm）

（一）全阴棚的搭设方法

按播种和移栽人参床面宽为 120cm 来搭设全阴草棚，其规格是：前檐立柱全长为 160cm，后檐立柱全长为 150cm，埋入地下部分均为 40cm。秋季栽种的人参应于秋后上冻前，在人参畦床两边的畦帮下边每隔 333cm 埋入一根立柱，前后立柱要对齐，里外顺畦帮下呈一条直线踏实埋牢。如春季栽种的人参，栽种完可直接埋入立柱搭设全阴棚。在埋好的立柱顶端固定长 228cm、小头直径为 6cm 的横杆，在横杆上等距离绑放 6 根小头直径为 6cm 的顺杆。后檐边上的一根顺杆要靠立柱外侧横杆尽头绑紧固定，然后铺上蒿杆或柳条，绑扎牢固后即可铺苫草。

人参全阴草棚的苫盖方法有两种：一种是和苫草房的方法相同。每苫 300cm 用草 40～50kg，标准是不漏雨。然后在草上压杆或压条，用细铁丝与顺杆上下捆扎结实即可；另一种方法是提前用山草、麦秸、稻草等搭制好草帘，一层一层地滚苫上，同样用 5 道压杆或压条与顺杆上下捆扎结实即可。

全阴棚 1d 内只会得到一点早、晚的斜射光，从上午 9 时至下午 3 时，5～6h 参棚内没有直射光照。但日出后光照强度急剧增大，一天内因光照强度处于过强或过弱的变化之中，对人参的光合作用、有机物合成积累、植株的生育等会带来不利影响，因而人参单产低、质量差，现多不采用。

（二）透光棚的搭设方法

透光棚分为一面坡透光棚、起脊棚、塑料薄膜大棚、弓形棚、小弓形棚、多孔棚和裙子拱形透光棚。透光棚能够提高苫棚内散射光和反射光的强度，适应人参生育对光的要求。透光棚苫棚前檐受光量较大，在上午 9 时左右可达 90 000lx，虽然光照强度强，但由于气温较低，此时不会引起人参日灼病；中午和下午随时间的变化，棚内气温升高但光照强度受遮阴影响亦相对减弱，完全可适应人参生长。透光棚能使光照均匀分布，空间差别小，提高了光的质量（塑料薄膜可滤掉一部分紫外光），增强了棚内的光照条件。因此，主产区遮阳棚一般采用透光棚。

1. 透光棚苫盖人参塑料薄膜的选择 用不同颜色的塑料薄膜或塑料板苫参，其棚面所透光的颜色也不同。各种光折射到人参棚内对人参生长起着不同的作用，选择适宜人参生长颜色的薄膜，也是使用透光棚的技术关键。吉林省抚松县一参场用不同颜色薄膜对同等参苗进行苫参试验，结果表明：应用黑色薄膜的人参产量较低，效果相当于全阴棚，在高温季节苫棚对人参烤得厉害；白色薄膜效果最好，绿色和蓝色薄膜也可应用于人参生产。白色、绿色、蓝色三种薄膜的透光棚内光照强度均高于全阴棚，而且这3种透光棚的保苗率也高于全阴棚。

从人参地上部分长势观测，应用有色膜的五年生人参在平均株高、茎粗、果茎高和果茎粗等方面，透光棚均低于全阴棚，但平均叶长和叶宽都高于全阴棚，有利增强人参光合作用，促进人参根部生长。应用效果最好的是白色薄膜，其次是绿色膜和蓝色膜。全阴棚六年生人参，除果茎略粗于其他有色膜外，株高、叶长和叶宽均低于有色膜。

2. 裙子拱形透光棚的搭设方法 裙子拱形透光棚构造简单，造价低，省工省力，抗早霜防春冻，保温保湿，增加有效积温769℃，可提前、延后人参生育期45d左右，提高人参产量20%～30%，而且质量好。此棚适合温度较低的半山区和高寒山区采用，其搭设方法如下。

前后檐立柱各全长120cm，地上部分高80cm，在人参畦床两面距离80cm对应处各立柱1根，靠近畦帮下边，下埋深40cm。弓条横跨畦床与立柱上端紧固在一起，即成为裙子拱形透光棚的木制棚架。

（1）铁制拱形棚架材料的加工。将直径10mm钢筋截成长120cm后作为立柱，立柱一头做成尖形，一头砸扁，上部让出5cm钻两个螺丝孔，钻穿钢筋，两孔相距20cm。将直径6mm钢筋截成长238cm后作为弓条，两头砸扁，各让出5cm，钻两个与立柱上同样规格的螺丝孔，再做成弓形。用8号铁丝做成U形抱箍紧固螺丝，螺母制作不便可购买。

（2）铁制棚架的架设。在人参畦床两面距离80cm对应处各立柱1根，靠近畦帮下边楔下立柱，深40cm，两面各放1根8号铁丝做连接拉线。再上弓条，用U形抱箍紧固螺丝，将立柱、弓条、拉线固定在一起，拉紧铁丝后，将U形抱箍紧固螺丝扭紧，即成为铁制拱形透光棚活动铁制棚架。

（3）裙子拱形透光棚苫帘的搭制。人参喜散射光和斜射光，怕强光直射，应根据不同自然气温条件和人参生长年限控制人参裙子拱形透光棚苫帘的密度，采取适宜的透光度。一般在气温较低的高寒山区和半山区，四年生以上的人参所用遮阴棚的苫帘透光度应为30%。阳坡栽培人参或一至三年生的人参所用苫帘，透光度可略小，一般以20%或25%为宜。

搭制苫帘的材料，可用向日葵秆、蒿秆、苇秆、架条秆、农作物秸秆和高棵草类。径绕可用20号细铁丝和尼龙细绳搭制苫帘。宽120cm的人参畦床，可搭制宽2.4m、长2.2m的苫帘，搭5道径绕。如用高棵草类或稻草、麦秆和秫秸等搭制苫帘的草把，草把粗1.5cm即可。

（4）盖膜、苫帘时间和方法。采用宽幅、透明和抗老化的人参塑料薄膜苫盖。无宽幅的可两幅或几幅粘合在一起用。根据当地的气候条件，一般在化雪后的4月上旬，将宽幅塑料薄膜苫盖在拱形透光棚的棚架上，两边垂落地面，用土压严，以防冷风吹入。裙子拱形透光棚的两头各设一块薄膜作挡帘，随时可打开通风换气，调节棚内温度。当气温升高到 20℃ 以上时，再盖上苦帘。当地参农称此为裙子拱形透光棚或拱形棚"穿裙子"。

立夏以后，随自然气温升高，将两边垂落地面的薄膜渐次卷至棚架的上部，达到既及时散热又防雨的程度即可。秋季气温降至 20℃ 时，可撤掉苦帘，再放下薄膜用土压严，直至人参茎叶枯萎时，撤掉薄膜，洗净后卷起入库保存，以备翌年再用。

3. 人参透光塑料薄膜大棚的搭设　人参透光塑料薄膜大棚的搭设方法与裙子拱形透光棚或拱形棚基本一样。其不同点是在一个透光塑料薄膜大棚内做两个人参畦床。大棚的规格是：人参畦床宽 270cm，中间留 30cm 的人行道，人行道两边各做宽 120cm 的人参畦床；大棚的立柱全长 150cm，地下 50cm，地上部分 100cm；弓条全长为 380cm，两头固定于立柱部分各 50cm；苦盖大棚的塑料薄膜宽应为 380cm（商品薄膜不够宽时可几幅加工在一起用）；苦帘宽 210cm、长 530cm（图 5-1）。

采用透光塑料大棚苦盖人参应注意以下几点。①透光度不能超过 30％。编制苦帘时，一定要按照阴阳坡和参的大小制作，科学地调节光照才能达到增产增值的目的。②进入高温多雨季节，严防参棚漏雨或从参棚两侧袭入暴光、暴雨，以免人参感染各种病害。③如遇旱天，要积极采取措施给人参浇水，以保证人参生育期对水分的需要。④透光塑料大棚苦盖人参必须进行床面覆盖，以保证床面水分，对提高人参的产量和质量起到重要的作用。

4. 一面坡透光棚的搭设　一面坡透光棚既能满足人参对光照的要求，又可以满足春、秋季人参对水分的需要。一面坡透光棚结构简单，棚顶轻，可用 8 号铁丝代替顺杆，节省木材，降低成本。在春、秋季两头既可揭膜放雨，又可盖膜防雨，灵活性、适应性强，旱涝地块均可采用。使用一面坡透光棚苦参，棚下全天有阳光，可延长和调节人参的光照时间，增加光合作用效率，提高单产，增加产值，每年每平方米平均增产 0.25～0.50kg，高者可达 0.5～1.0kg。

一面坡透光棚的棚架结构和全阴棚基本相似，只是用抗老化塑料薄膜代替木板、苦草或油毡纸等防雨物。即在上、下两层透光的苦帘中间夹一层抗老化塑料薄膜。通过双帘孔隙和塑料薄膜透进部分散射光线，以满足人参对光照的需要。

两层苦帘的总透光率为 25％～30％，单帘的透光率为 50％～60％。苦第一层帘要早些进行，可与扣多孔小棚同时进行。苦盖薄膜和第二层盖帘要根据土壤湿度而定。春季土壤水分适宜，可早些进行；如土壤干旱时，可等待 1～2 场春雨以后再苦盖。苦参一般从 4 月上旬开始到 5 月初结束。一面坡透光棚苦参的时间以夏至为标准，以当天 9—14 时、棚下光照强度在 1.5 万～2 万 lx 进行较好。

（1）苦帘的结构与搭制。宽 120cm 的人参畦床，帘宽要达到 250cm，帘长 3～5m。可用架条、柳条、紫穗槐条、向日葵秆、苇秆等材料，搭 5～7 道绕。如用草或麦秸搭制，草把以粗 1.5cm 为宜。播种参或阳坡栽参时透光度以 15％～20％ 为宜，一般参地苦帘透光度以 25％～30％ 为宜。

（2）棚架结构与架设。一面坡式透光棚的结构与架设方法是：以地上部计算，前檐立柱高 130cm，后檐立柱高 110cm，在参床的两边每隔 200cm 各埋 1 根，上设长 250cm 的横梁，横梁上顺参床拉 4 道 8 号铁丝，上铺底帘，底帘上铺薄膜，薄膜上再苦顶帘，上、下两层帘最好稍微交错铺苫，呈棱形透光；上面再顺参床拉 3 道压棚 8 号铁丝，然后，在参床两头楔橛拉紧铁丝固定，立柱、横梁、下苫帘和薄膜要用细长铁丝绑紧，以免被风吹翻（图 5-2）。

前后檐立柱的高低，各地可根据地势高低、阳口大小等具体情况灵活掌握。总之，以利于通风透光、方便管理、适合人参生长要求为宜。

采用一面坡透光棚苫盖人参应当注意：一是放雨期不可超过 5 月中旬，以防斑点病发生；二是薄膜不要拉得过紧，条子帘不可有翘起的刀楂，以防刺坏薄膜；三是三伏天光照很强，可加盖一些青棵遮阴，以调节光照；四是塑料薄膜要选择抗老化期为 2～3 年的，宽幅最好为 250cm，避免帘宽膜窄、漏水烂帘损害人参。

复式棚设置如下：网、膜分两层，遮阳网距参膜 50cm 以上，上层为全封闭式遮阳网大棚，下层为单层参膜的拱棚，于播栽后到出苗前设置完成。

二、调节光照

人参属于阴性植物，具有喜弱光和散射光，怕直射强光的特性。在夏天，由于光照强烈易灼伤人参茎叶，加上伏雨淋湿后，植株极易得日灼病和斑点病。因此，从夏至前开始要采取人工调节光照措施，至立秋后撤除。

调光的方法有如下 3 种。

（一）扶苗撼参

将受趋光性的影响、伸出前立柱之外的人参茎叶扶到立柱内，这种作业称为扶苗撼参。其具体方法如下，结合松土进行扶苗，首先用锄头将床帮土铲透，然后把前后檐每行 1～3 株人参扶到立柱里边去，先将第三株人参苗内侧土抓松扒开，然后轻轻把参苗向内推，使之向内倾斜约 10°，接着用抓开第二苗人参内侧的土覆在第三苗人参茎的外侧，照此方法再覆另外两株，最后整平床面，铲松床帮。参龄高的人参，植株长高，原来覆土厚度不能适应生长要求，易被风吹倒或折断，因此结合松土扶苗要进行培土，通常在第二、三次松土时，每次覆土 1cm 左右；六年生人参覆土总厚度以 8～9cm 为宜。

（二）"插花"

入伏前，用不易掉叶的榛柴、柞树枝等插在檐头或床沿上，用来遮挡部分直射强光，俗称"插花"。

（三）"挂帘"

用秫秸、芦苇、蒿秆等材料编织成较稀的面帘（宽 0.5～0.7m，束间距离约 2cm，长根据材料而定），在夏至前挂在前后檐的顺杆上，这种作业俗称"挂帘"。这种方法操作方便，有利于田间卫生，遮光效果好。

第八节　水分管理

一、防旱灌水

人参生长发育的 5 月、6 月和 9 月正是需要大量水分的时期，如此时天气少雨干旱，会使人参全生育周期生理机能受到抑制，极大影响人参产量和质量。为此，采用人为措施进行防旱与灌水，十分重要，可采取以下措施。

一是可利用自然降雪、降雨解决早春干旱，在 10 月中下旬把帘子揭下来，直接增加床土水分。揭下帘子可冬季上雪，既能保温增肥（雪里含有氮的成分），又能防止春旱，避免人参憋芽子、干巴叶、出土不齐。

二是将水沟填平，在作业道内挖鱼鳞坑叠成拦水坝，使雨水能渗入参床内，用作业道内的土贴床帮、包床头、床面覆盖，防止水分蒸发。

三是采取春秋两季人工放雨措施。春季放雨先不上塑料薄膜，放完雨后再上膜，秋季放雨可在 9 月初把棚盖全部揭掉，让人参裸露生长。放雨时应注意在气温、土温、雨温比较接近时再放雨，一般情况，大雨、阵雨、暴雨及天热不放，有经验证明，下雨 30min 后放雨最好，春秋放雨，夏季不放雨；放雨量以达到与作业道土壤湿度相同即可，不能过量；放雨后立即喷预防病害的农药，保护参苗。

四是在早晨、晚上或阴天，水温、土温接近时进行适量灌水，以浇透浇匀为度。

传统灌水方式是用喷壶喷灌播种地，即用喷壶往床面上浇灌，以床面上土壤用手捏成团、松而即散、湿而不泞的状态为宜。移栽地可在人参行间开 2~3cm 的浅沟，于沟内灌水，每次每平方米灌水 15~25kg（视参床干旱状况而定），分 2~3 次灌入，以免一次灌水太多，冲坏参床，土壤过度板结；最后一次浇水时，可在水中拌入可湿性杀菌剂（如多菌灵，用量为 10g/m² 左右），浇后覆土，2~3d 后松土，并覆盖落叶。水源充足的地方，可以在参床的前后开沟进行沟灌。集安、长白山等地区，参地离水源很远很高，采用高压泵往山上送水，将水贮于山上所挖的坑内，坑内用热合的大塑料布垫上。有条件的地方也可采用滴灌、喷灌、渗灌等机械灌水方式。近年许多地方将追施肥料、浇水结合进行，省工省力，效果好。另外，用人工放雨或浇水时，床面必须覆落叶或稻草。

五是在人参展叶期或浇水追肥后，应立即进行床面覆盖，以防床面水分蒸发。床面覆盖方法为：将覆盖人参床面的落叶、稻草、无籽杂草、锯末、稻壳等覆盖物用 80% 的敌敌畏 1 000~1 500 倍液进行喷洒防虫后，送入人参行间铺匀，厚度以 6cm 为宜；如用锯末或稻壳，可分 2~3 次撒入床面，厚度以 2cm 为宜，然后压土即可。这样可以控制人参床面的水分蒸发，覆盖后始终保持床内湿润；高温季节能降低温度，而且能起到保湿的作用；疏松土壤，克服土壤板结，可保证床土透气性良好，满足人参根系和土壤有效微生物的呼吸，有益于微生物的活动和繁殖，促进土壤养分的分解，满足人参生长发育期间对养分的需要；减少拔草松土环节，不但可以节省劳力，而且避免因疏土损伤人参须根。人参进行床面覆盖应注意操作质量，严防破坏、碰伤人参的茎叶，追肥和浇水后，必须立即进行床面覆盖，以防床面水分蒸发。

二、防涝排水

防涝排水措施包括：一是对初冬和晚春降落到参床而站不住的雪，俗称"埋汰雪"，和冬季雪大春化成流的雪水，俗称"桃花水"，采取清理排水沟、作业道等措施，尽快排出场外，以防浸入参畦，造成危害。二是在伏天雨季，对新式遮阴棚除双透棚外，伏季来临前棚上一律盖农膜，防止降雨直接淋到参株。7—8月是高温多雨的伏季，除挖好排水沟，清理好作业道外，过涝的年份还要设法排除床内水分，可采取切薄床帮的方法，使水分散发。全阴棚在伏季来临前应做好维修、上双帘等工序，控制阴棚漏雨。

第六章

林下参繁衍护育技术

在古代的各种医药书籍记载中，使用的人参多为野生人参，即自然传播、生长于深山密林的原生态人参。史料记载：中国人参"生上党及辽东。"至明代，上党人参资源被破坏，产量极度萎缩，上党人参已经严重匮乏，辽参逐渐成为主要应用资源，而长白山系人参成为其中重要的组成部分，当时主要是在辽宁宽甸、恒仁分布生长。清代人参主产区则以长白山区为主，至公元 1644 年顺治元年时期，顺治帝就下发了封禁长白山的命令，而这一命令一直持续到咸丰帝时期，随着闯关东的人持续增加，咸丰帝也迫不得已在 1860 年解禁长白山。在这长达 200 多年的历史中，尽管采取了分散措施，但长白山及其支脉的人参资源明显减少。为弥补自然资源的不足，长白山区逐渐兴起家植、家养的人参栽培活动。

目前培育人参有两种形式。

1. 园参 园参的一种模式为伐林栽参，这是自有人参栽培历史以来的一种人工种植模式，是在森林采伐迹地上，经过刨土、做床、搭棚、苫膜、防病、除草等人工管理，人参生长 4～8 年的人参栽种模式，产出的人参称为园参，习称为人参。这种模式对生态环境有破坏，目前这种栽培模式正在向非林地栽种人参的模式方向发展。另外一种模式既能林下做床栽种人参，又能充分利用林间的空地空间，同样经过刨土、做床、搭棚、苫参（有的不用苫参）、防病、除草等人工管理，人参生长 10～15 年，甚至更多年，这种模式主要集中在通化集安市一带，产出的人参称为趴货，习称为床爬（床趴）或苗爬。

2. 林下参 根据人参生长所需的特殊生态环境，充分利用森林资源，在林下经极少的人为干预，人参生长若干年后，产出的人参称为林下参。按国家标准和药典分类，产出的人参有两种称呼，一种是野山参，即播种后，自然生长于深山密林 15 年以上的人参，在国家药典中，称之为林下山参，习称籽海、林下籽或籽货；另外一种是移山参，即移栽在山林中具有野山参部分形态特征的人参，在国家药典中自 2010 版起再没有对此描述。

本书结合多年的研究成果和生产实际，详细阐述了野山参的繁衍护育方法，为参农发展林下参答疑解惑，便于规范指导野山参保护基地的生产，引导农民发家致富。

第一节　野生人参分布及生长环境

一、野生人参分布及演变

野生人参指自然传播、生长于深山密林的原生态人参。古地质学家推断，人参是地球上的孑遗植物之一。在地球上被子植物发展极为繁盛的第三纪（距今6 500万至180万年），人参在地球上广为繁衍。世界范围内公认人参分布在北纬31°—48°地区。

野生人参、野山参、移山参和人参（*Panax ginseng* G. A. Meyer）同种，为世界所公认的名贵中药，两者形态及药效成分的差异是所处生长环境条件不同所致。我国是人参主产国，应用历史久远，在2 000年以前所应用的人参主要是野生人参（野山参），古时简称山参。南朝齐梁时期，陶弘景（456—536）撰写的医药专著《本草经集注》中，对人参的记载为"人参微温，无毒……一名神草，一名人微，一名土精，一名血参，如人形者有神。生上党及辽东"。由此记载了我国人参原出自上党和辽东，上党和辽东分别分布在现今的山西省南部和辽宁省西部地区。

《新修本草》中详细记载了唐代我国人参主产区分布在中条山以北，管涔山、吕梁山以东，大马群山以南，在太兴山、太岳山、五台山、军都山、燕山绵延地区。以现代行政区划而论，在唐代，我国山参主产区分布在当今山西省中部和南部以及河北省西部和北部地区，对我国人参的主产区也有极为准确的记载，除历代记述"人参出上党及辽东"以外，还明确指出："今潞州、平州、泽州、易州、潭州、箕州、幽州并出，盖以其山连亘相接，故皆有之也。"

宋代我国山参主产区较唐代向东扩展到黄河以东地带，一直绵延至泰山山区，即宋代我国山参主产区分布在现今的山西、河北、山东地区。

明代上党山参资源已严重匮乏，山参主产区明显北移，越过燕山而进入东北地区。到了明代中晚期，山参资源来源主要有我国山西上党、辽宁和朝鲜地区，实际应用的以辽山参为多，女真人在东北长白山区采集的山参是明代药用人参的重要来源。

清代我国山参主产区分布在长白山及乌苏里江以东的锡赫特山区。到清代后期，随着对人参的需求加大和各个朝代对人参生态环境的破坏，山西、河北、山东一带的人参资源已濒临灭绝，长白山的野生人参资源也逐渐减少。目前，唯有长白山脉和小兴安岭南麓尚存有极少量野山参资源。为了弥补野生人参资源不足，人们便开始尝试栽培人参，由文字记载推算，我国栽培人参应当始于1 600余年前，到清代中晚期，人参栽培业已相当发达。现代山参（野生人参）主要分布在我国东北地区，即北纬40°—48°、东经117°—134°地区，包括长白山、小兴安岭东南部、辽宁绥中县附近的山地，以及河北青龙县的都山、兴隆县的雾灵山等地。

明末清初，为弥补人参自然资源之不足，长白山区逐渐兴起家植、家养的人参栽培活动。开始，采参人为了获得较大的收益，将支头甚小的野生人参移植到能促使其快速生长的环境中，经过一段时间，培养成"移山参"；将得到的人参种子播种到模仿人参自然生长的条件下，使其生长繁殖。如此日积月累，长期总结成功经验，便较全面地掌握人参生长习性，形成园参栽培技术。明隆庆元年（1567），长白山一带的山民就开始栽培园参；至清代，园参主产区在长白山地带已形成。

二、长白山野生人参采挖历史

长白山地区曾是多民族生存和融合的历史舞台，从旧石器时期开始，这里就留下人类生息繁衍的遗迹。挖掘出土的黑曜石和各种石器、骨器、陶器证明，早在 1 万多年以前，中华民族的祖先就生活在这里，并且创造出光辉灿烂的古代文明。

（一）唐朝

据《太平御览》记载，早在公元 3 世纪中叶，长白山地区已经有人开始采挖人参。公元 705—926 年，渤海国数次入唐朝贡。抚松县境内有渤海国"朝贡道"陆路的一段，即由抚松县的沿江乡小营子入抚松境，经露水河、北岗、新屯子、兴参、抽水、新安古城、汤河口、大营，由温泉出境奔临江（神州）（朝贡道路线图）。贡品中的人参主要是采自延边敦化以及朝贡道沿途一带的上等野生人参。

（二）明朝

由于明代统治者大兴土木，太行山森林被破坏，荫蔽减少，人参生长环境恶化，导致上党人参品质下降、产量骤减，后近乎绝迹。而此时长白山地区仍处于尚未开发阶段，森林植被等生态环境良好，野生人参资源丰富、质地黄润甘实，长白山地区人参逐渐成为中国人参应用主体。从相关史料记载可以看出，这个时期的人参采挖业在女真族经济生活中占据着重要的地位。明万历十一年至十二年间（1583—1584），海西女真、建州女真通过辽东马市、互市交易人参一项达 3 619 斤（古代计量），值银 3 万两（古代计量）。明万历三十五年（1607），辽东马市被关后，后金人所采人参因没有交易场所，无法交易，竟致人参腐烂 10 余万斤（古代计量）。

（三）清朝

清代统治者十分重视东北人参。清入关前，采集人参由八旗负责管理，成为八旗贵族的一种特权。清入关定鼎中原之初，为保护龙脉，垄断"龙兴之地"的天然资源，除下令将兴京（今辽宁新宾县）以东，伊通州（今吉林伊通县）以南，图们江以北方方圆数千里的广大地区列为封禁区域外，还特设专门从事采捕皇家贡品的"打牲乌拉总管衙门"，以吉林乌拉为中心，对采捕贡品（包括人参）进行严格控制，采参人入山实行参票制，并予以定量，不准平民私自偷采，违者予以重罚。清初顺治年间，仍沿袭八旗分山采参制度，将吉林乌拉等地方的 110 处产参的山地分给八旗专办。至康熙初年，清统治者对吉林乌拉和长白山地区人参的采挖共持续了 200 多年。

（四）民国时期

长白山被清廷封为禁区后偷采人参的活动仍未被有效禁止，特别是康熙中期以后，大批山东、直隶等地破产农民偷入禁区采挖人参。长白山封山解禁后，入山采挖者更是络绎不绝。由于采挖过量，至民国期间，野生人参出产量明显下降。民国十八年（1929），抚松县仅输出野生人参 2 834 两（古代计量）。日本帝国主义侵入东北后，抚松县是抗日游击地区，为了割断抗日军民的联系，日本帝国主义实行集团部落和"三光"政策，不准农民进山，使野生人参出产量急骤减少。

（五）中华人民共和国成立后

20世纪50年代，抚松县野生人参年产量最高时达6901两（古代计量），产量最低时仍然达1500两（古代计量）；20世纪60年代野生人参最高年产量2668两（古代计量）；20世纪70年代最高年产量1659两（古代计量）；20世纪80年代最高年产量1255两（古代计量），偶尔有百年以上的老山参出土。1981年，北岗人民公社有4名社员采挖到一苗百年以上的大山参，其体姿俊美，重285g，已作为国宝存放在人民大会堂吉林厅。1989年，抚松县农民在长白山区采挖到一苗重达305g的野生人参，估测生长年限达500多年，这是目前为止我国采集到的最大的野生人参。

20世纪80年代中后期，随着历史发展，野生人参越来越少，地理分布也基本集中在长白山一带。当时人们使用的和市场上经营的林下自然生长的人参都称为"野山参"，而不是称"野生人参"。当时人工护育的野山参的产量极少，几乎还没有，多数还是纯自然生长的野生人参。基于野生人参的现状，人参的野生资源引起了国家的重视。1984年国务院环境保护委员会公布的我国第一批"中国珍稀濒危保护植物名录"及1987年国务院发布的"野生药材资源保护条例"中，都将在纯自然环境条件下，自然传播、自然生长的山参定为濒危物种，加以保护。

清嘉庆十五年（1810）参务案中就有长白山区域种植野山参的记录，而后就出现了移山参，栽种的为"秧参"，种子繁殖的叫"籽海"；后来，在辽宁省宽甸县的"爽公德政"碑中也有野山参的移种和籽海的记录。

长白山区域最早进行林下种植的是抚松县北岗人民公社大顶子村的放山老把头王恩地，在20世纪50年代中期，王恩地就把放山的野生人参的种子和纯野生人参的幼苗带回，在村前的大顶子山的东南坡栽种，几年之后再采挖出来。后来在1961年进行了大面积的播种和移栽，当时的占地面积已经达到100亩以上，20世纪60年代中期发展到了200亩左右，源于当时的社会体制，种植面积逐渐萎缩，至1981年将此山转让给了徐言好，至1989年由抚松县放山把头赵炳林接管，经过几年的努力发展到了500亩。

长白山区大面积兴起人工护育繁衍是在20世纪80年代末，从国营参场开始的。抚松县的国营第一、二、三参场，集安、通化、桓仁等地的国营参场也都开展了野山参护育业务，但都没有延续下来。

20世纪90年代初，野山参护育逐渐重新兴起，辽宁的宽甸、桓仁与吉林的集安、抚松等地于2000—2004年逐步加入市场。2008年，国家参茸标准委员会为了适应产业的需求，重新定义了在纯自然条件下，自然传播、自然生长的人参为野生人参；人工播种、自然生长的人参为野山参。

目前，野生人参已极为稀少，人参市场上能看到的多为野山参。根据《野山参鉴定及分等质量》（GB/T 18765—2015），野山参是指播种后，自然生长于深山密林15年以上的人参（即生长期超过15年的林下参）。

三、适宜野山参分布的生态条件

为了摸清野生人参的生态条件，为野山参繁衍护育提供科学依据，有众多学者、一线科研人员及挖参人员，在长白山区对野生人参以及已有的人工护育野山参的生态条件进行了大量调查。为便于广大野山参护育者了解和掌握，现总结如下，供参考。

（一）适宜野山参生长地形、地势的调查

长白山区的野生人参及野山参多生长在海拔 300～1 100m 的岗地或各种类型的山地上半部，其中以海拔 400～800m 为多，低于 400m 或超过 1 100m 的山林很少有野生人参生长。海拔低于 400m 的山地因冬季降雪较少，积雪薄，积雪覆盖时间短，春季雪融化较早，当土壤化冻后遇低温，再结冻，人参越冬芽容易受缓阳冻害；而且春季、夏季降水量少，土壤干旱，林间空气干燥，不太适宜人参生长。海拔超过 1 100m，针阔混交林较少，多以成片针叶林为主，土壤瘠薄，多以岩石为主，同样不太适宜人参生长。海拔 300～1 100m 的山地也不是普遍都适宜人参生长，坡向和坡度对人参的生存及生长很重要，野生人参多数生长在山地的东坡、东北坡和北坡，南坡和西坡分布较少。东坡、东北坡早晨见光较早，但光照不强，上午 10 时以后太阳光照移向南坡；北坡全天没有强光照射，因此，东坡、东北坡和北坡光照、温度和湿度变化较平稳，适宜人参生长。南坡和西坡日照时间比较长，光照较强，一是早春积雪融化早，人参越冬芽萌动快，易受缓阳冻；二是林间空气湿度较低，土壤易干旱，不利于人参生长。多年来在山地排水良好、坡度一般在 20°～70° 的地域里（俗称"鸡爪地"或山坡地）挖到的野生人参较多；这是因为斜坡较易满足野生人参对于水的需求，冬季野生人参有雪覆盖保温，春季渗水，排水性好，有助于人参存活。

（二）适宜野山参生长的气候条件调查

我国长白山野生人参分布区的气候属于温带季风气候区。其特点为四季分明、冬季漫长而寒冷且积雪层厚。夏季短促而温暖，且降水集中，春秋两季冷暖阶段性变化明显，最高温度可在 35.4℃，最低温度在 −40.8℃，年平均气温 3℃ 左右；全年 1 月平均气温为 −17～−15℃，7 月平均气温为 17～19℃，≥10℃ 积温为 1 500℃ 以上。年平均日照时数 2 400h 左右。无霜期 100～120d。年太阳辐射总量为 2 172～2 190kJ/cm²，年平均降水量 300～1 000mm，多集中在 6—9 月，可达 450～480mm，年平均相对湿度 70% 左右。冬季雪量丰富，积雪深度一般可达 30～40cm，雪覆盖稳定在 3 个月以上。

1. 适宜野山参生长的光照 为了摸清野生人参生长地的光照强度变化情况，供野山参人工护育者参考，王铁生等人对抚松县大顶子西北岩、浑江市三岔子区大石棚子乡大榆树沟两地的野生人参生长地的光照强度进行了测定，结果见表 6-1。

表 6-1 野山参生长地光强测定（单位：lx）

测定时间	抚松大顶子西北岩（1987年6月26日）				浑江大榆树沟（1987年8月10日）			
	第一调查点	第二调查点	林内裸露光	天气情况	第一调查点	第二调查点	林内裸露光	天气情况
8时	567	680	31 000	晴	500	490	64 300	晴
9时	1 613	3 360	50 200	晴	553	677	70 900	晴
10时	3 373	1 100	70 300	晴	960	480	76 000	晴
11时	2 719	1 393	82 400	晴	993	513	78 500	晴
12时	2 700	1 200	85 900	晴	6 266	1 097	95 200	晴
13时	6 590	4 907	87 000	晴	37 633	10 900	91 300	晴
14时	2 517	2 400	72 400	有时多云	6 000	13 833	60 300	晴
15时	1 033	3 767	77 000	晴	1 000	10 303	35 300	晴
16时	833	1 370	54 500	晴	833	3 300	29 100	晴
17时	660	830	35 100	晴	833	1 153	12 400	晴
18时	360	357	12 400	晴	617	1 053	10 700	晴
平均	2 087.55	1 969.45	59 836.36		5 180	3 981.73	56 727.27	

从表 6-1 数值看出，抚松大顶子西北岩的两个野山参调查点，日光照强度最大的时间为当天 13 时，持续 10～20min 后光照强度减弱。13 时野山参基地内裸露光照为 87 000lx，第一个野山参调查点光照强度为 6 590lx，占同一时间林内裸露光照强度的 7.57%；第二个野山参调查点光照强度为 4 907lx，占林内裸露光照强度的 5.64%。第一个野山参调查点日平均光照强度为 2 087.55lx，林内裸露光照强度平均为 59 836.36lx，第一个野山参调查点平均光照强度占林内裸露平均光照强度的 3.49%；第二个野山参调查点平均光照强度为 1 969.45lx，占林内裸露平均光照强度的 3.29%。

浑江大榆树沟的两个野山参调查点，日光照强度最大的时间为当天 13—14 时，13 时第一个调查点光照强度为 37 633lx，同一时间林内裸露光照强度为 91 300lx，第一个调查点光照强度为林内裸露光照强度的 41.22%，光照强度持续 26min 后变弱；14 时第二个野山参调查点光照强度为 13 833lx，为同一时间林内裸露光照强度的 22.94%。第一个野山参调查点日平均光照强度为 5 180lx，林内裸露日平均光照强度为 56 727.27lx，第一个野山参调查点日平均光照强度占林内裸露日平均光照强度的 9.13%；第二个野山参调查点日平均光照强度为 3 981.73lx，占林内裸露日平均光照强度的 7.02%。

从以上调查测定结果看出，抚松、浑江两地野山参调查点日光照强度变化在 357～37 633lx，最高为浑江大榆树沟第一个野山参调查点的光照强度 37 633lx，占林内裸露光照强度的 41.22%，但仅持续 26min 后光强变弱，短时间内强光照射对野山参的生长发育不会有影响。其余时间光照均不超过林内裸露光照强度的 10%。另外以浑江调查点为例，同一天测定大石棚子乡办参场透光棚栽参 8—18 时平均光照强度为 29 533lx，而两个野山参调查点的平均光照强度为 4 580.87lx，野山参调查点的光照强度占棚下园参的 15.51%。由此可见，野山参生长地的光照强度是很弱的。另据孙宏法等人测定，在野山参生长期的 5—9 月，南坡、西坡和平岗地月平均光照强度为 1 913～2 060lx，北坡和东坡为 1 432～1 580lx，前者比后者高 30% 左右；东坡除 5—6 月外，其余月份每日 14 时的平均光照强度高于 8 时的光照强度；各坡向的光照强度均以 8 月的最高，可达 2 200～3 200lx，其次是 9 月、7 月和 6 月，5 月的光照强度最低，为 950～1 600lx；日光照强度最高值为 11 600lx，一般出现在 8 月中旬，日光照强度最低值为 50lx，一般多出现在阴雨天。

吉林农业大学任跃英、姚男等开展了不同光强和海拔条件下林下参（野山参）光合特性的研究，结果表明光合有效辐射（PAR）的强弱直接影响叶片净光合速率（Pn）的大小。通过光饱和测定证明，林下参即使在强光区也很难达到光饱和点，这证明林下参（野山参）的光能利用率很低，可以通过人为清林等措施，增加林内散射光的强度，使林内的光合有效辐射达到林下参（野山参）的光饱和点，在保证不灼伤叶片的情况下可有效增加林下参（野山参）的产量。

吉林大学张蕾等进行林下参（野山参）种植光环境模型研究，通过对单株圆锥形树冠坡面投影边界模型及林内太阳辐射分布模型等研究得出结论，散射辐射日累计 109.45～202.2W/m²，人参地上部的生长主要跟散射辐射成负相关，林下参（野山参）株高仅取决于 PAR 的大小；茎高、叶宽和叶面积与散射辐射成显著负相关关系，而与 PAR 成不显著负相关。

2. 适宜野山参生长的温度

（1）气温。抚松县人参研究所侯玉兵等对抚松县新屯子乡白石岗野山参基地和东岗镇的抚松县国营第一参场等几处野山参基地进行气象观察。调查统计结果显示，在该地区野山参生长期间（5—9 月）林间气温一般在 10～30℃，从 5 月上中旬开始，林间最高气温在 8～12℃，最低气温 5～10℃，7—8 月林内最高气温在 28～32℃，最低气温在 18～22℃，9 月中旬气温开始下降，一般在 12～22℃，年最高温度可达 35.4℃，最低温度 -40.8℃，年平均气温在 4.5℃ 左右。

与此同时，对野山参基地 1d 昼夜温度变化进行了调查，结果显示该地区每天 4 时气温最低，14 时气温最高。5—6 月昼夜温差 6℃ 左右，7—8 月昼夜温差 10～12℃，温度最高可达 35.4℃。

综上所述，野山参生长地 5—9 月林间气温一般为 10～30℃；5 月上中旬开始，林间昼温 10℃ 左右，夜温 5℃ 左右；7—8 月林间最高昼温 30℃ 左右，夜温 16～20℃；9 月中旬气温开始下降，一般为 14～19℃；5—6 月昼夜温差 6℃ 左右，7—8 月昼夜温差 10℃ 左右。

（2）地温。为了掌握野山参生长地的地温变化情况，中国农业科学院特产研究所刘兴权、许世泉等对浑江大榆树沟和抚松大顶子西北岩生长野山参的地方进行地温、气温测定，结果见表 6-2。

表 6-2　野山参生长地温度日变化情况（单位：℃）

| 调查时间 | 浑江大榆树沟（1997 年 8 月 10 日） | | | 抚松大顶子西北岩（1997 年 8 月 10 日） | |
| | 5cm 地温 | | 林间气温 | 5cm 地温 | |
	第一调查点	第二调查点		第一调查点	第二调查点
8 时	16.5	16.0	18.5	13.7	13.7
9 时	16.5	16.0	18.7	13.7	13.7
10 时	16.5	16.0	19.8	14.0	13.8
11 时	16.5	16.1	20.8	14.0	14.0
12 时	16.8	16.2	21.5	14.2	14.0
13 时	16.8	16.5	22.5	14.5	14.2
14 时	17.0	16.8	23.3	14.5	14.5
15 时	17.3	17.0	24.2	14.5	14.7
16 时	17.4	17.5	24.0	14.7	14.7
17 时	17.5	18.4	23.0	14.7	15.0
18 时	17.5	18.4	22.5	14.8	15.0
温差	1.0	2.4	5.7	1.1	1.3

从表 6-2 看出，抚松和浑江两地 4 个野山参调查点的 5cm 土层地温昼变化平稳，在 8—18 时温差较小，抚松野山参生长地温差为 1.1～1.3℃；浑江野山参生长地温差为 1.0～2.4℃。地温昼变化平稳，温差较小有利于野山参生长。另外，据调查，5 月上旬各坡向地温均高于 5℃；7—8 月野山参生长旺盛期地温达最高值，5cm 地温可达 17～20℃，9 月开始下降到 14～19℃；平岗地、南坡、西坡地温比北坡、东坡高；5—6 月各坡向均以 5cm 地温最高，向下层温度依次下降；进入 7—8 月后，5cm 地温和 10cm 地温接近；0～10cm 地温变化较大，温差可达 2℃左右，10～20cm 地温昼夜变化不大。

3. 适宜野山参生长的湿度

（1）空气相对湿度。为了摸清野山参生长地林间空气相对湿度昼变化情况，中国农业科学院特产研究所刘兴权、许世泉等于 1987 年 6 月 26 日和 8 月 10 日对抚松县北岗镇大顶子西北岩和浑江市三岔子区大石棚子乡大榆树沟野山参生长地林间空气湿度进行测定，结果见表 6-3。

表 6-3　野山参生长地林间空气湿度昼变化情况（张亚玉，1987）（单位：%）

| 调查时间 | 浑江大榆树沟（1987 年 8 月 10 日） | | 抚松大顶子西北岩（1987 年 6 月 26 日） | |
	第一调查点	第二调查点	第一调查点	第二调查点
8 时	95	93	89	90
9 时	93	93	85	79
10 时	93	93	62	64
11 时	89	91	59	60
12 时	85	84	59	57

（续）

调查时间	浑江大榆树沟（1987 年 8 月 10 日）		抚松大顶子西北岩（1987 年 6 月 26 日）	
	第一调查点	第二调查点	第一调查点	第二调查点
13 时	79	76	54	55
14 时	74	74	55	55
15 时	74	69	70	69
16 时	66	69	76	74
17 时	75	65	80	79
18 时	79	70	89	86
平均	82.00	79.73	70.3	69.82

从表 6-3 看出，抚松、浑江两地野山参生长地的林间空气相对湿度昼变化有所差异，主要是野山参生长地坡向不同所致。抚松大顶子西北岩野山参生长在平岗地，11—14 时林间空气相对湿度较低，但也都在 50% 以上，最高与最低相差 35%，8—18 时平均空气相对湿度为 69.82%～70.73%；浑江野山参生长地地处西北坡，15—17 时林间空气相对湿度较低，但也都在 65% 以上，8—18 时空气相对湿度为 79.73%～82.00%。据另外调查，野山参生长地林间空气相对湿度在 5—6 月为 50% 左右，7—8 月达 80% 以上，9 月随降水量减少而下降至 50% 左右；昼夜空气相对湿度变化较大，夜间可达 80%～90%，昼间 50%～70%。

（2）土壤湿度。野山参生长地土壤常年处于湿润状态。5 月前后冰雪融化，土壤上层含水量较高；6 月下旬至 7 月上旬，气温升高，降水少，土壤水分略有下降。土壤湿度因地形而异，坡地 0～10cm 土层湿度为 54% 左右，10～20cm 土层湿度为 28%；平地 0～10cm 土层平均湿度为 69% 左右，10～20cm 土层平均湿度为 31% 左右。由此可见，土壤含水量在 30%～55% 都可以生长野山参。

（三）适宜野山参生长的土壤条件调查

经过王韵秋等对野山参生长的部分地区的土壤条件调查，野山参生长地的土壤为棕色森林土或山地灰化棕色森林土，富含有机质，排水透气良好，呈微酸性（pH5.5～6.5）。表土层（3～11cm）中有机质含量为 6.66%～27.55%，腐殖质含量（总碳）为 3.86%～15.99%。据王韵秋对野山参生长地土壤理化性状测定，土壤比重为 2.36～2.55；容重为 0.49～0.71；总孔隙度为 72%～79%；固、液、气三相比协调，固相 20.70%～27.62%，液相 23.62%～25.73%，气相 48.86%～55.70%。据王铁生等人测定，1981 年吉林出土的最大野生人参，其生长地三道砬子河与四道砬子河中间的大黑山的土壤中，无机元素有 23 种，其中含量较高的有 Al（铝）、Na（钠）、Fe（铁）、Ca（钙）、K（钾）、Mg（镁）、Ti（钛）、B（硼）；其次是 Zn（锌）、Mn（锰）、Ba（钡）、P（磷）、As（砷）、Sr（锶）；而 Cu（铜）、V（钒）、Cr（铬）、Co（钴）、Ni（镍）、Li（锂）、La（镧）、Hg（汞）、Cd（镉）含量较少。野山参生长地土壤中某些化学指标见表 6-4。

表 6-4　野山参生长地土壤中某些化学指标（王韵秋，1983）

| 取样地点 | 土层深度 (cm) | pH | 100g 土中毫克当量数 | | | 盐基饱和度 (%) | 100g 土中毫克当量数 | | | 全氮 (%) | 全磷 (%) | C/N |
			代换量	代换性盐基	代换性氮		水解性 H	P_2O_5	K_2O			
抚松	0～10	5.7	30.51	22.54	7.97	73.86	14.34	2.71	17.75	0.50	0.95	10.3
集安	0～10	5.57	23.94	20.98	2.96	87.64	13.24	2.87	18.77	0.41	0.53	11.5
安图	0～10	6.8	—	—	—		18.46	5.86	22.0	0.92	0.35	8.9

　　王铁生等人对 1981 年吉林出土的最大野生人参的生长地三道碴子河与四道碴子河中间的大黑山土壤剖面进行调查，该野生人参生长地海拔高度 750m，为圆形山，该野生人参生长于山坡的凹形坡中部，坡向东南，坡度 45°。植被为针阔混交林，乔木层主要有红松、柞树、春榆、紫椴、刺楸、色木槭；灌木层主要有刺五加、金刚鼠李、欀槐等；草本植物层主要有银线草、山尖子、东北细辛、羊胡子苔草等。土壤为棕色森林土，其土壤坡面结构特征如下。

　　A_0 层，0～2cm：为枯枝落叶层。

　　A_1 层，2～7cm：为腐殖质层，棕黑色，团粒，壤土，结构疏松，比较湿润，有细小的杂草根系和大量半分解状态植物残余物，土壤湿度 59.1%。

　　A_2 层，7～17cm：为棕色壤土层，粉沙，壤土，疏松，潮湿，伴有石砾，根系较多，下层为过渡层，较明显，土壤湿度 46.2%。

　　B_1 层，17～27cm：黄棕色，沙质土壤，较疏松，呈小块状结构，有乔木根系和小、中粒碎石（即活黄土层）。

　　B_2 层，27～37cm：黄棕色、黏壤土，有乔木根系和较大的石块，湿润。

　　A_1 层至 A_2 层土壤混合测定 pH 为 5.2～5.4.

　　C 层，37cm 以下：浅黄色、黏壤土，有大量碎石和少量植物根系，湿润。

　　经实地调查和走访有放山经验的参农证明，野山参根系多分布在 A_2 层以上土壤中，少部分根系分布在 B_1 层土壤，B_2 层以下土壤基本没有野山参根系分布。

　　2016 年抚松县参王植保有限公司宋明海、邢佳丽、丁艳哲对抚松县泉阳镇适宜繁衍野山参的丘陵地针阔混交林的土壤进行检测，分析土壤的 pH、有机质含量以及可利用的氮、磷、钾、镁含量，结果见表 6-5。

表 6-5　抚松县泉阳镇丘陵地针阔混交林

林类	土壤类型	pH	氮 (mg/kg)	磷 (mg/kg)	钾 (mg/kg)	镁 (mg/kg)	有机质 (%)
针阔混交	壤土（黑黄）	5.85	227.20	7.15	156.70	247.47	8.08
针阔混交	壤土（黑黄）	5.87	399.47	17.39	228.76	310.22	14.28
平均		5.86	313.34	12.27	192.73	278.85	11.18

　　从表 6-5 可以看出，针阔混交林中的土壤的各项指标平均值为：pH5.86、氮含量 313.34mg/kg、磷含量 12.27mg/kg、钾含量 192.73mg/kg、镁含量 278.85mg/kg、有机质含量 11.18%。

　　2019 年，抚松县参王植保有限公司宋明海、邢佳丽、丁艳哲、郑萌萌、丁相文等对适宜繁育野山参落叶松林缓坡地 30cm 土层的 pH、有机质含量、盐度以及可利用的氮、磷、钾、钙、镁、铜、锌、铁、锰、硫、钠含量进行了检测分析，结果见表 6-6。

表6-6 延边州汪清县大兴沟针叶林地的土壤调查研究

林类	土壤类型	盐度(g/L)	pH	碱解氮(mg/kg)	有效磷(mg/kg)	速效钾(mg/kg)	交换性钙(mg/kg)	交换性镁(mg/kg)	有机质(%)	有效铜(mg/kg)	有效锌(mg/kg)	有效铁(mg/kg)	有效锰(mg/kg)	有效硫(mg/kg)	交换性钠(mg/kg)	水溶性钠(mg/kg)
落叶松	壤土(棕)	0.04	5.76	196.35	7.73	149.38	1 679.34	250.39	4.78	0.54	0.59	153.82	31.91	1.01	27.69	17.72
落叶松	壤土(棕)	0.04	5.73	150.15	9.00	195.40	1 767.75	302.05	6.26	0.68	0.80	177.32	39.00	3.19	34.26	17.82
落叶松	壤土(棕)	0.04	5.80	211.75	9.43	173.54	1 918.29	310.29	7.07	0.55	0.95	187.02	45.66	2.81	29.92	25.63
落叶松	壤土(棕)	0.04	5.75	148.23	9.10	179.38	1 566.74	291.00	5.12	0.39	2.40	119.42	23.47	1.16	40.42	24.97
落叶松	壤土(黄)	0.13	6.30	173.25	21.88	217.93	1 871.19	291.16	5.94	0.42	1.42	129.39	10.62	53.45	41.39	30.13
落叶松	壤土(黄)	0.11	6.37	165.55	17.88	207.03	1 889.27	322.15	5.70	0.42	1.10	130.17	10.18	45.09	44.18	31.57
落叶松	壤土(黄)	0.05	4.90	154.00	8.93	152.99	1 864.70	401.73	6.47	0.45	0.84	163.69	19.57	13.18	42.28	23.82
落叶松	壤土(黄)	0.05	5.14	142.45	8.91	183.35	1 483.15	293.30	6.29	0.45	1.40	147.48	11.67	13.50	30.18	20.64
落叶松	壤土(黄)	0.11	5.87	173.25	21.00	197.08	1 718.83	278.05	4.95	0.43	1.08	141.90	16.22	49.96	41.99	32.12
落叶松	壤土(棕黄)	0.12	6.23	173.25	22.46	206.30	1 882.44	301.69	7.03	0.45	1.81	149.78	12.55	51.48	38.74	43.76
落叶松	壤土(棕黄)	0.05	5.38	146.30	10.08	146.39	1 271.78	244.09	9.89	0.47	1.02	150.75	12.84	9.85	25.63	27.54
落叶松	壤土(黑)	0.05	5.15	211.75	7.20	163.71	1 826.60	353.49	8.33	0.80	1.52	347.96	58.77	11.87	41.68	34.75
落叶松	壤土(棕黄)	0.05	5.17	157.85	16.04	186.27	1 623.07	327.01	5.43	0.48	1.15	154.14	18.59	9.45	21.22	31.12
落叶松	壤土(黑)	0.06	5.40	180.95	7.72	145.77	1 839.46	369.48	7.75	0.67	1.07	233.86	36.47	16.99	38.43	34.90
平均		0.07	5.64	170.36	12.67	178.89	1 728.76	309.72	6.50	0.51	1.23	170.48	24.82	20.21	35.57	28.82

从表 6-6 可以看出，所检测的各项指标的平均值为：pH5.64，有机质含量 6.50％，盐度 0.07g/L，碱解氮含量 170.36mg/kg，有效磷含量 12.67mg/kg，速效钾含量 178.89mg/kg，交换性钙含量1 728.76mg/kg，交换性镁含量 309.71mg/kg，有效铜含量 0.51mg/kg，有效锌含量 1.23mg/kg，有效铁含量 170.48mg/kg，有效锰含量 24.82mg/kg，有效硫含量 20.21mg/kg，交换性钠含量 35.57mg/kg，水溶性钠含量 28.82mg/kg。该区域适宜野山参的生长。

（四）适宜野山参生长的植被条件调查

所有的野生人参都生长在深山密林中，主要生长在针阔混交林或杂木阔叶林下，由乔木、灌木、草本植物构成天然屏障，为其遮阴创造良好的条件。野生人参一般不生长在纯柳树林、杨树林、桦树林和纯针叶林中。据肖培根、王铁生调查，野生人参生长地的植被组成如下，乔木类有红松、油松、柞栎、春榆、裂叶青榆、糠椴、紫椴、蒙椴、色木槭、假色槭、槐树、刺楸、水曲柳、枫桦、白桦、黄檗等；灌木类有刺五加、鸡树条荚蒾、东北茶藨、龙牙楤木、千金鹅、耳枥、榛、金刚鼠李、胡枝子、托盘、东北山梅花、堇叶山梅等；草本植物有假茴芹、庵蒿、斑点虎耳草、鹿药、落新妇、银线草、蔓乌头、东风菜、蓝萼香茶菜、东北羊角芹、山尖菜、球果菜、羊胡子苔草、铃兰、茅苍、龙牙草、单穗升麻、水杨梅、斜茎黄芪、轮叶百合等；藤本植物有五味子、山葡萄等；蕨类植物有凤尾蕨、粗茎鳞毛蕨、猴腿蹄盖蕨；苔藓植物有葫芦藓、金发藓、万年藓、苔藓等；真菌植物有松蕈（松蘑）、蜜环菌（榛蘑）、扫帚蘑、斑豹毒伞等。可以概括为，较适宜野山参生长的植被分为三层，上层以针阔混交林为主，树龄在 20 年以上，主要的乔木树种有红松、柞树、桦树、杨树、椴树、色树、榆树、槐树等，树干高大，枝叶繁茂，构成野山参生长的第一层遮阴，郁闭度在 0.6～0.8；中层为灌木层，树种有毛榛、刺五加、山葡萄、覆盆子、丁香、龙牙楤木、五味子等；下层为草本植物，有蕨类、山蒿、赤芍、木贼、柴胡、龙胆、细辛等（生长野山参的地段基本生有铁线蕨）。植被以混交林为好，乔灌草三层遮阴，密而不闭、透而不敞、多斜光；野山参生长期，叶面平均光照强度为 1 600～3 000lx，郁闭度为 0.7～0.8。

根据我们的调查，进一步证明适合野山参生长的严格环境条件归纳起来有以下几点。

（1）需要合适的光照。野山参绝不生长在完全暴露或完全荫蔽的场所；郁闭度一般为 0.7～0.9。而且对野山参来说，光照在 1d 之内也有变化，早晨由于阳光斜射，光可从树干空隙中穿入，因此树冠的郁闭度很小，在人参及其附近，阴影遮盖的面积仅 50％～60％；中午由于阳光直射，光线被树冠遮盖，郁闭度最大，野山参及其附近，阴影遮盖的面积达 90％，甚至 100％；下午 4 时 30 分以后由于阳光斜射又逐渐恢复似早晨的情况。即野山参惧怕强光和烈日的直射，而喜爱散射光和较弱的阳光。有经验的挖参者在他们长期的实践中总结，如果不是过强的光线，在较多光照的场所或在阳坡生长的野山参，生长发育较快，根部产量也较大。这种生物学特性，在我们进行人参栽培和光照条件的统计工作中得到了进一步的证明。

（2）需要适中的水分条件。野山参生长在排水良好和中等湿润的土壤中，而不是生长在太干或太湿的土壤中。根据我们的调查和挖参者的经验，在局部洼地或河沟边容易积水，一般难以生长野山参，但过陡的山坡容易水分流失和水土冲刷，野山参也难以生长。在土壤类型方面，沼泽土、草甸土和冲积性土壤由于地下水位较高，排水困难，也很少在这些环境中发现野山参。

（3）需要腐殖质含量较高、结构比较疏松的微酸性土壤。因为野山参的生长地都在深山密林，那里的土壤由于长年堆积枯枝落叶，腐殖质非常丰富，土壤结构也比较疏松。在野山参的分布地区，这类土壤一般都是棕色森林土或山地灰化棕色森林土，土壤呈弱酸性或中酸性，pH5.5～6.2，我们发现的野山参也都是生长在这类土壤中。

综上所述，野山参主要分布地区一年中平均气温在−10～10℃时的候数为24～25，年降水量500～1 000mm；土壤为棕色森林土或山地灰化棕色森林土。生长野山参的植物群落主要为针叶阔叶混交林及杂木林；针叶阔叶混交林组成的主要树种有红松、色木槭、紫椴和青榆等；杂木林主要有柞栎、色木槭、紫椴、青榆、春榆和千金鹅耳枥等；野山参一般不生长在纯柳树林、杨桦林、纯落叶松林以及纯针叶林中。

第二节　野山参生长发育规律及生物学特性

一、野山参形态特征及生长发育

（一）野山参地上部形态特征及生长发育

经实地调查和访问有野山参采挖经验的参农，初步了解到自然生态下野山参的生长年限与植株形态的变化，生长1～5年的野山参幼苗，地上部植株多数是一出复叶三枚小复叶，即为"三花"，个别的野山参具有一出复叶五枚小复叶，即为"巴掌"；生长5～10年的野山参，多数是"巴掌"或"三花"，极个别才能长出二出复叶的"二甲子"；生长10～15年的野山参，多数是一出复叶五枚小复叶的"巴掌"或二出复叶的"二甲子"，部分出现三出复叶的"三批叶"，也称"灯薹子"，此期，一般不开花或开花后败育，很少结果；生长15～20年的野山参，少数为二出复叶"二甲子"，多数是三出复叶"三批叶"或四出复叶即"四批叶"，此期，部分植株开花结果；生长20年以上，随参龄增长，野山参大部分三出以上复叶，即"三批叶"以上，或四出、五出、六出以上复叶，即"四批叶""五批叶"和"六批叶"。生长40～50年及50年以上的野山参地上植株一个茎，最多也就六出复叶即"六批叶"，极少会出现异形植株的七出复叶、八出复叶或九出复叶，即"七批叶""八批叶"甚至"九批叶"。生长年限过长的野山参，有时会出现多个地上茎，即生长了多出复叶。在正常情况下，一般地上植株同一形态生长发育需5～10年，才能转为另一个形态生长。在不良条件影响下，甚至会反转为下一个形态，即由"四批叶"反转为"三批叶"或"灯薹子"，或由"五批叶"反转为"四批叶"，由"三批叶"反转为"二甲子"或"巴掌"。个别土壤瘠薄或高寒区域的野山参会出现十几年生或几十年生的"三花"。野山参地上植株形态缓慢的生长发育变化，造成野山参地下参根增重缓慢，形成野山参生长缓慢的特点。

（二）野山参根形态特征及生长发育

人参根为肉质根，分为主根、侧根、须根。须根上长有瘤状突起，俗称"珍珠疙瘩"。初期"珍珠疙瘩"稀疏难以分辨，至野山参生长 8～9 年时非常明显。主根呈圆锥形或纺锤形，侧根和须根发达，呈微黄白色。观察根的横切面，一年生的多为初生结构，四年生多为次生结构。人参根的初生结构由表皮、皮层和中柱构成；次生结构由周皮、皮层、次生韧皮部、形成层、次生木质部构成。周皮占根部横切面的 15％左右；韧皮部占根部横切面积的 30％以上；形成层由 1～2 层长方形的细胞组成，木质部占横切面的 5％左右。人参根横切面几乎见不到髓，常见的是棱形实心体。

1. 野山参根的形态特征　野山参根呈圆形或纺锤形，中部分生 2～5 条支根，长 5～20cm，中等主根中部直径 1～3cm；表面淡黄棕色或淡灰棕色，有明显的纵皱纹及细根断痕，主根上部或整体有断续的粗横纹，支根尚有少数横长皮孔。主根顶端有根茎（俗称芦头），一般长 1～4cm，直径 0.3～0.5cm，上有凹窝状茎痕（俗称芦碗）一个或多个，交互排列。全须的支根尚有多数细长的须状根，偶尔有不明显的细小疣状突起。生长年龄不同的根部形态差异很大。

林下护育的人参（包括野山参、移山参、趴货、池底子等），其根部形状和园参有很大的区别，通常按其芦、艼、体、须、纹"五形"进行感观区别。野山参的根茎，其上留有地上茎残痕，根据芦碗的数量（每年留下一个芦碗）可以判定参龄。野山参的芦头一般长 3～10cm，其根部主体上端的根茎基部的芦碗，因年久退化呈圆柱状（对老的野山参判定参龄有一定的困难），俗称圆芦；圆芦以上部分密集生有未完全退化的芦碗，俗称堆花芦；再上，根茎（参芦）上端靠近地上茎部分的芦碗逐渐增大，形状如马的牙齿咬合面，俗称马牙芦。具有圆芦、堆花芦、马牙芦者是标准的生长年限超过 20 年的野山参，俗称三节芦，野山参一般都具三节芦。移山参、趴货、池底子因年限和生长环境变化，不一定具有三节芦，在正常的情况下，一般仅具有一节芦或两节圆芦或圆芦、堆花芦兼有，或园芦、马牙芦兼有。艼是野山参的不定根，呈梭形，状似枣核，俗称枣核艼。一般一苗野山参有 1～2 个艼，移山参、趴货、池底子的艼不完整，艼与芦头合称为艼帽。野山参体长 2～10cm，直径 2～10cm，根据其自然形态，区分为文形、武形两大类。文形参又称顺体，呈直根状；如果体与根不相称，形状不雅观，则称笨体；武形参又称横体或灵体，其体部粗大，支根如"人"字形岔开，形似跨式武生，形状较美。野山参须根鲜时柔韧清疏而较长，为参体的 3～4 倍，俗称皮条须，须根上有粟粒大小疣状突起，俗称珍珠疙瘩。野山参的纹集中于肩部，密集细深，似连续螺纹，俗称螺旋纹。移山参、趴货、池底子的纹能延伸到支根处，而且多数支根粗壮。

2. 野山参根的生长发育

（1）野山参的根系生长与分布。经调查发现，野山参在一出复叶三枚小复叶的"三花"和一出复叶五枚小复叶"巴掌"阶段（转胎参除外），根系均向垂直方向生长。三出复叶的三批叶"灯薹子"以后主根大都呈水平横向生长，或主根呈垂直方向生长、支根和须根朝水平方向生长。一般情况下，野山参的根系均生长在腐殖土层和棕色壤土层中，根条的分布与这两层土壤疏松、肥沃、温度和水分适宜有关。成龄野山参植株根系在土壤中分布面积大致和地上部营养面积相等或略大，扩展直径为地上植株以下 30～50cm 的周围内。

（2）野山参生长年限及根重变化规律。野山参生长年限与年平均增重密切相关，为揭示这种相关关系的变化趋势，了解不同参龄区间的根重变化规律，有学者自 20 世纪 80 年代中期亲自深入长白山区采挖野山参和到收购野山参部门调查了 430 余苗不同生长年限的野山参样本，综合所得到的资料，将其列入表 6-7。

表 6-7　野山参生长年限及根重变化

估计生长年限	调查株数（株）	平均根重（g）	年平均增重（g）
1	60	0.07±0.02	0.07
2	40	0.12±0.04	0.06
3	40	0.18±0.03	0.06
4	5	0.76±0.10	0.19
5	5	1.27±0.35	0.25
6	5	1.70±0.07	0.28
7	8	1.94±0.55	0.28
8	16	2.09±0.53	0.26
9	8	2.13±0.83	0.24
10	42	2.37±0.83	0.24
11～15	125	2.94±0.79	0.20～0.27
16～20	34	4.44±0.90	0.22～0.28
21～30	19	8.41±3.81	0.28～0.40
31～40	11	10.48±4.40	0.26～0.34
41～50	3	25.00±3.21	0.50～0.61
51～100	3	55.83±12.37	0.56～1.09
101～150	2	296.25±12.37	1.98～2.93
151～200	2	495.55±57.28	2.30～3.04
201～300	1	687.5	2.29～3.42

数据分析表明，野山参根重随生长年限的延长而增加，但每一株野山参所处的生态环境有差异，野山参根重增长速度也不一致，从表 6-7 的年平均增重可粗略划分为 3 个不同阶段：一年生至五十年生段，野山参根增重较缓慢，年平均增重 0.5～0.7g；五十年生至一百年生段，参根增重较快，年平均增重 1～2g；生长 100 年以后，参根增重较为明显，年平均增重 3.3g 左右。

分析以上野山参的不同生长年限与根增重变化关系认为，生长年限 1～50 年的幼龄时期参根增重缓慢，主要原因一是地上植株矮小，地上营养面积小，其他植物对参苗遮光，参苗光合产物低；二是树木杂草等根系与野山参根系争夺水分和养分，致使野山参地下根系短小，吸收水分和养分不足，参根生长缓慢，年平均增重少。50 年后随参龄增长，植株形态亦发生相应变化，人参地上营养面积逐渐加大，光合产物也逐渐增多，地下根重逐渐增加，参根增重较快。王曼莹、靳雯棋等开展了人参根组织形态及其生理生化活性成分相关性研究，并将研究成果发表在华中师范大学学报（自然科学版），研究结果表明，园参比根重（根重/根长）高于林下参（野山参），但其树脂道、周皮木栓层细胞和韧皮部裂隙却不如林下参（野山参）发达，皂苷和丙酮酸含量及苹果酸脱氢酶（MDH）活力也低于林下参（野山参）；林下参（野山参）比根长（根重/根长）与抗氧化相关代谢物含量及酶活力随年限增加而降低，但其树脂道、周皮木栓层细胞和韧皮部裂隙逐渐发达，皂苷、淀粉和丙酮酸含量及 MDH 活力均升高。而且随人参生长年限的增加，能量代谢逐渐增强，分泌组织（树脂道）和贮存组织（周皮木栓层细胞、韧皮部裂隙）趋于发达，使根逐年增粗增重；皂苷含量的变化与其周皮木栓层细胞和韧皮部裂隙的变化成正相关；抗氧化能力与周皮木栓层细胞的紧密性成负相关。因此，上百年以后生存下来的野山参，多数主根或支根受外界影响而残缺，由芐衍变成根，故参根增重较为明显。了解和掌握野山参的生长年限与根重变化规律，对野山参人工护育具有十分重要的意义。

（三）野山参越冬芽、潜伏芽的发育特征

1. 野山参越冬芽的形成及分化 人参是多年生宿根草本植物，除一年生人参地上植株由种子发育而成外，二年生以上植株（地上部植株）均系越冬芽发育而成。在秋季，地上部植株枯萎之后，在人参根的顶部的根茎上形成一个乳白色的越冬芽，俗称芽苞，芽苞内部已经有分化完整的茎、叶和花序的雏形体，芽苞形成后，在地下土壤中休眠越冬，翌年春季芽苞生长成地上植株。

人参越冬芽约在 6 月末至 7 月、地上部茎叶生长基本停止时，开始分化并缓慢生长。在东北地区栽培的人参，一般人参果实采收后的 8 月末，越冬芽生长发育加快，在 9 月，越冬芽的形态发育基本完成，这个时期如果解剖越冬芽，可以见到有完整的明年待出土生长的地上植株器官的雏形，一年生或二、四年生人参的越冬芽中只有茎和一出复叶三枚或五枚小复叶的雏形体，以及一个越冬芽原基。越冬芽原基在茎基部内侧，四年生以上人参的参根越冬芽中，有茎和二出或三出以上掌状复叶及茎和花序的雏形体，同时具有潜伏芽。

由于受环境以及植株营养供给的养分的影响，几年生甚至十几年生的野山参越冬芽的植株雏形体分化时仍然会只分化为一出复叶三枚小复叶或五枚小复叶的掌状复叶和茎的雏形体、无花序雏形体。几年生或几十年生的野山参也会生长出一出复叶三枚小复叶的"三花"或一出复叶五枚小复叶的"巴掌"，俗称"小老苗"。

另外，6 月越冬芽分化时，如遇到生长环境异常，由于受环境以及植株营养供给的影响，当年的野山参地上植株是四、五、六出复叶，即四、五、六批叶的人参潜伏芽在分化形成越冬芽时，会出现减少分化复叶的现象，例如：当年五出复叶（五批叶）的潜伏芽的地上植株的雏形体就会分化出四出或三出掌状复叶的雏形体，翌年出苗时，便会出现复叶数相比上一年减少一出或二出的现象，该现象俗称"转胎"。

人参的越冬芽在 9 月形态发育完成之后，如果给予常规的萌发条件，即出苗所需要的温度、水分等条件，却仍然不能萌发出苗，说明还必须经过低温休眠期，才能萌发出苗，即为人参越冬芽的休眠特性。

人参越冬芽在秋季完成形态发育之后，还必须在 2～3℃下经过 2 个月以上的低温阶

段完成生理后熟后才能萌芽。在生产上，人参多是在漫长的冬季于田间自然条件下完成生理后熟。在园参种植上，人参的低温生理后熟阶段要注意越冬防寒，避免越冬芽受冻害。

2. 野山参潜伏芽的发育特性　人参根茎的节上都有潜伏芽，位于每个茎痕的外侧边缘，潜伏芽在正常的情况下不生长发育。基部的多个潜伏芽一般是休眠状态。潜伏芽在一般的情况下并不发育成越冬芽；但上部靠近茎基部的潜伏芽较易萌发，当形成越冬芽时或人参越冬芽还没发育形成时，地上部植株受到损害，但人参根部营养充足，潜伏芽便发育成翌年生长的越冬芽，以确保人参生长发育。有时野山参形成了越冬芽或越冬芽还没形成时，地上部植株受到损害，且人参根部营养较弱的情况下，野山参则需要较长的时间（一年以至于几年）由潜伏芽再分化形成越冬芽，然后再在第二年的春季出土生长成地上植株，此时野山参的根茎（芦）将在由潜伏芽变为越冬芽的疖点出现变形，俗称"残芦"。

由于潜伏芽的生长发育完全靠人参根部自身的营养，所以由潜伏芽发育成的越冬芽比较瘦弱。翌年出苗时，植株矮小，复叶或减少，俗称"转胎参"。

二、野山参生物学特性

野生人参与园参同种，野生人参通过人工长期驯化栽培，变为园参；将园参种子播到林下，在自然条件下生长数十年乃至上百年后，又称为野山参，两者间的形态互变，主要是生长发育环境条件变化所致。同一个品种，在不同的环境条件下生长，不仅形态上发生变化，其生长发育规律和生物学特性也有所不同。人工繁衍护育野山参，必须首先了解和掌握野山参的生物学特性以及其在自然条件下的生长发育规律，野山参生长发育规律是以自然环境条件为前提，改变了自然环境条件，也就打破了它的原有生物学特性及生长发育规律。人工繁衍护育野山参必须遵循野生人参的生长发育规律，只有给野山参创造与野生人参生长发育同样的自然环境条件，才能繁衍护育出高品质野山参。

（一）野山参根的收缩性

人参根具有收缩性，园参的这种特性虽然不如野山参明显，但也能看出由于主根收缩的特点，即在主根上端形成许多环形横纹，俗称"皱纹"。这种特性在野山参上表现更为明显，二、三年生人参主根横纹很少，甚至不易看出，但随着参龄增长，横纹逐渐增多。园参生长条件较好时，根生长速度快、生长年限短，因此形成的横纹粗、不紧密，而且散乱、不规整。这与野山参的紧皮细纹有明显差别，这也是鉴别野山参和园参的重要依据之一。

人参根的收缩性是野生人参为适应大自然的环境经长期进化而形成的，因为人参的生长需两个低温阶段，一个是种子的后熟阶段，另一个是越冬芽的休眠阶段，这就决定了人参必须生长在四季分明的冷温地带。冷温地带冬季往往比较寒冷，人参长期在土壤中生长发育，为了应付这种寒冷，就形成了根收缩的生物学特性。在生长发育过程中，人参每年都在根茎顶部形成越冬芽，翌年再由其萌发出地上植株。这样，致使根茎逐年向上延长，越冬芽上移。由于人参根具有收缩性，才可以调节越冬芽在土壤中的位置，使越冬芽始终处于土层的一定深度之中，以免外露受冻害；一般是地下根茎每年向上延伸多长，主根就向下收缩多深。

人参根的收缩性，也给野山参的生长带来不利影响，由于根的收缩性导致主根皮层的输导组织随着参根的收缩而弯曲，进而受到破坏或堵塞，使输导生理机能产生障碍。参龄越大，主根收缩越严重，人参生长速度越慢。因此，山参大多是"紧皮细纹疙瘩体"，尽管山参可以在土壤中生长几十年，甚至于上百年，但参根生长得并不大。同样的道理，人工种植园参在土壤里生长到 6 年以上后，参根的生长速度也减慢。

（二）野山参根的反须性

人参含有营养物质。据报道，人参含有 41 种人参皂苷、12 种微量元素、78 种烯烃类物质。这么多的物质除了由人参光合作用获得外，大部分是由根部从土壤中吸收获取的，因此人参根有一个最大的特性，就是趋养性，即人参根为了获取养分和水分，而向养分和水分多的地方生长，越长根越长，有的野山参的根须长达 1m。俗话说野山参的根须"似皮条长又清"，这也是野山参的一个特征。

野山参主产区在我国东北长白山区，土壤底层是灰色黏黄土，再加上由于野山参长期长在林下，因此土壤底层板结、冷凉。当人参根向下长到一定程度，按照人参根的趋养性，人参须根和部分支根便不再向下发展，而向水平方向发展，以寻求较为温暖、疏松、肥沃的土壤。向水平方向生长的须根及支根，逐渐集中到一定深度的表土中，吸收养分和水分供植株生长发育的需要，这种现象称为反须。反须现象的实质是植物根系在土壤中长期生长而更趋向适宜环境条件，同时，由于这种趋向性超过了植物根系的向地性，而产生了反须现象。

（三）受损休眠再生特性

野山参每年 7 月中下旬开始产生翌年芽苞，于 9 月末全部形成，于翌年 5 月上旬出土，每年只能出土一次。如在生长期内，地上植株机械死亡，地下根仍然生存，能在土壤中休眠一年或数年，如果遇上内外条件适合时还可以形成新的越冬芽芽苞，再生长为新的植株。当它的主根受到伤害或被病害侵染或被鼠虫嗑咬而腐烂时，它的不定根（芋）还可以代替主根继续生长，会在仅剩余的芋芦上产生芽苞，然后生长为新的植株。因此，很多高参龄的野山参被称为芋变野山参，当它的侧根、须根受到损坏时，还会从主根上再产生一些新的须根，体现了野山参很强的再生能力。

由于野山参的受损休眠再生的特性，造成野山参地上植株在野山参整个生长过程中也会经常出现倒转现象，即上一年的野山参地上是五批叶，芽苞受损后，潜伏芽再形成越冬芽经过越冬休眠后，其地上部植株有时会长出四批叶或三批叶，即发生转胎。

（四）抗逆性强的特性

1. 耐阴性　野山参在生长期间需光照，但怕强光暴晒，适宜在郁闭度为 0.6~0.8 的森林条件下生长，伴生稀疏杂草。

2. 耐寒性　野山参可在 $-40℃$ 的低温条件下安全越冬。春季地温 $5℃$ 时开始萌动，出土后，遇到一般霜冻危害，在 $0℃$ 左右茎叶不会冻死，缓冻后可维持生存。如果在秋季遇到早霜冻害，茎叶就将冻死。

3. 耐旱怕涝特性　野山参有较强的耐旱性，在干旱条件下，只要有几条根生长在湿土中，就不会因干旱死亡。野山参根部表皮厚、体内水分不易散失，即使土壤含水量较少，人参根须萎缩，一旦遇到降水，土壤含水量增加，人参很快就会恢复正常生长。土壤含水量过大，通透性不良而妨碍根的正常生理活动，病原菌活动猖獗，人参易破肚烂根。若早春土壤水分过大，由于温度偏低，芽苞在无氧条件下呼吸，易中毒死亡或形成烂芽苞。因此，人参耐旱，但不耐涝。

（五）斜式生长特性

野山参根部多呈斜式生长，直立者很少。野山参的地上植株一个复叶（一批叶）阶段，根部都向垂直方向生长，至三批叶以后人参主根大都向水平方向生长，或者主根垂直而支根呈水平方向生长，但是细根和须根都有趋向土表生长的情况。如缓坡地野山参的芋须大多数都是顺坡向上生长，一般扒开腐殖质层 5cm 左右的深度可见芦头，从芦头、主根到须根多呈船底形。当须根长到一定深度时（一般不超过 20cm）不再向下生长深扎，而是沿着腐殖土水平方向生长伸长，吸收水分、营养，这就是斜式生长特性。

从调查的实例以及访问有经验的挖参者来看，野生人参的根系几乎全部分布在土壤的腐殖质层中，这主要是因为腐殖质层中土壤的养分比其他层次丰富，并且土壤结构也比较疏松。野生人参在自然环境状态下为了能够吸收到足够的养料，其根系的分布面积也比较大，在成株时，根系分布面积和地上部分的营养面积相等或略大，几乎布满主根周围 30～50cm，有的甚至更大。

（六）两次返水须特性

人参每年返两次水须（在野山参生长过程中表现明显）。

第一阶段：茎、叶出土到果实成熟是一个返须到老化的过程。在芽苞开始萌动到形成植株时，是水须生长的旺盛阶段。水须呈现白色半透明状，植株成形到果实成熟前是第一次返的水须的老化阶段，这时春天已经发育的水须，由于生长点有部分营养不良、干旱等，生长点变粗老化，萎缩脱落。植株形成到红果前，主根部分营养转化，供给茎、叶生长和种子形成。此时野山参主根呈现浆气不足，似海绵体柔软的状态。

第二阶段：从果实成熟到茎叶枯萎，芽苞已形成，此时叶片光合作用所制造的有机物开始向根部运输储存，人参根部生长加快，是根部的增重阶段。此时有少量的水须再次生出。此后气温下降，根部积累的淀粉开始转化成糖类，根的总重有所减轻，而进入休眠状态，完成一个生长周期。野山参第二次返出的水须，还没能老化便进入冬季，这部分水须受冻脱落，形成疤痕。翌年春季从疤痕的一个点再生长出水须，如此形成的疤痕形成疔点，也称"珍珠点"。

第三节　野山参人工繁衍培育技术

长白山区林下人工繁衍护育野山参和移山参在 20 世纪 80 年代末、90 年代初逐渐重新兴起。这是一种根据野生人参生长所需的特殊生态环境，充分利用森林资源，在林下播种或移栽之后，经极少的人为干预，人参生长若干年的培育过程。人工繁衍培育林下参关键是改变种植园参的习惯和操作方式，既不能整土做床，也不能苫膜，因为过多的人工干预管理既破坏了林下参生长的自然生态环境，更影响了林下参的形态和质量。因此，人工繁衍护育林下参最重要的是要保持野生人参生长所需的自然生态模式。

培育林下参有两种：一是野山参，即播种后，自然生长于深山密林15年以上的人参；二是移山参，即移栽在山林中具有野生人参部分特征的人参。

一、野山参人工繁衍护育基地的选择与清理

（一）繁衍护育基地的选择

野山参人工繁衍护育是一项长期工程，从播种到收获短则15年，长达几十年甚至上百年，自然生长时间越长，五形越完美，重量越大，药用价值和市场价格越高。如果繁衍护育基地的各种条件选择不当，会产生红皮病等根部病害导致保苗率低，几十年后产出野山参五形完美的比例低，这样不仅浪费人力、财力，还浪费了时间和资源。因此，人工繁衍护育野山参基地的选择尤为重要，它是关系护育成功与否的关键环节。

1. 海拔高度与坡向的选择　长白山区的野生人参主要生长在海拔400～1 100m的范围内，可以按照野生人参的生长范围去选择基地，对于200～300m的低海拔林地要慎重选用，用之前必须先小面积试种几年，成功后再大面积推广。海拔高度超过1 100m的基地要看树种，若是针阔混交林的地方也可以种植山参。

在选定野山参护育基地后，以选用基地的东北坡、东坡和东南坡最适宜。南坡和西坡要根据林木的分布密度和坡度来选择，这两个坡向中，郁闭度相对较大、透光度小、空气湿度相对较大、土壤条件更优于其他坡向的也可以种植野山参；那些透光度大、空气干燥、土壤瘠薄的南坡和西坡不能种植野山参。最好选择20°以上、40°以下的缓坡种植野山参，坡度过陡的地方或平坦的林地都不能作为人工繁衍护育野山参的基地。

2. 植被的选择　根据野生人参生长地的植被分布物种和多年来人工繁衍护育野山参的实践证明，树龄在20年以上的针阔混交林或阔叶杂木林是野山参生长的最好林地。生长15年以上的落叶松林地，经过疏枝整理使其透光适宜也可以种植野山参。最好的选择是天然林，天然林林木分布平均，乔木、灌木、草本植物结构合理。林木过稀，蒿草生长茂盛的地方，郁闭度小、光照过大，不能用于种植野山参。相反，林木过密、郁闭度过大、林下草本植物稀少的地方就会光照太弱，需要修剪乔木树冠、间伐小灌木使达到合理透光度后方能种植野山参。值得注意的是，纯柞树林、杨树林、柳树林、桦树林下不适宜种植野山参，因为纯柞树林多生长在山地南坡，光照过大，空气湿度和土壤水分都过低，不适合野山参生长，同时柞树叶大而多，落叶后地面覆盖严密，参苗不易出土，柞树果实落地后招引花鼠和山鼠，参根和果实易遭鼠害；纯杨树、柳树、桦树的林地也不宜选择，因这些树种的地下水位较高，土壤湿度过大，野山参的根部易发生红皮病等根部病害，使野山参保苗率降低。

3. 土壤的选择　野山参基地土壤的质量直接影响野山参根部五形完美达标率和参根

发病率。选择人工繁衍护育野山参的林地土壤时要注意下面两方面。一是要看土壤结构是否合理。一般都是腐殖土层和棕壤土（棕色森林土或山地灰化棕色森林土）层合在一起厚度达到20cm左右，下层为活黄土或沙壤土，活黄土、沙壤土下层为黄黏土，这样的土壤结构合理，通透性能好，适宜野山参的生长。如果腐殖土层过厚，含水量大，会导致野山参根部生长过快，符合野山参五形的出品率降低，而且还容易发生锈腐病和红皮病等根部病害，造成保苗率降低。腐殖土和棕壤土下面就是黄黏土结构的土壤，通透性差，也会造成土壤含水量过大，培育的野山参容易发生红皮病等根部病害，导致保苗率降低。二是要看土壤的疏松和板结程度以及土壤持水状态，土壤疏松程度较差，有板结特征的地块，会使山参生长缓慢，延长作货年限。但土壤过于疏松，参的肩部长不出紧密而深的横纹，体态也放纵，达不到野山参根形。另外，土壤过于疏松，保水能力差，容易干旱，野山参保苗率低。可以通过林地杂草来测验土壤的疏松程度和干湿度，一般情况下，林地有阳光照射的空地会长有多种带状叶和椭圆形叶草本植物，这些草本植物茎秆挺实，叶面新鲜，证明这一地带土壤的疏松程度和干湿度适宜野山参生长。

（二）护育基地的清理

选定繁衍护育野山参的林地之后，下一道程序就是清理林地。林地清理直接关系到野山参保苗率以及符合野山参成品标准的成品率，关系到最终能否达到最大的经济效益。林地清理可以按照以下几个方面去操作。

1. 改造树种布局 在选定的基地中，每一个坡向或区域内，有的树种适宜野山参生长，有的树种不是很适宜野山参生长，在不是十分适宜野山参生长的区域内需要改造树种布局。培育野山参需要十几年甚至几十年，基地可以逐步淘汰楸、椴、柞等大叶树种，因为这些树种树冠大、叶片大、遮光严密，造成树下地温低凉，并且地面聚积的树叶太厚，影响参苗出土和正常生长，要逐步更换上刺槐、白榆等速生树种，改变自然树种布局不合理的生态环境，以达到适宜野山参生长的自然环境。

2. 保证树木开窗开门 所谓树木开窗开门，即是林下透光率的俗称，开窗开门就是指乔木分布合理，高层（乔木）树冠遮光适宜，有部分光照可以照进林内，乔木下面生长灌木和草本植物，高层乔木"开了门窗"，风、光、雨露才能够通达地面，有了两层遮光树，才能把林内的风、光、雨露调解均匀，才有符合野山参生存生长所需的自然环境。如果树林没有开窗开门，是指乔木郁闭度过大，林下不生长小灌木和草本植物的情况，这种环境也不适宜种植野山参。因此，在清理林地时，对于林下的小灌木和小乔木的去留要因地制宜，具体做法如下：凡是长草较多的地面，就证明光照较强，林下的小灌木和小乔木尽量保留，要保留两层遮光层；如果割除林下的这些小灌木和小乔木，就缺少第二层的遮光层，地面的光照增强，地温也随之增高，遇到干旱天气，野山参幼苗就会因干旱死亡或人参地上植株受日灼等病害，当雨季到来，地面也会被雨水浇灌而发生病害，导致保苗率下降；凡是地面不长草或草稀少，说明该地块郁闭度过大，光照太弱，要对林下小灌木和小乔木进行适当清理，但不能全部清理，要根据适宜野山参生长的郁闭度（0.6~0.8）进行逐步清理。

3. 林地的枯枝落叶清理 林地的枯枝落叶有很多优点，应尽量保留，它既能保持和稳定地表层土壤的温度，又能防旱保湿，还能防止水土流失；同时，底层枯枝落叶不断腐烂，又能增强土壤中的有机质含量，起到改良肥化土壤的作用。因此，不要把枯枝落叶清理掉，只需捡除较粗大的枯枝即可。

4. 林木清理要逐步进行，不要一次到位　人参种子在林地播种后的第一年和第二年，抗强光能力较弱，林地的透光率要降低一些，因为野山参一、二年生小苗根系不发达，人参根系在浅土层内，不耐旱，光照强度大，小苗容易遇干旱死亡或发生日灼病。到了第三年，人参根系增多、伸长，地上植株也健壮了，有了一定的抗强光和抗旱能力，这时光照强度可以适当加大一些，能够促进参苗苗壮生长。也就是说到了第三年的时候，林地树木的清理才能够大体完成。但以后仍需年年观察，对不适宜野山参生长所需光照强度的地方要随时清理。野山参的合理光照条件大体上以遮光度 80%、透光度 20% 较为适宜，光照过弱，野山参生长缓慢，延长起收年限；光照过强，野山参生长加快，根部形状变形，达不到野山参的五形标准，降低成品率。因此，一定要掌握野山参的合理光照，合理调节林下透光度。

二、野山参人工繁育种源选择与准备

（一）野山参人工繁育种源选择

野山参人工护育第一关就是选好种子。野山参繁衍护育基地种植的人参品种来源无论是自产或是对外采购，都应该进行品种种源鉴别。经过对多家人工护育野山参基地采用的人参种源进行调查，结果证明，繁衍护育野山参所需的种子最好是林下参籽；最佳选择是野山参基地本身采出的种子；其次选用园参种子，在长白、抚松、靖宇、延吉、安图、敦化一带的野山参繁衍护育基地，适宜选择"二马牙""圆膀圆芦"或"长脖"农家品种的种子；作为野山参繁衍的种子，种源选定后要对选择的种源进行鉴定建档。

1. 拟选用种源的鉴别鉴定　依据人参根及根茎的形态将人参分为大马牙、二马牙、圆膀圆芦、长脖 4 个变异类型，又称农家类型。

大马牙：主根粗而短，根茎短且粗，越冬芽大，芦碗大，膀头粗，支根短粗而多，须根多，植株高大，茎秆粗壮，地下根产量高。

二马牙：与大马牙相比，主根相对粗壮较长，根茎稍长且较细，茎痕较小，越冬芽也小，支根较长，须根少，茎叶较壮，产量略低，通常又分为二马牙圆芦和二马牙尖嘴芦。

圆膀圆芦：与二马牙相比，根茎顺长，侧根少而细长，须根清晰，芦头长短适中呈圆形，皮色微黄，体形美观。

长脖：芦头细而长，芦碗小，芦碗节间长而明显，主根细长，须根长，生长缓慢，产量低。可分为竹节芦、线芦、草芦。

2. 种源鉴别　选择后组织相关人员（包括业内专家）对种源母本及种子进行鉴别，并形成相关说明，参加人员签字存档。

3. 种源档案　人参种源选择的品种说明、鉴定鉴别结果、种源及采收记录、质量检测报告一并存入档案，建立该批次一级档案（包括电子档案），按照种子来源的地块、参龄设定一级批次号。

种源考察记录的内容如下。

（1）填写人参种子种源基地考察记录，记录表格必须依据实际情况填写，表格由考察小组组长填写。

（2）种源地点须详细填写，有省、市、县、乡（镇）、村、沟名，并依次记录，记录GPS定点；记录该地块的坡度、朝向、土地条件、土壤处理情况等详细信息。

（3）由种源鉴定人员确定种源品种类型。

（4）种源面积及参龄依据实际情况填写。

（5）病害情况分别记录地上、地下病害考察情况，记录当年使用药剂情况。

（6）记录约定种子质量指标、约定采种日期、约定采种重量，实际以所签署的合同为准。

（二）种源种子的采收与晾晒

1. 采收时间 时间定为7月20日—8月5日，以人参果实90％以上红果为实际采收确定时间，采收期以外的种子不予采收。

2. 采收方法 采收的人参果实放入果实袋内，对落地果随时收起。采收时，采优去杂，要将病果、健康果严格分开，去除杂质，优良果率应达到95％以上。

在采收时，不同的品种资源做到留种田的果实单收、单搓、单晾晒、单催芽、单播种，以保证种源的优良性和可追溯性。

3. 采收脱粒 采收后，要及时搓洗，可将参果装入搓籽机脱去果肉，漂洗去除果肉和瘪粒，多次用清水冲洗，洗净后捞出。

4. 采收鲜种子验收标准 千粒重、净度、饱满度、生活力需满足下列要求（表6-8）。

表6-8 人参鲜种子验收标准

类别	千粒重	净度	饱满度	生活力
指标	≥45g	≥99％	≥95％	≥95％

注：人参种子仅风干种皮。

5. 种子运输管理 种子采收后及时运回进行存储和发芽处理。运输时采用透水、透气网袋运输，防止伤热。

6. 晾晒 种子到货后在席子上晾干或阴干，不得在强光下暴晒。

7. 干种子质量标准 采收的人参种子晾干以后干种子应达到如下标准（表6-9）。

表6-9 人参干种子等级要求

等级	千粒重（g）	含水量（％）	种子宽度（mm）	饱满度（％）	净度（％）	生活力（％）
一等	≥32	≤12	≥4.5	≥85	≥99	≥100
二等	≥28	≤12	≥3.5	≥85	≥99	≥100

注：①生活力不符合标准的种子相应降等级。

②净度不符合标准要进行筛选或风选。

③千粒重按规定含水量折算。

8. 种子质量检验

（1）千粒重测定。取除去杂质和废种子后的好种子，充分混匀后，通过四分法随机数取 2 份，每份 1 000 粒种子作样品，单独称重，称量精度要达到 0.1g，两份样品的平均值误差不超过 5%，则平均值即为种子千粒重；如果平均值误差超过 5%，则再取第三份称重，取三份的平均值即为该样品的千粒重。

（2）净度测定。种子净度是指在一定量的种子中，正常种子的重量占总重量（包含正常种子之外的杂质和废弃种子）的百分比。

净度的计算方法：种子净度（%）=［种子总重量－（杂质重量＋废弃种子的重量）］/种子总重量×100%。

（3）饱满度测定。种子自然阴干，测试前含水量应小于 14%（干种子）。通过四分法取 2 份样品，每份 100～150 粒种子。种子沿脊切成两部分，分别测量种仁面积和空腔面积，种仁面积与种壳内腔面积比值不小于 3/4 的种子为饱满种子。种子的饱满度按以下公式计算：

$$P_b = \frac{A_b}{A} \times 100\%$$

式中：

P_b——饱满度（%）；

A_b——为饱满种子数量；

A——试验样品种子数量。

如果两份种子饱满度差异小于 5%，取两份测定结果的平均值作最终结果；否则，应重新测定。

（4）成熟度测定。通过四分法取 2 份样品，每份 100～150 粒种子，种子沿脊切成两部分。通过显微镜观察种胚的形状，种胚为梨形或马蹄形的种子为成熟种子。计算公式如下：

$$M（\%）= \frac{A_m}{A} \times 100\%$$

式中：

M——成熟度（%）；

A_m——成熟种子数量；

A——试验样品种子数量。

如果两份种子成熟度差异小于 5%，取两份测定结果的平均值作最终结果，否则，应重新测定。

（5）生活力测定。表示种子潜在发芽能力或胚胎存活率的指数，使用四氮唑检测，以着色种子在试验样品中的百分比表示。

（三）野山参人工繁育种子催芽处理

人参种子具有休眠特性，需经形态后熟和生理后熟方能出苗。在东北人参主产区，特别是无霜期较短的参区，这两个后熟过程在自然条件下需经 21 个月左右才能完成。若对采收的种子及时进行人工催芽，3~4 个月即可完成胚的分化，后熟期可缩短一年以上。人参种子经人工催芽可缩短后熟时间，但由于人参种胚发育缓慢，而且对环境条件要求比较严格，因此人参种子催芽一般采用沙子或腐殖土加细沙作基质的方法进行。

1. 催芽时期　根据人参种子催芽的开始时间和用于播种的时间，将种子催芽分为夏催秋播和秋催春播两个时期。

（1）夏催秋播。秋天播种的人参种子，基本都是用夏季催芽的种子，不提倡使用当年秋季采收并经过秋季催芽后立即进行秋播的种子，这种催芽处理的种子，往往胚芽发育不好，胚率不足。因此，夏季催芽使用的人参种子均为上一年干燥的人参种子；于 5 月末 6 月初进行催芽，多在室外进行，8 月下旬至 9 月末种胚完成了形态发育，种子裂口，秋季播种，种子在自然条件下完成生理后熟；也可将催芽种子进行冷藏或埋藏于室外，在自然条件下完成生理后熟。

（2）秋催春播。春季播种的催芽种子中，除夏季催芽经过冬储后进行春播的人参种子之外，也有秋季采收的人参种子，经过秋季和冬季催芽处理后，再经过低温休眠后进行春播。催芽使用的人参种子基本为当年采收的干燥的人参种子，9 月初至 10 月上旬进行催芽，基本在室内进行。

两个催芽时期各有优缺点，相较而言，生产中多采用夏催秋播。特别对于野山参播种，秋播好于春播。

2. 催芽方法

（1）夏催秋播——槽式人工催芽。于 5 月末 6 月初进行催芽，根据催芽种子的数量，可分别采用木箱、木槽或砖砌的槽形床等设备。用这种方法催芽，应注意掌握如下技术环节。

①种子消毒。人参种子表面常常带有各种病原菌，催芽和播种时易发生烂种或幼苗病害，因此有必要对人参种子进行消毒处理。一般用 1% 的甲醛溶液浸种 15min，也可用代森锰锌 1 000 倍液浸种 2h，防效很好。

②催芽场地。选专用人参种子催芽场地，生石灰消毒处理。

③催芽箱规格。在平整场地上放置催芽箱或床框，箱（框）高 40cm，宽 90~100cm，长度依种子数量而定（可用砖砌槽床）。为控制温度变化，框周围用土培严踏实。

④催芽基质。基质可选择以下 2 种：一是基质单独采用细河沙，用孔径为 0.3cm 筛子将河沙过筛，基质含水量 12%~14%；二是基质采用细河沙与腐殖土，用孔径为 0.3cm 筛子将河沙过筛，河沙与腐殖土的比例 2：1。

⑤种子分级。处理前，将人参种子用 0.45cm 孔径的筛子分级，筛子上面的人参种子为一等种子；将筛后筛子下面的种子再用 0.35cm 孔径的筛子分级，筛子上面的人参种子为二等种子，筛子以下的人参种子为三等种子。

⑥种子处理。人参干籽处理时间为 5 月中旬。将选好的干籽用水浸泡，使浸泡的种子内水分含量达到 70%~80% 即可。为防止种子腐烂，催芽基质可先用河沙重量 1% 的多菌灵消毒。

⑦拌种装箱。将浸泡好的种子捞出，与过筛的河沙混拌，按 1：3 混合均匀。底层铺垫厚度 10cm 以上的纯基质，将混拌种子基质做成高 40cm、宽 120cm 的池床，上层用纱

网罩住，覆盖 10cm 厚度的纯基质。在催芽过程中与木框直接接触的种子易腐烂，因此在装箱时，箱内侧四周最好放些纯基质，使种子不与木框直接接触。装完种子与基质的混合物后，整平并覆盖 10cm 厚度的纯基质，以保持适宜的温度和水分。

⑧催芽管理。

第一阶段：时间在 21d 时，基质温度控制在 13～15℃，最高不能超过 15℃，基质含水量 40%～45%，以种子不粘沙为标准，每 7d 翻动 1 次。这个阶段种子形成胚点。

第二阶段：时间在 21～42d 时，基质温度控制在 15～17℃，最高不能超过 18℃，基质含水量 35%～40%，以种子不粘沙为标准，平均每 7d 翻动 1 次。观察人参胚，此时胚初级形态基本形成。

第三阶段：时间在 42～66d 时，基质温度控制在 16～18℃，温度决不能超过 18℃。基质含水量 35%～40%，以种子不粘沙为标准，平均每 7d 翻动 1 次。观察人参胚，此时胚初级形态形成。

第四阶段：时间在 66～88d 时，基质温度控制在 18～20℃，基质含水量 35%～40%，以种子不粘沙为标准，平均每 7d 翻动 1 次。

第五阶段：时间在 88～120d 时，自然降低基质湿度，平均每 7d 翻动 1 次。

第六阶段：时间在 120d 后，降低湿度，催芽种子皮干内湿。平均每 7d 翻动 1 次。

（2）秋催春播——槽式人工催芽。当年采收的种子立即进行催芽。根据催芽种子的数量，可分别采用木箱、木槽或砖砌的槽形床等。用这种方法催芽，应注意掌握如下技术环节。

①种子消毒。人参种子表面常常带有各种病原菌，人参种子催芽和播种时易发生烂种或幼苗病害，因此有必要对人参种子进行消毒处理。一般用 1% 的甲醛溶液浸种 15min，也可用代森锰锌 1 000 倍液浸种 2h，防病效果很好。

②催芽场地。选专用人参子催芽场地，生石灰消毒处理。

③催芽箱规格。在平整场地上放置催芽箱或床框，箱（框）高 40cm，宽 90～100cm，长度依种子数量而定（可用砖砌槽床）。为控制温度变化，框周围用土培严踏实。

④催芽基质。基质可选择以下两种：一是基质单独采用细河沙，用孔径 0.3cm 筛子将河沙过筛，基质含水量 12%～14%；二是基质采用细河沙与腐殖土，用孔径 0.3cm 的筛子将河沙过筛，河沙与腐殖土的比例 2∶1。

⑤种子分级。处理前，将人参子用 0.45cm 孔径的筛子分级，筛子上面的人参种子为一等种子；将筛后筛子下面的人参种子再用 0.35cm 孔径的筛子分级，筛子上面的人参种子为二等种子，筛子以下的人参种子为三等种子。

⑥种子处理。用 75% 的九二〇（赤霉素）处理。赤霉素先用酒精溶解，再用 50kg 凉水兑 1g 赤霉素，75kg 温水兑 1g 赤霉素，浸泡籽 12h。捞出在阴凉处晾晒至表皮干燥。

⑦拌种装箱。将干皮的鲜种子用水浸泡 8～10min（种皮未干的种子不用浸泡）或把用赤霉素浸泡的种子捞出后，晾干种皮与准备好的基质混拌，按 1∶3 混合均匀。底层铺垫厚度 10cm 以上的纯基质，将混拌种子基质做成高 40cm、宽 1.2m 的池床，上层用纱网罩住并覆盖 10cm 厚度的纯基质。

⑧催芽管理。

第一阶段：时间为 20d，基质温度在 20～22℃，最高不能超过 23℃，基质含水量 40％～45％，以种子不粘沙为标准。平均每 10d 翻动 1 次，种子形成胚点。

第二阶段：时间在 20～40d 时，基质温度在 18～20℃，最高不能超过 20℃，基质含水量 35％～40％，以种子不粘沙为标准。平均每 7d 翻动 1 次。这个阶段观察人参胚，胚的初级形态基本形成。

第三阶段：时间在 40～60d 时，基质温度在 16～18℃，最高不能超过 18℃，基质含水量 35％～40％，以种子不粘沙为标准，平均每 7d 翻动 1 次。

第四阶段：时间在 60～90d 时，基质温度在 16～18℃，最高不能超过 18℃。基质含水量 35％～40％，以种子不粘沙为标准，平均每 7d 翻动 1 次。这时种子开口率达到 70％～80％。

第五阶段：时间在 90d 以后，基质温度控制在 18～20℃，最高不能超过 20℃。在管理基质时不加水，让基质水分自然蒸发。平均每 10d 翻动 1 次。

3. 人参种子催芽期间管理 种子催芽由专人管理，对将进行催芽的人参种子进行验收，核实内容包括：品种说明、鉴别意见、采收记录、质量检测报告情况，沿用一级批次号进行记录，填写人参种子催芽处理记录。

批次管理要求：按一级批次号种子的不同来源、地块、参龄分别处理，不同批号的种子处理应设置隔离处理。

4. 催芽种子标准及检验

（1）催芽裂口种子的标准。催芽裂口种子的标准为裂口率 90％、胚率 80％，证明形态后熟已经完成。要及时进行冬贮，使其完成生理后熟。

（2）催芽种子检验。催芽种子胚率测定操作为：取两份平均样品，将样品逐粒切为两瓣，留取其中胚芽比较清晰的一瓣进行胚乳与胚芽长度测量。按下列公式计算，取其平均值。

计算公式如下：胚率（％）＝胚长/胚乳长×100％

裂口率测定操作为：取两份平均样品，计算裂口种子与未裂口种子的数量，按下列公式计算，取其平均值。

计算公式如下：种子裂口率（％）＝种子裂口粒数/种子总粒数×100％。

5. 催芽种子贮藏 夏催秋播、秋催春播的种子达到催芽种子标准后，当年不能播种或播种后有剩余时，应越冬贮藏。封冻前选择背阴干燥场地挖窖，窖底铺上木头或石块，种子箱放入窖内，箱口高出地面 15cm，箱顶覆盖编织膜，箱顶及周围培土 30cm 高，踏实，周围挖好排水沟，防止桃花水浸入。封冻后覆盖一层锯末或落叶，适量浇水，用帘子压好，翌年春季解冻前再取出播种。

三、野山参人工繁育播种

（一）野山参的播种时期

野山参播种根据播种时期分为夏播、秋播和春播。

1. 夏播　夏播适用于原有野山参繁衍护育基地的补种操作。于 7 月中下旬参果成熟时采收，采收时要将病果、健康果严格分开，并除去杂质，优良果率应达到 95％以上。采收后，要及时搓洗，搓洗的种子阴干或在弱光下晒干，达到规定的含水量，不得在强光下暴晒。晾干后的种子要进一步通过风选和筛选，去除杂质和秕粒，提高种子净度，并将种子按标准分级播种。人参种子播种到地里完成形态后熟和生理后熟。新鲜的人参种子直接播种到林下，林下地温低，保证不了形态后熟所需的温度，参籽裂口不整齐，翌年春季出苗率低。

2. 秋播　秋播于 10 月进行。播种"夏催秋播"的处理种子，其好处是种子不用冬贮，播种后在地下自然完成生理后熟过程，翌年春季出苗率高。另外，秋播地面经过一冬的雪水沉积，翌年春季已大体恢复自然状态，种子不会遭受鼠害。

3. 春播　春播于 4 月土壤解冻后进行，播种"秋催春播"的处理种子。山参播种少量尚可；如果大面积春播，存在两点不足。一是冬贮种子很难与林下土壤解冻同步，大多数种子在播种时已萌动，有的种子胚根已生长很长，在筛除基质时容易将萌动的胚根损伤，甚至弄断；还有的种子根芽已生长很长，春播期间因长期在外裸露易萎蔫，胚根胚芽受损以后，严重影响播后出苗率。二是春季林地解冻后，林中的松树、花鼠、山鼠等鼠类解除冬眠，都出洞活动觅食，它们的嗅觉非常敏感，只要有新播种的野山参地，它们便会把参籽抠出嗑食掉，到参苗出土时，便会发生缺苗现象，秋季还得进行二次补种。综上所述，三个播种时期以秋播最好。

（二）野山参繁育的播种方法

目前，东北三省人工繁衍护育野山参的个体和单位逐渐增加，播种方法也各式各样，没有统一标准，有的用镐勾沟条播，有的用镐刨穴点播，有的用木棒扎眼点播；有的漫山播种，有的顺山定行播种，有的横山定行播种，有的横山定垄、顺山定行播种。用镐勾沟条播的优点是林地利用率高；缺点是勾沟的地方植被被破坏，土壤疏松，参根生长速度过快，容易跑形，另外参苗比较集中，容易感染病害。用镐刨穴漫山点播的优点是林地利用率高；缺点是上山视察苗情、采种、采挖等作业不方便，在采挖大苗野山参过程中，周围的较小野山参容易被践踏和被土埋。用木棒扎眼点播优点是不破坏植被，作业方便；缺点是人多手杂，扎眼深浅不一，有的种子在眼中与土壤接触不实，造成出苗不齐，另外，播种时一不注意，容易每个眼播 2 粒以上种子，参根在生长过程中容易拧成麻花股，不仅失去野山参根形，还不便于采挖。无论采取哪一种播种方法都各有利弊，只要是利大于弊的方法都可以采用。

下面 5 种野山参播种方法可供参农参考。

1. 横山定垄、顺山定行、刨穴点播　辽宁省抚顺市草头王有限公司总经理邓宝金多年种植野山参总结出来的经验。其做法是：秋季在清理好的林地横山定垄，垄宽 2～5m，以便于作业管理为宜，垄与垄之间的作业通道宽 1m；顺山定行，行与行之间宽 1m。其优点是为平时进地管理、察看苗情、采收参籽等工作提供了方便，而且采挖野山参时可取大留小，避免附近的野山参受土埋、脚踩等伤害。播种方法为两人一组，一人拿镐横山刨穴，穴深 4～5cm，穴距 20～30cm，后边一人播种、覆土，每穴播经多菌灵、咯菌腈消毒过的人参种子 1～2 粒，覆土 2cm 厚，用脚踩实，顺便带上枯枝落叶，防止春旱和鼠害。

2. 点播　模拟野生人参生长的生态环境和土壤特性，在选好的地块上采用梅花桩或满天星的方式播种。在地上用点播器或尖木棍扎眼，深 3cm 左右，把经多菌灵、咯菌腈消毒的种子每穴放 2～3 粒，用脚踩实，覆盖落叶。亩播种量 2～3kg，30～40kg/hm²。

该方法技术要点是：点播器扎的深度一定要足够，选用的棍子头一定要尖，这样既好扎孔，又可使种子紧密接触土壤。人参种子播种后，一定要踩实，土越干越要踩实，防止籽吊干。这种播种方法是比较好的方法，既保持了自然环境，又合理解决了郁闭度和土地空地的矛盾。

3. 条播　用平刃镐先将地面土壤刨开（深度 2～3cm），把腐殖土分在两边，呈 20～30cm 宽的长条状小沟（围山坡横劈，以免雨季出现洪沟），清除树枝杂草，然后在沟里平面处按 30cm 左右间距播，每个点播经多菌灵、咯菌腈消毒的人参种子 2～3 粒，最后把沟两面的腐殖土填回大沟里，用脚轻轻踩实，不能出现坑洼，以免存水，尽量保持地面原状。亩播种量 3～5kg，50kg/hm²。

4. 穴播　选择适宜的空地用平刃镐搂出直径 50cm 大小的平地坑，将经过多菌灵、咯菌腈消毒的人参种子均匀撒入，将搂出的树叶及草皮再恢复原样，用脚踏实。亩播种量 3～5kg，50kg/hm²。

5. 裸地池播　该方法比较适宜柞树、核桃林等腐殖土层较厚的地区使用。在清理过的基地内挂线，规划成池床模式，将池床内的腐殖质（枯草落叶）搂到池床两侧，露出疏松的腐殖土，然后在裸露的腐殖土上均匀播种经多菌灵、咯菌腈消毒的人参种子，然后轻踩，踩到表土不见人参种子为准，然后再将搂出的树叶重新覆回到原来的床面上。亩播种量 8～10kg，60kg/hm²。

该方法技术要点：一是搂出的裸露表土必须疏松，保证播后的人参种子被轻踩就能踩进土内；二是覆盖落叶的厚度一定要在 10cm 以上。

四、野山参人工繁育的管理

（一）野山参的看护

野山参繁衍护育是一项长期的投入，为了便于野山参基地看护，可在野山参基地周围醒目的地方挂上告示牌，提醒并告知周边的人们，不要到野山参繁衍护育区内放牧、砍柴、采挖野菜及食用菌等。为了阻止行人、牲畜进入基地，可用清理下来的小灌木在基地外围围上栅栏，有条件可用铁蒺藜圈围栅栏或在基地四周栽种刺槐树，几年后就可长成人、动物都进不去的活树屏障。

（二）野山参生育期的管理

野山参播种后任其自然生长，虽然不用像园参那样进行除草、松土、施肥、喷药等管理工作，但也要对其采取粗放式的简单管理，在野山参成长季节要经常深入护育园区，观察基地内草木生长变化情况，查看光照变化情况，对不适宜的光照条件及时调节。发现杂草密集丛生的地块，说明这个地方光照过强，在高温炎热季节，对这一区域进行插花或挂遮阳网；发现不长草的地块，证明这个地方光照过弱，及时间伐小灌木，并做好标记，待野山参枯萎后修整乔木树冠。对容易被雨水冲刷的区域，在雨季到来之前，挖好排水沟。野山参生长需要缓慢的过程，不能操之过急。一是注意不能进行基地除草，特别是连根拔草，这样不仅人为加大了光照强度，又使人参根际周围的土壤松动，加快了人参的生长速度，使原来已经生长的野山参根形发生了变化，生长的速度和性状接近于园参。二是野山参幼苗期要注意杂草的密度，高于幼苗的杂草要及时清除，否则杂草过密，草下的光照弱，湿度大，会导致低参龄的野山参幼苗被高一些的杂草"欺死"，幼苗的保苗率开始下降。三是管理进入繁殖生育期的高参龄野山参时，注意不能给野山参掐花，俗称"掐头"，会把野山参原本应该供给地上植株生殖生长的这部分营养转移至野山参根的营养生长，营养过度集中而促使野山参根部加速生长，造成野山参根严重变形，失去五形的完美；经常掐花还会改变野山参的自然繁殖规律，影响野山参的自然繁育。

（三）野山参病、虫、鼠害防治

野山参的人工繁衍护育除人为为其创造适宜的光照条件外，病害和虫害应遵循自然淘汰法则，尽量减少人为干预，尤其减少施药、施肥操作。但在野山参的护育管理中，林地鼠类很多，危害野山参参根的主要有鼢鼠、鼹鼠、花鼠和山鼠。鼢鼠和鼹鼠为地下害鼠，常年在地下活动，通过地下打洞咬食植物根系，遇到参根会同样为害；花鼠和山鼠为地上害鼠，以各种植物果实为食，尤其咬食人参果实。

鼢鼠和鼹鼠的防治：在管护基地作业时，用脚踩除洞道，或发现有新凸起的土堆时，用锹挖开找出洞口，根据这两种鼠类喜欢吃大葱的习性，在葱白内放入一定量的鼠药，再合上葱白，用葱叶缠好放入两侧洞口内，洞口敞开后有风吹入洞内，由于害鼠有怕风的习性，遇风后会前来堵洞，发现大葱会将大葱拖入洞内，咬食后致死；还可在洞口安放地笼、地箭进行捕杀。

花鼠和山鼠的防治：准备一些空罐头瓶或粗饮料瓶，把饮料瓶横着从中部截断，留下带底的一半，把罐头瓶和饮料瓶横置在参地内，里边放一些鼠药，花鼠和山鼠发现后会吃药致死。要经常去参地检查，发现死鼠及时埋掉；发现空瓶再续添鼠药，这样经常性捕杀，可大大减少林地内的花鼠和山鼠数量，减轻鼠害。

五、野山参人工繁育的采收与加工

（一）野山参的采挖时期与方法

1. 野山参的收获年限　人工护育的野山参采收年限由所种植林地的生态环境来决定，一般来说，采收年限不低于15年，采收时挑选单株收获出售。在阔叶林地种植的野山参，由于乔木树冠较大，枝叶繁茂，野山参所接受的光照、雨水、晨露等不均匀，地温偏低，生长较缓慢，一般需15~20年的时间方能收获。野山参生长的年限越长，品质越好，越受市场欢迎，售价越高。

2. 野山参的收获时期　放山人采挖野生人参都习惯于在7月中下旬参果红了的时候进行，那时便于寻找。由于参根一部分营养运送到果实，供其生殖器官生长，因此参根浆气不足，体轻，干燥后容易抽沟。人工繁衍护育的野山参待参果采收后还能生长一段时间，此段时间所有的养分都集中供参根生长，因此在8月中下旬收获较为适宜，此时也正是野山参市场最活跃的季节。

3. 采挖工具　尽管是人工护育，但在采挖野山参时基本还是沿用传统的发散采挖模式，需要的基本工具有锹、镐、刀子、剪子、小斧、小锯、小耙子、鹿骨签子、棒槌锁。

鲜人参采挖工具中的每一样在采挖过程中都有其独特的作用，必不可少。比如棒槌锁用来固定野山参地上植株，传说中野山参会移动，但实际是为了防止在采挖过程中地上植株倒伏，造成野山参在众多杂草中难以辨识。手斧、镰刀和匕首用于斩断周围的小树和杂草；剪枝剪是用来剪除土壤中的草本植物根系和较细的树根；小锯是用来锯除土壤中较粗大的树根；铲子可用来挖掘野山参周围的泥土，鹿骨签子用来精细抠土和拨开野山参周围的泥土等。

4. 野山参的采挖方法　野山参的采挖不像园参那样简便易行，用锹挖镐刨即可。年限较长、比较大的野山参适宜单株传统式采挖，但是如果采挖林地部分区块内生长状态相近的野山参，则适宜用两种方式，一种是坐窑式，另一种是清底式。

（1）野山参选择性单株传统式采挖。虽然是同一年种植的野山参，由于受局部小环境的影响，野山参生长发育的状况也不相同，土壤条件好的和接收光照好的野山参长到四批叶时，那些生长条件差的野山参才能长至"三花"或"二甲子"。因此，在野山参采收时最好不要一次性采收，尽量采挖大的野山参，留下小的野山参，既然挖大留小，那么在采挖大野山参的过程中，一定要注意保护好小野山参，以及小野山参周围的环境，还要注意在采挖大野山参的同时，不要踩到小野山参。

挖人参是一项细致的操作。挖参之前首先将野山参的地上植株用棒槌锁架起，然后将野山参茎周围的杂草清除，再轻轻清除参茎基部的枯枝树叶，大致判断人参可能的大小，现在的人参一般都是1m长左右，因此清理的范围俗称"开盘子"，半径为1m左右，然后从茎向下挖，逐渐用鹿骨签子将腐殖土拨开，认真找到每一根参须，将参须逐个理出，主体上支根的土再用鹿骨签子精细抠净，过程一定要轻柔，断一根都会极大损坏人参价值。大野山参采挖出来后，将土壤复回原位；将单株采挖的野山参必须用苔藓等包好。

（2）坐窑式采挖方法。适用于生长状态相近并连片的野山参的采收，采挖野山参时，在植株距地面上5～6cm处把野山参地上植株剪掉，然后选择边缘的一株开始，从参芦部位向下清理土壤，从参芦到主体，从主体到支根，从支根到根须，逐步小心地抠土和清除杂物。野山参的根系是白色的，其他植物的根系是黑色或褐色的，在土壤中很容易区分。遇到其他植物的根系，用鹿骨签子抠出空隙后将其剪断拿出，不能硬拽，有些植物根系和山参根须缠绕在一起生长，硬拽容易弄断野山参的根须。在采挖过程中遇到草木根系和石块要随时清理，一是方便后续作业；二是防止因杂物而破坏了参须。在挖土的过程中要细心观察参须的走向，耐心准确地挖取，直至将野山参完好无损地采挖出来。坐窑式采挖方法比较费时费力，这种采挖方法是将采挖区域的野山参不论大小全部采出。

（3）清底式采挖方法。同样适用于生长状态相近并连片生长的野山参的采收，挖参前先看准野山参地上植株的大小，按照地上植株的大小，估计出野山参根须伸展的范围。采挖时从野山参的一侧按照估计好的范围外围开始，平行地向参根方向挖土，对野山参根须附近的其他植物根系和石块要及时清理，在采挖过程中要保护好野山参的根须，千万不要让任何一个部位受到伤残，无论哪个部位出现一点伤残都会影响野山参的商品价格。

不论哪种采挖方法，采收后的野山参按不同的等级分别摆放在通气的苯板保鲜箱内，将保鲜箱密封，填写好标签。标签内容包括产地、参龄、等级、重量、日期、采挖人、检验人等。

（二）野山参加工技术

目前市场上野山参的销售方式主要有 3 种，一种是鲜货，另一种是礼品野山参，再就是形体不完整以及病疤者作为打粉或投料使用的野山参。野山参加工流程：鲜参分选→浸润→初洗→精选→精洗→晾晒→烘干→返润（或装箱入库）→钉板（检验）附加溯源码→装盒→入库。

（1）选参。将待加工的野山参进行分选。

①选择根形较好、无病疤、须根完整的野山参作为加工礼品参（称为 A 货），这部分需要单独浸润、刷洗、烘干。

②选择完野山参 A 货之后，将剩余的鲜参再进行分选，将体形不美观，或有体有须但不完整，或带有伤残、病疤、水锈的野山参选出，作为投料参加工（称为 B 货）。

③剩余野山参的残支、残体、根须、残芦可作为打粉使用加工（称为 C 货）。

（2）浸润。将野山参选择好的 A、B、C 三类产品分别浸泡，A 货、B 货需要摆放整齐，参芦根须方向一致，整齐摆放在浸泡水池，水位以完全浸泡为止，C 货可以直接堆放在浸泡水池。根据野山参支根及根须间泥土的软化程度确定浸泡时间。

（3）初洗。一般是用加压水枪冲洗，将 A、B 货的野山参根上及须根间的表面泥土冲洗掉。C 货应重点冲洗，将带有红皮及病疤的野山参的红皮和病疤腐烂部分全部冲掉。

（4）精选。将初洗的野山参再做进一步筛选，将冲洗过程中有受损、折断及原来由于泥土遮挡但有病疤、红皮的野山参选出，依次进入下一个等级。

（5）精洗。将精选后的野山参 A、B 货，用软毛刷将野山参根上的泥土刷净，首先顺体刷，将表面的泥土刷净，用水轻轻冲洗；然后用软毛刷顺野山参主体的横纹慢慢刷，将野山参主体的横向细纹的泥土刷净，再用水轻轻冲洗；如果参须带有泥土，用手掌托住须根及毛须，同样用软毛刷顺须根方向轻柔刷洗。

（6）晾晒。A、B 货都需要单支摆放，野山参的主体方向一致，尤其 A 货，要将参须按照野山参自然生长姿态摆放，要有充足的空间；B 货则可以将野山参的根须互相叠压摆放；C 货则可以随意摆放，但是不应过厚。晾晒至主体表皮无水、微软，须根柔软即可，A 货要再将须根捋顺一次后进烘干室，其他两类野山参则可以直接进入烘干室。

（7）烘干。烘干的温度要控制在 35～40℃，温度不能过高，温度过高，野山参须容易糊化。烘干期间 A 货决不能随意翻动，防止折断野山参须根，烘干结束后要充分返润。

（8）返润。如果自然返润达不到须根软化的要求，则需要人工喷温水进行软化，直到须根完全软化为止。A 货钉板，B、C 货分类检斤装箱。

（9）钉板（检验）附加溯源码。A货按野山参国家标准钉板。野山参钉板时要注意两点：一是固定野山参，野山参摆放时要根据野山参自然生长的姿态摆放，不要人为将参须折扭，然后钉线固定野山参；二是留足空间，钉板大小适中，不能让野山参在钉板上上下探头或须根回折，上下端应各余 3~5cm。

钉板后及时检验、检重、挂签，依据种植、采收、加工、鉴定批次信息赋予溯源二维码，以备消费者查询。

（10）装盒（装箱）。为便于储藏，可将钉板后的野山参 A 货按批次用大纸箱包装，然后在标签上注明类别、批次号、日期、支数等相关信息。B、C货在返润后装箱时，应注明类别、批次号、日期、重量等相关信息。

（11）入库。装箱的野山参入库后，分类、分区码放。注意储藏库的温度、湿度和防虫，并建记录档案。

第四节　移山参人工栽培技术

移山参在山参产区已有悠久历史。原始上党野生人参资源已经严重匮乏的时候，辽参逐渐成为主要应用资源，至清代野生人参主产区则以辽东及长白山区为主，后期该地区也出现了明显的资源不足情况，挖参人经常遇到成片的野生人参，那些成片的野生人参少则几苗、几十苗，多则上百苗，老少几辈生长在一起，成为片参。为了完成挖参任务和获得持续的经济利益，挖参人便把挖到的二钱重（10g）以上的中货、大货拿去销售，那些二钱重（10g）以下的小货怕被别人发现挖走，挖参人便把它们挖出来拿到家附近的山上重新栽植，等到那些小货长大了再挖出来用于完成任务或卖钱，这样就产生了移山参，曾经一度称为"充山参""仿山参"。

移山参即移栽在山林中具有野山参部分形态特征的人参。

在市场销售时，很多时候或很多人也将"池底参"，即园参采收时遗留在池床土内，经过多年自然生长，也具有部分野山参特征的人参，列入移山参范畴销售。

现在培育移山参的方式是，很多业户将人工繁衍护育生长 5~10 年比较密集的野山参小苗采挖出来，再将其移植到林下，或者作移山参种苗销售，其他业户将其重新栽植到林下，生长到一定年限后采收作货。目前，还有的业户把体形好、多年生的石柱参或是一年生的园参移栽到林下，生长到一定年限后采收，作为移山参或"充山参"销售。但是，把园参中符合规格的小栽子或野生人参重新移栽到林下有两个问题：一是生长年限短，由于园参有幼小种苗基础，生长速度比较快，采收的移山参具有野山参形状的较少；二是野山参或园参的幼苗经过移动，原野山参主体的性状随着生长也在消失。因此，目前并不提倡此方法培育移山参。

移山参的人工培育现状五花八门，呈现多元化特征。不管是哪种现状，只要选择的移栽林地生态环境好，按标准选择参栽子，栽植方法正确，自然生根年限够，采收时，大部分移山参的体态品质就会与野山参的相近，价值和售价也会很高。为了使参农掌握移山参的要领，现将栽种过移山参的参农多年总结出的成功经验总结，供参农参考。

一、移山参护育基地的选择与清理

移山参的人工护育与野山参一样，是一项长期工程，从移植到收获同样也需十几年以上甚至更长时间，自然生长时间越长，根形越接近野山参，价值和价格也就越高。如果林地选择不当，护育十几年后不仅保苗率低，而且符合移山参标准的根形率低，红皮病发生严重等，导致培养失败。移山参对林地生态条件的要求也同样严格，如果生态条件不当或新的环境不适宜，野山参或园参种苗移栽后生长迅速，移山参会改变参形，园参种苗更是难以生长出类似野山参的五形特征，品质较差。因此，培育移山参选地与野山参选地虽然有一定的差别，要选择光照强度更弱一些的北坡林地，但其他环境条件及清林方法依旧可以参照野山参繁衍护育。

移山参护育基地海拔宜在 400～1 100m。可选择野山参人工繁衍护育基地内的北坡、东北坡及西北坡用于移山参人工护育，因北坡地块地温较低，年有效光照辐射较低，如果作为野山参的人工繁衍护育基地使用，播种后低参龄幼苗极易发生病害，降低存苗率；选择的坡度也应该选择 20°～40°，切忌选择平缓地。

移山参根形与达到标准率、参根发病率以及林地土壤有直接的关系。人工护育移山参选择林地土壤时要注意两点：一要看土壤结构是否合理，一般移栽移山参的土壤腐殖土层和壤土层两层累加不需要太厚，10～15cm 即可，下层为活黄土或沙壤土，活黄土下层为黄黏土，这样结构的土壤养分供给能力相对较弱，移栽的幼苗生长速度放缓；二要看土壤疏松和紧实程度，选择腐殖土层相对薄一点、活黄土层较厚的林地，幼苗移栽后参根处于黄土层，能使移山参生长缓慢，基本保持原有形状。

根据野山参生长地的植被分布物种和人工繁衍野山参实践证明，树龄在 20 年以上的针阔叶混交林或阔叶杂木林同样也是移山参生长的最好林地。生长 15 年以上，经过疏枝整理，透光适宜的落叶松林地也可以移种移山参。天然林林木分布平均，乔木、灌木、草本植物结构合理。林木过稀、蒿草生长茂盛的地方光照过强，不能移种移山参，移种后会造成移山参生长过快，完全丧失应有的移山参形状。移山参最好移植在林木茂密，林下草本植物稀少的地方；光照较弱的东北、西北和北坡，乔木中落叶松、柞树、杨树分布较多的林地更适宜移山参生长，这种林地土壤结构相对紧实，移山参在这种土壤中生长缓慢。同样纯杨树林、柳树林、桦树林或杨树、柳树、桦树比较集中的林地也不适宜移种移山参，这些林地地下水位高，土壤湿度大，易发生各部病害，造成移山参保苗率降低。

移山参护育基地的清理可参照野山参繁衍护育林地。

二、移山参种苗的选择与处理

（一）移山参种苗品种选择

1. 移山参人工繁育宜选用人参种苗品种　移山参是将野生人参幼苗、体形类似于野生人参的园参幼苗移植到林下，自然生长至具备野生人参体形特征的人参。移山参人工护育的第一关就是选好种苗品种，基地种植使用的人参种苗无论来自自产或对外采购，都应该进行品种种源鉴别。繁衍护育移山参所需的种苗最好是林下播种生长 5 年以内的野山参种苗。如果选用园参种苗，必须不超过二年生，同时不宜选择"大马牙"农家品种，农家品种适宜该区域的土壤及生态环境，这种种苗生长速度极快，会完全失去移山参应有的特征。移山参种苗适宜选择"二马牙""圆膀圆芦"或"长脖"农家品种的二年生以下的种苗，要对选择的种苗进行鉴定建档。

2. 拟选用移山参种苗鉴别鉴定　种苗选定后组织相关人员（包括业内专家）对种苗种源本体进行鉴别，确定选择品种类别，并形成相关说明，参加人员签字存档。

3. 移山参种苗种源档案　移山参种苗选择的品种说明、鉴定鉴别结果、种源及采收记录、质量检测报告一并存入档案，建立该批次一级档案（包括电子档案），按照种苗来源的地块、参龄设定一级批次号。

种源考察记录的内容如下。

（1）填写移山参种苗基地考察记录，记录必须依据实际情况填写，由考察小组组长填写。

（2）种源地点须详细填写，对省、市、县、乡（镇）、村、沟依次记录，并记录 GPS 定点；记录该地块的坡度、朝向、土地条件、土壤处理情况等详细信息。

（3）由种源鉴定人员确定种苗品种类型。

（4）种苗面积及参龄依据实际情况填写。

（5）分别记录地上、地下病害考察情况，记录当年使用药剂情况。

（6）记录约定种苗质量指标、约定采收日期、约定采收重量，实际以所签署的合同为准。

（二）移山参种苗形状选择与处理

1. 移山参种苗五形的选择　作货移山参也要看五形，移山参种苗主要看三形，因为选用野山参种苗生长年限较短，达不到五形标准，故只看芦、体、纹三形。

一要看芦：如果选择野山参种苗，应选择五年生左右，园参种苗只能选择一年生的，只要作为移山参预选种苗，无论大小和类型，最主要的是参芦的根部必须是圆芦。

因为作货成品移山参必须具备二节芦或三节芦。二节芦就是具备圆芦和马牙芦或者园芦和堆花芦；三节芦具备圆芦、堆花芦、马牙芦；否则就不能视为移山参。因此，选栽子必须有圆芦做基础，在圆芦基础上，才能够逐渐生长为堆花芦或马牙芦，最终形成具有移山参、野山参五形之一的二节芦或三节芦。

二要看形体：预选移山参种苗主体必须是灵体。灵体指主体部分上端粗、下端骤细，表型十分明显；相反，下端粗、上端细或者上下一样粗的笨体种苗就不能选用。

三要看纹：预选移山参种苗的肩部必须有纹。因为纹是移山参年龄和品质的象征。一苗五年生以上的野山参如果不是生长过速的话，其肩顶部必须有 2～3 圈细纹，如果主体上端无纹，则该种苗移栽后有可能永远长不出纹，即使长出纹，也是不规则的粗纹或断纹。因此，肩部无细纹的参不能选为栽子。

只要具备以上 3 个条件的种苗就视为好参栽子，其他条件如芦的长短、须的长短、皮质及颜色都不必考虑，只要移栽林地条件好，移栽方法得当，移栽后随着参龄增长，这些体态形状都会逐步演变完善。

2. 移山参种苗处理

（1）移山参种苗的下须整形。来自野山参幼苗的移山参种苗，下须无需整形处理。移山参的种苗来自参园，经挑选后下须需整形，首先需要掐掉门艼，即参根主体上的体须，其次掐掉支根分叉处的须根和主须根之外的多条小支根，主体下端只留下2~3条较大的支根，并去掉留下支根上的毛须。如果有较短的支根留下，则需要把这条支根上的须毛掐掉以刺激支根快速生长；若其中一条支根太长，就把长支根的须毛尽量保留以抑制该支根的生长。顺长体的主长支根应及时掐掉，截成人造疙瘩体，移栽后会在伤残处丛生多条须根。

（2）移山参种苗的消毒。对选择的移山参种苗进行整形后，还需要使用在人参上登记过的农药进行种苗消毒，以防感染杂菌。如果栽种移山参的林地肥力过大、湿度过大，可用纯活黄土或山黄沙将种苗周围培厚4~5cm，把移山参种苗包裹在无菌土中，防止伤口被感染。

三、移山参的栽植技术

1. 移山参栽植时期 移山参的栽植时期和园参一样，分秋栽和春栽两个时节。秋栽于10月至土壤结冻前进行；春栽于林地土壤解冻后的4—5月进行。

2. 移山参栽植方法

（1）平栽。在高纬度、高海拔山区，气候冷凉湿润，土壤保水性好，不易出现干旱的平地，移山参种苗宜平栽。在树空中间（注意树叶遮阴，条件选择和播种相同）用平镐开出深10cm、宽20~30cm的坑槽，刨坑前用锹或镐先将地表层枯枝落叶搂到一侧备用，刨坑时把表层腐殖土和下层棕壤土或活黄土分开放置，刨好坑后，把人参种苗拿在手中找准阴阳面；识别阴阳面主要看根须的方向和芦碗，有芦碗的一面是阴面，栽植时顺着参须生长的方向朝地下，没有芦碗的一面是阳面，栽植时朝上，切记不能栽反，种苗栽反，以后生长过程中会产生转芦、跑纹、增须、变体等五形上的变化，会改变原来移山参的体态，降低移山参标准及其市场价格。找准阴阳面后把栽子平放在坑内，将根须疏展；然后先把棕壤土或活黄土覆盖在参上2cm左右厚，再将腐殖土覆盖在上面，两层覆土共厚5cm即可；用脚将覆土轻轻踏实，再把刨坑时备用的枯枝落叶盖好复原；按株距30~40cm依次栽植。

（2）斜栽。在低纬度、低海拔山区，气候温暖干燥，土壤保水性差，易发生干旱的山坡地，移山参种苗宜斜栽。参龄较高的移山参种苗必须斜栽，适度覆土，有利于越冬芽萌发出苗，根系吸水抗旱。在选好的地块中（注意树叶遮阴）用平镐做成宽15~20cm的斜底槽，槽倾斜20°~30°，刨坑前用锹或镐先将地表层枯枝落叶拨到一边备用，刨坑时把表层腐殖土和下层棕壤土或活黄土分开放置，刨好坑后，找准种苗阴阳面后把栽子斜放在底槽内，将根须疏展；然后先把棕壤土或活黄土覆盖在参上2cm左右厚，再将腐殖土覆盖其上，两层覆土共厚5cm即可；用脚将覆土轻轻踏实，再把刨坑时备用的枯枝落叶盖好复原；按株距 30～40cm 依次栽植。斜栽移山参主根发育好，根系分布在 10～15cm 的土层中，作业方法稍比平栽费工，但人参可吸收土壤中深层水分和养分，抗旱、保苗，长势好，斜栽的移山参须根比平栽少，但出成品率高。

移山参移栽时，注意以下几点：一是找准栽子阴阳面；二是摆好参栽后，参栽上面先覆盖棕壤土或活黄土，再覆盖腐殖土，如果先把腐殖土放在参上就改变了参栽原来生长的土壤结构层，参根在肥沃、疏松的土壤情况下生长会出现参芦拔节和跑纹增须现象；三是根须方向，芦头顺坡向下，根须顺坡而上；四是拔芦处理，压覆盖物时，覆盖物可选用树皮、硬土块等；五是体形处理，在支根分叉处放置石块、木棍等，个别人参要对支根、芋须做美化处理。

四、移山参生育期管理

1. 移山参的看护 移山参一般是在野山参基地内的一部分区域生长，其看护随同野山参。

2. 移山参生育期的管理 移山参移栽后尽量减少人为干预，任其自然生长，坚决不采用园参那样的除草、松土、施肥、喷药等各项管理工作，像野山参一样，对其采取粗放式的简单管理，在移山参成长季节要经常观察基地内草木生长变化情况，查看光照变化情况，对不适宜的光照条件及时进行调节。发现杂草密集丛生的地块，要及时将较高的杂草用剪刀剪除，集中堆放在移山参苗间的空地；对不长草的地块，及时间伐小灌木，同时做好标记，冬季修整乔木树冠。对容易被雨水冲刷的区域，在雨季到来之前，挖好排水沟。生育期间不能给移山参掐头，经常掐头，就会把原本应该供给人参地上部分生殖生长的营养转移给地下参根，营养集中会促使移山参参根生长迅速而跑形。

3. 移山参病、虫、鼠害防治 移山参生育期重点防鼠害，主要有鼢鼠、鼹鼠、花鼠和山鼠。鼢鼠和鼹鼠为地下害鼠，对移山参的参根危害最大；花鼠和山鼠为地上害鼠，常常危害人参果实。

移山参鼠害防治措施可以借鉴野山参。

五、移山参的采收与加工

（一）移山参的采挖时期与方法

1. 移山参的收获年限 人工繁衍护育的移山参采收年限由移山参生长的生态环境来决定，总体来说，采收年限不能低于 15 年。

2. 移山参的收获时期 人工繁衍护育的移山参与野山参一样，要等待参果采收后再生长一段时间再收获，此时所有的养分都集中根部，因此在 8 月中下旬收获较为适宜，此时也正是野山参、移山参市场最活跃的季节。

3. 移山参的采挖方法 移山参的采挖同样不可以用锹挖镐刨，也需要采挖野山参时的那些特殊工具。镰刀用来清除野山参周围的小树、蒿草；剪枝剪用来剪除土壤中的草本植物根系和较细的树根；小锯用来锯除土壤中较粗大的树根；非金属类签棍（骨制、竹制或硬木制）用来抠土。

移山参的采挖主要采用清底式采挖方法。

清底式采挖方法：挖参前先看准人参地上植株的大小，按照人参地上植株的大小，估计出人参根须伸展的范围。采挖时从参的一侧按照估计好的范围外围开始，平行地向参根方向挖土，对人参根须附近的其他植物根系和石块要及时清理，在采挖过程中要保护好人参的根须，尽量不要让任何一个部位受伤，无论哪个部位出现一点伤残，都会影响移山参的商品价格。

采收后的移山参按不同的等级分别摆放至通气的苯板保鲜箱内，将保鲜箱密封，填写好标签；标签内容包括产地、参龄、等级、重量、日期、采挖人、检验人等。

（二）移山参的加工方法

目前市场上移山参的销售方式有 3 种，一种是鲜货，另一种是礼品移山参，再就是形体不完整以及有病疤者作为打粉或投料使用的移山参。移山参加工流程：鲜参分选→浸润→初洗→精选→精洗→晾晒→烘干→返润（或装箱入库）→钉板（检验）附加溯源码→装盒→入库。

（1）选参。将待加工的移山参进行分选。

①选择根形较好、无病疤、须根完整的移山参单独加工，作为礼品移山参（称为 A 货），这部分需要单独浸润、刷洗、烘干。

②选择完移山参 A 货之后，再将体形不美观，或有体有须但不完整，或带有伤残、病疤、水锈的移山参选出，作为投料参加工（称为 B 货）。

③剩余移山参的残支、残体、根须、残芦可作为打粉使用加工（称为 C 货）。

（2）浸润。将选择好的 A、B、C 三类移山参分别浸泡，A、B 货需要摆放整齐，参芦根须方向一致，整齐摆放在浸泡水池，水位以完全浸泡参体为止，C 货可以直接堆放在浸泡水池。根据移山参支根及根须间泥土的软化程度确定浸泡时间。

（3）初洗。一般用加压水枪冲洗，将 A、B 货的移山参根上及须根间的表面泥土冲洗掉；C 货应重点冲洗，将带有红皮及病疤的移山参上的红皮和病疤腐烂部分全部冲掉。

（4）精选。将初洗的移山参再进一步筛选，并将冲洗过程中有受损、折断及原来由于泥土遮挡而有病疤、红皮的移山参选出，依次进入下一个等级。

（5）精洗。将精选后的移山参 A、B 货，用软毛刷将参根上的泥土刷净，首先顺体刷，将表面的泥土刷净，用水轻轻冲洗；然后用软毛刷顺移山参主体的横纹慢慢刷，将移山参主体的横向细纹的泥土刷净，再用水轻轻冲洗；如果参须带有泥土，用手掌托住须根及毛须，同样用软毛刷顺须根方向轻柔刷洗。

（6）晾晒。A、B 货都需要单支摆放，移山参的主体方向一致，尤其对于 A 货，要将参须按照移山参自然生长的姿态摆放，留充足的空间；B 货则可以将移山参的根须互相叠压摆放；C 货则可以随意摆放，但是不应过厚。晾晒至主体表皮无水、微软，须根柔软即可，A 货要再将须根捋顺一次后进烘干室，其他两类则可以直接进入烘干室。

（7）烘干。烘干的温度要控制在 35～40℃，温度过高，移山参须容易糊化。烘干期间 A 货决不能随意翻动，防止折断移山参须根，烘干结束后要充分返润。

（8）返润。如果自然返润达不到须根软化的要求，则需要人工喷温水进行软化，直到须根完全软化为止。A 货钉板，B、C 货分类检斤装箱。

（9）钉板（检验）附加溯源码。A 货按移山参国家标准钉板。移山参钉板时要注意两点：一是固定移山参，移山参摆放时要根据移山参的自然生长姿态摆放，不要人为将参须折扭，然后钉线固定移山参；二是留足空间，钉板大小适中，不能让移山参在钉板上上下探头或须根回折，上下端应各余 3～5cm。

钉板后及时检验、检重、挂签，依据种植、采收、加工、鉴定批次信息赋予溯源二维码，以备消费者查询。

（10）装盒（装箱）。为便于储藏，可将钉板后的 A 货移山参按批次用大纸箱包装，然后在标签上注明类别、批次号、日期、支数等相关信息；B、C 货在返润后装箱时，应注明类别、批次号、日期、重量等相关信息。

（11）入库。装箱的移山参入库后，分类、分区码放。注意储藏库的温度、湿度和防虫，并建记录档案。

第七章

人参有害生物的绿色防控

第一节　人参病虫草鼠害的防控原则及措施

一、绿色防控的概念和防治原则

（一）概念

绿色防控是根据"预防为主、综合防治"的植保方针，结合现阶段植物保护的现实需要和可采用的技术措施，形成的一个技术性概念。其内涵就是按照"绿色植保"理念，采用农业防治、物理防治、生物防治、生态调控以及科学、合理、安全使用农药的技术，达到有效控制作物病虫草鼠害，确保农作物生产安全、农产品质量安全和农业生态环境安全、贸易安全，促进农业增产、增收的目的。

（二）基本原则及要求

1. 基本原则　绿色防控是在绿色植保、综合防治等概念上发展起来的，绿色防控如同植物病害的综合防治一样是一项复杂的系统工程。"预防为主、综合防治"是我国植保工作的总方针，也是绿色防控和植物病害综合治理的基本原则。预防在植物病害防治中极为重要，它包括两层含义：一是通过检疫措施预防危险性病害的传播，对于国内外局部地区发生的一些危险性病害，只有严格预防其传入与传出，才能控制其蔓延和危害；二是在病害发生之前采取措施，把病害消灭在未发生前或初发阶段。对于一些单循环病害，主要在病菌侵入之前做好预防；对于多循环病害，重点预防再侵染的发生，防止病害流行。综合防治作为防治工作的科学管理系统也具有两层含义：一是根据农业生产的需要，对一种或多种病害进行综合治理；二是充分利用各种防治措施，取长补短，创造不利于病害发生及危害而利于作物生长的环境条件，将病害控制在经济危害水平以下，达到高产、稳产、优质的目的。归纳起来综合防治的原则有以下几点。

（1）综合防治首要考虑农业生产和农业生态系统全局，通过各种措施创造有利于作物生长和有益微生物繁殖生存而不利于病害发生的环境条件，既要考虑当前的实际防治效果，也要考虑对环境和生态平衡的长远影响。

（2）综合防治绝不是简单的各种措施的累加，更不是措施越多越好，而是要根据当地、当时病害发生的具体情况，合理协调运用必要的防治措施，争取获得最好的防治效果。在病害防治工作中，要善于抓住主要矛盾，集中力量解决对生产危害最大的病害问题；还要密切注意次要病害的发展变化，有计划有步骤地解决一些较为次要的问题。

（3）经济有效也是综合防治的原则之一。随着市场经济的发展，人们越来越注重经济效益，因此综合防治要做到措施合理、节支增收。在病害防治过程中，争取做到使用最少的人力、物力和财力，最大限度地控制病害的发生。

（4）环境是人类赖以生存的物质基础，破坏生态平衡是愚昧的行为，因此综合治理植物病害定要做到保护环境，趋利避害。在病害防治过程中，要保护环境，保证作物及人畜的安全，避免或减少副作用。

2. 要求

（1）坚定不移贯彻执行"预防为主、综合防治"的植保方针，"防"大于"治"，"防""治"结合，综合防治。

（2）禁止"四毒"农药（剧毒、高毒、高残毒、慢性毒）的生产和使用。自1983年以来，在蔬菜、果树、茶叶、中药材上，国家明令禁止生产、使用的农药有：甲拌磷、甲基异柳磷、特丁硫磷、治螟磷、内吸磷、克百威、涕灭威、灭线磷、蝇毒磷、地虫硫磷、氯唑磷、苯线磷等。吉林省明确规定五氯硝基苯不能在人参上使用。

（3）大力倡导生态防治。对于人参有害生物的绿色防控要从人参种植生态区位的选择、农业防治（避雨栽培、播前深翻伏晒、高作床、清农残、调光、合理施肥、灌排水等）、生物防治（如白僵菌、绿僵菌防治蛴螬地老虎等，枯草芽孢杆菌防治多种病害等）、遗传防治（培育抗病虫品种）、物理防治（塑料薄膜避雨栽培、调光等）、免疫诱抗（氨基寡糖素的利用）等多种措施来考虑，尽量避免化学农药的使用。

（4）确保生产安全、农产品质量安全、农业生态环境安全、贸易安全和人畜安全。对于人参来说要确保以上五个安全，最好的办法是不施用化学农药，但目前还做不到，化学农药仍然是目前人参有害生物防控的主要手段。因此，要实现"五个安全"还要做很多工作，还需一个较长时期的努力。

二、绿色防控的主要措施

（一）农业防治

农业防治又称环境管理（management of the physical environment）或栽培防治（cultural control），从大的范围讲也包括生态控制（ecological control）。即通过栽培方式和栽培制度的改变，以及一系列栽培技术措施的合理应用，调节病原物、寄主和环境条件之间的关系，创造有利于作物生长发育、提高其抗性而不利于病菌生存繁殖的条件，减少病原物的初侵染来源和降低病害的发展速度，从而减轻病害的发生。农业防治不需要单独投资，结合栽培管理措施，既能提高人参的产量和质量，又能控制病虫草害的发生，是一种最经济、基本的防治措施，但不是所有的栽培管理措施都有防治病虫草害的作用，尤其是当病虫草害发生严重时单纯依靠农业措施可能不能有效控制病虫草害的发生，而要及时采取其他必要的措施控制病虫草害的发生。具体措施包括以下几方面。

1. 选地、整地和土壤改良 人参种植选地非常重要，涉及位置、地势、植被（前茬）、土壤以及水、空气等，其中人参种植位置、地势、植被（前茬）、土壤的选择涉及人参生长的环境，对人参生长有直接影响，与病虫害的发生关系密切，因此对病虫害的防控非常重要。

整地是人参种植过程中非常重要的环节，整地耙地、深翻土地可以减少在土壤中越冬的病虫草数量，从而减轻病虫草害的发生。人参地平整或有一定坡度可以预防田间积水，防止流水传播病虫害及与土壤湿度关系密切的病害的发生；深耕可将地面的病株残体和病虫翻入土中，加速病残体的腐烂分解，减少土壤中有害病菌的数量；有些害虫被翻到地面，加速其死亡。深耕还可以改变土壤的理化性状，使土质疏松，通气状况良好，改善土壤微生物区系结构，有利于根系生长发育，提高植物的抗病能力，减轻病害特别是根部病害的发生。

土壤的结构、理化性状、肥力等对病虫草害的发生都有一定影响，根据人参生长及病虫草害的发生条件，改良人参种植土壤，也可减轻病虫草害的发生。人参种植土壤的改良涉及土地休闲，土壤 pH、微生物菌群和营养的调节。

2. 建立人参无病留种田，培育无病参栽 人参有些病害的病原物是随种子和参栽传播的，而这类病害往往比较难防。如人参黑斑病是通过种子传播的，建立无病留种田非常重要；人参锈腐病、人参镰孢菌根腐病等可随参栽传播，对于防治这类病害，培育无病参栽是一项非常重要的措施。选留无病种子、培育无病壮苗是防治种传病害的有效措施，这项措施在大田作物、园艺植物留种育苗方面都有成功的范例且获得了很好的防治效果，在人参病害防治方面也逐渐得到重视。种子繁育一定要建立无病留种田或无病留种区。留种田和留种区要和常规生产田隔离开并保持一定距离，以防病原物的传染。必须加强留种田的病害监测和防治工作，及时喷药防护。收获时要单打单收，防止混杂。因为人参种植方式是"2＋3"或"3＋3"模式，育苗对人参栽培来说是非常重要的环节，因此在人参育苗中必须重视无病参栽的培育，除了要重视选地、整地和改良土壤外，还要重视选用无病种子、种子消毒、土壤消毒及参床地病害的防控。

3. 搞好参园卫生 搞好参园卫生可以减少多种病害的初侵染和再侵染的病菌来源，一般分为两个阶段：一是生长期，二是枯萎期至翌年人参发芽前。在生长期将发病初期的病株、病叶、病果及时摘除或拔掉，以免病害在田间扩大蔓延。另外，还要将参床及其周边的杂草清除干净，因为这些杂草影响人参生长、降低人参的抗性及田间的通风透光进而影响病害的发生。翌年人参发芽前，要将遗留在田间的病残植株集中烧毁或深埋，以减少越冬菌量，对减少下一个生长季节病原物的初侵染来源有重要作用。

4. 栽培措施 通过适当调整播期、改变种植方式、加强土水肥管理等可以为作物生长创造一个良好的生长环境，提高植物的抗病能力，减轻病害的发生。

（1）适当调整播期。人参种植有一定特殊性，多数都是秋播、秋栽，但为了防止冻害的发生还是尽量春播春栽，可以减少冻害的发生。

（2）改变种植方式。如改低畦栽培为高畦栽培可减轻人参根部病害的发生，因为多数根部病菌喜欢高湿环境，随水传播，高畦栽培可降低土壤的湿度，减少病菌的侵染，从而减轻病害的发生；如栽植过密，人参植株生长细弱，抗病力弱，同时通风透光差，田间小气候湿度大，使得一些低温高湿病害发生流行。

（3）加强土水肥管理。加强土壤、灌溉和施肥的管理，改善土壤的水分、营养条件，建立有利于植物生长而不利于病菌生存繁殖的环境条件，从而起到抗病防病的作用。

合理施肥对植物的生长发育及抗病性都有较大影响。一般多施有机肥，可以改良土壤微生物区系，促进根系发育，提高植株的抗病性。偏施氮肥容易造成幼苗和枝条的徒长、组织柔嫩，抗病性降低。适当增施磷、钾肥和微量元素，有助于提高植物的抗病力。人参缺素症是生产上常见的病害，如人参生长缺锌、钾、镁都会给人参的产量和品质造成很大影响。对于这些缺素症的防治，有针对性地施肥可以抑制病害的发展，使人参恢复正常。

合理灌溉是人参生产中一项很重要的措施，水分不足或水分过多都会影响人参的正常生长发育，降低植物的抗病性。长期积水，会导致根部缺氧窒息，诱发并加重某些根病的发生。改良土壤、合理排灌，可控制某些根病的危害。

（4）及时调光。调光是人参栽培中重要的生产环节，不同年生的人参以及人参不同生长时期对光的要求不同。调光不仅影响人参的生长发育，同时对人参某些叶部病害如黑斑病等影响较大。

（5）作货和储藏不当会加重采后病虫害的发生，因此作货和储藏也是人参病害防治中必须注意的环节。如作货的时间、作货和储藏过程中造成伤口以及储藏期的温湿度条件不利等，都直接影响储藏期人参病虫害的发生和危害程度。虫蛀、霉变、泛油和变色是干人参储藏中的常见现象，对人参质量有较大影响，也会造成对人参产品的污染，如能采用真空包装或充入惰性气体保存，就会减少上述现象的发生。

5. 轮作　轮作对某些病害来说是一项非常有效的防治措施，可以减少土壤中病原物的数量，改变土壤中微生物区系结构，促进根际微生物群体组成的变化，从而减轻病害的发生和危害程度。人参是一种特殊的药用植物，种完一茬人参作货后不能连作，到目前为止还无法解决人参连作障碍的问题。人参不能连作的原因很复杂，一方面可能是人参连作地力消耗过大，影响作物的生长发育，降低作物的抗病力；另一方面可能是人参在多年生长过程中根系分泌一些特殊的自毒物质，以至于连作后人参不能正常生长，而且连续种植一类作物在土壤中积累大量的病原物，形成病土，使病害逐年加重。

所以对于人参种植来说必须轮作。轮作的作用有以下几方面：①每一病原菌都有一定的寄主范围，轮作使有寄主专化性的病原物得不到适宜生长和繁殖的寄主植物，从而减少病原物的数量；②可以改变土壤中微生物区系的组成，并使它们对一些病原菌产生颉颃、抑制或杀死的效果；③合理轮作还可以调节地力，提高土壤肥力，改善土壤的理化性状。

轮作的原则：①轮作对象。轮作只对病原物寄主范围较窄的病害有效，轮作对象必须选择寄主范围以外的作物。②轮作年限。不同的病害轮作年限不同，这主要取决于病原物在土壤中的存活期限。对于人参来说，轮作多少年可以再种人参还不能确定。

轮作并不是对所有的病害都有效，它只对以病原物的休眠体在土壤中存活的病害和土壤寄居菌所致的病害效果较为明显。

（二）选择抗病优质高产的良种

利用抗病品种防治植物病害是一种经济有效的措施。不同的品种对病害的抗病性有明显的差异，培育和利用抗病品种在很多病害的综合防治中处于重要地位。特别是对于一些难以防治的病害，如风力传播的病害或由土壤习居菌引起的病害、病毒病害等，抗病品种的作用尤为突出。但是，由于人参是多年生植物，育种本身难度就很大，选育抗病品种难度可能更大。目前我国育成的人参品种较少，品种对病虫害的抗性还不清楚，品种的数量及抗性还不能满足生产需要。因此，选育抗病优良品种应是今后人参育种的重点。

（三）生物防治

1. 生物防治概念 生物防治（biological control）是指利用活体生物或其代谢物质来消灭或抑制有害生物的一项技术。该方法有效利用了生物间的相生相克作用，以及生物之间在氧分、水分、营养成分和生态空间等各方面的竞争作用。生物防治能改变生物群落，直接消灭或抑制病虫害，具有对人、畜、植物、天敌安全，无残留、无污染、病虫害不产生抗药性、效果持久、来源广泛等特点，对人参病虫害的绿色防控有着极其重要的意义。

2. 生物防治原理 有害生物生物防治的内容归纳起来主要是利用动物天敌、微生物等进行病虫草鼠害的防治。

（1）动物天敌的利用。生物在进化过程中形成了稳定的食物链，有害生物的动物天敌种类很多，从高等的哺乳动物到低等的原生动物都有可能被用来防治病虫草鼠害。动物天敌主要是通过捕食与寄生两种方式控制害虫。捕食性天敌有鸟类、两栖类以及昆虫（瓢虫、草蛉、螳螂、食蚜蝇、捕食螨等），寄生性天敌有姬蜂、茧蜂、小蜂和赤眼蜂等。鼠类在自然界中也有不少天敌，如猛禽、猛兽、蛇等。保护利用猫头鹰、黄鼬、蛇、獾等对抑制害鼠种群增长具有重要作用。

（2）微生物的利用。

①微生物防病。植物病害生物防治原理主要包括利用有益微生物的颉颃作用、竞争作用、重寄生作用、捕食作用、交互保护作用与诱导植物抗病性等。

颉颃作用：是指有益微生物产生抗菌物质，抑制或杀死病原菌。用于防治植物病害的微生物既可是活体微生物，也可是其代谢产物（抗生素）。直接用于生物防治的活体微生物主要有细菌（如假单胞菌、放射性土壤杆菌、枯草芽孢杆菌等）、真菌（如木霉菌等）和放线菌（如链霉菌等），多用于土传病害的防治。近年来，国内外利用颉颃微生物防治植物病害成功的例证已越来越多。如哈茨木霉菌对人参立枯病和根腐病均有较好的防治效果。目前应用较多的抗生素如多抗霉素防治人参黑斑病，农抗 120 是刺孢吸水链霉菌北京变种的代谢产物，经试验对人参疫病菌具有较强的抑制作用。5406 用于土壤处理，控制人参苗期病害。另外，用哈茨木霉（*Trichoderma harzianum*）的孢子悬浮液防治葡萄灰霉病（*Botrytis cinerea*）已取得良好的效果。

竞争作用：有益微生物的竞争作用亦称占位作用或腐生竞争作用，主要是通过有益微生物的生长繁殖和病原物争夺空间（植物体表面的侵染位点）、营养、水分及氧气，从而控制病原物的繁殖和侵染。研究已发现，将一些荧光假单胞菌和芽孢杆菌施入根际土壤后，由于繁殖速度快，很快布满植物的根表面，从而起到防治土传病害的目的。人参种子用有益细菌处理防治腐霉根腐病，就是有益细菌大量消耗土壤中氮素和碳素营养而抑制病原菌的缘故。

重寄生作用：是指一种寄生性病原物被另一种微生物寄生的现象，又称超寄生。对病原物具有重寄生作用的微生物很多，如真菌、病毒、细菌对真菌的寄生，真菌对线虫的寄生，真菌、细菌对寄生性种子植物的寄生，噬菌体对细菌的寄生等。如腐生木霉可以通过寄生在立枯丝核菌、腐霉菌和齐整小核菌的菌丝上防治根部病害。植物病原真菌被病毒寄生后其致病力也会降低，从而减少危害。我国从菟丝子上分离到一种寄生性炭疽菌，制成鲁保1号生物制剂，用于菟丝子的防治。

捕食作用：是一种微生物直接吞食另一种微生物的现象。如原生动物对细菌的捕食，藻类对细菌的捕食，以及真菌捕食线虫或线虫捕食真菌等。

交互保护作用：是指接种弱毒微生物诱发植物的抗病性，从而抵抗强毒病原物的侵染。交互保护现象最早发现于植物病毒病害，随后在植物细菌病害和真菌病害中均发现。

诱导植物抗病性：植物的诱导抗病性即各种胁迫、刺激引发的植物对病原物致病性的抵抗作用，这些诱导因子通过激活植物的天然防御机制，使植物免受病原物危害或减轻危害。诱导植物抗病性有两类机制：一是微生物借助机械障碍或化学颉颃直接作用于病原物；二是微生物诱导寄主生理发生变化而表现抗病，对病菌没有直接影响。如解淀粉芽孢杆菌在植物表面和根际大量定殖或繁殖时，会促使植物体内发生变化，诱导植物免疫系统中的酶发生变化或者产生系统抗病性。

②微生物防虫。微生物的开发利用对防治害虫是非常成功的，有许多已制成微生物农药推广应用。如细菌中的苏云金杆菌已被大量用于防治鳞翅目、双翅目和鞘翅目害虫，乳状芽孢杆菌被用于防治地下害虫蛴螬；真菌中的白僵菌、绿僵菌等也被大量用于防治鳞翅目、半翅目和鞘翅目害虫。昆虫病毒也有很多已被商业化生产。

③微生物防草。病原微生物也可以侵染田间杂草而使杂草生病，这类病原微生物可被开发利用。如新疆利用镰刀菌防治列当、云南利用黑粉菌防治马唐等，均取得明显效果。

3. 生物防治在人参、西洋参病害上的应用　目前，应用于生物防治的真菌包括木霉属（*Trichoderma*）、小盾壳属（*Conithyrium*）、黏帚霉属（*Gliodadium*）、无致病力尖镰孢（*Fusarium oxysporum*）等。其中，木霉属真菌在人参病害生物防治中研究和应用较多。木霉菌广泛存在于土壤及植物表面，容易分离和培养，可以通过重寄生、胞外酶降解、产生抗生素等一系列的颉颃作用有效抑制多种植物病原菌。目前，利用木霉菌防治人参病害主要集中在颉颃菌株的筛选、室内生物测定、田间防效试验以及商业化利用等方面。例如，对人参锈腐病具有防治作用的木霉菌有哈茨木霉、深绿木霉（*T. atroviride*）、长枝木霉（*T. longibrachiatum*）、钩状木霉（*T. hamatum*）、桔绿木霉（*T. citrinoviride*）、多孢木霉（*T. polysporum*）、康氏木霉（*T. koniggii*）和绿色木霉（*T. viride*）。目前，3亿CFU/g哈茨木霉可湿性粉剂已在人参上登记，用于防治人参立枯病和灰霉病，具有较好的防治效果。

生防细菌防治病害主要通过抗生、竞争、寄生和诱导系统抗性实现。颉颃细菌产生的各种次生代谢产物，一般在低浓度下就能对病原菌的生长和代谢产生抑制，引起细胞内溶。细菌可与病原菌抢占营养位点、物理位点、生态位点，导致病原菌无法生存，也可采用非亲和性的病原物或其他因素诱导植物产生系统抗性。常用于防治人参病害的生防细菌是芽孢杆菌属（*Bacillus*）。芽孢杆菌具有内生芽孢、抗逆性强、繁殖速度快、营养要求简单和易于在植物根圈定殖的特点，使其成为生物防治的研究热点和广泛应用的对象。目前应用较多的芽孢杆菌种类包括枯草芽孢杆菌（*B. subtilis*）、解淀粉芽孢杆菌（*B. amyloliquefaciens*）、甲基营养型芽孢杆菌（*B. methylotrophicus*）、贝莱斯芽孢杆菌（*B. velezensis*）、内生芽孢杆菌（*B. endophyticus*）、蜡状芽孢杆菌（*B. cereus*）、巨大芽孢杆菌（*B. megaterium*）等。除芽孢杆菌外，人参生防细菌还包括多黏类芽孢杆菌（*Paenibacillus polymyxa*）、土壤短波单胞菌（*Breyundimonas terrae*）、嗜根寡养单胞菌（*Stenotrophomonas rhizophila*）、唐菖蒲伯克霍尔德氏菌（*Burkholderia gladioli*）。目前1种多黏类芽孢杆菌产品和3种枯草芽孢杆菌产品已在人参上登记，分别用于防治立枯病、根腐病、黑斑病和灰霉病，达到了较好的防治效果。

微生物中发现的具有抑菌活性的物质，近70%是由放线菌产生的。放线菌种类繁多，代谢功能各异，是一类有着广泛实际用途的微生物资源。从 Cohn（1872）发现放线菌至今，已经报道了69个属1 687个种。利用放线菌防治植物土传病害的研究要早于真菌和细菌，用在植物病害生物防治中的主要是链霉菌属（*Streptomyces*）及其相关类群。例如，*S. werraensis*、生暗灰链霉菌（*S. caniferus*）、湿链霉菌（*S. humidus*）对人参锈腐病菌均具有很强的抑制作用。

（四）物理防治

物理防治（physical control）是利用各种物理因子、人工和器械防治人参有害生物的措施。常用方法有人工和简单机械捕杀、诱杀、温湿度控制以及电磁波或超声波等电磁辐射处理等。

（1）人工和简单机械捕杀。是指利用人工和简单机械，通过汰选或捕杀防治有害生物的一类措施。对于人参病害防治来说，去除带病种子、选用无病种子对控制种传病害有一定的防治效果。对于人参害虫的防治常采用人工捕杀成虫和幼虫及振落、网捕等人工机械方法。利用鼠夹或粘鼠胶捕鼠是一项有效的鼠害防治措施。

（2）诱杀。主要是利用动物的趋性，配合一定的物理装置、化学毒剂或人工处理来防治害虫或害鼠的一类方法，通常包括灯光诱杀、食饵诱杀、潜所诱杀、糖醋液诱杀等。

趋光性的利用：多数夜间活动的昆虫有趋光性，可利用黑光灯、双色灯或高压汞灯结合诱集箱或电网来诱杀害虫。如利用蛴螬或金针虫等地下害虫成虫对黑光灯的趋向性，用黑光灯诱杀成虫。黑光灯诱集害虫的效果受天气影响较大，一般在闷热、无风、无雨、无月光之夜诱虫最多。黑光灯诱集也可以与性诱剂结合，效果更好。

其他趋性和习性的利用：很多害虫和害鼠对食物的气味有明显趋性，通过配制适当的食饵，利用这种趋化性可诱杀害虫或害鼠。如利用新鲜马粪可诱杀蝼蛄、糖醋液可诱杀小地老虎、甘薯或烂水果等发酵变酸的食物中加入适量药剂可诱杀蛴螬等地下害虫的成虫。另外，有些害虫对栖息潜藏和产卵有趋性，可人为创造这些条件进行诱杀，也称植物诱杀。如可堆草诱杀金针虫和地老虎的幼虫，然后集中杀灭。地块周围种植蓖麻，金龟子误食后被麻醉，从而可集中捕杀。

（3）温湿度控制。不同有害生物对温湿度有一定的要求，可利用自然的高低温或调解控制温湿度进行防治。一般来说，温度控制对于种子、药材的处理或休闲田的消毒最为常用。如蒸气杀虫、沸水杀虫、低温杀虫，温水浸种、种子暴晒可以消灭种子携带的多种病虫害。

（4）微波辐射处理。指利用电磁波、γ射线、X射线、红外线、紫外线、激光、超声波、核辐射等手段可抑制、钝化或杀死有害生物，达到防治病虫害的目的。

（5）热力消毒方法。在温室及苗床中经常使用，主要采用烧土、烘土、蒸汽、晒土等方法对土壤进行消毒，以消灭土壤中的病原菌，减轻土传病害的发生。例如，为了防治人参苗期立枯病和猝倒病，在播种移栽前将苗床土翻松并覆塑料薄膜，在强光下保持一段时间，以便将土壤中的病原菌杀死。

（6）汰除。该方法主要用于清除和植物种子混杂在一起的病原物。如有些病原物的菌核、线虫的虫瘿和菟丝子的种子等混杂在作物种子中，如果不及时清除，将这些病原物和种子一起播种，就会引起田间病害的发生。常用的汰除方法有机械汰除和比重汰除两种。机械汰除可根据混杂物的形状、大小、轻重采用风选，采用汰除机汰除种子中混杂的线粒虫虫瘿，汰除效率很高；比重汰除是根据混杂物的比重，用清水、泥水、盐水汰除，这种方法能同时将比重较轻的病种子和秕粒汰除干净，起到选种的作用。

（五）化学防治

化学防治是指施用化学农药防治植物病、虫、草、鼠等各种有害生物危害。化学农药具有高效、速效、经济、简便等优点，因此化学防治是防治植物有害生物的重要手段之一，尤其是有害生物流行发生时化学防治是唯一的有效应急防治措施。

根据防治对象，化学农药可分为杀虫剂、杀菌剂、杀螨剂、杀线虫剂、杀鼠剂、除草剂、植物生长调节剂等。

农药对有害生物的防治效果称为药效，对人畜的毒害作用称为毒性，在施用农药后相当长的时间内，农副产品和环境中残留毒物对人畜的毒害作用称为残留毒性。为达到病害化学防治的目的，要求研制和施用"高效、低毒、低残留"的农药。农药施用不当，对植物造成损害的称为药害。农药施用不当，会对植物产生药害、引起人畜中毒、杀伤有益微生物，导致有害生物产生抗药性、污染环境、破坏生态等，因此要特别重视农药的科学施用，提高农药的利用率和防治效果，减少其毒副作用。

农药都必须加工成特定的制剂形态，才能投入实际使用。未经加工的称原药，原药中含有的具杀菌、杀虫等作用的活性成分，称为有效成分。加工后的农药称制剂，制剂的形态类型称为剂型。农药的常用剂型有乳油、可湿性粉剂、可溶性粉剂、颗粒剂、粉剂、悬浮剂（胶悬剂）、水剂、烟雾剂、熏蒸剂、种子处理悬浮剂、水分散粒剂等。通常制剂的名称包括有效成分含量、农药名称和制剂名称3部分。例如，70%代森锰锌可湿性粉剂，即指明农药名称为代森锰锌，制剂为可湿性粉剂，有效成分含量为70%。

1. 化学农药的施用方法与手段　在施用农药时，需根据药剂、作物与病虫害特点选择施药方法以充分发挥药效，避免药害，减少对环境的不良影响。由于人参栽培模式的特殊性，人参使用的药剂的主要施药器械是喷雾器械，少数用喷粉器械、熏蒸器械。人参常用农药的主要施药方法有以下几种：

（1）喷雾法。利用喷雾器械将药液雾化后均匀喷在植物和有害生物表面，按用液量不同又分为常量喷雾（雾滴直径 $100\sim200\mu m$）、低容量喷雾（雾滴直径 $50\sim100\mu m$）和超低容量喷雾（雾滴直径 $15\sim75\mu m$）。农田多用常量和低容量喷雾，两者所用农药剂型均为乳油、可湿性粉剂、可溶性粉剂、水剂和悬浮剂（胶悬剂）等。常量喷雾所用药液浓度较低，用液量较多；低容量喷雾所用药液浓度较高，用量较少（为常量喷雾的 $1/20\sim1/10$），功效较高，但雾滴易受风力吹送而飘移。喷雾的器械很多，目前常用的主要是普通喷雾器、静电喷雾器和电动喷雾器。

（2）喷粉法。利用喷粉器械喷撒粉剂的方法称为喷粉法。通常粉剂应具备 3 个基本条件：①粉粒细度应小于 $50\mu m$。②具有良好的分散性。喷出的粉剂在空中分散良好，能在作物表面形成比较均匀的粉粒覆盖。③粉粒在作物表面上有良好的黏附性，不易从叶面滑落。该方法工作效率高，不受水源限制，适用于大面积防治。缺点是耗药量大，易受风的影响，粉粒飘移散失现象较严重。

（3）种子处理。常用的种子处理法有拌种法、浸种法、闷种法和应用种衣剂。种子处理可以防治种传病害，并保护种苗免受土壤中病原物侵染和害虫危害。用内吸剂处理种子还可防治地上部病害。拌种剂（粉剂和可湿性粉剂）用干拌法拌种，乳剂和水剂等液体药剂可用湿拌法，即加水稀释后，喷在干种子表面，拌匀。浸种法是用药液浸泡种子。闷种法是用少量药液喷拌种子后堆闷，一段时间后再播种。种衣剂是由农药原药（杀虫剂、杀菌剂、除草剂等）、肥料、生长调节剂、成膜剂及配套功能性助剂经特定工艺流程加工制成的农药制剂，可直接或经复配、溶解、稀释后包覆于种子表面形成具有一定强度和通透性的保护层膜，从而保护植物免遭病虫危害。种子包衣可使杀菌剂缓慢释放，持效期延长，是目前人参病虫害防治最常用的方法。

（4）土壤处理。土壤处理是在播种前将药剂施于土壤中，主要防治植物根病、地下害虫及线虫病害。土表处理是用喷雾、喷粉、撒毒土等方法将药剂全面施于土壤表面，再翻耙到土壤中。深层施药是施药后再深翻或用器械直接将药剂施于较深土层。灭线磷、克线丹、苯线磷、棉隆、二氯异丙醚等杀线虫剂均用穴施或沟施法进行土壤处理。

作物生长期也可用撒施法或泼浇法施药。撒施法是将杀菌剂的颗粒剂或毒土直接撒在植株根部周围。毒土是将杀菌剂与具有一定湿度的细土按一定比例混匀制成。撒施法施药后应灌水，以便药剂渗透到土壤中。泼浇法是将杀菌剂加水稀释后泼浇于植株基部。

（5）熏蒸法。熏蒸法是在密闭或半密闭设施中使用有毒气体来杀灭病原物的方法。有的熏蒸剂还可用于土壤熏蒸，即用土壤注射器或土壤消毒机将液态熏蒸剂注入土壤内，使其在土壤中呈气体扩散，有时还要用薄膜覆盖以提高药效。土壤熏蒸后需按规定等待一段时间，待药剂充分散发后才能播种，否则易产生药害。

2. 科学用药 科学用药技术包括选择高效、低毒、低残留、环境友好型农药，优化集成农药的轮换施用、交替施用、精准施用和安全施用等配套技术，加强农药抗药性监测与治理，普及规范施用农药的知识，严格遵守农药安全施用间隔期。通过合理施用农药，最大限度降低农药施用造成的负面影响。

对"症"用药，不使用禁用农药。为了充分发挥药剂的效能，做到安全、经济、高效，必须合理施用农药。任何农药都有一定的应用范围，因而，要根据药剂的有效防治范围、作用机制以及防治对象的种类、发生规律和危害部位的差异，合理选用药剂与剂型，做到对"症"下药。人参是药用价值极高的中药材，我国及世界各国对其农药残留限量有明确的规定，因此要避免施用高毒、高残留及慢性毒性的农药。

要科学地确定用药量、施药时期、施药次数和间隔天数、安全间隔期。用药量主要取决于药剂和病虫害种类及人参生育时期，也因土壤条件和气象条件不同而有所改变。一般情况下，应根据农药标签建议的药量使用。施药时期因施药方法和防治对象而异。人参土壤熏蒸剂的施用一般都是在播种前3个月或上年7—8月进行，土壤处理也大多在播种前或播种时进行。种子处理一般在播种前1~2d进行。田间喷洒药剂应根据预测预报在病害发生前或流行始期进行。对病原菌的初侵染来说，应在侵染即将发生时或侵染初期用药。即使喷洒内吸性杀菌剂，也应贯彻早期用药的原则。对再侵染频繁的病害，一个生长季节内需多次用药，两次用药之间的间隔天数主要根据药剂持效期确定。药剂的持效期是指施用后对防治对象保持有效的时间。施药作业安排通常有两种方式：一种是根据田间调查和预测预报灵活安排，另一种是设置相对固定的周年防治历。

合理混用农药。做到一次施药兼治多种病虫对象，以减少用药次数，降低防治费用。要保证用药质量，化防作业人员应先行培训，熟练掌控配药、施药和药械使用技术。喷雾法施药力求均匀周到，液滴直径和单位面积着落药滴数目要符合规定。施药效果与天气也有密切关系，宜选择无风或微风天气喷药，一般应在午后和傍晚喷药。若气温低影响效果，也可在中午前后施药，应避免在有露水的早晨喷药。

轮换用药。长期连续使用单一杀菌剂会导致病原菌产生抗药性，降低防治效果。有时对某种杀菌剂产生抗药性的病原菌，对未曾接触过的其他杀菌剂也有抗药性，这称为交互抗药性。化学结构与作用机制相似的化合物间，往往会有交互抗药性。为延缓抗药性的产生，应轮换使用或混合使用病原菌不易产生交互抗药性的杀菌剂，还要尽量减少施药次数，降低用药量。

避免药害的发生。药剂使用不当，可使植物受到损害，这称为药害。在施药后几小时至几天内出现的称为急性药害，在较长时间后才出现的称为慢性药害。药害主要是药剂选用不当，农药变质，杂质过多，添加剂、助剂用量不准或质量欠佳、混用不当，剂量过大，喷药不均匀，再次施药相隔时间太短，在植物敏感期施药，以及环境温度过高、光照过强、湿度过大等因素造成的。人参是对药剂比较敏感的作物，应力求避免药害的发生。

减少对人畜的伤害。农药可通过皮肤、呼吸道或口腔进入人体，引起急性中毒或慢性中毒，因而用药前应先了解所用农药的毒性及中毒症状和解毒方法，在农药储存、搬运、分装及配药、施药等各环节都要做好预防。要严格遵守农药的残留标准和安全间隔期（最后一次施药距作物收获期的允许间隔天数）。

第二节　人参主要侵染性病害及预防

一、人参苗期病害

人参苗期病害（ginseng seeding disease）主要包括立枯病、猝倒病和根腐病等。苗期病害在人参产区发生普遍、分布广泛，特别是近年来非林地农田栽参苗床上苗期病害发生率持续居高。一般立枯病病株率为10%～20%，严重地块可达50%，造成参苗成片死亡，损失较大。根腐病在人参产区均有发生，尤其是农田栽参发生严重，严重影响了人参生产。

（一）症状

人参苗期病害的初期症状往往容易混淆，但各个病害的发生仍有不同特点，3种主要苗期病害的症状如下：

1. 立枯病（ginseng seedling blight） 又称抽死病、土掐病，是人参苗期的主要病害之一。该病在苗床上主要发生于1～3年生人参的幼苗展叶期，发生普遍，分布广泛，发生部位在近土表的幼苗茎基部，距土表3～6cm的干湿土交界处。发病初期，茎基部呈现黄褐色的凹陷长斑，随后逐渐腐烂、缢缩。严重时，病斑深入茎内，环绕整个茎基部，破坏输导组织，致使幼苗枯萎死亡，最终倒伏（彩图7-1）。幼苗发病早不能出土，幼芽在土中即烂掉。田间发病中心明显，条件适宜时迅速向四周蔓延，造成幼苗成片死亡，苗床因此病发生呈秃疮状。湿度大时，病部及土壤表层常见白色菌丝体。

2. 猝倒病（ginseng damping off） 猝倒病是人参苗期的灾害性病害，分布较广泛，但发生并不普遍，主要侵害2年生以下幼苗的茎基部。发病初期，人参幼茎犹如被开水烫过，在近地面处幼茎基部出现水渍状暗色病斑，自土表处向上、下蔓延，暗褐色的软腐很快扩大，发病部位收缩变软，幼茎纵向缢缩呈线状，参叶尚未萎蔫时幼苗猝倒而死（彩图7-1）。如果参床湿度大，则在病部密生白色绵状霉。发病严重时，可造成参苗成片死亡，死亡植株的茎和叶均腐烂，坏死组织表面和周围的土壤上出现一层灰白色霉状物。

3. 根腐病（ginseng fusarium root rot） 人参根腐病主要危害幼苗根或茎基部（地表以下茎部），染病初期地上部无明显症状，根部呈黄褐色，中后期叶片褪绿发黄，最后萎蔫死亡。腐烂的参根呈黑褐色湿腐状（彩图7-1），参苗在苗床上发病呈零散分布。根腐病是造成苗期人参死苗的主要原因之一，也是人参不能连作的主要原因之一。

（二）病原

不同苗期病害病原种类不同，同一苗床上有可能有多种病原菌侵染。

人参立枯病病原为立枯丝核菌（*Rhizoctonia solani* Kühn），属半知菌类丝核菌属。在马铃薯蔗糖琼脂（PDA）培养基上，菌落初为淡灰色，老熟时浅褐色至黄褐色，菌丝有隔膜，分支处呈直角，基部稍缢缩，离分支不远处有一隔膜（彩图7-2）。病菌生长后期，菌丝与隔膜增多，由老熟菌丝交织在一起形成菌核，直径1～3mm，数个菌核常以菌丝相连。菌核暗褐色，不定形，质地疏松，表面粗糙。该菌不产生分生孢子。有性阶段为瓜亡革菌，属担子菌门，自然条件下不常见，仅在酷暑高温条件下产生。

人参猝倒病病原为德巴利腐霉（*Pythium debaryanum* Hesse），属卵菌腐霉属。在PDA培养基上，菌丝体白色绵状，繁茂，菌丝较细，有分支，无隔膜，直径2～6μm。孢子囊顶生或间生，球形至近球形，或为不规则片状，直径15～25μm。成熟后一般不脱落，有时具微小乳突，无色，表面光滑，内含物颗粒状。萌发时产生芽管，顶部膨大成泡囊。泡囊破裂后，散出游动孢子。游动孢子肾形，无色，大小为 (4～10)μm×(2～5)μm，侧生 2 根鞭毛，游动不久便休止。卵孢子球形，淡黄色，1 个藏卵器内含 1 个卵孢子，表面光滑，直径 10～22μm。

人参根腐病病原主要为腐皮镰孢（*Fusarium solani*）和尖镰孢（*F. oxysporium*），属半知菌类丝孢纲镰孢属。在 PDA 培养基上，腐皮镰孢气生菌丝单薄绒状，白色至浅红，培养物有时有轮纹状出现，培养基不变色。在培养基上产生苍绿色黏孢团，和青霉类似，实际为大型分生孢子堆，容易被误认为污染，并随着培养代数增多，绿色越来越淡。在 CLA 培养基上（彩图 7-3），该菌大型分生孢子较宽、较直，大小为 (22.3～35.6)μm×(4.8～7.8)μm，基部有足跟，一般 3～5 个隔膜，分隔不明显。小型分生孢子数量较多，以假头状着生在产孢细胞上，大小为 5.6～15.4μm，椭圆或者梭形，1～2 个隔膜。厚垣孢子较多，球形，孢子中间或顶端，单生或串生。产孢细胞单瓶梗，圆柱形。

在 PDA 培养基上，尖镰孢菌落形态差异很大，菌丝稀疏、丰富、卷毛，颜色基本从浅紫到深紫都有，深紫色通常产生多个菌核。在 CLA 培养基上（彩图 7-4），大型分生孢子较纤细，较直或略微弯曲，两端较尖，短到中等长度，大小为 (25.3～52.3)μm×(2.9～5.9)μm，顶胞锥形或钩状，足跟明显，大多数 3～5 个隔膜。小型分生孢子数量较多，椭圆或者肾形，无隔膜，通常着生于稀疏分支的分生孢子梗旁的单出瓶梗上，大小为 (5.3～11.9)μm×(2.6～4.2)μm。易产生厚垣孢子，球形，大多数 20d 左右形成，单生、对生或少数短链生。产孢细胞单瓶梗，在菌丝上直接长出或者在分生孢子座上聚集，平行排列丛生。

（三）发病规律

人参苗期病害病原菌种类不同，其病害循环和发生条件也不同。

人参立枯病病菌主要以菌核和菌丝体在土壤、病残体及杂草中越冬成为翌年初侵染来源。病菌可在土壤中存活2～3 年。5～6cm 土层内温湿度适宜，菌丝可在土壤中迅速蔓延，从伤口或直接侵染幼茎。参籽混杂菌核也可传带，菌核可借助雨水、灌溉水及农事操作而传播。生长最适宜温度 20～30℃，春季温度连续偏低，湿度大时易侵染，在东北一般为 6 月上、中旬开始发病，6 月下旬是立枯病的盛发期，7 月中旬基本停止危害。田间播种过密、通风不良、土壤黏重、地块低洼等均可诱发病害的发生和流行。

人参猝倒病病菌主要以菌丝体和卵孢子在土壤中越冬，病菌腐生性强，可在土壤中存活 2～3 年，富含有机质的土壤中存活较多。条件适宜时，卵孢子或孢子囊从幼苗基部直接穿透侵入寄主，在皮层的薄壁细胞组织中繁殖、扩展、蔓延，以后病部产生新的菌体，进行重复侵染。病菌主要通过风、雨和流水传播。最适侵染温度为 16～20℃，在低温、高湿，土壤湿度过大，参苗过密、郁蔽窝风条件下，植株发育不良，幼苗抗病力减弱，病菌极易侵害幼苗，发病严重。

人参根腐病病菌主要以菌丝和厚垣孢子在土壤中或病根上越冬，可存活 3 年以上，成为初侵染源。病原菌侵染周期长，生长期均有发生。田间通过雨水、流水以及带菌堆肥传播蔓延。镰孢菌主要从伤口侵入并且侵入后在病部繁殖产生新的病菌，继续进行再侵染，扩大危害。

（四）防治措施

人参苗期病害的防治应采取加强苗床管理、培育壮苗以增强幼苗抗病力为主，药剂防治为辅的综合防治措施。

1. 注意选地、整地及土壤改良　不选人参连作地，避免选择地势低洼、易积水、冷凉地块种参。在播种移栽前，要整好地并进行土壤改良，以利幼苗生长健壮。

2. 土壤消毒　人参播种和移栽前可选用化学药剂和生物菌剂联合处理土壤来消灭或抑制土壤中的多种病原菌，如枯草芽孢杆菌＋嘧菌酯＋噻呋酰胺、枯草芽孢杆菌或多黏类芽苞杆菌或哈茨木霉＋嘧菌酯加精甲·噁霉灵等。重茬苗床地在灭生性土壤熏蒸剂棉隆或威百亩处理的基础上再采用上述配方处理土壤。

3. 种子和种苗消毒　播种前种子可用25％噻虫·咯·霜灵悬浮种衣剂或25g/L咯菌腈悬浮种衣剂包衣处理，杀死种子携带病菌。移栽前用多菌灵或咯菌腈、噻虫·咯·霜灵浸根10min，阴干后移栽，有明显的防治效果并可兼治其他病害，但必须阴干后播种，否则容易产生药害或烂根。

4. 畦面消毒　参苗早春出土前，可用枯草芽孢杆菌＋嘧菌酯＋精甲·噁霉灵细致喷洒苗床土壤，接雨后再上膜。

5. 加强苗期田间管理　2年生苗床要及时搂出病株残骸及残枝落叶，带出田外集中处理；人参出苗后要勤松土、锄草，以提高参床土温，使土壤疏松通气，有利于人参根系发育，抑制根部发病；秋播田在早春要及时松土，覆盖地膜，提高地温，注意排水，严防雨水浸灌参床，注意通风、透光，降低土壤湿度。

6. 病区处理　发现病株及时挖除并用多菌灵、精甲·噁霉灵处理病穴，并在病株周围撒一些石灰对病穴消毒。同时，全床喷洒30％精甲·噁霉灵水剂、100亿CFU/g枯草芽孢杆菌可湿性粉剂、3亿CFU/g哈茨木霉可湿性粉剂等药剂。

二、人参黑斑病

人参黑斑病（alternaria leaf and stem blight of ginseng）是人参生产上发生最普遍、危害最严重的病害之一，在我国东北地区的黑龙江、吉林和辽宁分布广，危害严重，发病率一般在20％～30％，严重的可达70％以上，流行时病株率可达100％。主要危害人参茎、叶片和果实，可造成人参早期落叶、植株提前枯萎、不能结实、参根减产和品质降低等后果，遇到高温多雨年份，可造成大面积绝产。此外，人参黑斑病在韩国、日本、俄罗斯等国家的人参主栽区危害也日益严重。

（一）症状

人参黑斑病在苗床地和移栽地均可发生。可危害人参地上、地下任何部位（彩图7-5），如叶片、叶柄、茎、花轴、果实、果柄、根及芽苞等，以叶片、茎部和果实受害最严重。可造成人参早期落叶，植株提前枯萎，不能结实及减产等。苗床地发病主要危害叶片，在叶片上边缘或中间形成褐色大斑，病斑汇合使整个叶片腐烂枯死，并向下蔓延导致地上部腐烂死亡，严重时可造成成片的参苗发病死亡。移栽地人参叶片发病后，多在叶尖、叶缘和叶片中间产生水渍状近圆形或不规则褐色病斑，病斑扩大后呈梭形或不规则状，初期为黄褐色，随后转为黑褐色，病斑中心颜色较浅，周边有轮纹状锈褐色宽边，干燥后极易破裂。高温高湿环境下，蔓延迅速，病斑连成一片，使叶片提早脱落。人参茎部、叶柄、花梗发病后，初期为褐色梭形病斑，随后逐渐上下延伸，大量聚集形成黑色霉层，即病菌的分生孢子梗和分生孢子，后期茎秆病斑逐渐凹陷，造成茎部倒伏，参农称之"疤拉杆子"。花梗发病后，造成花絮枯死。被害果实表面生水渍状不规则褐色病斑，随着时间推移，病斑逐渐扩大，外皮和果实失水皱缩逐渐干瘪变黑，附着黑色霉层，形成"吊秆籽"。根、根茎、芽苞开始呈棕褐色湿腐病斑，并逐渐扩大变黑腐烂。

（二）病原

人参黑斑病病原有 2 种，即 *Alternaria alternata* （Fries） Keissler 和 *Alternaria panax* Whetzel，均属于无性孢子类链格孢属。前者以危害叶片及茎秆为主，后者种子分离频率较高。在自然状态下，病菌以无性阶段在田间完成全部侵染循环过程和世代传递，而有性阶段在自然界中尚未发现。

1. 形态特征

（1） *A. alternata*。在 PDA 培养基上，菌落正面初期为浅绿色后期逐渐变为墨绿色，气生菌丝致密，菌丝呈绒毛状，后期可见大量黑绿色孢子聚集，有时形成浅绿色与墨绿色相间的同心轮纹，菌落背面浅绿色至墨绿色。在平板计数琼脂（PCA）培养基上，分生孢子梗单生或数根簇生，直立或弯曲，随着连续产孢做合轴式延伸，分生孢子卵形、梨形、倒棍棒或近椭圆形，淡褐色至褐色，表面光滑或具微刺，具 1～4 个横隔膜，0～3 个斜、纵隔膜，孢身 （16.9～37.2）μm×（6.2～12.9）μm，分生孢子短链生（含孢子<10个），呈矮树状分支，支链含 1～5 个分生孢子（彩图 7-6）。

（2） *A. panax*。在 PDA 培养基上，菌落正面初期为灰绿色后期逐渐变为墨绿色至黑绿色，气生菌丝无色、致密，菌丝呈绒毛状，后期可以看到大量白色菌丝聚集，菌落背面墨绿色至黑绿色。在 PCA 培养基上，分生孢子梗单生或簇生，直立或弯曲，分生孢子棍棒形、长椭圆形等，具 5～13 个横隔膜，1～2 个斜、纵隔膜，孢身 （36.6～75.4）μm×（8.4～12.3）μm，喙较长，分生孢子短链生（含孢子 2～3 个），罕分支，老熟的分生孢子为桑葚状（彩图 7-6）。

2. 生理特征　该菌菌丝生长的温度范围为 5～30℃，20～25℃为最适生长温度范围；分生孢子在 5～40℃都可萌发，萌发的适温范围为 15～25℃。致死温度为 50℃，致死时间为 10min。分生孢子的形成，特别是萌发和侵入都需要高湿条件。相对湿度在 0～20%时孢子不能萌发，在 40%～79.5%时萌发率仅为 1%～5%，在 98%～100%时萌发率为 87%～93%。光照对病菌生长影响不明显，在连续紫外光下孢子形成最多，在黑暗和室内散射光下不能形成孢子。不同碳源条件对两种人参黑斑病病菌生长有显著影响，最适 *A. alternata* 菌丝生长和产孢的碳源均为鼠李糖，最适 *A. panax* 菌丝生长和产孢的碳源分别为淀粉和鼠李糖。不同氮源条件对两种人参黑斑病病菌生长有显著影响，最适 *A. alternata* 和 *A. panax* 菌丝生长的氮源均为蛋白胨，最适产孢的氮源分别为甘氨酸和甲硫氨酸。人参黑斑病病菌 *A. alternata* 和 *A. panax* 在 pH 4～11 的范围内均能生长，*A. alternata* 以 pH 7 最适生长，*A. panax* 以 pH 6 最适生长。

3. 寄主范围 人参黑斑病病菌（*A. alternata* 和 *A. panax*）除能侵染人参外，*A. alternata* 能侵染小麦、苜蓿、向日葵、苹果、角豆和草莓等植物，*A. panax* 能侵染三七、西洋参等五加科 14 属植物。

4. 毒素 人参黑斑病病菌（*A. panax*）对人参的致病作用主要是病菌产生致病毒素和各种酶类。*A. panax* 可产生毒素邻苯二甲酸丁酯，当毒素浓度为 0.03mL/L 以上时可使健康的人参叶片发生病变。

（三）病害循环

人参黑斑病病菌主要以菌丝体和分生孢子在土表病残体上、土壤中和人参种子表面越冬，也存活于根茎受害部分。残留于参床表面和土壤中、病残体上的分生孢了及菌丝是老参园的主要侵染源，种子带菌可引起苗床发病，也是远距离传播和新参地的侵染来源。参籽带菌率为 11.5%～18.0%，处理的裂口籽带菌率为 60%，未裂口的带菌率为 85%。在人参出苗至展叶期，病残体和土壤中越冬的病菌在适宜条件下产生新的分生孢子，最先与刚出土的茎部接触，初次侵染引起茎斑。茎斑和越冬病残体上产生的分生孢子主要靠风、雨传播，特别是雨滴飞溅，将病菌带到植株上，在适宜条件下，分生孢子与寄主组织接触 4h 后即可萌发，8～12h 后长出芽管并开始延伸，24～48h 后芽管与寄主接触处产生侵染菌丝并穿透人参表皮细胞，有的侵染菌丝也可通过气孔侵入寄主细胞和组织，最适条件下潜育期为 3d。陆续引起上部叶片、叶柄、花梗及果实部位发病。条件适宜时，病斑上产生大量分生孢子，经传播后进行多次再侵染，1 个生长季节可达 20 余次。

（四）发病因素

人参黑斑病的发生和流行主要与气象条件及栽培管理密切相关。

1. 气象条件 病菌生长发育和分生孢子萌发与侵入需要适宜的温度和较高的湿度，尤其是湿度对病害的发生影响最大，而湿度又取决于降雨，因此降雨的早晚、降雨量及持续时间决定病害是否流行及流行的早晚和程度。在东北 5 月中下旬，土壤温度稳定达到 10～15℃、土壤含水量 23.5%～26.0%，是参根、芽苞及茎开始发病的外界条件，为人参黑斑病的发病初期，6 月病情发展缓慢，7—8 月高温遇连续阴雨，空气湿度大，孢子繁殖快，病害迅速扩展蔓延，为病害的高发期。直至 9 月上旬，气温下降，病害逐渐减轻。一般来说，6 月降雨集中且雨量大（超过 40mm），7—8 月降雨多且分布均匀，降雨量超过 130mm，为病害流行年。

2. 凡是老参地、病残体清理不干净或池面消毒不彻底的参地发病较重，新栽地菌源少往往发病较轻 直射光对人参生长不利，紫外光有促进人参病原真菌分生孢子萌发的作用，因此直射光下或遮阴不好的参棚发病重，土壤黏重、氮肥施用多的参田易发病。

3. 在同等条件下，人参发病轻于西洋参 不同参龄的人参发病不同，1～2 年较少发病，3 年以上发病明显，4～6 年发病最重。

（五）防治措施

人参黑斑病的防治应采取减少初侵染菌源，选择合理的田间管理措施辅助合适的化学防治等综合防治技术措施。

1. 建立无病留种田，选留无病菌的人参种子　种子是人参黑斑病的侵染来源之一，选用无病菌种子对于新参地非常重要。要想选用无病种子，建立无病留种田是关键。在留种田要做好黑斑病的防治，保护种子免受黑斑病病菌侵染。

2. 种子和参栽消毒　在催芽或播种前应进行种子消毒。参苗移栽前也应进行消毒，以防种子和参苗带菌传病。消毒药剂主要是噻咯霜灵和咯菌腈悬浮种衣剂。参栽消毒需一定阴干后再移栽，注意掌握好处理剂量，防止发生药害。

3. 搞好池面消毒　土表及土壤中病残体是人参黑斑病重要侵染来源，搞好池面消毒对防治黑斑病具有重要作用。早春在芽苞萌动前，将田间植株茎叶残骸及时彻底清除，集中销毁。及时进行池面消毒。不同参龄人参池面消毒用于防治人参黑斑病的药剂不同，1～2年参龄主要用枯草芽孢杆菌＋嘧菌酯，3～6年参龄可选用丙环唑＋代森铵或丙环唑＋嘧菌酯。新栽地人参黑斑病发病较轻，池面消毒结合其他病害防治即可。

4. 减少初侵染菌源，改进栽培技术

（1）搞好田间卫生。人参参根收获后彻底清除残株病叶，及时清除埋压病残体，秋季应彻底将参床上所有的枯枝落叶集中烧毁，减少初侵染源。早春将田间植株茎叶残骸及时彻底清除，集中销毁。人参发病初期及时摘除病叶病果，带出田外销毁，并及时喷药。

（2）加强田间管理。首先应注意选择地势高平、土壤排水良好的土地作参床。采用单透光棚栽参，参棚覆盖要均匀。合理密植，及时调光；育苗移栽要增施腐熟的粪肥和菌肥，生长期喷施叶面肥和免疫诱抗剂如氨基寡糖素，促进人参生长，提高其抗性。生长期及时施肥，注意氮磷钾的比例，要控氮（尤其是铵态氮）增磷增钾。从入伏前到立秋后必须适时采取扶苗、插花、挂花及挂遮光帘等防强光措施，同时要注意防止漏雨、溜雨、淋雨，保持土壤湿润但不可过湿，大雨过后要及时排水。

5. 消灭和封控发病中心，科学用药　一旦出现发病的中心病株，应立即摘除病叶，并在其周围重点喷洒农药，同时结合天气及栽培管理等因素进行全田施药，及时有效地控制病害的扩大蔓延。

人参展叶期发现中心病株之前，一般在5月中下旬茎斑发生前喷洒一次药，之后视天气及病害发生情况分别在现蕾开花期、果期、根部膨大期喷施1～3次药，施药间隔期以7～10d为宜，亩兑水量30～45L。不同参龄和不同生育阶段人参因病害发生的情况和对药剂敏感性的不同可以选用不同的药剂。可选用的药剂有枯草芽孢杆菌、氢氧化铜、多抗霉素、丙环唑、嘧菌酯、醚菌酯、苯醚甲环唑、异菌脲、代森锰锌、氟硅唑、唑醚氟酰胺、戊唑醇等。提倡交替用药和混合用药，出苗展叶期禁止使用丙环唑，同时谨慎使用其他三唑类农药。

三、人参灰霉病

人参灰霉病（gray mold disease of ginseng）是近年人参生产上分布广、危害最为严重的病害之一，对人参生产危害很大。该病 1984 年在我国吉林浑北河口参场 4 年生的参地中发现，随后在韩国等地也有报道，此后发生逐年加重，是人参生产上常发且必须重视防治的病害之一。据调查，田间叶片发生率在 20%～30%，严重时达 50%甚至 100%，根发生率在 5%～10%，严重时达 20%以上，可造成根全部腐烂，危害芽苞时造成芽苞腐烂坏死，人参不能出土。人参灰霉病已成为影响人参产业持续健康发展的限制性因素之一。

（一）症状

该病从苗床地的参苗到移栽地人参均可发生，从人参刚出土到生育期结束均可危害。人参灰霉病通常 6 月下旬开始发生，7 月中旬至 8 月下旬进入发病盛期，可危害人参叶片、花梗、茎基、果实甚至参根等多个部位。

叶片发病多从叶尖或叶缘开始，呈 V 形向内扩展，病斑初呈水渍状褐色小点，逐渐扩展为黄褐色、深浅相间轮纹的大斑，病健交界明显，无褪绿晕圈，上生灰色稀疏霉层，为病菌分生孢子梗和分生孢子。扩展后茎发病，主要危害 1～3 年生参株的茎基，初为水渍状小点，逐渐扩大为椭圆形或不规则长形病斑，浅褐色，后期病斑凹陷，湿度大时生大量灰色霉层，严重时病部以上茎叶萎蔫枯死甚至植株倒伏。花梗发病，多从掐花处伤口开始，并逐渐向下扩展，直至与叶柄交汇处，可致花梗呈浅褐色或浅灰色坏死，坏死部生稀疏或致密的灰色霉层。果实发病多从残留的柱头及枯死的花瓣开始，逐渐向果实及果柄扩展，导致果实枯死不能成熟，上生致密的灰色霉层。参根发病，初期在芽苞上出现褐色斑点，主根的表面看不出明显异常现象，但用手掐时参根内部的组织已变软，发病后期芽苞和参根都表现为软腐症状，并在病部产生灰色的绒毛状霉层，有时可在病斑上形成黑色的菌核（彩图 7-7）。

（二）病原

人参灰霉病病原为灰葡萄孢（*Botrytis cinerea* Pers.），属子囊菌无性型葡萄孢属真菌。在 PDA 培养基上，菌落初淡白色，后灰色，可产生菌核。菌丝透明，宽度变化不大，中等的直径 5～6μm。孢梗群生，不分支或分支，直立，有横隔，梗全长为 315～958μm，直径 8.4～12.6μm。分生孢子丛生于孢梗或小梗顶端，倒卵形、球形或椭圆形，光滑，近无色，大小为（8.4～15.8）μm×（6.3～12.6）μm（彩图 7-8）。

人参灰霉病病菌菌丝生长及产孢最适温度为 25℃，分生孢子萌发适宜温度为 20～25℃；病菌菌丝生长及分生孢子萌发最适 pH 为 6.0。对碳源的利用以蔗糖最佳，其次为葡萄糖和果糖；氮源以蛋白胨最佳，其次为牛肉膏、酵母汁、丙氨酸、硝酸铵。在不同的培养基中，以 PDA 培养基培养的菌丝生长最快，产生灰色菌丝，菌落浓密。菌核、菌丝和分生孢子的致死温度分别为 60℃、55℃和 50℃，致死时间为 10min。

人参灰葡萄孢病菌存在 8 种表型（3 种菌丝型和 5 种菌核型），其中菌核型的分离比率大于菌丝型，但其与地理分布并无明显的相关性，从同一地区分离的菌株在表型和基因型间存在很大的区别。人参灰葡萄孢病菌共包含 3 种转座因子类型：Transposa、Boty 和 Flipper，Transposa 类型菌株致病力最强，Boty 类型菌株致病力次之，Flipper 类型菌株致病力最弱。

灰葡萄孢病菌可分泌大量的细胞壁降解酶，从寄主组织获取营养完成自身生活史。灰葡萄孢病菌侵染过程中产生多聚半乳糖醛酸酶（PG）、果胶甲基半乳糖醛酸酶、β-葡萄糖苷酶和羧甲基纤维素酶等致病因子，经上述细胞壁降解酶处理后的人参叶片形成典型的水渍状病斑。

灰葡萄孢病菌极易产生抗药性，据报道对多菌灵、嘧霉胺、腐霉利、异菌脲、咯菌腈、嘧菌酯已产生了不同程度的抗药性。

灰葡萄孢病菌寄主广泛，可侵染粮食作物、经济作物（蔬菜、果树）、药用植物等586 属 1 400 余种植物。

（三）病害循环

人参灰霉病病菌以菌丝体、分生孢子、菌核在病株残体或土壤中越冬，菌核抵抗不良环境条件的能力较强。翌年春天条件适宜时，菌核萌发产生新的菌丝体及分生孢子，后者经气流、雨水、农事操作、昆虫活动等途径附着在寄主组织表面，具备外渗物营养条件下，分生孢子萌发形成芽管和附着胞并通过伤口、自然孔口及枯死组织侵入寄主组织，发病后产生新的分生孢子反复侵染，进一步导致病害发生和流行。

（四）发病条件

灰霉病发生与环境条件及栽培管理关系密切，环境条件中以温度、湿度条件对灰霉病影响最大。空气湿度高、浇水后逢雨天或地势低洼积水等，均有利人参灰霉病发生。该病菌喜低温高湿，在寡照条件下，温度在 15～25℃，如遇降雨，空气湿度在 90% 以上时有利于发病。棚架过低、通风性差加重病害发生。在掐花或掐果后留下伤口，受肥害、药害和日灼病发生时，寄主生长衰弱易诱发灰霉病的发生流行。早春人参出土期间如遇低温，人参顶部遭受冻害后容易发生灰霉病。

（五）防治措施

灰霉病病菌基因型丰富，表型多样，对环境适应性强，繁殖快，变异频率高，对化学杀菌剂存在不同程度抗药性，导致人参灰霉病的防治难度较大。对于人参灰霉病防治，应采取减少菌源，提高植株抗性并辅以药剂防治的综合防治措施。

（1）加强栽培管理，提高植株抗病性。合理选择参棚形式，降低棚内湿度。及时松土、除草及施肥，适当增施磷、钾肥，控制氮肥的施用；早春人参出土期可喷施防冻壮苗剂、天达参保、氨基寡糖素等促进人参生长健壮，提高植株抗逆性，减少冻害的发生。

（2）清洁田园，减少初侵染源。早春在参芽萌动前及时清除田间病残体，并及时进行池面消毒。生长期发现病叶和病果及时清出参园，集中深埋或烧毁，以减少田间病菌的再次侵染。

（3）关键期施药。对于人参灰霉病的化学防治，用药应抓住以下关键期。①芽萌动前进行池面消毒，药剂参见黑斑病；②发生冻害后及时施药；③掐花掐果后立即喷药保护；④发病前喷药预防，发病后及时施药控制。可用的药剂有：哈茨木霉菌、枯草芽孢杆菌、解淀粉芽孢杆菌、嘧菌环胺、乙霉·多菌灵、氟菌·肟菌酯、异菌脲、菌核净等。

为防止人参产生抗药性，应尽量减少用药量和施药次数，必须用药时，要注意轮换或交替及混合施用。

四、人参疫病

人参疫病（phytophthora blight disease of ginseng）也称湿腐病，是人参生产上重要病害之一，在俄罗斯、日本、朝鲜及我国辽宁、吉林、黑龙江等地的人参主产区普遍发生。疫病具有流行性强、发生范围广、难以控制的特点。它不仅危害植株的茎叶，而且还能引起参根腐烂，常年发病率为 10%～20%，严重时可达 50%，常造成人参成片死亡，使参床缺苗断条，给人参生产造成严重损失。

（一）症状

疫病可危害人参叶、茎和根。叶片病斑呈水渍状，不规则、暗绿色，无明显边缘；病斑迅速扩展，整个复叶软化凋萎下垂（彩图 7-9），参农称之"搭拉手巾"。茎上出现暗绿色长条斑，很快腐烂使茎软化倒伏。疫病侵染根部多从茎秆下渗或扩展形成，根部发病处呈水渍状黄褐色软腐，内部组织呈黄褐色花纹，根皮易剥离，腐烂的参根散发出一股腥臭味，参表面有白色菌丝黏着的土块，形成根腐型症状。

（二）病原

病原为恶疫霉（*Phytophthora cactorum* Schroet.），属于卵菌门疫霉属真菌。在 PDA 培养基上，菌落无色，棉絮状，菌丝体白色，菌丝具分支，但分支较少，无色，无隔膜，宽 $3～7\mu m$。孢囊梗无分支或有分支，无色，无隔膜，宽 $4～5\mu m$，其上生 1 个孢子囊。孢子囊卵形至椭圆形，脱落，有短梗，无色，顶端具明显的乳头状突起，大小（$32～54$）$\mu m \times$（$19～30$）μm，萌发后产生数个至 50 个左右的游动孢子，偶尔孢子囊萌发直接产生芽管。游动孢子肾形，具 2 根鞭毛，在水中易萌发，大小（$10～12$）$\mu m \times$（$7～11$）μm（彩图 7-10）。藏卵器球形，无色或淡黄色，薄膜，表面光滑，直径 $30～36\mu m$。雄器多异株生，近球形，侧生，偶有围生。卵孢子球形，黄褐色，表面光滑，直径 $28～32\mu m$。病菌为同宗配合。

病菌生长温度为 $10～32℃$，$25℃$ 菌丝生长最快。pH $3.5～11.5$ 之间菌丝都可生，以 pH 为 6 时生长最佳，pH 为 3 和 12 时菌丝不能生长。病菌致死条件为 $50℃$、$20min$，或 $45℃$、$40min$。光照处理可使孢子囊及卵孢子的产孢量增加。病菌在 CMA、OMA、V_4A 培养基上生长最快，在人参茎叶培养基上生长较慢。病菌在 V_4A、CMA、OMA 上卵孢子产生量最多，在 PDA 和人参茎叶培养基上不产生卵孢子。

人工接种条件下，Hickman 报道此菌可寄生 44 科 83 属植物。国内的研究表明，此菌可侵染 10 科 25 种植物，常见的有西洋参、惚木、刺五加、刺人参、草莓、树莓、苹果、梨、黄瓜、番茄、茄子、辣椒、马铃薯等。

（三）病害循环

病菌以菌丝体和卵孢子在病残体和土壤中越冬。卵孢子在土壤中可存活 4 年，是疫病的主要初侵染源。翌年条件适宜时，菌丝可直接或通过伤口侵染参根，或由卵孢子形成孢子囊直接萌发长出芽管及附着胞，产生侵染丝由叶片气孔侵入叶组织，相当于分生孢子的作用，湿度大时孢子囊形成大量游动孢子侵染根部或经风雨传播到地上部侵染茎叶。病菌通过风雨和农事操作传播，并在田间扩大蔓延，在人参生育期内可进行多次再侵染。接触传播是参床土壤中根腐型疫病扩展蔓延的主要方式。

（四）发病因素

人参疫病发生与温度、湿度、栽培管理等因素密切相关，尤其是温湿度的配合，湿度条件对疫病的发生影响最大。疫病的发生需要高湿条件，空气相对湿度为 98％以上有利于人参疫病发生和扩展，低于 50％病害不能发生。疫病的发生需要气温 20℃以上，所以一般 5 月开始发病，7 月中旬至 8 月中旬为发病盛期。一般床面湿度大、病菌基数大、通风差、温度高，或参棚渗雨、漏雨时疫病易大发生。

根疫病在 10～30℃时均可发病，最适宜的温度为 20～28℃，5℃和 30℃人参根疫病停止发展；田间人参疫病烂根发生期间，土壤 5cm 处温度达 17℃以上，10cm 处温度达 10℃以上，土壤水势在 0.2×10^5 Pa，参床中接种的参根即发病。土壤板结、氮肥过多、土壤湿度大等均有利于根部疫病的发生和流行。

（五）防治措施

1. 减少或消灭病菌初侵染源，搞好参园卫生，控制发病中心病株蔓延　①秋季植株地上部枯萎后，要及时清除参床表面枯枝落叶，春季搂出茎叶残骸，之后做好池面消毒，可采用甲霜威＋丙环唑＋菌核净＋嘧菌酯联合用药，控制病原菌侵染。②发现病株、病叶立即摘除，并及时喷施药剂。

2. 选用无病种子和无病、无伤口健壮参苗　播种或栽参前要对人参种子进行包衣或种栽进行沾药处理，阴干后立即种植。播种移栽前要对土壤进行消毒，抑制土壤中恶疫霉病菌侵染，预防疫病的发生。种子包衣推荐使用噻咯霜灵，土壤处理结合其他病害的防治进行，针对疫病的防治土壤处理需加入精甲噁霉灵或甲霜威、甲霜灵、精甲霜灵等药剂。

3. 加强栽培管理　出苗前及时搭好参棚，盖好塑料膜。在出苗展叶期，及时松土和修补参棚及棚膜，以防漏雨、渗雨；雨季前要及时扶苗，防止参苗伸出棚外；及时对苗床进行除草并清理作业道，以利排水通风，降低湿度；控施氮肥，推广配方施肥，特别是农田要严格控制氮肥用量。

4. 及时施药防治

（1）在雨季前，喷施 1～2 次波尔多液或波尔欣克、苯醚甲环唑＋嘧菌酯或代森锰锌，每 7～10d 喷药 1 次，视病情和天气情况喷施 1～2 次。

（2）发现病株、病叶立即摘除，并及时喷施药剂，喷施药剂如霜脲锰锌＋甲霜威＋天达参保或金霜克＋烯酰吗啉＋天达参保。视病情交替喷施 2～3 次，5～7d 喷 1 次。

五、人参炭疽病

人参炭疽病（ginseng anthracnose disease）近年来在人参上发生呈现上升趋势，在我国东北地区的黑龙江、吉林和辽宁分布广，危害严重，主要危害人参茎和叶片，可造成人参茎基部腐烂，叶片出现穿孔、变黄及参根品质下降等后果，遇到高温多雨年份，可造成人参炭疽病率达到 100%。人参炭疽病之前只在相关书中记载，2019 年、2020 年在黑龙江、吉林通化和辽宁桓仁等地大面积发生，而且多与黑斑病、灰霉病等复合发生。严重发生地块，参地苗床只剩染病的茎秆，对人参影响很大。此外，人参炭疽病在韩国等国家的人参主栽区危害也较严重。

（一）症状

人参炭疽病主要危害叶片，也危害茎、花和果实。初期暗绿色，后变黄色，逐渐扩大后变为褐色，边缘明显，中央病斑黄白色，边缘黄褐色或红褐色，叶片病斑后逐渐扩大，中央淡褐色并有同心轮纹，直径一般为 1～5mm，大的病斑达 15～25mm，上生许多小黑点，为病原菌的分生孢子盘。叶片发病严重时可造成穿孔，变黄、枯萎并提早落叶，只剩茎和带有果实的花梗。三年生以上植株感病后，不能形成地上器官，处于休眠状态，即使能长出地上器官，也较瘦弱，不能正常生长，染病的果实不能成熟，种子不能使用。人参茎和花梗上病斑长圆形，稍凹陷，后期有小黑点，呈不同形状排列。果实和种子上病斑圆形，褐色，边缘明显，湿度大、连阴雨天则病部变黄褐色并腐烂，上生许多小黑点，为病原菌的分生孢子盘（彩图 7-11）。

（二）病原

人参炭疽病病原有 2 种：一种为人参生炭疽菌（*Colletotrichum panacicola* Uyeda et Takim.），目前为人参炭疽病病菌的优势种，分布广泛；另一种为线列炭疽菌（*Colletotrichum lineola* Corda）。以上两种炭疽菌均属半知菌类炭疽菌属真菌。在自然状态下，病菌以无性阶段在田间完成全部侵染循环过程和世代传递，而有性阶段在自然界中极少发现。

1. 形态特征

（1）*C. panacicola*。在 PDA 培养基上，菌落中央区灰黄褐色至深橄榄绿色，边缘为黄白色，气生菌丝稀疏，菌丝呈绒毛状，菌丝生长速度为 6.3～6.8mm/d。分生孢子盘在人参茎部不规则分布。分生孢子梗肠形或圆柱形，中棕色，具隔，分支，壁光滑，长 $130\mu m$。在 SNA 培养基上，营养菌丝透明或浅褐色，壁光滑，有隔，分支，直径 $1～7\mu m$。未发现厚垣孢子。刚毛直或弯曲，顶端呈暗褐色，不透明，基部呈圆柱形，直径为 $3～9\mu m$，尖端圆形或稍锐尖。分生孢子无色，圆柱形，直或稍弯曲，具圆形末端，$(10.7～18.2)\mu m \times (3.8～6.3)\mu m$，长/宽为 2.8。分生孢子形成丰富。附着胞梨形，橄榄色，通常为不规则龟裂状，有时棍棒状，$(7.5\sim11.6)\mu m\times(4.3\sim8.4)\mu m$，长/宽为 1.5（彩图 7-12）。

（2）*C. lineola*。在 PDA 培养基上，菌落正面为白色或灰白色，气生菌丝无色，致密、丰富，呈棉絮状，菌丝生长速度为 $6.7\sim8.3mm/d$。分生孢子盘在人参茎部成行排列。分生孢子梗圆柱形，中棕色，具隔，分支，壁光滑，长 $130\mu m$。在 SNA 培养基上，营养菌丝透明或淡褐色，壁光滑，有隔，分支，直径 $1\sim9\mu m$。未发现厚垣孢子。刚毛直或弯曲，暗褐色，不透明，隔膜有或无，具 $2\sim4$ 个隔，长 $50\sim180\mu m$，壁光滑，基部呈圆柱形，直径 $3\sim9\mu m$，尖端锐尖。分生孢子透明，弯月形，中心部分直，平行壁，两端弯曲到锐尖，壁光滑，无色，$(13.5\sim25.4)\mu m\times(2.4\sim6.1)\mu m$，长/宽为 4.8。分生孢子形成丰富。附着胞单生、小群或短链聚集，中至暗褐色，壁光滑，椭圆形至棍棒状，有时具圆齿或龟裂状，$(4.8\sim16.7)\mu m\times(3.8\sim14.2)\mu m$，长/宽为 1.5（彩图 7-12）。

2. 生物学特性　菌丝体发育的温度为 $10\sim35℃$，最适 $25℃$。光暗交替利于菌丝生长；孢子萌发和侵入的适温为 $23\sim25℃$。致死温度为 $50℃$，致死时间为 $10min$。分生孢子的形成，特别是萌发和侵入都需要高湿条件。光线对分生孢子的萌发有一定的抑制作用。*C. panacicola* 和 *C. lineola* 在 pH $4\sim11$ 之间均能生长，以 pH 7 最适生长。*C. panacicola* 最佳碳、氮源分别为淀粉和硝酸钾，最适培养基为 V8 汁；*C. lineola* 最佳碳、氮源分别为淀粉和蛋白胨，最适培养基为 PDA。

3. 寄主范围　人参炭疽病菌 *C. panacicola* 仅能侵染人参，暂未发现 *C. panacicola* 侵染其他植物；*C. lineola* 不仅侵染人参，还能侵染欧洲李、红花、草莓、多叶羽扇豆、石竹、地榆和西洋蒲公英等草本植物。

（三）病害循环

人参炭疽病病菌主要以菌丝体、分生孢子和分生孢子盘在土表病残落叶、茎和人参种子上越冬。人参出苗至展叶期，初次侵染引起叶片和茎部坏死腐烂，产生黑色小点，即分生孢子盘，分生孢子盘上着生大量分生孢子。分生孢子主要靠风、雨传播，特别是雨滴飞溅，将病菌带到其他健康植株上，引起上部叶片、叶柄、花梗及果实部位陆续发病。

越冬病残体里的人参炭疽病菌分生孢子盘上的分生孢子，在适宜的温湿度条件下借风雨、气流传播到人参的叶片和茎上，在适宜条件下，分生孢子长出芽管并开始延伸，在与寄主组织接触后，芽管与寄主接触产生附着胞，附着胞产生侵入钉，侵入钉侵入并穿透人参表皮细胞，进入人参表皮细胞后产生初生菌丝，此阶段为活体营养型阶段；当初生菌丝产生次生菌丝进一步侵入其他人参细胞组织且在组织内部蔓延时，此阶段进入死体营养型阶段，人参叶片出现枯斑等坏死症状。病菌生长发育和分生孢子萌发需要有较高的温湿度。在东北，6 月人参展叶时开始发病，7—8 月高温期遇连续阴雨，空气湿度大，孢子繁殖快，病害迅速扩展蔓延，7—8 月病害进入盛发期，天气干旱时发病较轻。秋季气温降至 $10℃$ 以下则病害逐渐减轻。

人参炭疽病病菌一年可发生多次再侵染。在湿润的情况下，病斑上产生大量的黑色小点（分生孢子盘）和分生孢子，随风雨、气流传播进行再侵染。

（四）发病因素

人参炭疽病的发生和流行主要与气象条件及栽培管理有密切关系。人参炭疽病病菌以菌丝、分生孢子盘及分生孢子随病残体、落叶及种子在土壤中越冬，也可在根茎受害部位越冬。田间病残体过多，使用带菌种子，易使人参炭疽病高发。发病适温 25～28℃。在东北，6 月中旬发病，8 月上旬达发病高峰。高温多雨，棚膜漏雨、淋雨，叶片水膜坚持时间长，光照过强，土壤黏重，偏氮田易发病。

（五）防治措施

人参炭疽病的防治应采取以减少初侵染菌源措施为主，选择合理的田间管理措施，同时以药剂防治等作保障的综合防治技术措施。

1. 播种、移栽前对种子、种栽和土壤进行消毒　消毒方法同黑斑病，土壤消毒处理选用枯草芽孢杆菌＋嘧菌酯。

2. 减少初侵染菌源，改进栽培技术

（1）搞好田间卫生。在春秋两季清洁田园，将病株和病叶集中烧毁，减少越冬初侵染源。春季清洁田园后要进行池面消毒：在参苗出土前，可用丙环唑＋嘧菌酯喷施池面，借雨水使药液均匀渗入 2～5cm 土层。

（2）减少氮肥用量，增施磷钾肥和有机肥，清沟排渍。定期喷洒促进根系生长发育药剂使营养迅速向根系输送，提高植株营养转换率，提高抗病能力，使根块迅速膨大，有效物质含量大大提高。

（3）及时葳苗，防止参棚淋雨、漏雨。

（4）夏季参床两侧挂遮光帘调节阳光，避免光照过强。

3. 消灭和封锁发病中心，及时进行药剂防治

（1）消灭和封锁发病中心。一旦出现发病的中心病株，应立即摘除病叶，带出田外深埋，并在其周围喷洒农药，才能有效控制病害的扩大蔓延。

（2）药剂防治。人参展叶期中心病株出现之前，开始喷药保护，喷施药剂有硅唑咪鲜胺、复合内生芽孢杆菌或苯醚甲环唑，喷 2～3 次，10～15d 1 次；发病后全田喷施醚菌酯或丙环唑＋氟硅唑控制病害蔓延，喷 1～2 次，间隔 5～7d。

六、人参白粉病

人参白粉病（powder mildew disease）最早于 1985 年在我国吉林长春吉林农业大学人参试验地被发现，在田间危害一直不重，各地只是零星发生，近些年由于使用的化学药剂均为广谱性杀菌剂，几乎见不到白粉病的发生。

（一）症状

人参白粉病病菌危害人参的主要部位是果实，其次为嫩茎和叶片。果实染病后，果面布满白色粉状物，这些白粉就是病菌的菌丝体、分生孢子和分生孢子梗。此时果实变白，发育不良，重病果不能结籽。后期在果实的病斑上散生或集生黑色点状物，即病菌的有性世代——闭囊壳。叶片和嫩茎上的症状基本与果实上的症状相似，不同之处是后期病叶变褐而枯死，而嫩茎上呈现不规则的淡紫色斑。

（二）病原

病原为人参白粉菌（*Erysiphe panax* Bai et Wang），属子囊菌门核菌纲白粉菌目白粉菌属真菌。闭囊壳散生或聚生，暗褐色，扁球形，直径 $97.5 \sim 137.5 \mu m$。附属丝在同一闭囊壳上长短不齐，长 $41.3 \sim 195 \mu m$。子囊孢子 4～6 个，多数 4 个，椭圆形至广卵形，大小 $(60.8 \sim 70.3) \mu m \times (35.3 \sim 74.3) \mu m$。子囊孢子 4～6 个，多数 4 个，卵形、椭圆形至广卵形，大小 $(19.8 \sim 30.3) \mu m \times (13.8 \sim 17.5) \mu m$。无性阶段分生孢子圆桶状至近柱状，大小 $(32.5 \sim 52.5) \mu m \times (12.5 \sim 17.5) \mu m$。

（三）发病规律

一般在 6 月开始发生，7—8 月蔓延较快，9 月下旬停止发展。人参发病率明显低于西洋参的发病率。山坡地、干旱地块发病较重，采种田发病率较高。

（四）防治措施

发病初期用苯醚甲环唑、丙环唑药剂，每隔 7～10d 喷 1 次，连喷 2～3 次可控制病害蔓延。

七、人参锈腐病

人参锈腐病（rusty root rot disease of ginseng）是人参最主要的根部病害，除我国的吉林、黑龙江及辽宁外，在韩国、日本、俄罗斯等均有发生，是人参生产上的主要障碍，严重影响人参产量和商品价值。该病害从春天到秋天人参整个生长季节均可发生，从幼苗到成株期各年生人参均可被感染，且具有潜伏侵染特性，随着参龄的增加发病越严重。我国人参年平均发病率在 30% 以上，严重的达 70% 以上，损失率高达 30% 以上，各人参产区对此病害的防治都非常重视。

（一）症状

锈腐病病菌主要危害人参根，包括主根、侧根、须根、参芦、芽苞，以及土中地下茎和越冬芽。参根受害，初期在侵染点出现黄色至黄褐色小点，逐渐扩大为近圆形、椭圆形或不规则的锈褐色病斑。病斑边缘稍隆起，中部微陷，病健部界限清晰。发病轻时，表皮完好，参根内部组织未被侵染危害，仅表现出锈色症状；发病严重时，不仅破坏表皮，且深入根内部组织，导致病部腐烂，且病斑处积聚大量干腐状锈粉状物，后形成愈伤的疤痕，导致主根、须根或者分枝处断裂，形成残根、断根（彩图 7-13）。发病时如感染镰刀菌、细菌等，则可深入参根的深层组织，导致软腐，使侧根甚至主根横向烂掉。发病初期一般地上部无明显症状，根部腐烂后地上部表现出植株矮小，叶片不展，呈红褐色，最终枯萎死亡。病原菌侵染芦头时，可向上、下发展，导致地下茎发病倒伏死亡。如地下茎不被侵染，则地上部叶片不会萎蔫，但生长发育迟缓，植株矮小，影响展叶，叶片自边缘开始变红色或黄色。越冬芽受害后，出现黄褐色病斑，严重者往往在地下腐烂而不易出苗。

在吉林，锈腐病一般于 5 月初开始发病，6—7 月为发病盛期，8—9 月病害停止扩展。

（二）病原

目前报道的我国人参锈腐病病菌有 4 种：*Cylindrocarpon destructans*（Zinss）Scholten、*C. panacicola*（Zinss）Zhao et Zhu、*C. panacis* Matuo et Miyazawam（*Ilyonectria mors-panacis*）和 *C. obtusisporum*（Cooke & Harkness）Wollenw（有性态：*Neonectria obtusispora*），以 *C. destructans* 为主要病原菌种类。其中，*C. destructans*、*C. panacis* 的致病力强于 *C. panacicola* 和 *C. obtusisporum*。

目前认为 *C. destructans* 为复合种，即 *C. destructans* complex，其对应的有性态为 *Ilyonectria radicicola* complex（或 *C. destructans/I. radicicola* complex）。根据多基因分析和形态学特征，这个 complex 中存在 12 个 *Ilyonectria*，其中 4 个在人参 *P. ginseng* 或西洋参 *P. quinquefolium* 报道过，分别为：*I. robusta*、*I. mors-panacis*、*I. panacis* 和 *I. crassa*。

1. 形态特征 气生菌丝繁茂，初白色，后褐色。分生孢子单生或聚生，圆柱形或长圆柱形，无色透明，单胞或 1~3 个隔膜，少数可达 4~6 个，孢子正直或稍弯。产生厚垣孢子，球形，黄褐色，间生、串生或结节状（彩图 7-14）。

2. 生物学特性 培养基对该菌生长影响显著，其中 PDA 与查彼氏培养基为最好，颜色深褐色。碳源以甘露醇为最佳，氮源以蛋白胨为最佳。参根煎汁、甘露醇及葡萄糖均利于锈腐病病菌孢子的萌发。自然光下生长良好，连续黑暗不利于病菌的生长。锈腐病病菌生长 pH 范围在 2.5~10.0，适宜 pH 为 5.0~7.0。生长适温为 15~25℃，最适 22~24℃。

3. 致病性 锈腐病病菌为弱寄生菌，虽然普遍存在于土壤中，但因生长缓慢，不易自土壤分离，需用特殊培养基方可测定土壤含菌量，在参根病部则很易分离到病菌。*Cylindrocarpon destructans* 病原菌除侵染人参、西洋参外，国外报道，还可以侵染松树和葡萄，不侵染黄瓜、丝瓜和萝卜等作物。

病原菌不同种间和同种不同菌株间致病性存在差异，不同地理来源的菌株致病性也存在差异。

（三）病害循环

人参锈腐病病菌为土壤习居菌，可在土壤中长期存活，主要以菌丝体和厚垣孢子在宿根和土壤中越冬，其自然越冬后在 15cm 土层以下成活量较大。一旦条件适宜，病菌从伤口和根痕侵入参根，菌丝主要在木栓质皮层下的薄壁组织中生长蔓延和大量聚集。密集的菌丝可以突破木栓质皮层，在其表面形成小颗粒状突起的子座，产生分生孢子。厚垣孢子在根内形成。除结冻期外，全年都可侵染，一般夏季是高峰。病害随带病的种苗、病残体、土壤及人工操作等传播。

（四）发病因素

病原菌存在潜伏侵染特性，参根内普遍带有潜伏的锈腐病菌，带菌率随根龄的增长而提高，根龄愈大发病愈重。参根的抗病性随着参龄增长而有所降，参龄越高病害越重，参龄小发病率低。当参根生长衰弱、抗病力下降，土壤条件有利于发病时，潜伏的病菌开始扩展、致病。土壤黏重、板结、积水，酸性土及土壤肥力不足会使参根生长不良，有利于锈腐病的发生。锈腐病病菌的侵染对环境条件要求并不严格，自早春出苗至秋季地上部植株枯零，整个生育期均可侵染，但侵染及发病盛期是在土温 15℃ 以上。土壤湿度是发病的关键因素，湿度越大越有利于发病。黑色腐殖质土比沙性土发病重。秋栽参根发病重于春季栽培。

（五）防治措施

对人参锈腐病的防治，在做好种子种栽和土壤处理的基础上，应充分发挥生物防治的潜能，加强农业保健栽培技术，提高参根对锈腐病的抗病性等。

1. 土壤选择和改良　选择高燥、通气、透水性良好的森林土或农田地做床。栽参前使土壤经过 1 年以上的熟化，精细整地做床，增施有机肥改良土壤。

2. 土壤处理和改良　采用隔年土种参，在播种或移栽前用多菌灵、枯草芽孢杆菌、5406、木霉菌等对土壤进行处理；对于老参地要用棉隆、威百亩处理后再进行生物菌剂等处理；改良土壤理化性状，合理施用腐熟的鹿粪、猪粪、饼肥，过磷酸钙和炒熟的苏子等混合基肥，增施硼、锌、镁、铁、锰、铜、硅等中微量元素，提高人参抗病力和产量。

3. 精选种苗及药剂处理　挑选无病、发芽势强的种子，参苗要严格挑选无病、无伤残的种栽，以减少侵染机会。种子和种栽用噻虫·咯·霜灵或咯菌腈进行包衣处理，可预防和减轻锈腐病的发生。

4. 加强栽培管理　在栽培过程中加强肥水管理，调节好光照，保持较好的土壤通透性，做好防冻处理，营造有利于人参生长的环境，可以有效预防锈腐病的发生和危害。另外，改秋栽参根为春季栽培可降低发病。发现病株及时挖除，用生石灰对病穴周围的土壤进行消毒，如果成片发生，应及时挖隔离带，阻断病原菌通过土壤向周围扩展。

八、人参镰孢根腐病

人参镰孢根腐病（fusarium root rot of ginseng）是由多种镰孢菌（*Fusarium* spp.）侵染引起的重要根部病害之一，也是人参上的毁灭性病害。各个参龄的人参均可被害，主要危害人参的根部，参龄越大受害越重，尤以四年生以上的人参受害最重。一般发病率在 3%～5%，严重可达 10% 以上。据调查，六年生人参根腐病发病率可达 80% 以上，造成的死亡率可达 50% 以上，此病还可使参根当年干物质积累降低 4%～6%，且影响品质，严重威胁人参生产。

（一）症状

主要侵染 3～6 年生大龄参苗的根及茎基部。根部发病常从芦头或支根处开始，向主根蔓延，病部初呈黄褐色至灰褐色，参根部分或全部腐烂，腐烂的参根呈黑褐色湿腐状，后期糟朽状，仅存中空的根皮。被害参苗地上部早期无明显症状，中后期叶片褪绿变黄，萎蔫死亡。低龄参苗受害后发生苗腐。大龄参苗的茎及茎基部发生长梭形大斑，初为黄褐色，逐渐转为褐色至黑褐色，边缘明显，中心部分微塌陷，大小为（25～30）mm×（10～15）mm。严重时，病斑联合，使全茎枯死，在枯死部位有时形成橘红色的粉状物，使茎基部腐烂，缢缩，全株倒伏（彩图 7-15）。近茎基部常和 *Rhizcoctonia solani* 发生交叉感染，形成环状病斑，加速茎基部腐烂及倒伏。

（二）病原

由多种镰孢菌（*Fusarium* spp.）引起，以茄镰孢［*F. solani*（Mart.）App. et Wollenw］和尖镰孢（*F. oxysporium* Schltdl. ex Snyder et Hansen）为主，属半知菌类镰孢菌属。

F. solani 在 PDA 培养基上，气生菌丝单薄绒状，白色至浅红，培养物菌丝有时呈轮纹状，培养基不变色。在培养基上产生苍绿色黏孢团，和青霉类似，实际为大型分生孢子堆，容易被误认为污染，并随着培养代数增多，绿色越来越淡。该菌大型分生孢子较宽、直，大小为（22.3～35.6）μm×（4.8～7.8）μm，基部有足跟，一般 3～5 个隔膜，分隔不明显。小型分生孢子数量较多，以假头状着生在产孢细胞上，大小为 5.6～15.4 μm，椭圆或者梭形，1～2 个隔膜。单个分生孢子无色，大量聚集成堆时呈粉红色。厚垣孢子较多，球形，在菌丝中间、顶端，孢子中间或顶端，单生或串生。产孢细胞单瓶梗，圆柱形（彩图 7-16）。

F. solani 在以乳糖为碳源的培养基上生长直径最大，最适产孢碳源为淀粉；在尿素、蛋白胨、牛肉膏氮源上菌丝生长普遍较好，但在蛋白胨提供的氮源上生长最好且能很好地产孢；在寄主煎汁培养基上均表现比其余培养基有较大的产孢量。

病菌在 pH 4～11 区间均能生长，最适生长 pH 6.5，在 pH 为 4 或者 10 时产孢量最大，产孢在酸性或者碱性胁迫条件下生殖生长占据优势。

病菌在 4～40℃之间均能生长，最适温度为 29℃，为较高温类病菌，10～35℃均能产孢，在 4℃和 40℃时不产孢或者产孢量极少。*F. solani* 在全光照和全紫外光照射条件下生长最旺盛，菌落直径最大；在全黑暗的条件下产孢量最大。

在水滴中，新鲜的分生孢子易萌发，5％葡萄糖、10％硫酸钾、2.5％硫酸镁、2.5％硫酸铵对孢子的萌发有促进作用。孢子萌发的温度范围为 5～30℃，最适萌发温度为 20℃，低于 5℃、高于 30℃孢子萌发受到抑制。

（三）病害循环

病菌主要以菌丝体、分生孢子和厚垣孢子在病残体（枯茎及发病参根）及土壤中越冬，越冬后的病菌借风雨、灌溉水、机械、昆虫传播，通过根部或茎基部的伤口或从表皮直接进入，逐渐蔓延扩展，引起参根腐烂及地上部症状。

在吉林省，4～6年生参生长后期7～8月为发病高峰。土质黏重，地势低洼，排水不良，根系生长不良或伤口等均有利于发病。

（四）防治措施

应采取选择适宜地块，搞好土壤和种苗消毒，减少初侵染源等综合措施。

（1）选择地势高燥、排灌方便的宜参地块种植，避免低洼易涝地种植。

（2）搞好种子及种栽消毒，无病苗移栽，尽量减少伤口。种子采用25％噁·咯·霜灵种子处理剂包衣，土壤采用30％精甲·噁霉灵＋枯草芽孢杆菌或多黏芽孢杆菌处理；选用无病、无伤口的健康种栽移栽，移栽前用噁咯霜灵处理后阴干。

（3）每年春季出苗前及时清除病残体并进行池面消毒。早春发芽出苗前将参床上的病残叶搂出，进行池面消毒。池面消毒可用多菌灵或嘧菌酯＋枯草芽孢杆菌。

（4）发现病株及时拔除，并用生石灰或1％高锰酸钾溶液消毒病穴。

（5）雨季及时排水，降低土壤湿度。

九、人参菌核病

人参菌核病（ginseng sclerotinia root rot of ginseng）在人参生产上属于零星发生的病害，发生不是很普遍，一旦发生人参受害严重。目前，我国吉林、黑龙江、辽宁各人参种植区均有发生。菌核病病菌一般主要侵染3年以上的参根，幼苗很少受害，但近年来调查发现可以侵染直播地2年生人参根部。发病率5％～15％，严重可达30％以上。

（一）症状

菌核病在田间主要危害人参的根部和土表下的茎基部，发病初期地上部叶片表现出萎蔫，类似于脱水的症状，后期表现为整株萎蔫、衰亡。地上部显症后挖出参根，可观察到根部有水渍状病斑，参体变软，呈软腐状，表面可观察到少许白色絮状菌丝；随着病程的加重，参根内部迅速腐败、软化，表面布满白色絮状菌丝，菌丝陆续开始扭结。茎基部发病多由根部被侵染扩展而来。发病茎基部水渍状灰白色，茎表面有白色絮状菌丝并可观察到初期菌核形成，茎秆中间变空，或折倒后撕裂。后期人参地上部完全枯死，根部细胞被菌丝体分解吸收，组织消解，布满菌核；表皮外也可形成许多鼠粪状的菌核，最后菌核散落入邻近土壤，只剩外表皮（彩图7-17）。菌核病在田间往往成片发生。

（二）病原

病原为人参核盘菌（*Sclerotinia ginseng* Wang et Chen），属子囊菌门盘菌纲柔膜菌目核盘菌属。

在PDA培养基上，菌丝呈放射状生长，致密，初期呈白色，绒毛状，后期变为灰色，菌丝扭结成颗粒状，逐渐形成菌核。菌核呈环状排列，黑色，不规则、球形、半球形，并紧贴在培养基表面，大小不一，通常为21.46mm×25.37mm。20d后在9cm的培养皿内可产生菌核 132～161 个/皿（彩图 7-18）。在适宜条件下，菌核可萌发并形成子囊盘。子囊孢子单生，无色，椭圆形，但其有性世代在自然条件下至今尚未观察到。

人参核盘菌最适培养基为 PSA，最适碳源为甘露醇，在碳源为葡萄糖时形成菌核数量最多，最适氮源是蛋白胨，在含有尿素的培养基中不生长。在菌核形成数量上，加入氮源反而不利于菌核的形成。20℃最适合病原菌的菌丝生长，高于 30℃后菌丝便不再生长，也不能形成菌核。人参核盘菌在 20℃培养 20d 后形成菌核数量最多，致死温度为 47℃、致死时间为 10min。在光暗交替的培养条件下，菌落生长速度最快，且最有利于菌核的形成，但是多数研究中在连续光照或连续黑暗的条件下有利于菌丝生长。在 pH 为 6.0 时生长最快，pH 为 6.0～7.0 时菌核形成数量最多。

（三）病害循环和发病因素

人参菌核病主要以菌核在参根或土壤中越冬。翌年条件合适时，由菌核萌发出菌丝，从参根表皮直接侵入参根，后在参根内外形成大量菌丝和菌核。进一步通过菌丝生长接触传播或通过松土等农事操作传播，扩大发病面积和发病株数。人参菌核病病菌是低温菌，从土壤解冻到人参出苗均可发生。东北地区 4 月下旬至 5 月 30 日为发病盛期，6 月以后，气温、土温上升，鲜见发病。地势低洼、土壤板结、排水不良、低温、高湿及氮肥施用过多等是人参菌核病发生和流行的有利条件。9 月中、下旬，土温降到 10～15℃，病害又有所发展。

（四）防治措施

（1）选择排水良好、地势高燥的地块栽参，不宜选择前茬菌核病发生严重的大豆等地块种植。

（2）播种移栽前对土壤进行处理。人参播种或栽种前可先采用咯菌腈、嘧菌酯、菌核净等化学药剂进行处理，间隔半个月后再用复合内生芽孢杆菌、多黏类芽孢杆菌、枯草芽孢杆菌、解淀粉芽孢杆菌等进行处理。早春注意提前松土，提高土温，防止土壤湿度过大。

（3）清除病残体，早春出苗前进行池面消毒。对于早春出苗前及时清除病残体，并进行池面消毒，消毒方法同锈腐病。及时发现并拔除病株，再用生石灰或 1%～5%石灰乳消毒病穴或对发病初期的植株用氟环唑、咯菌腈、戊唑醇、氟啶胺、菌核净或枯草芽孢杆菌等生物菌剂灌根。

十、人参细菌性软腐病

人参细菌性软腐病（ginseng bacterial soft root rot of ginseng）在人参产区均有发生，并有逐年加重的趋势，发病率一般为 2%～5%，严重时可达 10%以上。主要造成参根软腐，由于早期症状不易观察，被害后整个参根完全腐烂，对人参的产量影响极大。

（一）症状

人参出苗前，可侵染幼茎。幼茎刚被侵染时呈水渍状、黄褐色，中后期时呈湿软腐状，致使参苗无法出土或正常生长。田间被软腐病细菌侵染参根的植株，发病初期，地上部叶片边缘变黄，并微微向上卷曲，随后叶片上出现棕黄色或红色斑点，形状不规则，严重时全叶片呈紫红色而萎蔫。地下感病参根的各部位都呈现褐色软腐状病斑，边缘清晰，圆形或不规则，用手挤压病斑，有糊状物溢出，有浓重刺激性气味。严重的整个参根组织解体，只剩下参根表皮的空壳（彩图7-19）。

（二）病原

引起人参细菌性软腐病的病原菌主要有以下3种。

1. 石竹伯克氏菌（*Burkholderia caryophylli*） 异名为石竹假单胞菌［*Pseudomnas caryophylli*（Burkholder）Starr & Burkholder］。菌体杆状，无荚膜，多根极生鞭毛，电镜下观察菌体大小为（0.74～0.76）μm×（1.4～1.5）μm。革兰氏染色阴性，在普通细菌培养基上生长24h后形成圆形菌落。菌落直径为0.6～1.0mm，呈凸起状，灰白色，有光泽，不透明，边缘整齐。

2. 胡萝卜果胶杆菌胡萝卜软腐亚种（*Pectobacterium carotovorum* subsp. *carotovorum*） 异名为胡萝卜软腐欧文氏菌胡萝卜亚种（*Erwinia carotovora* subsp. *carotovora* Dye）。菌体短杆状，周生鞭毛，无芽孢和荚膜，电镜下观察菌体大小为0.6μm×1.1μm。革兰氏染色阴性，在普通细菌培养基上生长24h后形成圆形或不规则菌落。菌落大小（0.7～0.8）mm×（1.2～1.5）mm，污白色，有光泽，半透明，稍凸起，表面光滑，在结晶紫果胶酸钠培养基上形成深凹陷。此菌分离频率为20%。

3. 黑腐果胶杆菌（*Pectobacterium atroseptica*） 异名为胡萝卜软腐欧文氏菌黑胫亚种（*Erwinia carotovora* subsp. *atroseptica* Dye）。菌体短杆状，无荚膜，无芽孢，周生鞭毛，电镜下观察菌体大小为0.67μm×1.67μm。革兰氏染色阴性，在普通肉汁胨培养基上生长24h后形成圆形或不规则菌落。菌落直径为0.7～1.2mm，灰白色，表面光滑，微凸起，半透明，边缘整齐，在结晶紫果胶酸钠培养基上产生深凹陷。此菌分离频率约为80%。

（三）发病规律

土壤带菌是该病害发生的初侵染来源。土壤湿度大，参苗长势弱，或有线虫等危害造成伤口时，侵染较重。在田间，细菌性软腐病菌常与镰孢菌、灰霉菌和立枯丝核菌等真菌复合侵染。一般出苗前后即可发生，尤其夏季高温高湿利于该病害发生。

（四）防治措施

（1）选择地势高的地块做床，防止土壤板结、积水，增加土壤通透性。

（2）选栽健壮种栽，不使用带伤口的种栽。

（3）加强田间管理，冬季注意防寒，防治地下害虫，移栽时防止参根受伤，减少伤口。

（4）细菌性病害根部发病常与根部真菌性病害同时发生，应以施用铜制剂预防为主。防治茎部细菌性病害的发生，可在进行畦面消毒时配合施用防细菌病害的药剂。

十一、人参根结线虫病

人参根结线虫病（ginseng root knot nematode of ginseng）主要侵害参根，使参根的侧根和须根过度生长，根须上形成大小不一的根结，导致植株矮小、叶片发黄、开花推迟。一般情况下发病较轻，个别老参区发生较为严重。如线虫侵入造成伤口，可成为锈腐病和根腐病等病原菌侵染的途径，加重其他各类病害的发生，进而造成产量损失。

（一）症状

该病主要侵害参根，使侧根和须根过度生长，形成大小不等的根结。根系由于受到寄生线虫的破坏，正常机能受到影响，使水分和养分难以输送。病根发育不良，明显比健康参根干燥和粗糙。在一般发病情况下，发病初期地上部无明显症状，但随着根系受害逐渐严重，地上部植株生长迟缓，叶片发黄、无光泽，叶缘卷曲，呈缺水状，花果少且小，早落，呈现营养不良的现象。

（二）病原

人参根结线虫病的病原为北方根结线虫（*Meloidogne hapla* Chitwood）。雌虫：体梨形，颈短，头区大，无环纹，口针纤细，基部圆球形且与杆部有明显界限，锥部向背部稍弯曲，杆部末端最宽，会阴花纹从近圆形的六边形到稍扁平的卵圆形，背弓扁平，线纹平滑到波浪形，尾端区通常有刻点。雄虫：头部突出，头端平截到半球形，头区通常和身体有明显的界线，并宽于第一体环，口针细长，基部圆球形，头端距排泄孔的距离为 $80.0 \sim 110.0 \mu m$，侧区 4 条侧线，尾部钝圆，交合刺弯曲，具一尖突，引带半月形，两端稍细长。二龄幼虫：头部突出，平截锥形，口针基部圆球形，侧区 4 条侧线，外带具不规则横纹，头到中食道球瓣膜长 $45.0 \sim 50.5 \mu m$，排泄孔距头端 $57.5 \sim 62.5 \mu m$，位于中食道球后部，尾部有明显透明区，其长为 $11.3 \sim 15.0 \mu m$，尖端狭窄。

（三）病害循环

主要以卵、幼虫和雌虫在病根、病残体和病土中越冬，以卵囊团在土壤中存活力最强，在 $5 \sim 50 cm$ 土层中均可越冬。10℃以上开始生长发育，12℃以上侵染寄主，25～30℃生长发育最好，42℃下 4h 死亡，55℃下 10min 死亡。5 月初开始发病，6 月下旬至 10 月上旬为发病高峰期，11 月中旬以后以卵、幼虫和雌虫越冬。

（四）防治措施

（1）选地与土壤处理。选择与其他科作物进行轮作，花生等易发生根结线虫病的作物不宜为前茬，宜与禾本科药用植物 2～3 年轮作 1 次。播种移栽前土壤要用棉隆或威百亩封闭处理，之后再用杀菌剂精甲噁霉灵、克菌丹等和生物菌剂多黏芽孢杆菌或枯草芽孢杆菌等常规处理。

（2）选用健康、无病、长势好的参根作种栽。

（3）加强田间管理。彻底清除病残体，并带出田外集中烧毁或深埋，施用不带病残体或充分腐熟的有机肥料减少传染源；秋耕地，将残留在土壤中的线虫幼虫翻至地表，利用低温将其冻死，减少传染源。

（4）发病初期药剂防治，可用1.8%阿维菌素乳油灌根1次，也可用80%二溴氯丙烷开深沟注入药液后填土封闭，能有效控制人参根结线虫病的发生。

第三节　人参非侵染性病害及防治

非侵染性病害是由非生物因子引起的病害，如营养、水分、温度、光照和有毒有害物质等，阻碍植株的正常生长而出现不同症状。有的植物对不利环境条件有一定适应能力，但不利环境条件持续时间过久或超过植物的适应范围时就会对植物的生理活动造成严重干扰和破坏，导致病害甚至死亡。

这些由环境条件不适而引起的人参病害不能相互传染，故又称为非侵染性病害或生理性病害。这类病害主要包括冻害、缺素症、红皮病、药害及肥害等。

一、人参冻害

人参是多年生宿根植物，比较耐寒，参根每年在土壤中过冬，当参根进入休眠期，在正常的条件下（气温为$-32℃$、土温为$-20℃$），土壤中的参根不会冻死，仍保持生命力。当地温过高过低、地温变化剧烈、土壤水分过高过低，就会发生冻害（freezing injury of ginseng）。冻害近些年发生频繁，对人参产业影响很大。据不完全统计，2002年靖宇县人参、西洋参冻害发生面积约为$3.0×10^5 m^2$，占全县总面积的10%，经济损失500万元；2003年人参、西洋参冻害发生面积约为$4.0×10^5 m^2$，占全县总面积的14%，经济损失达800万元。

（一）症状

受害轻的参根越冬芽和根茎变色枯死，受害重的芽苞未萌动受冻，呈水渍状，主根完好，萌动后抽出的茎叶尚未出土就已腐烂；参体全部受冻害，呈半透明状或水汤状软化，一捏出水，破肚水（打拌子）；还有一种是两头烂，参根上部烂芦头，主根完好，下部烂须根。秋播的年份可能遭受冻害，翌年种子腐烂不能出芽，发生烂籽（彩图7-20）。

（二）病原

该病是生理性病害，主要是温度过低导致。

晚秋或早春出现缓阳冻天气，是引起人参冻害的重要因素。冬季气候异常，气温反复升降，多次冻化交替或者倒春寒天气，4月气温初期升高，降雨多，高温高湿，导致人参芽苞萌动抗寒力降低，后遇到突然降温天气，使人参遭受冻害。另外，防寒不及时，防寒措施不到位、不规范也是造成人参发生冻害的因素。

（三）发病因素

造成人参冻害的原因很多，主要有以下几个。

（1）土壤水分与冻害的关系。土层含水量低于 28% 的农田栽参地块，人参无冻害发生，含水量为 30% 时受害率为 16.7%，当含水量达到 66.4% 以上时则参株全部受冻致死。早春参床土壤水分过多，参床下面土壤尚未化透，使参床内的土壤水分渗不下去而停留在栽参层内，参根吸水后降低了自身的抗寒能力，这时如果夜间土温降到 0℃ 以下时水结冻，人参就会出现冻害。

（2）温度与冻害的关系。人参根际周围的土壤温度在 -22℃ 以内，未出现冻害，为安全越冬温度。土壤温度一旦低于 -25℃，则发生严重冻害。

而初冬结冻后，天气突然变暖气温升高，土壤解冻随着下雨或化雪使土壤水分增多，随后气温又迅速下降到 0℃ 以下，土壤再次冻结使人参遭受冻—化—冻的剧烈变化。早春在土壤融冻时，人参芽苞也进入萌动期。这时人参如遇到高—低—高的剧烈温度波动，芽苞容易受到冻害。

（3）参苗大小及参龄与冻害的关系。于德荣（1980）调查表明，参苗大、壮苗对冻害抵抗力强，参苗小抵抗力弱。如一路参苗受冻损失率为 45.8%，三路参苗为 68.8%，而五路参苗几乎全部死亡。新播、新栽地比旧栽地严重。

（4）土质与冻害的关系。于德荣（1980）、张国程（1985）均报道，不同土质与人参冻害有直接关系。沙质土颗粒粗，床土疏松，孔隙度大，受阳光照射昼夜温差悬殊，有骤冷骤热的特性，因此在沙质土上生长的参根易受冻害；而黑土地的土质较紧实，对气温变化有缓冲作用，参根受冻害较轻。

（5）不同地势和参床位置与冻害的关系。据于德荣（1980）调查，北头高南边低的参床，高的地方参根受害轻，低的地方受害重。因南边地势低洼湿度大，高处冷空气向低处流动，故冻害严重。床头和床边及迎风口处，冻害也较重。阳坡比阴坡冻害发生概率大。

（四）防治措施

对于人参冻害的防治应加强栽培管理，尽力加强防寒措施，控制晚秋和早春参床土层温度和湿度的剧烈变化，提高人参抗寒能力，减少冻害的发生。

（1）高度重视人参越冬防寒工作，严格按照防寒技术规程、标准认真操作，防止宿根层的土温反复升降和剧烈变化。

（2）应因地制宜实行秋播秋栽改为春播春栽，避开冬季不利天气条件的影响。秋栽时尽量晚栽，土壤封冻前 1～2d 栽完为宜。在冻害常发区，栽参土不宜用含沙量大的土壤。参床位置尽量避开低洼地带和风口。

（3）改变人参传统的越冬防寒方式，采用稻草＋膜的越冬防寒技术，增加人参越冬的安全系数。

（4）采取必要措施，调控好封冻前和解冻后的土壤水分，确保人参越冬休眠期土壤湿度不超过 30%。早春注意排涝，及时清除晚秋和早春参床上的积雪，防止雪水渗入参床土层内，尤其雪水大的年份，更应注意防止"桃花水"进入参床。土壤水分大的参床要早松土、深松土，晚上棚，以减少土壤水分，防止缓阳冻害发生。

（5）根据地块的地势、土质、苗势、苗龄等，在土壤温度、湿度不正常的早春或晚秋，选择不同的防寒物进行床面覆盖，可明显控制参床土温的剧烈变动，预防冻害发生。盖草防寒比覆土防寒能明显提高土温。防寒土宜厚达 10cm 以上，确保栽参层地温稳定在致死温度以上。

（6）加强田间管理，培育大苗、壮苗，提高参苗的抗寒力。

二、人参红皮病

红皮病（red coating root disease of ginseng）亦称水锈病，在我国、韩国及北美等人参、西洋参种植区域都普遍发生，是人参、西洋参种植过程中发病率较高的一种病害。人参红皮病在我国主要发生于长白山区一带的白浆土上，而暗棕壤甚至与白浆土混存的暗棕壤参田上，红皮病发生率较低。该病害发病轻者为 $10\%\sim30\%$，重者达 80% 以上，严重危及人参（西洋参）的产量和品质。红皮病的发生会导致人参的品质下降，主要体现在人参总皂苷、总氨基酸、必需氨基酸、粗淀粉、总糖等物质的含量降低。红皮病会使病害严重度二级以上的人参品质下降 2~3 个等级，严重影响了人参的品质，降低了人参的药用价值与经济价值，使参业的发展受到一定程度影响。

（一）症状

主要危害参根。发病较轻的参根表皮呈现不规则、颜色深浅不一的红色病斑，无规律地分布于整株人参根表皮上。发病较重的人参，整根周皮全部变色（病斑仅限周皮组织），并且病斑颜色浓郁，表皮粗糙，参根出现裂缝甚至腐烂现象。患病的人参植株地上部萎蔫，有的人参植株地上部不萎蔫，地下部参根周皮变色。一般从人参植株芦头以上的部位，病株无明显症状，单从地上部很难判断有无红皮病的发生。红皮病发病初期，红锈斑块仅出现在主侧根的局部；随着参龄的增长，红锈斑逐渐扩展到主侧根的大部分甚至全部（彩图 7-21）。

（二）病原

目前，国内外学者对人参红皮病的发生持 2 种观点：一是认为人参红皮病为非侵染性病害，主要与土壤理化性状有关，直接原因是在特定的土壤条件下，Fe^{2+}、Fe^{3+}、Al^{3+} 在参根周皮木栓上累积、固定、氧化淀积与人参生理生化活动综合作用。二是认为人参红皮病为侵染性病害，主要与土壤致病真菌侵染有关。截至目前，已报道 *Rhexocercosporidium panacis*、*Dactylonectria* sp.、*D. hordeicola*、*Fusarium acuminatum*、*F. avennaceum*、*F. solani*、*F. torulosum*、*Ilyonectria robusta*、*I. mors-panacis*、*I. changbaiensis*、*I. communis* 和 *I. qitaiheensis* 可以引起我国人参根部产生红皮病症状。

（三）发病因素

各龄人参均可发生红皮病。低洼地，土壤板结、积水，土温低等条件有利于红皮病发生。未休田土壤栽参，红皮病容易发生。耕作粗放，施肥不当，整地不好，枯枝烂叶过多，腐熟不充分，有利于红皮病发生。

（四）防治措施

1. 选地及整地 选择适宜人参生长、排水良好的暗棕壤地块。在含水量高的土壤上栽参易发病。选用隔年土，耕翻土壤，经过一冬一夏的休整，促进土壤熟化、有机质分解。早春刨地起垄，经伏天高温日晒，改善土壤通透性，降低土壤含水量，加速还原物质的氧化。机械深翻土，黑土拌黄土，改变土体构型，把黑土层下的活黄土即白浆土翻上来，掺入黑土中可增厚活土层，改善土壤的机械组成，降低土壤容重和田间持水量，提高透水性能。

2. 做床及土壤处理 实施高做床，清沟排涝，控制水分，畦面勤松土，增强通气透水性能。因花期参根生活力和氧化量较低，所以要特别强调松土，以提高参根对红皮病的抗性。施石灰，增加土壤钙、镁含量，提高土壤 pH，降低铁的有效性和铝浓度，减轻或消除 Fe^{2+}、Al^{3+} 过量存在的毒害。

3. 选择无变色、无病斑的完整健苗 栽参时覆盖少许木炭粉，具有一定的防病作用。有条件情况下，改变栽培制度为 4 年直播或 1~3 年制（播种 1 年后，移栽到新地块种植 3 年），缩短 Fe^{2+}、Al^{3+} 胁迫时间，可明显降低红皮病的发病率。

第四节　人参主要虫害及防治

造成人参危害的害虫分为地下部分和地上部分。地下部分的害虫有蛴螬、金针虫、蝼蛄、地老虎等，地上部分有螨、蚜、蚧、蝗等。也有的害虫在不同虫态，或同时危害地下器官、地上器官。人参害虫中，大多数是兼主寄生的习居害虫，少数为偶发性害虫。

地下害虫的发生，以栽培条件来看，新开林地栽参，蛴螬类害虫危害较轻。但施有机肥或饼肥后，蛴螬类和蝼蛄类发生会加重；岗上新林地、撂荒地栽参，以金针虫类危害为主；农田和平洼地栽参，蝼蛄类危害较重，地老虎类发生较多且普遍。

地上害虫中，食叶性、螨类害虫普遍发生，但危害不重。在育林养参地，食叶性害虫对人参地上部分危害较重。在个别年份，草地螟幼虫危害叶片十分严重。特别是，当蜗牛、蛞蝓和鼠类种群密度上升时，可加重人参受害程度。

一、地下害虫

人参地下害虫主要有地老虎、金针虫、蛴螬、蝼蛄等，具广泛分布、危害重特点。由于地下害虫营潜伏危害，发生早期不易被发现，且危害期长，防治困难，所以这类害虫一直是人参有害生物的防治重点。稍有防治疏漏，则会造成严重损失。吉林省集安市曾统计，每年因地下害虫危害所造成的人参减产约 8%，经济损失 700 万元以上（赵晓龙，2015）。

（一）金针虫类

金针虫为鞘翅目（Coleoptera）叩甲科（Elateridae）幼虫统称。长期以来，国内对参区的金针虫鉴别，素以腹末端是否分叉分为 2 种：不分叉者为细胸金针虫（*Agriotes subvittatus* Motschulsky），分叉者为沟金针虫（*Pleonomus canaliculatus* Faldermann）。但是，经对东北地区危害人参的金针虫调查及相应报道（张丽坤等，1994；江世宏等，1999；赵江涛等，2010），已发现灰色金针虫（*Lacon murinus* L.）、黑色金针虫（*Athous niger* L.）、红缘金针虫（*Athous haemorrhoidalis* Fab.）、红棕金针虫（*Sericus subfuscus* Mull.）、农田金针虫（*Agriotes sputator* L.）、黯金针虫（*A. obscurus* L.）、宽背金针虫（*Selatosomus latus* Fabricius）、多皱金针虫（*S. rugosus* Germ.）、铜光金针虫（*S. aeneus* L.）、里查金针虫（*S. reichardti* Dcn.）、印纹金针虫（*S. impressus* Fabricius）、褐角金针虫（*S. nigricoruis* Fabricius）、椴金针虫（*Ampedus pomorum* Herbst.）、白桦金针虫（*Ampedus pomonae* Steph.）、朽根金针虫（*A. balteatus* L.）、赤足金针虫（*Melanotus rufipes* L.）、铜绿金针虫（*Corymbites cupreus* Fabricius）等物种对人参产生危害，而细胸金针虫和沟金针虫却罕见。

接下来以宽背金针虫为例说明。

（1）形态特征。

成虫：体黑色，粗短宽厚。雌虫体长 10.5～13.12mm，雄虫体长 9.2～12.0mm。前胸和鞘翅有青铜色或蓝色色调。头具粗大刻点。触角暗褐色而短，端不达前胸背板基部，第 1 节粗大、棒状，第 2 节短小略呈球形，第 3 节比第 2 节长 2 倍，从第 4 节起各节略呈锯齿状。前胸背板侧缘具有翻卷边缘，向前呈圆形变狭，后角尖锐刺状，伸向斜后方。小盾片横宽，半圆形。鞘翅宽，适度凸出，端部具宽卷边，纵沟窄，有小刻点，沟间突出。足棕褐色，腿节粗壮，后跗节明显短于胫节。

卵：乳白色，近圆形，长约 0.8mm，宽 0.7～1.0mm。

幼虫：体态稍扁而较宽，老熟幼虫体长 20～22mm，幼虫腹部背面有不显著凸出，较鲜亮且有光泽，也有隐约可见的背光线。尾节末端分岔，缺口呈横卵形，开口约为宽径的 1/2。左右两岔突大，每岔突的内支向内上方弯曲；外支如钩状。在分支的下方有 2 个大结节，1 个在外支和内支的基部，1 个在内支的中部。

蛹：体长约 10mm。初期乳白色，后期变白浅棕色。前胸背板前缘两侧各具 1 个尖刺突，腹部末端钝圆状。

（2）生活史。在东北东部人参种植区，宽背金针虫 3～5 年完成 1 代，以各龄幼虫或成虫在土层中越冬。在春季，10cm 地温达 6℃左右时，宽背金针虫开始活动，至 5 月中旬活动明显增强；10cm 地温渐增至 19℃左右时，是该虫危害的第 1 个高峰；10cm 地温超过 20℃，幼虫开始下潜；10cm 地温高于 22℃时，金针虫进入土内深层越夏。8 月中旬后，当土温降低，金针虫开始向上移动取食，形成第 2 个危害高峰，但危害程度比第 1 个高峰低。9 月末至 10 月末，金针虫逐渐减弱活动，进入越冬状态。

（3）生物学特性。成虫或幼虫在 30cm 以内不同深度的土层中越冬。其中，在 10cm 以内土层中越冬虫量最多，占越冬虫量的 72.2％；11～20cm 土层中越冬虫量占 23.4％；21～30cm 土层中越冬虫量仅占 4.4％。在自然条件下，30cm 以下土层未发现越冬虫。

5 月下旬至 6 月初幼虫危害，咬食人参种子和根部，或于苗茎基部蛀小洞钻入，致使被害苗逐渐枯死。幼虫有转株危害的习性。越冬后的大龄幼虫，在食物不足、无活体植物可食的情况下，可存活 7 个月以上。在 9 月末，多年生参地还能见到零星被害株。

5 月中旬至 7 月可见到成虫。成虫出土后不久交尾产卵。成虫不喜在人参地上部活动，常在参地附近的杂草上栖息，并把卵产在长有杂草的地下，参床上很少发现虫卵。

通常，幼虫不能长期忍耐缺水条件，如遇特别干旱的土壤，也不能长时间忍耐。但在参地，金针虫可以靠取食人参鲜组织补充体内水分。这就是春季干旱时，金针虫危害加剧的原因。

宽背金针虫多在腐殖质较为丰富的林区土壤中发生。其中针叶林中虫量最多，其次是混交林，阔叶林中虫量最少。此虫喜低温、潮湿环境，在低洼、潮湿、土壤肥沃地块，虫口密度较高。在参地开垦初期，该虫危害较重。

（4）金针虫类防治方法。在播种前，用 10％二嗪农颗粒剂 30～45kg/hm²，或 50％辛硫磷乳剂 35～50kg/hm²，或 3％米乐尔颗粒剂，加细干土 300～450kg/hm² 混合均匀后撒入土中。在整地做床时，用辛硫磷乳剂 700 倍液浇灌进行土壤消毒，或用 0.1％敌百虫粉剂配成毒土药杀。

羊粪趋避成虫，用水浸泡羊粪，用量 10kg/m²。5 月中旬在畦面开 6～7cm 沟，灌羊粪水，后立即覆土，7 月初再灌 1 次。

（二）地老虎类

地老虎为鳞翅目（Lepidoptera）夜蛾科（Noctuidae）切根夜蛾亚科（Noctuinae）幼虫的统称，危害人参常见的有小地老虎（Agrotis ypsilon Rottemberg）、黄地老虎 [Agrotis segetum（Denis et Schiffermüller）]、大地老虎（Agrotis tokionis Butler）等。

1. 小地老虎

（1）形态特征。

成虫：体长 16～23mm，体翅暗褐色，在前翅外中部有 1 个明显的尖端向外的三角黑斑，在近外缘内侧有 2 个尖端向内的黑斑，3 个黑斑尖端相对。后翅灰白色，腹部灰色。

卵：扁圆形，高 0.38～0.50mm，表面有纵横隆脊线。初产时乳白色，渐变淡黄色，孵化前呈褐色。

幼虫：末龄幼虫体长 37～50mm。体色黄褐至暗褐色不等，体背面有暗褐色纵带，表皮粗糙，布满大小不等的小颗粒。

蛹：体长 18～24mm，红褐色至暗褐色，尾端黑色，有 1 对刺。

（2）生活史。小地老虎具有远距离南北迁飞习性，春季由低纬度向高纬度、低海拔向高海拔迁飞，秋季则沿着相反方向飞回。在东北参区 1 年发生 2 代，不能越冬。幼虫期约 1 个月。老熟幼虫潜入地下筑土室化蛹。

（3）生物学特性。小地老虎为杂食性害虫，除水生植物外，几乎所有植物的幼苗均能取食。在参区，以当地发生最早的第 1 代造成的危害重，危害盛期为 6 月中旬至下旬。

成虫昼伏夜出，白天栖息于隐蔽场所，夜间飞行、取食、产卵。成虫对黑光灯及糖、醋和酒等气味趋性强。羽化后需补充营养 3～5d 后，才能交尾、产卵。成虫将卵散产或块产于低矮植物的叶背或嫩茎上。单雌产卵 800～1 000 粒。

幼虫共 6 龄。第 1 代幼虫在 6 月中旬至 7 月中旬危害参苗最盛，8 月中下旬为第 2 代幼虫发生与危害盛期。1～2 龄幼虫仅在人参心叶处啃食嫩叶和幼茎。幼虫 3 龄后扩散，白天潜伏在浅土中，夜间出来取食人参苗茎。4 龄以上幼虫可从 3cm 高处咬断参茎，拖入土中或土块缝中取食，并转株危害。5～6 龄进入暴食期，占其总取食量的 90％以上。1 头幼虫 1 夜能危害 3～5 株参苗，最多达 10 株。3 龄后幼虫有假死性，可自相残杀同类。

小地老虎喜温暖潮湿的环境，月平均气温在 13～25℃，有利其生长发育。温度超过 30℃成虫不能产卵。在土壤含水量 15％～20％，地势低洼、湿润多雨的地区，该虫发生量大。一般沙壤土、壤土、黏壤土等土质疏松、保水性强的地区适宜小地老虎发生，而高岗、干旱及黏土、沙土均不利发生。

2. 黄地老虎

（1）形态特征。

成虫：体长 14～19mm，前翅黄褐色，散布小黑点；后翅白色，半透明，前缘略带黄褐色。

卵：扁圆形，底部较平，高 0.44～0.49mm，表面有纵横隆脊，纵棱显著粗于横棱。初产时乳白色，渐变黄褐色，孵化前为黑色。

幼虫：幼虫多为 6 龄，个别 7 龄。末龄幼虫体长 33～43mm，体黄褐色，表皮多皱纹，颗粒较小不明显。腹末端有中央断开的 2 块黄褐色斑。

蛹：体长 16～19mm，红褐色，腹部末端有 1 对粗刺。

（2）生活史。黄地老虎 1 年发生 2 代，主要以老熟幼虫集中在田埂、沟渠、堤坡阳面的 5～8cm 土层中越冬。卵期在 17～18℃时，需 10d 左右；28℃时，需 4d。幼虫期在 25℃时，需 30～32d。

（3）生物学特性。第 1 代发生期较小地老虎晚 15～20d。成虫习性与小地老虎相似，昼伏夜出，趋光性与趋糖、醋和酒性较强。但因成虫发生期较晚，此时蜜源植物较多，故用糖醋液诱集的蛾量不多。

卵散产在地表的枯枝、落叶、根茬及植物近地表 1～3cm 处的叶片上。

初孵幼虫主要食害心叶。2 龄后昼伏夜出，咬断幼苗。

在春、秋两季中，以春季危害重。气候干旱有利其发生。

3. 大地老虎

（1）形态特征。

成虫：体长 20～22mm。头部、胸部褐色，颈板中部具黑横线 1 条。腹部、前翅灰褐色，外横线以内前缘区、中室暗褐色，基线双线褐色达亚中褶处，内横线波浪形，双线黑色，剑纹黑边、窄小，环纹具黑边、圆形、褐色，肾纹大、具黑边、褐色，外侧具 1 黑斑近达外横线，中横线褐色，外横线锯齿状，双线褐色，亚缘线锯齿状、浅褐色，缘线呈 1 列黑点，后翅浅黄褐色。

卵：半球形，长 1.8mm、高 1.5mm，初产时乳白色，逐渐变淡黄色，孵化前呈灰褐色。

幼虫：老熟幼虫体长 41～61mm，黄褐色，体表皱纹多，颗粒不明显。头部褐色，中央具黑褐色纵纹 1 对，气门长卵形、黑色，臀板除末端 2 根刚毛附近为黄褐色外，几乎全为深褐色，且全布满龟裂状皱纹。

蛹：长 23～29mm，较小地老虎、黄地老虎大。初浅黄色，后变黄褐色。

（2）生活史。1 年发生 1 代。以低龄幼虫在表土层内或草丛下潜伏越冬。当春季土温上升到 6℃ 以上时，越冬幼虫开始活动取食。6 月中旬末气温高于 20℃，老熟幼虫在表土下 3～5cm 处做土室滞育越夏，越夏期长达约 90d。9 月中旬开始化蛹，蛹期 25～32d。10 月上中旬羽化为成虫。卵期 11～24d，幼虫期 300d 以上。

（3）生物学特性。成虫具趋光性和趋化性，在黑光灯下和糖醋盆内可诱到大量蛾。成虫于晚上交尾产卵，单雌产卵 34～1 084 粒，平均为 453 粒。产卵的第 1～2 天内，产卵量占总产卵量的 53.8%。雌蛾寿命 2～14d，平均 7～8d；雄蛾 3.5～19d，平均 11.5d。成虫产于地表上的卵占总产卵量的 45%，产于地表枯枝落叶上的占 20%，产于杂草等绿色植物上的占 35%，叶的正反面都可产卵。

从卵开始孵化到初孵幼虫钻出卵壳约需 160min。在 13.3～17.8℃ 的条件下，卵期 14～26d，平均 19.1d。卵孵化率平均为 97.8%。

初孵幼虫从第 2 天开始啃食叶肉，在叶面形成许多小透明窗。随虫龄增大，将叶片咬成缺刻，以至咬断幼茎。初孵幼虫耐饥力为 0.65～1.05d，平均 0.85d。3 龄幼虫食叶量平均每天为 11.7mm^2。越冬后随虫龄增大，食量大增，故 4 月、5 月是全年的危害盛期。

杂草多的地块大于杂草少的田块，排水沟大于田内。

4. 白边地老虎（*Euxoa oberthuri* Leech）

（1）形态特征。

成虫：体长 17～21mm，翅展 37～47mm。前翅的颜色和斑纹变化很大，由灰褐色至红褐色，可分为 2 种基本色型：一种为白边型，前翅前缘有明显的灰白色至黄白色宽边，中室后缘有淡色的窄边，肾形斑和环形斑灰白色，并连接在上下白边。中室在环形斑的两侧，全为黑色，棒形斑黄色。另一种是暗色型，前翅全为深暗色，既无白边淡斑，也无黑色斑纹。2 种色型后翅均为褐色，翅反面均为灰褐色，前缘密布黑褐色鳞片，外缘有 2 条褐色线，中室有黑褐色斑点。

卵：初产时乳白色，2～3d 后卵壳上显出褐色斑纹，7～8d 后变为灰褐色。

幼虫：老熟幼虫体长 35～40mm，头宽 2.5～3.0mm。头部黄褐色，有明显的"八"字纹，颅侧区有很多褐色小块斑纹及 1 块由小黑点组成的黑斑。体黄褐色至灰褐色，表面较光滑，无颗粒。亚背线颜色较深。臀板基部及刚毛附近颜色较深，小黑点多集中于基部，排成 2 个弧线。

蛹：体长 18～20mm，黄褐色，第 3～7 腹节前缘有许多小刻点和 1 对臀刺。

（2）生活史。白边地老虎 1 年发生 1 代，以卵越冬。卵期长达 240～270d。翌年 4 月中下旬幼虫孵化，5 月中下旬开始危害植物，盛期在 5 月中下旬至 6 月上中旬。幼虫一般为 7 龄，也有因食物和外界环境条件影响而为 5 龄或 6 龄。幼虫期约 60d。老熟幼虫在 6 月下旬潜入土中约 10m 深处，做土室化蛹，蛹期约 21d。6 月底至 7 月初为始蛾期，7—8 月是发蛾盛期。产卵期约 20d。卵经 7～18d 胚胎发育成熟后越冬。

（3）生物学特性。成虫昼伏夜出，对黑光灯趋性很强，对糖蜜也有趋性。雌虫产卵于植物根茎周围或土壤孔隙中，单雌产卵 200～330 粒。初孵幼虫具有较强的抗低温、耐饥饿能力。3 龄后，白天潜伏表土下，黄昏后活动，危害幼苗。

幼虫的出现与危害时间同气温有关，春季连续 5d 平均气温达 4～5℃时，幼虫即孵化；当平均气温达 11℃时，幼虫大量进入 3～4 龄，并开始危害。

杂草多的地块以及邻近田埂、林带和背风、向阳等地块受害严重。

5. 地老虎类防治方法

（1）清洁参园，铲除参地边缘、田埂和路边的杂草。

（2）黑光灯诱杀 1 代成虫。

（3）在春季成虫发生期，用糖醋液诱杀成虫。配方是：糖 5 份、酒 5 份、醋 20 份、水 80 份。将糖倒入 40℃热水中搅拌使其溶解，之后再加入醋、酒，均匀搅拌混合。将其倒入容器，放置阴凉处，待用。

（4）用相应的物种性诱捕器诱杀成虫。诱捕装置每亩 3～4 套。诱芯应放入 -2℃ 以下保存。诱捕器可以重复使用，隔 20～35d 更换 1 次诱芯。诱芯包装袋一旦打开，应尽快用完或放回冰箱。

（5）撒施毒土。用 2.5% 敌百虫粉剂 1kg，加细土 15kg，均匀混合配成毒土，于 16:00 后撒入人参行间。

（6）毒饵诱杀。炒熟的豆饼 20kg，加 2.5% 敌百虫粉剂 1kg，加水适量拌匀，于 16:00 后以小撮堆积分布于参行间。

（三）蛴螬类

蛴螬泛指鞘翅目（Coleoptera）金龟总科（Scarabaeoidea）幼虫。在人参种植区，具潜在危害的金龟物种较多，有 50 余种。其中，分布较广、危害较重的是东北大黑鳃金龟（*Holotrichia diomphalia* Bates）、黑皱鳃金龟（*Trematodes tenebrioides* Pallas）、黄褐丽金龟（*Anomala exoleta* Faldermann）、铜绿丽金龟（*Anomala corpulenta* Motschulsky）、灰胸突鳃金龟（*Hoplosternus incanus* Motschulsky）等，常有多种蛴螬混合发生现象。蛴螬危害参根，严重时参苗枯萎死亡。成虫危害叶片，造成缺刻状或孔洞状，影响人参的光合作用和植株正常生长。另外，蛴螬属大型土壤动物，起着分解动植物残体和牲畜粪便，分解转化有机质和矿物质的重要作用。

1. 东北大黑鳃金龟 研究表明，之前认定国内的东北大黑鳃金龟（*Holotrichia diomphalia* Bates）、华北大黑鳃金龟（*Holotrichia oblita* Faldermann）和江南大黑鳃金龟（*Holotrichia gebleri* Faldermann）3 种，应为同一物种的不同地理种群（顾耘等，2002；Ahrens et al.，2007；刘春琴等，2013；田雷雷等，2013）。

（1）形态特征。

成虫：体长 16～21mm、宽 8～11mm，黑色或黑褐色，具光泽。唇基横长，近似半月形，前、侧缘边上卷，前缘中间微凹入。触角 10 节，鳃片部 3 节呈黄褐或赤褐色。前胸背板宽度不及长度的 2 倍，两侧缘呈弧状外扩。每鞘翅具 4 条明显的纵肋。前足胫节外齿 3 个，内方有距 1 根；中、后足胫节末端具端距 2 根，中段有 1 个完整的具刺横脊。臀节外露。前臀节腹板中间，雄性为1个明显的三角形凹坑，雌性呈尖齿状。

卵：初产长椭圆形，大小为2.5 mm×1.5mm，白色稍带黄绿色光泽。发育后期呈圆球形，大小为2.7 mm×2.2mm，洁白而有光泽。

幼虫：3龄。初孵幼虫体长约7mm；老熟幼虫体长35～45mm，头宽4.9～5.3mm。头部黄褐色，通体乳白色。头部前顶刚毛每侧3根，呈1纵列；额前缘刚毛2～6根，多数为3～4根。肛门孔呈三射裂缝状，肛腹片后部复毛区散生钩状刚毛，70～80根，分布不均；无刺毛列。

蛹：长21～24mm，宽11～12mm。初期黄白色，渐转黄褐色。

（2）生活史。在我国大部分地区2年发生1代，在东北地区北部的黑龙江2～3年完成1代。

成虫、幼虫均可越冬。卵期约20d，幼虫期360～400d，蛹期20～30d，成虫期约300d。①主要以幼虫为主越冬的年份，幼虫4月开始上移进入耕作层，5—6月是幼虫危害盛期，7—8月为化蛹期，8—9月为羽化期，羽化出的成虫在地下蛹室内完成越冬。②主要以成虫为主越冬的年份，成虫4月开始出土活动，交尾产卵，卵在6月开始孵化，幼虫8—10月危害作物，10月下旬开始向下移动越冬。

（3）生物学特性。成虫昼伏夜出，飞行能力较差，有较弱的趋光性。雄虫的扑灯率较雌虫高，约占总量的70%。成虫交尾后25d左右开始产卵，卵分批产于土中，5～17cm土层内产卵量最高。1龄幼虫取食腐殖质，2～3龄幼虫取食植物的种子或茎根。

日平均气温超过12℃、10cm土层平均温度超过14℃时，成虫开始出土活动。适宜温度为日平均气温12.4～18℃，10cm土层平均温度13.8～22.5℃。

幼虫适宜温度为13～22℃，土壤含水量13%～20%。春季时，平均温度超过7℃时，幼虫于10cm土层开始上移；秋季时，10cm土层平均温度低于12℃，幼虫开始下移。

2. 黑皱金龟（*Trematodes tenebrioides* **Pallas**）

（1）形态特征。

成虫：体长15～16mm、宽6.0～7.5mm，黑色无光泽，刻点粗大而密，鞘翅无纵肋。头部黑色，触角10节，黑褐色。前胸背板横宽，前缘较直，前胸背板中央具中纵线。小盾片横三角形，顶端变钝，中央具明显的光滑纵隆线，两侧基部有少数刻点。鞘翅具大而密、排列不规则的圆刻点，基部明显窄于前胸背板，除会合缝处具纵肋外无明显纵肋。

卵：初产卵呈圆柱形或卵圆形，白色透亮，略带黄绿色或淡绿色光泽。

幼虫：体长24～32mm。头部前顶刚毛每侧各3～4根，呈1纵列。

蛹：体长15～17mm，淡黄褐色。

（2）生活史。该虫2年完成1代，以成虫、3龄幼虫和少数2龄幼虫越冬。越冬成虫于5月中旬进入发生盛期，发生期约120d。5月下旬、6月中旬为产卵盛期。9月上旬幼虫发育为3龄。翌年7月中旬开始化蛹。化蛹多在10～20cm土层内。

（3）生物学特性。羽化后的成虫即开始越冬。翌年春季地温10℃左右时始出土。出土后若遇阴天小雨、气温下降或大风时，多数又潜入土内。一般于10:00出土活动。该虫后翅退化严重，不能飞翔只会爬行。发生初期和后期分散活动，盛期群集取食，喜食杂草。略具假死性，常在杂草较多的田边活动。成虫出土后即可交尾，雌虫能多次交尾，以

11:00—14:00 最多。交尾中的雌虫仍可继续取食。雌虫交尾后 2～14d 开始产卵。卵散产于 10cm 土层,具卵室。卵期约 18d。雌虫产卵后约 11d 死亡。

初孵幼虫有时取食卵壳,主要以植物须根和腐殖质为食。2 龄和 3 龄前期食量增大。1 头 3 龄幼虫可连续危害几株参苗。幼虫受地温的变化而上下移动。春季,当 10cm 土层地温达 7℃以上时,越冬幼虫开始上移;当 10cm 土层地温达 11℃时,开始危害作物。幼虫活动适温范围 11～22℃。

黑皱金龟喜栖居土质沙性、瘠薄的地方。

3. 黄褐丽金龟(*Anomala exoleta* **Faldermann**)

(1)形态特征。

成虫:体长 15～18mm、宽 7～9mm,黄褐色,有光泽。前胸背板色深于鞘翅。前胸背板隆起,两侧呈弧形,后缘在小盾片前密生黄色细毛。

卵:椭圆形,长径平均为 2.14mm,短径 1.50mm。乳白色。至孵化前其长径平均为 3.20mm,短径 2.67mm。

幼虫:初孵幼虫体呈乳白色,上颚褐色,眼点为浅褐色。1d 后,头壳变黄褐色,胸腹部呈淡灰色。1 龄头宽约 1.13mm,体长约 6.39mm;2 龄头宽约 2.16mm,体长约 16.97mm;3 龄头宽约 4.10mm,体长约 27.9mm。

蛹:初化蛹时体色为淡黄色,后渐变为黄褐色。

(2)生活史。该虫 2 年发生 1 代,以当年 2 龄和上年 3 龄幼虫在冻土层下做土室越冬。4 月上旬随土壤温度的上升,越冬幼虫开始出蛰上移,4 月底至 5 月上旬,幼虫全部进入耕作层危害。

越冬 3 龄幼虫于 4 月下旬至 5 月中旬进入预蛹期,5 月下旬至 6 月上旬为化蛹盛期。6 月上中旬至 7 月下旬为成虫羽化期,6 月下旬至 7 月上旬为成虫盛发期,7 月中旬以后成虫逐渐减少。7 月上旬为产卵期,下旬进入产卵末期。卵于 7 月下旬开始孵化,孵化盛期为 7 月底至 8 月初。7 月下旬至 9 月上旬进入 1 龄幼虫期,9 月中下旬进入 2 龄幼虫期,10 月幼虫下移至深层内越冬。越冬的 2 龄幼虫于翌年 6 月下旬至 7 月陆续进入 3 龄,至 10 月中、下旬与当年 2 龄幼虫潜入土壤深层越冬。幼虫期长,全年土层内均可见到,当年幼虫与上年幼虫重叠发生。幼虫越冬土层深度为 40～90cm,以 50～60cm 为最多。

(3)生物学特性。该种常与其他种的蛴螬混合发生。成虫羽化后需在地下短暂栖息方始出土。成虫白天潜伏土中,傍晚活动。20:30 开始出土,21:00—22:00 为活动盛期,22:00 以后逐渐减少。无风、晴朗、闷热的夜晚成虫出土数量最多。雄虫出土后,立即展翅飞翔。雌虫飞翔能力较弱,多在地面爬行。交尾时间多集中在 21:00 左右,成虫有重复交尾现象。交尾后雌虫即钻入土内,6～13d 后产卵。成虫分数次将卵散产于土内,多选择湿润的粉沙壤土 15～25cm 土层。单雌产卵 3～44 粒,平均 22.9 粒。成虫寿命 6～25d,平均 16.8d。成虫有假死性及趋光性,尤以对黑光灯的趋性最强,但雌虫上灯量少。

在 24～26℃条件下,卵的发育历期为 13～35d,平均孵化率 84%。

幼虫有食卵壳现象,并有自相残杀习性。10 月中下旬至 11 月初,3 龄老熟幼虫潜入 10～40cm 土层内(多数集中在 16～30cm),做一处长椭圆形的土室化蛹。

翌年当 10cm 土层地温达 10～11℃时,幼虫开始上升活动;当 10cm 土层地温达 14℃

左右时，幼虫上升至 10～40cm 土层内；当 10cm 土层地温为 21.2～22.9℃时，幼虫集中在 5～20cm 土层中活动，此时作物受害最严重；当 10cm 土层地温高于 25℃时，幼虫向下潜伏于土壤深层，遇气温较低而表土湿度适宜时，仍向上移动。8 月中旬至 9 月下旬土温渐低，幼虫又上升至耕作层活动，继续危害。10 月以后，10cm 土层地温下降至 10℃以下时，幼虫向土壤深层下移越冬。

4. 铜绿丽金龟（*Anomala corpulenta* **Motschulsky**）

（1）形态特征。

成虫：体长 15～22mm、宽 8.0～10.5mm，铜绿色，有光泽，长卵圆形。前胸背板发达，密生刻点，小盾片色较深，有光泽，两侧边缘淡黄色。鞘翅色浅，上有不明显的 3～4 条隆起线。胸部腹板及足黄褐色，上着生细毛。腹部黄褐色，密生细绒毛。复眼深红色，触角 9 节。鳃浅黄褐色，叶状。足腿节和胫节黄色，其余均为深褐色，前足胫节外缘具 2 个钝齿。

卵：乳白色，初产时椭圆形或长椭圆形，长 1.6～2.0mm、宽 1.3～1.5mm。孵化前几乎呈圆形，淡黄色。

幼虫：体乳白色，头部黄褐色。初孵幼虫体长 2.5mm 左右。老熟幼虫体长 30～40mm，头宽 5mm 左右。臀节肛腹板两排刺毛交错，每列 10～20 根。肛门孔为横裂状。

蛹：长 18～20mm、宽 9～10mm，长椭圆形。初为浅白色，渐变为淡褐色，羽化前为黄褐色。

（2）生活史。铜绿丽金龟 1 年完成 1 代，多数以 3 龄幼虫、少数以 2 龄幼虫于土中越冬。翌年 4 月下旬，越冬幼虫开始取食危害植物根部。5 月上旬开始做土室化蛹，6 月初成虫开始出土，交尾产卵。7 月幼虫孵化，取食寄主植物的根部，进入危害期，约 40d。危害严重期集中在 6 月至 7 月上旬。10 月上中旬，幼虫钻入土层深处越冬。

（3）生物学特性。成虫有趋光性，以 20:00—22:00 灯诱数量最多，也具假死性和群集性。喜于 23～25℃、相对湿度 70%～80%环境下活动。成虫多在黄昏活动，取食或交尾，20:00—23:00 为活动高峰，至 3:00—4:00 潜伏土中。夜晚闷热、无雨活动最盛。交尾后，成虫大量取食叶片，补充营养，危害严重时植株仅留叶脉，然后转其他植物危害。雌成虫每次产卵 20～30 粒，散产于 6～15cm 土层。卵经 10d 左右孵化。

幼虫杂食，啃食参根，除咬食侧根和主根外，还将根皮剥食，造成缺苗断条。

该虫喜欢栖息于疏松潮湿的土壤中。

5. 灰胸突鳃金龟（*Hoplosternus incanus* **Motschulsky**）

（1）形态特征。

成虫：体长 24.5～30.0mm、宽 12.2～15.0mm，深褐色或栗褐色，密被灰黄色或灰白色短细鳞毛。触角 10 节，雄虫鳃片 7 节，长而弯；雌虫鳃片 6 节，短小而直。前胸背板因覆毛色泽有差异，常呈 5 条纵纹，中内侧及外侧条纹色较深。前胸背板后缘中段弓形后弯。鞘翅每侧具 3 条明显纵肋。臀板三角形。中胸腹板前突长，达前足基节中间，近端部收缩变尖。腹部第 1～5 节腹板两侧具黄色三角形毛斑。前足胫节外缘雄虫 2～3 齿，雌虫 3 齿。爪发达，具齿。

卵：椭圆形，宽 2.2mm、长 2.96mm，乳白色。

幼虫：一般为 3 龄，个别 4 龄。1 龄幼虫体长 6～8mm，头壳宽 1.8～2.2mm；2 龄幼虫体长 20mm 左右，头壳宽 4.49mm；3 龄幼虫体长 50～55mm，头壳宽 6.5～8.0mm，平均 7.29mm。肛腹片后部覆毛区中间的刺毛列由尖端微弯的锥状刺毛组成，每列 18～25 根，其前端远远超出钩毛区的前缘，约达胸腹片前边 1/4 处。2 列刺毛近平行，排列整齐。肛门孔横波状，纵裂虽短但明显可见。

蛹：棕褐色，体长 26～28mm、宽 10～12mm。腹部第 1～6 节腹板中间具疣状外生殖器。雌蛹臀节腹板平坦。

（2）生活史。该虫 2 年完成 1 代，以幼虫在 40cm 以下土层内越冬。5 月下旬，20cm 土层平均温度 10.8℃、平均气温 9.2℃、空气相对湿度 82％时，成虫开始羽化出土，盛期为 6 月下旬至 7 月上旬。成虫羽化 7d 左右开始交尾产卵。6 月下旬成虫开始产卵，盛期为 7 月上、中旬。8 月初始见初龄幼虫。发育较快的个体，当年 9 月上旬可蜕皮进入 2 龄。当年以 1 龄和 2 龄幼虫越冬。越冬后的 1 龄和 2 龄幼虫于 4 月中旬返回 5～15cm 土层内危害，6 月中旬相继进入 3 龄。10 月上旬，10cm 土层平均地温 7.9℃时，3 龄幼虫下潜到 40cm 以下土层内再次越冬。第 3 年 4 月下旬，3 龄幼虫上升到 5～15cm 土层内活动，仅有部分个体取食，大多数已不再取食，于 5 月中旬进入蛹期。

（3）生物学特性。成虫白天静伏，于 19：00 开始活动，20：00—21：00 为活动盛期。雄成虫有较强的趋光性，雌成虫趋光性弱。雌雄虫交尾时间多在 20：00 以后。交尾后雌虫立即钻回土内，部分成虫不潜回土中。多数成虫聚集于圃地四周的阔叶树上活动。成虫多在 10～40cm 深处的沙土或腐殖土中产卵，在牛、马粪堆及禾本科杂草根系下产卵也较多。单雌产卵 48～92 粒，平均 68 粒。卵在 10～20cm 土层中分布最多，占卵总数的 43％。当土壤含水率为 25％左右时，卵的孵化率为 87％。土壤太干或太湿均不利于其发育，甚至引起大量死亡。

卵孵化时间多在 8：00—16：00。幼虫孵出 1d 后便可活动。初孵幼虫常集中于土壤中取食腐殖质和植物须根，对人参危害不大。越冬后的 1、2 龄幼虫危害人参根系，危害程度大增，6 月中旬进入暴食阶段。3 龄幼虫食量大增，对人参危害加重。3 龄幼虫生长发育后期停止取食，排出体内粪便，做土室进入蛹期。

成虫产卵盛期多在 6 月下旬，将卵散产在 5～10cm 疏松潮湿的沙土中。1 头雌虫最多产卵 74 粒。

6. 蛴螬类防治方法

（1）建立合理的栽培制度，加强田间生态环境管理，创造不利于害虫发生、发展的条件，达到控制害虫的目的。新垦参地，于秋季，在越冬虫态还没有下潜到土壤深层前，适度深耕，将土层内的蛴螬翻至地面致其死亡，降低越冬基数。

（2）农家肥、土杂肥等一定要充分腐熟方可施用。清园除去杂草、杂物、落叶等，降低幼虫、蛹等越冬数量。

（3）灯光辅助诱杀。悬挂黑光灯、紫光灯、频振式杀虫灯等诱杀成虫。金龟因物种不同其成虫具有不同的趋光性。有时，同一面积上趋黑光灯诱虫量仅为出土成虫量的 2％～10％，有的物种成虫不直接碰撞光源，只是围绕光源飞几圈后跌落暗处，就地爬行潜伏。因此，黑光灯诱集成虫只能作为防治成虫的辅助措施。

灯光诱杀实际操作过程中，应注意大面积统防统治。如在连片的圃园中仅1处圃园采用此项技术，有加重危害的风险。

（4）使用绿僵菌防治。可将绿僵菌与低剂量的杀虫剂混用，提高防效，加速绿僵菌感染致死幼虫的过程。

利用100亿个/g孢子含量乳状芽孢杆菌，亩用量150g，将菌粉均匀撒入土中。

利用昆虫病原线虫，通过撒施、泼浇、喷雾等方法处理，可起到一定的防治效果。

（5）利用性信息素诱杀成虫。捕捉雌虫，将其腹部后3节磨碎涂于载体上，并设置水盆陷阱，诱集雄虫，落水溺杀。

应用植物源引诱剂诱捕雌成虫。

（6）灌根处理。在卵和初孵幼虫期，利用40%辛硫磷乳剂1 000～2 000倍液或300 g/L氯虫·噻虫嗪悬浮剂1 500～3 000倍液灌根。

（四）东方蝼蛄

东方蝼蛄（*Gryllotalpa orientalis* Burmneister）属直翅目（Orthoptera）蝼蛄总科（Gryllotapoidea）蝼蛄科（Grylloidea）。

之前报道，危害人参的蝼蛄有东方蝼蛄（*Gryllotalpa orientalis* Burmeiste）和单刺蝼蛄（*Gryllotalpa unispina* Saussure）。实际上，吉林和黑龙江东部山区的人参栽培区分布的仅为东方蝼蛄。

（1）形态特征。

成虫：体长30～35mm，灰褐色，腹部色较浅，全身密布细毛。头圆锥形，触角丝状。前胸背板卵圆形，中间具1条明显的暗红色长心脏形凹陷斑。前翅灰褐色，较短，仅达腹部中部。后翅扇形，较长，超过腹部末端。腹末具1对尾须。前足为开掘足，后足胫节背面内侧有3～4距。

卵：椭圆形。初产时长2.8mm，乳白色；孵化前长4mm，黄褐色至暗紫色。

若虫：共8～9龄。末龄若虫体长25mm，体形似成虫。

（2）生活史。东方蝼蛄2年发生1代，以成虫和若虫越冬。大部分成虫越冬后于翌年5月开始产卵，6—7月为产卵盛期。单雌产卵60～100粒，卵多被产在28～30cm土层的土室内。

少数当年羽化的成虫可产卵，卵当年孵化。若虫发育至4～7龄时，于40～60cm土层中越冬。翌年再蜕皮2～4次，羽化为成虫。

（3）生物学特性。春季当气温达5℃左右，东方蝼蛄开始向土层上方迁移。气温在10℃以上时，出土活动危害。5—6月，当20cm土层温度上升到15～20℃、土壤含水量20%时，是该虫危害盛期。

该虫白天潜伏在土中，夜间活动，咬食人参根部及接近地面的嫩茎，在土下咬断嫩茎或主根芦头，或将根部撕成烂麻状，也咬食发芽的种子，并在参床内钻出许多孔道，使参苗与土壤分离而枯萎死亡。

蝼蛄喜栖居于温暖、潮湿、多腐殖质的壤土或沙土中，分布在低洼潮湿的沿河、近湖、沟渠等高湿地区。所以，低洼多湿、土壤肥沃地块发生较重。重黏土壤不适于蝼蛄栖息活动，发生数量较少。

东方蝼蛄具趋化性，对半熟的谷子、炒香的豆饼、麦麸及马粪等有强烈趋性，此外还有趋光性。

（4）防治方法。低洼潮湿地和新开垦荒地及伐林地内，做好土壤处理。秋翻地、提前1年整地，深翻土壤、精耕细作，造成不利蝼蛄生存的环境，破坏蝼蛄的产卵场所，减轻危害。

施用腐熟的有机肥料，不施用未腐熟的肥料。在蝼蛄危害期，追施碳酸氢铵（NH_4HCO_3），散出的刺激性气味对蝼蛄有一定驱避作用。

播种前，用50%辛硫磷乳剂，按种子重量0.1%～0.2%拌种，堆闷12～24h后播种。

在参棚附近，于蝼蛄成虫发生期，利用黑光灯或白炽灯诱杀成虫，以减少参地虫口密度。

结合参地耕作，对拱起的蝼蛄隧道，采用人工挖捕灭虫。

毒饵诱杀。将炒熟的苏籽150g/m²稍晾干，拌2g敌百虫，撒入土壤。然后播种或移栽。或将麦麸、豆饼、秕谷、人参碴子等炒香，按其重量的0.5%～1.0%比例，加入用少量温水溶解的90%晶体敌百虫，制成毒饵。毒饵干湿程度，用手一攥稍出水即可。亩施毒饵1.5～2.5kg，于傍晚时撒在已出苗的表土，或随播种、移栽定植时撒于播种沟或定植穴内。制成的毒饵限当日撒施。

二、地上害虫

（一）刺吸式口器的害虫

1. 桃蚜（*Myzus persicae* Sulzer）　属半翅目（Hemiptera）蚜总科（Aphidoidea）蚜科（Aphididae）。

（1）形态特征。

无翅孤雌蚜：体长约2.6mm、宽1.1mm，有黄绿色、洋红色。腹管长筒形，是尾片的2.37倍。尾片黑褐色，两侧各有3根长毛。

有翅孤雌蚜：体长2mm。腹部有黑褐色斑纹，翅无色透明，翅痣灰黄或青黄色。

有翅雄蚜：体长1.3～1.9mm，体色深绿、灰黄、暗红或红褐。头胸部黑色。

卵：椭圆形，长0.5～0.7mm，初为橙黄色，后变成漆黑色而有光泽。

（2）生活史。桃蚜1年可繁殖多代，营全周期生活。其越冬寄主植物主要有梨、桃、李、樱桃等蔷薇科植物，夏寄主有人参和多种蔬菜作物。早春，越冬卵孵化为干母，在越冬寄主上营孤雌胎生，繁殖2～3代干雌后，产生有翅胎生雌蚜，迁飞到人参等夏寄主上，持续营孤雌胎生，繁殖无翅胎生雌蚜，危害并持续加重。至秋季，产生有翅母蚜，迁飞回到越冬寄主上，产生无翅卵生雌蚜和有翅雄蚜，雌雄交尾后，在越冬寄主上产卵越冬。

（3）生物学特性。在早春、晚秋，桃蚜19～20d完成1代；夏秋高温时期，4～5d繁殖1代。1头无翅胎生蚜可产出60～70头若蚜，产卵期持续20d以上。在不同年份，桃蚜发生量不同，主要受雨量、气温等气候因子影响，适宜气温为16～22℃。降雨是桃蚜发生的限制因素。

（4）防治方法。

①清洁参苗场地，除去杂草和残株。栽植前尽早铲除田园周围的杂草。

②加强田间管理，形成不利于桃蚜滋生的湿润小气候。

③在参地周围设置黄色板诱杀有翅蚜。黄色板插在参地周围，高出地面 0.5m，隔 3～5m 设置 1 块。用银灰色地膜覆盖畦面。

④药剂防治时，不要漏喷叶背面。喷洒 2.5％溴氰菊酯乳剂 3 000 倍液，或 20％杀灭菊酯乳剂 4 000 倍液，或 10％二氰苯醚酯乳剂 5 000 倍液，或 10％氯氰菊酯乳剂 4 000 倍液等。

2. 蚧类 蚧为介壳虫统称，属半翅目（Hemiptera）蚧总科（Coccoidea）。因大多数种类虫体上被有蜡质分泌物，形如介壳，因此而得名。

雌虫无翅，足和触角均退化；雄虫有 1 对翅，足和触角发达，无口器。体外被有蜡质介壳或蜡粉。卵通常埋在蜡丝块中、雌体下或雌虫分泌的介壳下。

蚧是人参重要害虫种类，危害叶片、茎等部位。周晓春等（1989）报道，主要有吹绵蚧（*Icerya purchasi* Maskell）、褐软蚧（*Coccus hesperidum* L.）、朝鲜球坚蜡蚧（*Didesmococcus koreanus* Borchsenius）、蔷薇白蚧（*Aulacaspis rosae* Bouche）等。随着栽培区扩大，危害人参的蚧确切物种数及分布，有待进一步研究。

蚧的生殖方式有两性生殖和孤雌生殖 2 种。多数物种雌雄成虫交尾，行两性生殖，雌虫不经交尾不能产卵，如朝鲜球坚蜡蚧雌虫必须经数次交尾，才能进行繁殖。还有的物种营孤雌生殖，这就大大增加了蚧传播入侵的能力。

雌虫发育经过卵、若虫和成虫 3 个阶段，而雄虫发育要经过卵、若虫、蛹和成虫 4 个阶段。雄蛹的翅芽在体外逐渐形成，一般经过预蛹和蛹 2 个时期。雌虫一生无翅，亦无蛹期。

雌若虫通常经过 2 次或 3 次脱皮变为成虫，体型与若虫相似。而雄蚧的脱皮次数一般比雌性多 1 次。第 1 龄若虫期间，雌雄很难分辨。第 2 龄时，出现雌雄分化，雄虫体形变长，脱皮后进入预蛹，能分辨出头、胸、腹，复眼出现，但口器退化，可见翅芽和交尾器等。待脱皮变为蛹后，头、胸、腹区分明显，翅、足、触角、交尾器等伸长，复眼更大。

蚧 1 年发生 1～3 代，因物种、地域、气候条件、寄主及寄生部位等而有区别。蚧能产卵数百粒。不同世代的蚧在生物学、生态习性等方面存在差异，有时甚至在形态方面也有明显差异。

蚧的危害部位因物种而异，多数物种危害植物的地上部，包括茎、叶、叶柄、果柄、果实等，少数种类危害根、须根、块茎等地下部。蚧以刺吸式口器终生插入植物组织内取食，不仅大量掠夺植物汁液，破坏植物组织，引起组织褪色、死亡，而且还分泌特殊物质，使植物组织局部畸形。有些物种是传播植物病毒病的重要媒介。当蚧大量发生时，活体常密被于茎叶上，蚧壳和分泌的蜡质等覆盖茎叶表面，影响植物的呼吸和光合作用。多数物种还排泄"蜜露"，诱发黑霉病，引来蚂蚁。

温度、降雨和风对蚧的种群数量影响较大，产卵数量与气候和营养条件等有较大关系。例如，吹绵蚧在温暖潮湿的环境条件下，雌成虫在气温 25～26℃、相对湿度较高时，产卵最多，而在 15℃ 以下时产卵减少；若虫正常活动的适宜温度为 22～28℃，超过 32℃ 或 -12℃ 时则开始死亡。高湿度有利于蚧的发生，相对湿度低于 15% 时，若虫会大量死亡，因此干旱年份不利于蚧的发生。

蚧与寄主植物的关系比较复杂。多数蚧为多食性，可取食多种植物类群，如吹绵蚧的寄主植物就有 100 多种。有些蚧为单食性，甚至有些科或属的种类退化，只能在某一固定的植物类群上寄生。

蚧在植株上很少活动或完全固着在植株上。一些若虫和成虫开始取食后就固着在寄主上不再转移。一些蜡蚧、硕蚧和粉蚧固定于植株后，可在小范围内爬行，但爬行距离有限，一般只在植株内不同部位或邻近植株范围内活动。蚧的雄成虫虽然有翅和足，但其飞翔和爬行能力很弱。因此，蚧的扩散和传播主要靠外力，常见的传播方式有自然传播和人为传播 2 类。自然传播主要有风传、水传和动物传带几种。蚧体较小，大风往往能将蚧从甲地吹至乙地。沿河溪植物上的蚧，会随枝叶落入水中，借水流漂到远地。蚧的天敌，如草蛉、瓢虫等取食时，部分蚧的卵或若虫会附着其体表，当它们转移时可将活体传播到其他植株或田块。蚁类因取食蚧的蜜露，也往往传带。人为传播是蚧的主要传播方式。各种农事操作会造成蚧在植株间、田块间的传播蔓延。现代交通的发展和经济全球化，各种货物、农产品、苗木等运输频繁，为蚧远距离传播提供了有利条件。因此，加强植物检疫工作，是防止蚧传播蔓延的根本措施。

以朝鲜球坚蜡蚧为例。朝鲜球坚蜡蚧（*Didesmococcus koreanus* Borchs）属半翅目（Hemiptera）蜡蚧科（Coccidae）。

（1）形态特征。

成虫：雌体近球形，长 4.5mm、宽 3.8mm、高 3.5mm，前、侧面下部凹入，后面近垂直。初期介壳软、黄褐色，后期硬化、红褐至黑褐色，表面有极薄的蜡粉，背中线两侧各具 1 纵列不甚规则的小凹点，壳边平削与枝接触处有白蜡粉。交尾后渐变球形，长 4～5mm、宽 5～5mm、高 3～4mm。

雄体长 1.5～2mm，翅展 5.5mm，头胸赤褐色，腹部淡黄褐色。触角丝状 10 节，生黄白短毛。前翅发达，白色半透明，后翅进化为平衡棒。性刺基部两侧各具 1 条白色长蜡丝。尾端交尾器针状。

卵：椭圆形，长 0.3mm、宽 0.2mm，附有白蜡粉，初白色渐变粉红。

若虫：初孵若虫长椭圆形扁平，长 0.5mm，淡褐色至粉红色，被白粉；触角丝状，6 节，眼红色；足发达；体背面可见 10 节，腹面 13 节，腹末有 2 个小突起，各生 1 根长毛。固着后体侧分泌弯曲的白蜡丝覆盖于体背，鲜延伸至虫体或一般不能延伸至虫体。越冬后雌雄体分化，雌体卵圆形，背面隆起呈半球形，淡黄褐色，有数条紫黑横纹；雄体瘦小椭圆形，背稍隆起。

雄蛹：长 1.8mm，赤褐色，腹末有 1 个黄褐色刺状突起。

茧：长椭圆形，灰白半透明，扁平背面略拱，有 2 条纵沟及数条横脊，末端有 1 个横缝。

（2）生活史。该蚧 1 年发生 1 代，以 2 龄若虫固着在茎上越冬。翌年 4 月中旬开始活动，雌若虫于 4 月下旬脱皮，体背逐渐变大呈球形。雄若虫于 4 月中旬分泌白色蜡质形成介壳，再蜕皮化蛹其中，4月下旬开始羽化为成虫。

雄成虫羽化后与雌成虫交尾。交尾后的雌虫体迅速膨大，逐渐硬化。5月上旬，雌成虫开始产卵于体下。卵期7d，5月中旬为若虫孵化盛期。6月中旬后，若虫分泌的蜡质逐渐形成白色蜡层，包在虫体四周。越冬前，若虫脱皮，蜕包于2龄若虫体下，至10月开始越冬。

（3）生物学特性。春季2龄越冬若虫从蜡堆里的蜕皮中爬出，另找地点固着，群居在茎上取食，逐渐雌雄分化。经蜕皮后，雄成虫羽化并与雌成虫交尾，单雌产卵1 000粒左右。雌虫也能孤雌生殖。

初孵若虫孵化后，从母体臀裂处爬出，在寄主上爬行1～2d，寻找适当寄生部位，多在茎裂缝处和茎基部叶痕中。固定取食后，身体稍长大。此时发育缓慢，雌雄体难分。

（4）防治方法。朝鲜球坚蜡蚧天敌资源丰富，有黑缘红瓢虫、蚜小蜂、姬小蜂、扁角跳小蜂、草蛉等捕食性和寄生性天敌。其主要发生期为5　7月，此时正值蚧若虫危害盛期。因此，此期需避免使用残效期长的广谱性杀虫剂。

当介壳卵孵化率达80％时，可用10％吡虫啉可湿性粉剂3 000～4 000倍液或25％扑虱灵可湿性粉剂1 500～2 000倍液或25％噻嗪酮可湿性粉剂1 000倍液喷雾防治。虫口密度较高时，5d后再喷1次。

3. 蝽类　蝽属于半翅目，学者一般将其分成不同的科。大部分蝽以刺吸植物汁液为营养来源。危害人参的蝽类，其成虫和若虫均刺吸人参茎叶，也可能藏于人参茎叶表面或组织内，对人参造成危害。周晓春等（1989）报道，人参的害蝽有苜蓿盲蝽（*Adelphocoris lineolatus* Goeze）、三点盲蝽（*Adelphocoris fasciaticollis* Reuter）、姬园二点蝽（*Caplosoma biguttula* Mots.）、斑须蝽（*Dolycoris baccarum* L.）、黄盲蝽（*Lygus kalmi* L.）、绿蜻蝽（*Palomena amplifcata* Dist）、黄伊缘蝽（*Rhopalus maculates* Fieber）等。

（1）苜蓿盲蝽。属半翅目（Hemiptera）盲蝽科（Miridae）。

①形态特征。

成虫：体长7.5～9.0mm、宽2.3～2.6mm，黄褐色，被细毛。头顶三角形，褐色，光滑，复眼扁圆形，黑色。喙4节，端部黑，后伸达中足基节。前胸背板胝区隆突，黑褐色，其后有黑色圆斑2个。小盾片突出，有黑色纵带2条。前翅黄褐色，前缘具黑边，膜片黑褐色。足细长，腿节有黑点，胫基部有小黑点。

卵：长1.3mm，浅黄色，香蕉形，卵盖有1处指状突起。

若虫：5龄若虫体长3.5～4.0mm，黄绿色具黑毛，眼紫色，翅芽超过腹部第3节，腺囊口"八"字形。

②生活史。苜蓿盲蝽1年完成3代，以卵在植物的枯枝落叶内越冬。越冬卵于4月下旬孵出1代若虫，2代若虫于6月上旬出现，3代若虫于7月下旬孵出，若虫于10月中旬全部结束。3代成虫8月中、下旬羽化。9月中旬，成虫在越冬寄主上产卵越冬。

③生物学特性。苜蓿盲蝽是我国较为重要的农业害虫，杂食性，已记载可取食47科245种植物，但不取食禾本科植物。若虫和成虫喜聚集，以成虫和若虫群集在植物上危害，造成受害作物分枝丛生，叶片呈现白斑、卷曲、皱缩。

若虫爬行能力及成虫飞行能力较强，扩散速度快。早上和傍晚有活动高峰，中午气温高时多在植物叶片背面、土块或枯枝落叶潜伏。成虫多在夜间产卵，选适当部位后，用喙刺1小孔，产卵1粒于其中，卵垂直或略斜插入植物组织内，卵盖微露，似1枚小钉。之后，产卵处组织逐渐裂开，排列的卵粒略显露。夏季时，1、2代成虫产卵部位多在植株上部；秋季时，3代成虫则常产在茎下部近根处。雌虫产卵以1代最多，为78.5～199.8粒；3代产卵最少，仅20.2～43.7粒。

然而，通过田间调查发现，苜蓿盲蝽在新疆地区能够捕食国际重要检疫害虫——双马铃薯甲虫（*Leptinotarsa decemlineata* Say）卵及低龄幼虫，是马铃薯甲虫捕食性天敌昆虫之一，具有潜在生物防治利用价值。

④防治方法。

铲除田间、地边杂草，及时清除枯枝落叶，有效减少虫源。

应用蜜源-糖醋液诱杀。配方为：糖∶醋∶酒精∶枣蜜为20∶15∶5∶2，有效期约为10d。

可用2.5%吡虫啉可湿性粉剂2 000倍液或48%乐斯本乳剂1 000倍液喷雾防治。9∶00以前或18∶00以后喷药，植株幼嫩组织、嫩叶背面，及地埂、地界、渠道、路边、草滩荒地、林草地等是喷药重点。

（2）斑须蝽。属半翅目（Hemiptera）蝽科（Pentatomidae）。

①形态特征。

成虫：体长8.0～13.5mm、宽6.0mm左右。椭圆形，黄褐色至紫褐色，全身密布黑色粗刻点及白色细绒毛，前胸背板、中胸小盾片及头部绒毛最多。复眼红褐色，触角5节，黑色，第1节短而粗，第2～5节基部黄白色，因而形成黄黑相间的触角，故名"斑须"蝽。前胸背板前侧缘稍向上卷，浅黄色，后部常带暗红色。小盾片三角形，末端钝而光滑，黄白色。足黄褐色，散生黑点。腹部背板黑色，侧接缘外露，黄色，可见4个黑色节间斑纹。

卵：长圆筒形，卵粒整齐排列成块，初产卵粒淡黄色，数小时后变赭黄色，再变赭灰黄色，出现1对红色眼点。卵壳有网状纹，被白色短绒毛。卵盖略突出，周缘有3个小突起。

若虫：共5龄。体暗灰褐或黄褐色，具黑色刻点和被白色绒毛。触角4节，黑色，节间黄白色。腹部黄色，背面中央自第2节向后均有1个黑色纵斑；各节侧缘均有1个黑斑。

②生活史。斑须蝽1年发生1～2代。5月初，日平均气温达到8℃左右时，越冬成虫开始活动，6月初开始产卵，7月中旬结束产卵。6月中旬至8月中旬可见若虫。7月下旬若虫羽化为成虫。9月下旬成虫开始陆续越冬。

斑须蝽也有2代交叠的现象。具体发生代数受当年的天气影响很大，纬度较高的地区1年完成1代；而温度较高的地区，1年能发生2代。

③生物学特性。斑须蝽完成1个世代需要的有效积温为598.2℃，发育起点温度为14.2℃。以成虫在杂草根部、土缝和树皮缝隙等处越冬。越冬成虫在5月中下旬至6月上旬进入参地，危害时间长达30d。6月中下旬为产卵盛期，7月上旬为卵孵化盛期。成虫产卵前是危害严重阶段，特别喜欢在嫩叶、嫩芽和嫩茎等幼嫩多汁处刺吸。初孵若虫群

聚，2龄后扩散。

斑须蝽的刺吸危害具有隐蔽性。在傍晚或清晨，于植株地上部的幼嫩部位危害，白天多聚集在植物的根部。当温度在20℃左右，相对湿度在60％～70％之间时，成虫最活跃。斑须蝽有转株危害习性，且飞行能力较强。

④防治方法。

清除田间杂草，减少害虫活动滋生场所。

保护斑须蝽沟卵蜂、华姬猎蝽、大眼蝉长蝽和大草蛉等天敌。

在6月中旬成虫盛发期，进行人工捕捉，减少田间落卵量。

在春季成虫出现危害高峰期，使用内吸性杀虫剂，如3％莫比朗乳油450mL/hm²，兑水225kg喷雾，或用10％吡虫啉悬浮剂225～300g/hm²，兑水225～300kg喷雾防治。

（二）咀嚼式口器的害虫

1. 大灰象甲（*Sympiezomias velatus* Chevrolat） 属鞘翅目（Coleoptera）象甲科（Curculionidae）。

（1）形态特征。

成虫：体长8～12mm，灰黑色，密被灰白色鳞毛。前胸卵圆形，背板中央黑褐色。头部宽粗，中央和两侧形成3条纵沟，中央沟黑色。触角索节7节，复眼大而凸出。鞘翅近卵圆形，具褐色斑纹及10条刻点列，后翅退化。雄虫鞘翅末端不缢缩，钝圆锥形；雌虫鞘翅末端缢缩，且较尖锐。

卵：长椭圆形，长约1.1mm，初期为乳白色，两端近透明。接近孵化时乳黄色，数十粒聚一起呈块状。

幼虫：老熟幼虫体长13～17mm，乳白色，弯曲呈C形，无足，背部有很多横皱分布。头部黄褐色，上颚褐色。肛门孔分裂，呈暗褐色。

蛹：体长9～11mm，长椭圆形，初为乳白色，后呈乳黄色。头顶及腹背具刺毛，尾部弯向腹面，末端两侧各有1刺。

（2）生活史。大灰象甲2年发生1代，第1年以幼虫越冬，第2年以成虫越冬，幼虫、成虫均在土壤中越冬。越冬成虫于4月中下旬开始出现，成虫期250～380d。5月下旬雌虫开始产卵，产卵期可延至8月。卵期10d左右。孵化的幼虫寻找合适的地点进入土中，9月中下旬幼虫向下移动，在40～100mm土层做1个土室越冬。翌年春天幼虫继续取食，6月下旬幼虫陆续化蛹，7月中下旬羽化为成虫，新羽化的成虫不出土，在原地越冬，第3年4月中下旬开始出土危害。

（3）生物学特性。越冬成虫于4月中下旬气温达到10℃时开始活动，20℃左右时活动旺盛，常在清晨和傍晚危害。气温过高或过低时，成虫活动减少。成虫后翅退化，动作迟缓，爬行取食。群居性，常数十头群集在参根处危害，取食参叶的嫩尖及叶片，造成叶片孔洞和缺刻，重者叶片被吃光，造成缺苗断垄。成虫具假死性。

雌虫产卵时，将叶片折合，然后将产卵器插在折合的叶片内产卵，并分泌黏液将叶片黏合在一起；雌虫也可将卵产于杂草或植物根部周围。单雌平均产卵200粒。

幼虫卷合叶片蛀食或取食茎根，也可入地下危害植物根系。

（4）防治方法。

于成虫在参茎基部群集取食时，进行人工捕杀。

于危害期，喷施 2％阿维菌素 2 000 倍液、1.8％噻虫啉 1 000 倍液、3％高渗苯氧威 1 000 倍液、2.5％高效氯氟氰菊酯乳剂 2 000 倍液、4.5％高效氯氰菊酯乳剂 1 000 倍液、1％烟碱苦参碱乳剂 1 000 倍液防治。

2. 蝗虫类　蝗虫属直翅目（Orthoptera）蝗总科（Acridoidea）。蝗虫植食性，多为杂食性，其中很多物种是农业上的重要害虫，有些物种可危害人参。周晓春等（1989）报道了 6 种危害人参的蝗虫。实际上，危害人参的蝗虫物种还有许多。例如，短星翅蝗（*Calliptamus abpeviatus* Ikonnikov）、苯蝗（*Haplotropis puneriana* Saussure）、负蝗（*Aractomorpha* spp.）、小车蝗（*Oedaleus* spp.）等。

危害人参的蝗虫多生活在山区坡地、低洼地的高岗、田埂、地头等处，同时也取食其他植物。蝗虫非常贪食，被蚕食的食物大部分未经消化即排出体外，这是因为它们获得食物的目的不仅是为摄取养分，还为了获取水分。因此，在干旱少雨的年份中，蝗虫食量大增，易发生蝗灾。

（1）中华剑角蝗（*Acrida cinerea* Thunberg）。属直翅目（Orthoptera）镫瓣亚目（Caelifera）蝗总科（Acridoidea）剑角蝗科（Acrididae）。

①形态特征。雄虫体长 30～47mm，雌虫体长 58～81mm。雄虫前翅长 25～36mm，雌虫前翅长 47～65mm。夏季型体绿色，秋季型体土黄色有纹。头长，颜面极倾斜，头顶向前突出呈长圆锥形。触角剑状。有的个体复眼后、前胸背板侧片上部、前翅肘脉域具宽淡红色纵纹。草枯色个体有的沿中脉域具黑褐色纵纹，沿中闰脉具 1 列较强淡色斑点。后翅淡绿色。后足腿节、胫节绿色或黄色。

②生活史。中华剑角蝗 1 年发生 1 代。以卵在土中越冬，翌年 5 月下旬越冬卵开始孵化，6 月上旬为孵化盛期。若虫 6 龄期，1～5 龄各历期差异较小，均在 13～15d，6 龄历期 18～19d，整个若虫历期 85～90d。羽化至交尾 13～14d，交尾后 15d 左右产卵，产卵期一般约为 30d。成虫历期一般约为 60d。

③生物学特性。5 月下旬至 6 月上旬，当平均气温稳定通过 21～25℃时，卵开始孵化，孵化期较长，可延续至 7 月中旬。若虫出土极不整齐，可发生 1 龄若虫与成虫同时出现的现象。出土时间以 8:00—10:00 最多，下午孵化较少，阴雨天或低温天不孵化。地势较高的渠埂、堤坝等背风向阳处，蝗卵发育快，孵化早；反之，地势低洼地，蝗卵发育慢，孵化晚。3 龄前若虫食量较小，4 龄后显著增加。每次蜕皮和羽化后，停食约 2h。蜕皮和羽化前后，均有暴食现象。成虫一般在 8:00—10:00 和 16:00—18:00 取食较多，中午气温高一般不取食；阴雨天不取食，天气闷热时只在早晨或晚上取食。

羽化后的成虫，13～14d 开始交尾，并有多次交尾现象。交尾时间差异较大，最短几分钟，最长 1.7h。成虫一生可交尾 7～12 次。天气晴朗交尾最盛，阴天时交尾很少，雨天不交尾。成虫交尾后 6～33d 产卵，一般 15d 左右。成虫常选择道边、地埂、沟渠、堤坝等处及植被覆盖度为 5％～33％的地方产卵。单雌产卵 1～4 块，卵块长 40～90mm，每块卵有卵粒 60～120 粒。单雌产卵 226 粒。

卵历期较长，可持续 270d 左右。

若虫 6 龄。1～2 龄若虫有群集现象，2 龄若虫 2h 可迁移 6m，3 龄若虫 2h 可迁移 24m。若虫以跳跃扩散为主。在食料充足的情况一般不迁移。当寄主被吃光后，向其他寄主迁移。成虫不远距离迁飞。

（2）宽翅曲背蝗（*Pararcyptera microptera meridionalis* Ikonnikov）。属直翅目（Orthoptera）蝗总科（Acridoidea）网翅蝗科（Arcypterida）。

①形态特征。

雄性：中型，体长 23～28mm。头部较大，头顶宽短。三角形，中央略凹，侧缘和前线的隆线明显。触角丝状，超过前胸背板的后缘。前胸背板宽平，前缘较平直，后缘圆弧形；中隆线明显隆起；侧隆线明显，其中部在沟前区颇向内弯曲呈 X 形。前翅发达，略不到达或刚到达后足腿节末端。后翅略短于前翅。后足腿节粗短，上侧中隆线无细齿。后足腿节底侧橙红色，雄性内、外膝侧片黑色。

雌性：体黄褐、褐或黑褐色，长 35～39mm，较雄性大且粗壮。头部背面有黑色"八"字形纹。触角短，刚到达前胸背板后缘。前胸背板侧隆线呈黄白色 X 形纹，侧片中部具淡色斑。前翅较短，通常超过后足腿节的中部，具有细碎黑色斑点；前缘脉域具较宽的黄白色纵纹。后足腿节黄褐色，具 3 个暗色横斑，雌性内、外下膝侧片黄白色。后足腿节橙红色，近基部具淡色环。产卵瓣粗短，上产卵瓣的外缘无细齿。

②生活史。宽翅曲背蝗 1 年发生 1 代，以卵在土中越冬。翌年 5 月中旬卵开始孵化，5 月下旬若虫大量出现，6 月上中旬若虫多为 3 龄、4 龄，6 月下旬至 7 月上旬为成虫期及产卵期。危害盛期是 6 月中旬至 7 月上旬。

各龄若虫的历期为：1 龄历期 6d，2 龄为 7d，3 龄为 7d，4 龄为 7d，5 龄为 7d，共经历 34d 左右。

③生物学特性。此虫常以荒山、草地为栖息场所。早晚温度较低或有露水时，停止取食，静止时抱握在植株上，或集潜伏在背风的干燥土坡、土缝里，日出时则聚集于向阳坡面。当气温升高时，四散活动，喜在稀疏植被的草滩上活动。成虫于中午时常作短距离飞翔，若虫能短距离跳跃，3 龄以后跳跃能力增强，最远能跳 3m，最多可连续跳跃 15 次。

此虫扩散迁移危害的原因有：①借风力吹送，如在大风天可吹送到 7m 之远。②借流水冲送。③滋生地因食料缺乏而四散觅食。④农事活动如放牧、田间作业及车马运输等以致惊扰而扩散。一般扩散规律是：孵化后，先在荒山坡地取食附近杂草，随着虫龄增长，而逐渐向农田迁移。越是距山坡地近的发生越多，扩散后呈岗地多、洼地少，荒地多、农田少，矮草地多、高草地少，稀草地多、密草地少的分布状况。

求偶时，雄虫擦翅清脆有声。雌虫一生可交尾 2 次以上，交尾时间多在晴天下午，阴天则较少。产卵前后均可交尾。产卵时，可看到 3～4 头雄虫紧密抱握雌虫，当雌虫产卵完毕、腹部抽出地面时，则这些雄虫争相交尾。

（3）亚洲小车蝗（*Oedaleus asiaticus* Bey-Bienko）。属直翅目（Orthoptera）蝗总科（Acridoidea）斑翅蝗科（Oedipodidae）。

①形态特征。

雌虫：体长约 35mm，前翅长约 33mm，全体褐色带绿色，有深褐色斑。头、胸及翅上的黑褐斑纹鲜艳。前胸背板中部明显缩狭，有明显的 X 形纹，图纹在沟前区与沟后区等宽。前胸背板侧片近后部有倾斜的淡色斑，前翅基半部有 2～3 块大黑斑，端半部有细碎不明显的褐斑。后翅基部淡黄绿色，中部有车轮形褐色带纹。后足腿节顶端黑色，上侧和内侧有 3 个黑斑，胫节红色，基部的淡黄褐色环不明显，上侧常混红色。

雄虫：较雌虫小，体长 25mm，前翅长 18mm。

②生活史。亚洲小车蝗 1 年发生 1 代，以卵在土中越冬，土层深度 3～5cm。5 月中旬卵开始孵化，持续到 6 月上旬，孵化期长达 50d 以上。6 月上旬为卵孵化盛期，若虫 1～2 龄群集活动。6 月下旬 3 龄若虫分散活动。若虫期平均 63d（最长 92d、最短 39d），雄若虫平均 54d（最长 59d、最短 46d），雌若虫平均 61d（最长 68d、最短 56d）。7 月上旬为羽化盛期，7 月中下旬为产卵盛期，8 月上旬为产卵末期。

③生物学特性。亚洲小车蝗适于在温暖、土壤含水量较大的向阳山坡、山脚凹地产卵，土质较板结的黄沙土易于形成卵囊。冬季温暖湿润、春季雨量多，尤其是 5 月上旬降雨量多，对亚洲小车蝗发生有利，可造成卵孵化期提早、整齐，孵化率高。在相对湿度 50%～80% 下，亚洲小车蝗取食量显著大于其他湿度。同时，春季降雨多，为若虫提供了丰富的食物，从而导致小车蝗暴发成灾。而夏季气候持续干旱，造成植被生长不良，促使蝗虫因食物不足而迁入参地危害。

亚洲小车蝗具有远距离迁飞的特性。该蝗虫主要在夜间迁飞，因具有较强的趋光性，因而在灯光强烈的地方会吸引大量成虫。

（4）防治方法。

①做好预测预报，摸清发生情况，做到早发现、早防治，将虫害控制在 3 龄前。

②采取联防、统防。重发生区集中防治，做到蝗虫不迁移、不扩散。在参地与林地交错带，构筑 10m 左右隔离带。

③科学使用化学农药，协调生防与化防措施。防治药剂可亩用 1.8% 阿维菌素乳剂 16～20mL、2.5% 溴氰菊酯乳剂 20mL、40% 辛硫磷乳剂 50～60mL 喷雾。

④对适宜蝗虫产卵的环境和地块，深耕细耙，使土中的卵块受到机械性破坏，或深埋于土中不能出土，或暴露地表可被鸟类啄食、失水干瘪、冻死，从而减少蝗卵的孵化率。

⑤应注意保护和利用天敌。蜘蛛对 3 龄以前的若虫，蛙类对 1～5 龄若虫，鸟类对若虫和成虫均有极强的控制作用。此外，卵期的天敌芫菁、蜂虻，若虫期和成虫期的天敌食虫虻、寄蝇、泥蜂、蜥蜴等都对蝗虫有较强的抑制。

3. 草地螟（*Loxostege stieticatis* Linnaeus） 属鳞翅目（Lepidoptera）草螟科（Crambidae）。

（1）形态特征。

成虫：淡褐色，体长 8～10mm，前翅灰褐色，外缘有淡黄色条纹，翅中央近前缘有 1 处深黄色斑，顶角内侧前缘有不明显的三角形浅黄色小斑，后翅浅灰黄色，有 2 条与外缘平行的波状纹。

卵：椭圆形，长 0.8～1.2mm。多为 3～5 粒或 7～8 粒串状黏成复瓦状的卵块。

幼虫：共 5 龄。初孵幼虫体长 1.16～3.82mm，头壳黑褐色，体躯淡黄色，体表刚毛较发达，第 2、3 胸节背部各有 1 对黑斑，腹节背部每节各有 2 对黑斑；2 龄幼虫初蜕皮时为淡黄色，取食后体色变为黄绿色，末期为灰绿色，胸盾黑色，各体节两侧具黑色刚毛瘤；3 龄幼虫有明显白斑，初期头壳灰白色，体浅灰绿色，数分钟后头壳变为黑色，体墨绿色，体侧有 2 条淡色纵带；4 龄幼虫头壳黑色，体黑绿色，两侧纵带明显，臀板有刚毛 8 根；5 龄幼虫体灰黑色或黑色，头部有白色 Y 形纹，体背有 2 条亮黄色或黄白色线条，背线两侧每节有 6 个暗黑色肉瘤且呈三角形排列，肉瘤中央生有 1 根刚毛，刚毛根部为白色，肉瘤周围有同心白环。

蛹：长 14～20mm，背部各节有 14 个赤褐色小点，排列于两侧，尾刺 8 根。

（2）生活史。草地螟主要于北纬 38°—43°、东经 108°—118°，如山西雁北、内蒙古乌兰察布和河北张家口等地越冬。在发生危害区内，1 年完成 2 代，有 2 次大规模迁飞活动。依次为：5 月下旬至 6 月上旬，在越冬区域的成虫羽化，因当地温度、湿度较低，成虫迁飞到温度、湿度较高的东北地区产卵危害；7 月下旬至 8 月上旬，东北地区的 1 代成虫向华北地区迁飞。此外，草地螟还可进行垂直迁飞，在其他时期也存在着迁飞现象。

1 代成虫大多于 7 月下旬至 8 月上旬羽化，羽化后成虫迁出或不在本地产卵。此时正是一年中温度、湿度较高的季节，由于温度过高，成虫羽化后便在这些地区消失，从而构成了东北地区 1 代幼虫危害很重、2 代幼虫危害很轻或越冬虫源很少的现象。

（3）生物学特性。草地螟属温带兼性迁飞昆虫，主要在北纬 36°—55° 之间的区域发生危害，具有间歇暴发、集中迁移危害的特点。蛹和成虫的发育起点温度均为 12℃，在土表温度达到 12℃若干时间段后，成虫即可羽化。成虫羽化后 3 日龄便有飞行能力，迁飞能力强，迁飞距离大多为数百千米，最远的可达 1 200km。在不利的环境条件下形成的成虫，迁飞能力强，迁飞倾向较大；反之较小。迁飞行为的发生既与蛾龄、卵巢发育或生殖状态有关，也与温湿度、气流、降雨等气候因子密切相关。另外，在迁飞过程中，成虫会表现出各种主动行为，以适应气候因子的变化。迁飞成虫通常降落在温度 21℃ 左右、相对湿度＞60% 的场所。

初孵幼虫具吐丝下垂的习性，遇触动即后退或前移，无假死性；4～5 龄幼虫一般不吐丝下垂，当遇到振动或触动时，迅速掉落于植株其他部位或地表。1～2 龄幼虫仅取食人参叶背叶肉，残留表皮；3 龄后幼虫食量逐渐增大，可将叶肉全部食光，仅留叶脉和表皮，或造成叶片孔洞或缺口，或仅剩叶脉，或咬断叶柄，使叶全部脱落，只剩杆，还可连续转移到其他株危害；4～5 龄为暴食期，取食量占整个幼虫期总食量的 80% 以上。因此，应在 2～3 龄的低龄幼虫期进行防治。

草地螟全世代的发育起点温度为 10.5℃，有效积温为 531.2℃；卵、幼虫、蛹和成虫发育的起点温度分别为 14.3℃、12.7℃、11.6℃ 和 11.0℃，有效积温分别为 30.5℃、190.7℃、158.3℃ 和 96.7℃。

草地螟低龄幼虫的存活受温湿度和食物的影响最大。但由于藜（Chenopodium album L.）等适宜寄主遍布于发生区，且成虫和幼虫均具有主动选择藜取食和在其上产卵的能力，因此，只要温湿度适宜，食物不是影响幼虫存活的关键。在 10～14℃ 条件下，1 龄幼虫存活率极低；在温湿度为 18～30℃、20%～100% 条件下，1～2 龄的存活率以 22℃、60%～80% 最高，30℃、20% 最低。但 3～4 龄存活不受温湿度影响，5 龄存活仅受湿度影响。

1 代幼虫的发生危害程度主要取决于成虫发生量和盛发期间的温湿度条件。当成虫发生量大，盛发期的温度在 21℃ 左右，相对湿度≥60% 时，幼虫就会大发生。2 代幼虫发生危害的条件与 1 代幼虫一样。但是，若成虫迁入后温湿度条件不适宜，即使成虫数量很大，也很难看到幼虫危害。

（4）防治方法。

①根据虫情预报，做好预防准备。

②清除参棚、参地周围杂草。

③在参棚、参地周围挖深 20～30cm、宽 20cm 的梯形防虫沟。随时观察，不让幼虫过沟。也可在防虫沟内侧设防虫药带，喷溴氰菊酯等药液，防止幼虫突破防虫沟进入参地。

4. 斜纹夜蛾（*Prodenia litura* Fabricius）　属鳞翅目（Lepidoptera）夜蛾科（Noctuidae）。

（1）形态特征。

成虫：体黄褐色，长 16～20mm，翅展 32～42mm，胸部有白色丛毛。前翅基部有数条白线，内、外横线白色，从前缘到后缘有 3 条灰白色线，组成较宽且明显的斜纹。后翅淡灰白色，近翅缘暗褐色。

卵：馒头形，直径约 0.5mm，卵壳表面有细格纹，初产时黄白色，后变紫黑色。卵粒为不规则状，每块自数十粒至 200 粒重叠排列，表面覆有稀疏的黄褐色鳞毛。

幼虫：成长幼虫体长 40～50mm。体色变化大，有黑褐色、暗绿色等。低龄幼虫体色较淡，随龄期增加而加深。背线及亚背线灰黄色。在亚背线上，每节有 1 对黑褐色半月形的斑纹，以腹部第 1 节、7 节、8 节的黑斑最大。

蛹：体长 18～20mm，棕褐色。腹部第 4～7 节、背面及第 5～7 节腹面的前缘密布圆形刻点。腹部末端有 2 枚刺，刺基分开。气门黑褐色，椭圆形隆起。

（2）生活史。斜纹夜蛾 1 年发生多代，世代重叠。越冬问题尚未明确。在 0℃ 左右的长时间低温下，基本不能生存。

（3）生物学特性。斜纹夜蛾是杂食性和暴食性害虫，寄主相当广泛，可危害近 100 科 300 多种植物。各虫态生活适温为 28～30℃。6—8 月是发生期。成虫白天不活动，躲藏于植株茂密的叶丛中，黄昏后开始飞行取食，取食植物花蜜作为补充营养。成虫有强烈的趋光性和趋化性，飞行能力很强，对糖、醋、酒精味道很敏感。成虫产卵多在生长较茂密浓绿的作物上，于叶背脉纹交错处。

幼虫主要危害 3 年参龄以上西洋参，1、2 年参龄参极少受害。初孵幼虫在叶背群集危害，将人参叶食成纱窗状。随着幼虫龄期增长，开始分散危害，食量猛增。4 龄后进入暴食期，出现负光性。有昼伏夜出和假死的习性。白天查看，找不到虫子，只见被害状和虫粪。在黎明前、晚上或在阴雨天气，幼虫容易被看到。高龄幼虫将人参叶片食成孔洞、缺刻，严重者仅留叶脉，危害十分迅速，损失很大。

老熟幼虫在 1～3cm 土层内化蛹。适合化蛹的土壤湿度是土壤含水量在 20% 左右。

（4）防治方法。

①斜纹夜蛾食性很广，要注意参地以外的虫口密度发生动态。

②清除杂草，翻耕晒土或灌水，破坏或恶化其化蛹场所，有助于减少虫源。

③于成虫盛发期灯光诱杀，黑光灯的效果比普通灯的诱蛾效果明显；或利用成虫趋化性，配糖醋酒液（糖∶醋∶酒∶水＝3∶4∶1∶2），加少量敌百虫诱杀成虫。

④药剂防治应在暴食期前,在点片发生阶段消灭。喷药宜在午后及傍晚进行。可用 2.5%灭幼脲或 5%氟虫脲乳油或 5%农梦特乳油 2 000～3 000 倍液,隔 7～10d 喷 1 次,均匀喷雾 2～3 次。

第五节　人参草害及防除技术

杂草是人参田重要的有害生物因子之一。草害一直是人参产业可持续发展的一个主要障碍。杂草由于本身具有适应范围广、繁殖能力强、生长势强等诸多特点,与人参争肥、争水、争光,可直接造成人参减产;同时杂草又是许多有害生物的寄主和越冬越夏场所,引起病虫鼠害发生而对人参造成间接危害从而减产,因此人参草害的防除是人参生产中非常重要的一个环节。

一、人参田主要杂草种类

人参种植由伐林种参转变为农田种植,其杂草种类几乎和其前茬种植的作物杂草种类相同。据不完全统计,危害人参的杂草有 100 余种,常见杂草有 30 余种,其中对人参危害严重且发生普遍的主要有:

1. 禾本科杂草　马唐［*Digitaria sanguinalis*（L.）Scop］、稗［*Echinochloa crusgalli*（L.）Beauv.］、牛筋草［*Eleusine indica*（L.）Gaertn.］、芦苇（*Phragmites communis* Trin.）、狗尾草［*Setaria viridis*（L.）Eauv.］、荩草［*Arthraxon hispidus*（Thunb.）Makino］等。

2. 一年生阔叶杂草　藜（*Chenopodium album* L.）、酸模叶蓼（*Persicaria lapathifolia*（L.）Gray］、酸模（*Rumex acetosa* L.）、红蓼［*Persicaria orientalis*（L.）spach］、反枝苋（*Amaranthus retroflexus* L.）、凹头苋（*Amaranthus blitum* L.）、苍耳（*Xanthium strumarium* L.）、马齿苋（*Portulaca oleracea* L.）、鸭跖草（*Commelina communis* L.）、铁苋菜（*Acalypha australis* L.）、龙葵（*Solanum nigrum* L.）、苘麻（*Abutilon theophrasti* Medic. 3）、葎草［*Humulus scandens*（Lour.）Merr.］等。

3. 多年生阔叶杂草　荠［*Capsella bursa-pastoris*（L.）Medic.］、刺儿菜［*Cirsium arvense* var. *integrifolium* Wimm. et Grabowski］、大刺儿菜［*Cirsium arvense* var. *setosum*（Willd.）Ledeb.］、蒲公英（*Taraxacum mongolicum* Hand.-Mazz.）、苣荬菜（*Sonchus wightianus* DC.）、平车前（*Plantago depressa* Willd.）、问荆（*Equisetum arvense* L.）等。

二、人参田杂草发生规律和危害

（一）发生规律

了解杂草的发生规律对确定杂草的防除时机具有重要意义。不同生态类型区的人参杂草发生规律及发生动态有一定差异，每个地区杂草的发生程度及消长与温度、降雨及农事活动有一定的相关性。

在 4 月中下旬至 4 月末播种移栽，人参出苗的同时蓼、藜等杂草开始出土，而后随着气温升高，杂草出土量增加，至 5 月下旬稗、反枝苋大量出土，杂草发生量达到第 1 个高峰。7 月上、中旬，由于降雨等原因，杂草出苗出现第 2 个高峰。此后再出土的杂草对人参产量危害减小。

（二）危害

1. 与作物争夺空间、养分、水分和光线等 杂草在长期自然选择中，形成了对环境条件的广泛适应性，生长迅速、繁茂，竞争能力比作物大得多。由于杂草具有庞大的根系，并能迅速形成地上组织，因而可以很快抢占营养物质丰富的田地。在人参苗期，一些早出土的杂草，严重遮挡阳光，加上地下营养的掠夺，使作物幼苗黄化、矮小。

2. 产生抑制物质影响作物生长 有些杂草分泌物对作物有毒害作用。

3. 增加病虫害传播 杂草抗逆性强，不少是越年生或多年生植物，其生育期较长，田间许多杂草都是病虫害的越冬场所和中间寄主，当人参出苗后，病原菌及害虫便迁移到作物上危害。

4. 增加生产成本 田间杂草过多，必然要增加人力、财力投入。人参田一般需人工除草 3～4 次，除草不及时则常造成苗期草荒，除草工作量占农田总用工量的 1/2 以上。另外，除草剂在人参田很少施用，因此人参田除草比一般作物用工量大，无疑增加了生产成本。

三、人参田杂草综合治理

农田杂草综合治理就是从生态平衡的观点出发，本着预防为主的指导思想和安全、有效、经济、简易的原则，因地因时制宜，合理运用农业、生物、化学、物理的方法，以及其他有效的生态手段，针对各种杂草发生的情况，采用综合措施，协调好各种自然与人的作用，按照杂草种类的种群动态和与此相关的环境关系，尽可能地保持杂草种群在经济受害水平之下的一种害草管理系统，以创造有利于作物生长发育而不利于杂草休眠、繁殖、蔓延的条件，把杂草的危害控制在最低程度，保证作物高产优质。

1. 人工拔除 通过人工拔除、刈割、锄草等措施可有效防治杂草，也是一种最原始、最简便的除草方法。由于人参的特殊性，人工除草目前仍然是人参田除草的主要方式。但无论是手工拔草，还是锄、犁、耙等应用于农业生产中除草，都费工费时，劳动强度大，除草效率低。

人工除草的注意事项：尽量在杂草低龄时拔出，此时杂草容易拔出，且对人参的危害最小；人工拔草时应尽量避免伤及人参苗，防止在拔草时将人参幼苗带出土；拔草应及时、彻底，尽量清除宿根杂草的地下根或根茎；拔除的杂草应清出人参田。

2. 农艺防除 人参田农业防除措施包括施用腐熟的有机肥料，清除田边、沟边、路边杂草，合理密植、淹水灭草等。

（1）施用腐熟的厩肥。厩肥是农家的主要有机肥料。这些肥料有牲畜过腹的圈粪肥，有杂草、秸秆沤制的堆肥，也有饲料残渣、粮油加工的下脚料等，可能不同程度带有一些杂草种子。据调查，平均500kg混合厩肥中含有杂草种子83 000～125 000粒，如牲畜吃了带有野燕麦的饲草，排出粪便中的野燕麦种子仍有发芽能力。如果这些肥料不经过腐熟而施入田间，所带的杂草种子也被带到田间萌发生长，继续造成危害。因此，堆肥或厩肥必须经过50～70℃高温堆沤处理，闷死或烧死混在肥料中的杂草种子，然后方可施入田中。

（2）清除农田周边杂草。田边、路边、沟边、渠埂杂草也是田间杂草的来源之一，农田四周的杂草如不清除，杂草种子、地下根茎等以每年1～3m的速度向农田扩散，几年内就会遍布全田。路边、沟边的杂草种子也可通过人为活动或牲畜、风力带入田间；灌溉渠内杂草种子还可通过流水带入田间。为防止田外杂草向田内扩散蔓延，必须认真清除田边、路边、沟渠边的杂草，特别是在杂草种子未成熟之前，采取防治措施，予以清除，防止扩散。

（3）合理密植，以密控草。农田杂草以其旺盛的长势与作物争水、争肥、争光。因此，合理密植，能加速作物的封行进程，利用作物自身的群体优势抑制杂草生长，即以密控草，可以获得较好的防除效果。如近年来不少地区推广的人参高密度栽培，可以控制农田中后期杂草的生长。

（4）种植覆盖植物或用作物秸秆覆盖均可在一定程度上控制杂草。人参播种后，每亩用小麦残体或水稻残体或松针落叶400kg左右覆盖土壤表层，可以使杂草的密度降低30%～50%。

（5）休闲灭草。在地多人少、草多肥少的地方，休闲灭草是特别有效的措施。凡是休闲的地块，待大量杂草种子发芽出苗后进行2～3次耕翻可以集中消灭大量杂草，有条件的地方可以种植苏子或大豆等，在其纤维化之前将其耕翻，这样不仅消灭了大量杂草还改良了土壤物理性状，而且提高了土壤肥力。

3. 化学防除 化学除草具有方便、速效、控制时间长等优点，但由于人参的药用价值加之人参田的化学除草技术还不成熟，可应用于人参田的除草剂种类还很少，因此目前还不是人参生产中最重要的有效除草手段。目前除草剂的使用方法主要有两种：茎叶处理和土壤处理。

（1）土壤处理。将除草剂用喷雾、喷洒、泼浇、浇水、喷粉或毒土等方法，施到土壤表层或土壤中，形成一定厚度的药土层，通过接触杂草种子、幼芽、幼苗及其他部分而被吸收，从而杀死杂草。目前，播后苗前使用的除草剂种类及用量和防除对象如下：

①98%棉隆微粒剂，使用剂量30～45g/m²，在播种移栽前45d进行土壤封闭处理，使用1次，可有效防除一年生杂草如鸭跖草、藜、小飞蓬、稗、酸模叶蓼、野大豆及二年生杂草如风花菜等。使用方法如下：施药前施入有机粪肥做好参床，然后浇水湿润土壤，并且保温3～4d（温度以手捏成团，掉地后能散开为标准）；将药剂均匀（沟、边、角一定施到位）撒施在参床上，立即混匀土壤，深度为20cm；混匀后再次浇水，湿润土壤，浇水后立即覆不透气塑料膜20d，散气20d，待人参发芽和出土安全后方可播种和移栽。

②35％威百亩水剂，30～60mL/m² 土壤熏蒸处理，使用 1 次，对鸭跖草、小飞蓬、藜、稗、蓼等均有较好的防治效果。每亩用威百亩兑水 400kg，于播种前 20d 以上，做好参床后将稀释药液均匀喷施于床面，立即翻耕 20cm，然后覆盖地膜进行熏蒸处理（土壤干燥可多加水稀释药液），20d 后去掉地膜，翻耕透气 20d，再播种或移栽。

影响土壤处理药效的生态因素主要包括：①土壤质地与有机质含量。土壤质地可粗略分为沙土地、壤土地和黏土地三大类，它们对除草剂的吸附性能和淋溶性能不同。土壤有机质含量越高对药剂的吸附性越强。熏蒸剂一般选择用量下限。②土壤水分。土壤水分对土壤处理剂药效影响十分明显，土壤湿度大有利于除草剂药效的充分发挥，而干旱则严重影响除草剂药效。因此，在进行土壤处理时要保持土壤湿润。③温度过低影响药效的发挥，在使用熏蒸剂处理时要保持土壤处于较高温度。土壤熏蒸一般在 7—8 月温度较高的季节进行。

（2）茎叶处理。将除草剂直接喷洒在杂草茎叶上，一般在杂草出苗后进行，应选择人参完全展叶后叶期、杂草生长早期，此时人参耐药性最强，而杂草处于幼嫩时期容易防除，药液喷在杂草茎叶上，应保证作物绝对安全。目前还没有在人参田使用的茎叶处理剂。

草甘膦等灭生性除草剂可用于人参作业道、田边的除草，喷药时应对作物采取保护性措施，防止药液雾滴触及人参茎叶。

4. 生物防除　生物防除是农田杂草综合治理中的一项措施。国内外研究表明，利用动物、昆虫、真菌、细菌、病毒等都可以防除农田杂草，并积累了不少珍贵的资料，有些项目已大面积推广应用，取得显著效果。与化学除草、人工及机械除草相比，生物除草具有投资少、经济效益高、有效期长、无污染等优点，同时还可解决杂草的抗药性问题，近年来已日益引起各国的重视。

杂草的微生物防治是指利用寄主范围较为专一的植物病原微生物或其代谢产物，将影响人类经济活动的杂草种群控制在危害阈限以下。目前主要有两条途径：一是以病原微生物活的繁殖体直接作为除草剂，即微生物除草剂，如利用"鲁保一号"防治菟丝子。

第六节　人参鼠害及防控技术

鼠类对人参的危害十分严重，不仅取食地上部分的人参茎叶，而且啃食地下部分。鼠害不仅影响人参的品质，同时伤口处容易引起其他病原菌等侵染而造成腐烂减产。有些鼠类还可在参畦营造隧道造成破坏，影响人参生产。影响鼠害发生的环境因素很多，如温度、水分、光照、土壤、地形、植被、动物及人类的活动等。春夏之际温度适宜，是多种鼠类繁殖和活动的盛期，有些鼠类在夏季炎热的中午，很少出洞活动；冬季则多在中午出来活动，风雪严寒时可整日不出。水分对鼠类非常重要，鼠类可以通过饮食和皮肤吸收等获得水分。同时，通过排泄和皮肤及呼吸道的蒸发而丧失水分。当鼠体内含水量低到一定限度时，鼠就会衰竭而死。鼠类水分的主要来源是自然降水。降雨不仅可以给其直接提供水源，而且可以影响植物生长。所以鲜嫩多汁的人参往往是它们取食及获得水分的最佳选择。但是暴雨也可淹死许多鼠类，所以我国也有"大暑小暑，灌死黄鼠""洪涝一年地，三年没黄鼠"等民谚。光照的影响主要表现在昼夜的变化及季节的变化上。昼行鼠如黄鼠、花鼠等多在天亮后活动，天黑停止活动；而夜行鼠如鼢鼠类，则白天很少活动，多在天黑出洞取食危害。此外，土壤、地形地貌对鼠类的分布、密度等影响很大，如分布在我国北方的草原黄鼠，大都栖息在地势较平坦、植被低矮的沙质土壤地带，它们的巢穴多在荒地、坟地、道路两旁等。其分布特点是黏土地少、沙土地多，水地多、旱地少，平地多、坡地少，荒地多、耕地少，地边多、地中少，林地多、荒山少。鼢鼠不能离开土壤而生活，它们一定在土壤比较松软，通风良好而不过分潮湿的地方生活。森林是一个很复杂的生态环境，植树造林可以对一些鼠害有抑制作用。而我国现在多是在山坡上毁林栽参，所以在一定程度上助长了鼠害发生，参地四周又往往有小灌木丛，也为某些鼠类提供了栖息条件。害鼠盗食刚播下的种子，形成盗食洞。逐穴扒食，造成缺种，重者须补种或重播。害鼠在幼苗基部扒穴，随着种子营养的耗尽、腐烂，使幼苗缺少营养和水分而枯死，造成缺苗断垄，重者须补种或重播。综上所述，只有在了解了鼠类的发生特点及有利和不利的发生条件之后，才能更有利地开展对鼠类的防治工作。

一、主要害鼠种类

我国共有啮齿目动物 13 科 63 属 180 种，兔形目 2 科 2 属 24 种，分布于全国各地。在长白山地区，对林区造成危害的主要优势种有棕背鼠 (*Clethrionomys rufocanus* Sundevall)、红背鼠 (*Clethrionomys rutilus* Pallas)、大林姬鼠 (*Apodemus peninsulae*)、黑线姬鼠 (*Apodemus agrarius* Pallas)、东北鼢鼠 (*Myospalax psilurus*)、花鼠 (*Eutamiassibiricus* Laxmann)、达乌尔黄鼠 (*Citellus dauricus* Brandt)、大仓鼠 (*Cricetulms triton* Winton)、黑线仓鼠 (*Cricetuls barabensis* Pallas)、小毛足鼠 (*Phodopus riborovskii* Satunin)、布氏田鼠 (*Microtus brandti* Radde)、三趾跳鼠 (*Dipus sagitta* Pallas)、长爪沙鼠 (*Meriones unguiculatus*)、沼泽田鼠 (*Microtus limnophilus*)、松鼠 (*Sciurus vulgaris*)、莫氏田鼠 (*Microtus maximowiczii* Schrenck)、长尾黄鼠 (*Spermophilus undulatus*)、东方田鼠 (*Microtus fortis* Buchner)、鼹形田鼠 (*Ellobius talpinus* Pallas)、狭颅田鼠 (*Microtus gregalis* Pallas) 等。

二、防控技术

鼠害的防治应贯彻"预防为主，综合防治"的植保方针，即从生态系统的观点出发，采取各种防治措施，尽可能使害鼠的种群发生量维持在一个较低的水平，突出"预防为主"的观点；要控制危害和减少鼠害，灭鼠策略是毒饵诱杀为主，常年综合防治为辅。在害鼠种群密度较高时，应协调应用各种防治方法，以保证在经济有效防治鼠害的同时，获取最大的生态和社会效益。实践中常用的害鼠防治方法可归纳为以下几种。

（一）化学农药防治

化学药剂灭鼠必须抓住两个关键问题。

一是化学农药防治必须把握三个时机投药。以北方为例，第一次是 2 月、3 月，此期是鼠类繁殖能力强的季节，苗木正处于出苗阶段，鼠饥不择食，鼠龄小，是毒饵诱杀的黄金时期。第二次是 5 月、6 月，此期鼠洞浅显，鼠类集中，洞口易识别，既是幼鼠分居开始又是成鼠怀孕和哺乳阶段。鼠仔警惕性差，易活动，是消灭鼠害的关键时期。第三次是秋末冬初，10 月、11 月灭鼠。作物成熟待收，鼠类数量倍增，达最高峰，危害猖獗，大量取食，积极育肥和贮运粮食，准备迁居住宅等，这时投放饵料诱杀，可减少产量。

二是选好药剂，投喂对路。一般使用的药剂是敌鼠钠盐原粉，以配制毒饵防治为主。做毒饵的材料可根据防治对象选择。棕背鼠和田鼠喜食水分较多的食物，如南瓜、甘薯、马铃薯、萝卜、甜菜等；而姬鼠和花鼠却喜食植物的种子，如松子、瓜子和糠类等。有时使用混合饵料（如用 5 份糠、3～4 份瓜类、1～2 份瓜子），效果较好。饵料应来源丰富，价格低而且效果较好。先做试验，然后再在大面积上使用。毒饵的做法：把 100 份饵料切成粒状或小块，炒熟后加 3～10 份炼熟的豆油（或其他植物油）拌匀后加 4～5 份磷化的甜菜渣，趁热拌 25％干燥的细土，放在缸中稍稍发酵，再把 15％麦麸炒香冷却后拌上炒熟的油角 10％（陈旧有怪味的油角不能用），最后混入缸内即得混合饵料。施放前掺入 5％磷化锌即可。需注意：毒饵一次不能做太多，应现用现做，以免饵料太多当天用不完发酸会降低药效；用南瓜、马铃薯等含水多的饵料时，要少加油（3％～4％），药量也减为 3％～4％；拌药和撒药的人员要戴手套和口罩，作业结束后要洗手。毒饵中有效成分含量为 0.025％～0.10％，浓度低，适口性好。另外，还有 0.005％溴敌隆毒饵剂、2.5％杀鼠灵母粉、0.005％溴鼠灵毒饵剂、0.005％氟鼠灵毒饵剂等慢性杀鼠剂及80％磷化锌毒饵剂、0.1％灭鼠优毒饵剂、0.3％溴代鼠磷毒饵剂等急性杀鼠剂。使用中一般采用低浓度、高饵量，饱和投饵；或低浓度、小饵量，多次投饵。投毒前查清鼠情，做到有的放矢、分类投放，重点放在鼠类适生密度大的田块，主要采取两种方式：

1. 毒饵站投饵技术　选用竹子、瓦筒、PVC 管等制作成毒饵站，将毒饵置于其中，既环保又实效。灭家鼠一般每户使用 2 个毒饵站，一个放在畜禽舍、厕所等地，另一个放在后屋檐下，沿墙边、墙角、杂物堆、仓库等处的鼠路、鼠洞或害鼠经常出没处放置。在参田、苗圃地、林地等，一般每亩放置 1 个毒饵站即可，在毒饵站中放置毒饵 25～30g。

2. 直接投饵灭鼠技术　将毒饵直接投放在参田、林地和农户住宅。农田灭鼠一般采用一次性饱和封锁式投饵法，投饵按自然田块，在田埂、沟渠边林地及人参田附近的鼠类活动场所投饵一圈，形成保护圈。农田和林地实行少放多堆原则，一般每亩投饵量 250g，每隔 1m 投放 1 堆，每堆 5～10g。住宅区灭鼠采用连续多次投饵法。按多吃多补、少吃少补、不吃不补的原则补充饵量，重点在鼠类经常活动的地方投放毒饵。住宅区按每 15m 投饵 2～3 堆，每堆投饵 5～10g。尽量扩大覆盖面，以广泛消灭鼠害。在人工林内，按树每隔 5～6m 放一堆（一平勺 6～7g）。毒饵落地要成堆，特别是饵粒小时更不能乱散撒放，遇树洞时多放一点。撒放毒饵要避免多少不匀，稀密不均，每亩用毒饵 0.5kg，每人每天撒 20～30 亩。撒毒饵前要张贴告示，做好宣传教育，通知附近村民和单位，注意防止畜禽窜入施药区。作业人员应重视防治工作，注意作业安全。另外，需注意急、慢性鼠药的交替使用。如棕背平，在高峰期采用化学药物灭鼠，5～10m 方格式等距投饵，每堆 20g，药剂为杀鼠灵（0.025％）、敌鼠钠（0.05％）、氯敌鼠（0.01％）、溴敌隆小麦或蜡块

（0.005％）毒饵。可使用驱避剂保护幼树（0.04％八甲磷、50％福美双溶液喷洒幼树）或拌种。

（二）农业防治

鼠害特别是农业鼠害的防治，要根据不同地区以及不同耕作制度下农田生态系统的特点，结合农田基本建设和农事操作活动，创造不利于害鼠栖息、生存和繁衍的生态环境，以达到减轻害鼠发生与危害的目的。农业防治是预防鼠害的主要途径，在鼠害综合治理中占有非常重要的地位。农业防治主要包括以下几个方面。

1. 清理林分　割除林内杂草、灌木等，破坏害鼠的生存环境，从而避免或减轻鼠害的发生。耕翻土地不仅能熟化土壤，而且可除草、治虫、防病，还可以灭鼠。耕翻或平整土地，可破坏害鼠的洞穴，恶化害鼠的栖息环境，提高害鼠的死亡率，抑制其种群的增长。秋耕、秋灌及冬闲整地，对黑线仓鼠的越冬均有破坏作用。及时清理林下枯枝落叶和杂草，既破坏了其适宜栖息地，又有利于森林防火。

2. 整治参田林地周边环境　多种害鼠的种群密度和农田生态环境关系密切。结合冬季兴修水利、冬季积肥、田埂整修等农田基本建设活动，可铲除杂草、土堆等，保持田边及沟渠的清洁，破坏害鼠的生存环境。

3. 改善生态环境　黑线姬鼠具有季节性迁移的特点，要有重点地改造生态环境，变大田埂为小田埂，防除杂草，进行居民区室内灭鼠等各种综合措施，能够有效控制黑线姬鼠数量上升。减少鼠类栖息地，增加其暴露在天敌捕食压力下的机会。

（三）物理防治

物理防治是指利用鼠器械来防治害鼠，如用捕鼠夹、捕鼠笼、电子捕鼠器（常用的有超声波灭鼠器、全自动捕鼠器等）。捕鼠器械是根据强脉冲电流对生物体的杀伤原理制成的，具有无毒、无害、无污染、成本低、操作简便等优点。

（四）生物防治

生物防治指利用捕食性天敌动物和病原微生物等进行灭鼠。

1. 天敌动物　在自然界中，天敌动物和鼠类互相联系、互相制约，在自然生态系统中保持着动态的平衡。由于天敌和害鼠的种群数量呈跟随效应，因此在害鼠暴发时，不能及时有效地控制害鼠的危害。鼠类天敌主要有鹰、蛇、狐狸和鼬类等肉食动物，特别是鼬类的青鼬、白鼬、虎鼬、紫貂、黄鼬、银鼠、香鼬等，它们的主要食物是鼠类，一只银鼠一年能消灭2 500～3 500只害鼠。从生态平衡和预防为主的观点出发，应积极保护并禁止捕猎鼠类天敌。养猫吃鼠是传统的生物防治，但猫可以传播鼠疫，并且本身还携带病菌和寄生虫，因此，从人类卫生和健康的角度出发，在鼠传疾病的地区，不仅不提倡养猫还应禁止养猫。

2. 病原微生物　至今发现的鼠类病原微生物主要是细菌，其次是病毒和寄生虫。在细菌中主要是沙门氏杆菌属及肠炎沙门氏杆菌属。考虑对人畜的安全问题，利用病原微生物灭鼠应持谨慎态度。沙门氏杆菌属中的达尼契氏菌、依萨琴柯氏菌、密雷日克夫斯基氏菌、5170 菌等，都曾先后被采用，但由于其对人畜的安全性，有些国家已经禁用。另外，微生物制剂灭鼠的总体成本偏高。

（五）生态控制

生态控制又称生态学灭鼠法。主要包括环境改造、断绝鼠粮、消除鼠类隐蔽场所等，改变、破坏害鼠生存的环境条件，减少鼠类的增殖或增加其死亡率，从而降低害鼠的密度。生态控鼠的主要措施有生态环境保护、兴修水利、村镇规范建设、环境卫生整治、作物布局调整等。

参考文献

陈瑞鹿，暴祥政，王素云，等，1992. 草地螟迁飞活动的雷达观测［J］. 植物保护学报，19（2）：171-174.

陈晓，2010. 草地螟迁飞、越冬规律及暴发机制研究［D］. 南京：南京农业大学.

傅俊范，2007. 药用植物病理学［M］. 北京：中国农业出版社.

高郁芳，1997. 药用植物病理学［M］. 长春：吉林科学技术出版社.

宫庆涛，武海斌，姜莉莉，等，2019. 铜绿丽金龟生物学特性及防控技术［J］. 落叶果树，51（2）：37-39.

顾耘，王思芳，张迎春，2002. 东北与华北大黑鳃金龟分类地位的研究（鞘翅目：鳃角金龟科）［J］. 昆虫分类学报，24（3）：180-186.

郭全宝，汪诚信，等，1984. 中国鼠类及其防治［M］. 北京：农业出版社.

江世宏，王书永，1999. 中国经济叩甲图志［M］. 北京：中国农业出版社.

李晓宏，郭士英，1990. 宽背金针虫和沟金针虫地理分布的模糊识别［J］. 植物保护（2）：12-13.

梁俊勋，黄汉宏，吴庆泉，1994. 杀鼠剂混合剂型的研究Ⅱ. 混合型杀鼠剂防制农田小兽效果观察［J］. 中国媒介生物学及控制杂志，5（3）：187-194.

刘春琴，田雷雷，李克斌，等，2013. 基于 COI 基因对三种大黑鳃金龟分类地位的研究［J］. 应用昆虫学报，50（1）：93-100.

孙雅杰，陈瑞鹿，高月波，等，2005. 草地螟成虫活动与幼虫发育的观察［J］. 吉林农业科学，30（3）：15-17.

田方文，2009. 鲁北中华剑角蝗生物学特性初步观察［J］. 植物保护，35（4）：147-148.

汪诚信，2000. 中国鼠害治理的五十年［J］. 中华流行病学杂志，21（3）：231-234.

汪笃栋，2004. 农田鼠害及其防治［M］. 南昌：江西科学技术出版社.

王铁生，2001. 中国人参［M］. 沈阳：辽宁科学技术出版社.

王哲，钟涛，赵彤华，等，2019. 重要地下害虫东北大黑鳃金龟研究进展［J］. 环境昆虫学报，41（5）：1023-1030.

王志学，2005. 农田鼠害及其防治措施［J］. 吉林农业，20（1）：45.

夏娇娇，2009. 农田鼠害的防治方法［J］. 植物保护（1）：63-66.

徐金彪，江延朝，赵同芝，2009. 绥化市斑须蝽发生世代及发生规律的研究［J］. 作物杂志（5）：76-77.

薛铎，郭秀兰，1991. 黄褐丽金龟的生物学特性研究［J］. 甘肃农业大学学报（1）：75-80.

薛淑珍，张范强，纪勇，1981. 黑皱金龟的研究初报［J］. 昆虫知识（4）：156-157.

张李香，范锦胜，王贵强，2010. 中国国内草地螟研究进展［J］. 中国农学通报，26（1）：215-218.

张丽坤，张履鸿，1994. 中国东北地区危害人参的金针虫种类研究［J］. 东北农业大学学报，25（4）：332-336.

张履鸿，张丽坤，1990. 金针虫常见属的鉴别及有关问题［J］. 昆虫知识，25（4）：233-235.

张美文，黄璜，王勇，等，2005. 我国农田害鼠种群分布与演替［J］. 植物保护，31（4）：10-13.

张云慧，陈林，程登发，等，2008. 草地螟2007年越冬代成虫迁飞行为研究与虫源分析［J］. 昆虫学报，51（7）：720-727.

赵成德，李均，孙福余，等，1997. 人参宽背金针虫发生及其生活习性研究［J］. 辽宁农业科学（3）：39-41.

赵龙，1999. 灰胸突鳃金龟生物学特性及防治研究［J］. 甘肃林业科技（2）：3-5.

赵晓龙. 集安市人参地下害虫的发生与防治［J］. 农业开发与装备（11）：123.

Ahrens D，Monaghan M T，Vogler A P，2007. DNA-based taxonomy for associating adults and larvae in multi-species assemblages of chafers（Coleoptera：Scarabaeidae）［J］. Molecular Phylogenetics and Evolution，44：436-449.

Gao J，Yang M J，Xie Z，et al.，2021. Morphological and molecular identification and pathogenicity of *Alternaria* spp. associated with ginseng in Jilin province，China［J］. Canadian Journal of Plant Pathology，10. 1080/07060661. 2020. 1858167.

第八章

人 参 加 工

第一节 人参初级加工

一、鲜人参

市场常见的人参制品多以生晒参和红参等干参产品为主，这类产品虽贮藏时间较长，但存在加工工艺繁杂、人参皂苷含量减少、口感变差和使用不方便等问题。随着医药产业、食品工业的发展以及生活品质的提高，人们逐渐开始关注鲜人参特有的营养成分，市场需求量日益增加。鲜人参由于水分含量高，采收后处理不当易发生腐败变质现象，因此鲜人参的加工、保鲜和贮藏尤为重要，现将鲜人参的初级加工工艺和保鲜贮藏方法进行总结归纳。

（一）初级加工工艺

鲜人参粗加工工艺流程：选参→清洗→杀菌→保鲜贮藏→称重→质检→装箱。

1. 选参 对鲜人参进行严格挑选，选择无病虫害，无病疤，无破损，芦、须完整，浆足丰满，支形美观的鲜人参。

2. 清洗 可先用清水浸泡，去掉人参表面泥沙。然后用洗参机或以人工方式对人参进行刷洗，人参支根间隙泥土应全部洗去，刷洗过程注意避免刷破人参表皮和芦须。

3. 人参表面杀菌处理 人参清洗好后，利用电子杀菌灯、高浓度酒精等对人参表面进行杀菌处理。

4. 保鲜贮藏 选择适宜的鲜人参保鲜贮藏方法，包括限气贮藏、气调贮藏、保鲜剂贮藏、超高压灭菌贮藏、冷冻贮藏、苔藓贮藏、涂膜保鲜贮藏及其他保鲜贮藏方法等。

5. 称重、质检、装箱 加工后鲜人参色泽应保持天然色泽，白色或黄白色，无黑斑或褐斑。滋味及气味应具有鲜人参特有苦味，无异味。人参的头、体、支俱全，不允许有掉头断支现象。无致病菌及微生物引起的腐败现象，达到商业无菌要求。

（二）保鲜贮藏方法

1. 限气贮藏 限气贮藏，又称自发气调贮藏（MA 贮藏），是气调贮藏的方式之一。主要利用薄膜等包装材料使鲜人参在相对密闭的环境中，依靠鲜人参自身的呼吸作用和薄膜一定程度的透气性，自发调节贮藏环境中 O_2 和 CO_2 浓度。该方法是在低温冷藏基础上进一步提高贮藏效果的措施，使用方便，成本较低。研究人员在 $0 \sim 10℃$ 窖温条件下，分别利用厚度为 0.05mm 和 0.07mm 聚乙烯袋限气贮藏保鲜人参，贮藏 210d 后，以 0.07mm 膜袋保鲜效果最佳。保鲜贮藏的人参浆气足，硬度好，不腐烂，自然耗损率低，发芽良好。鲜参商品率可达 90% 以上，人参皂苷含量下降幅度很小，仅占皂苷总含量的 0.137%（干重），而散放鲜参皂苷含量平均下降 0.546%（干重）。研究还发现，限气贮藏法保鲜人参的保鲜效果与膜袋厚度、人参质量及贮藏温度等因素密切相关。厚膜袋比薄膜袋含 O_2 少、CO_2 多，有利于抑制人参呼吸，降低基质消耗，防止蒸腾失水，造成人参浆气不足；感病人参易腐烂，不能长期贮藏；贮藏温度越高，呼吸强度越大，贮藏寿命越短。

2. 气调贮藏 气调贮藏是在一定温度和湿度条件下，通过调整和控制贮藏环境的气体成分与比例，得到不同于正常大气组成的调节气体，以保持药材品质，延长药材保鲜贮藏寿命。主要方式是通过增加 CO_2 体积分数来降低 O_2 含量，或充入大量 N_2，作为 O_2 的稀释剂，使 O_2 迅速降到要求浓度。研究人员在普通无制冷条件下，利用小包装的不同厚度聚乙烯薄膜贮藏人参，并进行人工充 N_2 处理，N_2 量保持 95% 左右，经 210d 贮存，鲜参商品率达 90%，人参保持新鲜状态，硬度高，浆气足，人参总皂苷含量损失甚微（0.17%），且厚膜保鲜效果优于薄膜。沙埋和散放处理的对照组人参干缩，失去鲜参价值，人参总皂苷损失量 0.32% $\sim$ 0.58%。除此之外，研究发现气调贮藏人参保鲜程度与 CO_2 浓度及包装材料有关。通过控制 CO_2 浓度（2%、5%、8%）发现，贮藏 3 个月后，CO_2 浓度为 5% 时人参变化最小，总皂苷含量 5.48% $\sim$ 7.26%，同时能够保持人参最佳外观。在 75% N_2、10% CO_2、15% O_2 条件下，分别利用低密度聚乙烯（LDPE）膜和聚氯乙烯（PVC）膜包装鲜参，鲜参的呼吸速率在 PVC 膜包装下受抑制作用更强；LDPE 膜包装的鲜参腐烂率为 1.3%，PVC 膜包装的鲜参腐烂率为 1.0%。

3. 辐照贮藏 辐照贮藏是利用 γ 射线、X 射线、高能电子束等穿透有机体时，可使有机体中的水和其他物质发生电离，生成游离基或离子，起到杀虫、杀菌、防霉、调节生理生化等作用，或通过抑制酶的活动，降低呼吸作用，达到保鲜贮藏目的。近年来，我国将辐照贮藏法应用于鲜人参保鲜贮藏。研究学者采用 ^{60}Co-γ 射线辐照处理鲜人参，贮存于 $0℃$（±1℃）的恒温冷库中，240d 后人参保鲜率达 80% 以上。当辐照剂量为 0.4 $\sim$ 0.6kGy 时，鲜人参贮藏 12 个月，其保鲜率可达 97% 以上，参根硬度、色泽及药效成分与鲜人参无显著性差异。若将鲜人参装入 0.07 $\sim$ 0.1mm 的聚乙烯-尼龙复合膜袋，抽真空充氮气封口，未经任何处理的鲜人参 1 个月开始腐烂；而采用 ^{60}Co-γ 射线辐照处理的保鲜人参 6 个月无腐烂，保鲜率 100%，贮藏 12 个月保鲜率达 98%，人参药效成分损失少、不霉变虫蛀。以该方法保鲜人参时，需要注意辐照量会直接影响人参保鲜程度，当贮藏时间为 120d 时，2kGy 电子束辐照处理的鲜人参腐烂率最低，总皂苷含量最高；电子束辐照剂量为 4kGy 时，鲜人参贮藏后总多糖含量显著增加。除此之外，辐照剂量还会影响鲜人参保鲜贮藏过程中氨基酸的变化，当辐照剂量超过 5kGy 时，鲜人参中含硫氨基酸-半胱氨酸和蛋氨酸减少；在 10kGy 下，酪氨酸含量也会明显减少，脯氨酸和赖氨酸则有增加的趋势。进一步药理研究证实，辐照贮藏方式保鲜的人参与未经处理鲜参对小白鼠的抗疲劳作用显著，二者在药理作用上差异不显著。

4. 保鲜剂贮藏　保鲜剂是为防止食品或药材腐烂变质，保持营养成分及色香味不变，对其进行短期保鲜的一种辅助手段和技术方法。生物保鲜剂是指从动植物、微生物中提取的天然的或利用生物工程技术获得的对人体安全的保鲜剂，在药品保鲜贮藏中应用已久，具有安全无毒、抗菌性强、热稳定性好、水溶性好、作用范围广等优点。采用生物保鲜剂处理鲜人参，能够使人参保持较高的活性状态。有研究采用蜂胶生物保鲜剂处理鲜人参，贮藏期可达 1 年以上，保质率高达 96%～98%。以该方式保存的鲜人参皂苷含量为4.97%～5.00%，较刚出土人参下降 0.62%～0.65%，氨基酸总量下降 0.25%～0.49%，重金属、细菌指标均符合国家卫生标准。除蜂胶生物保鲜剂外，京 2B 人参保鲜剂、复合生物挥发性保鲜剂均能够抑制或杀灭微生物，防止空气接触，延缓氧化作用，人参保鲜贮藏效果良好。采用保鲜剂贮藏法保鲜人参时，需要注意保鲜剂的过滤及杀菌。

5. 超高压灭菌贮藏　超高压灭菌技术（UHP），是指在密闭的超高压容器内，利用液体介质，在压力 100～1 000MPa 下，持续一段时间杀灭微生物的过程，对大分子影响较大，可引起蛋白质变性、酶失活、微生物灭活等。采用该方法保鲜人参，对鲜人参营养成分、色泽、香味和口感几乎没有影响。有研究分别采用 0MPa、200MPa、250MPa、300MPa、350MPa、400MPa 超高压处理鲜人参，结果表明，400MPa 处理 20min 可有效杀灭鲜人参微生物与致病菌、抑制呼吸作用及酶活性，因此 400MPa 超高压处理保鲜贮藏效果好。同时，超高压处理后鲜人参菌落总数会显著下降，不会检出真菌，并能提高人参皂苷的浸出率。有研究表明，经超高压处理后的鲜人参甲醇提取物中总皂苷含量几乎达到了未处理人参样品的 2 倍。

6. 冷冻贮藏　冷冻贮藏操作简便并能够最大程度保证贮藏物的风味和营养价值，是目前最受推崇的一种食品、药品保鲜方法。研究人员将鲜人参于 −30℃ 速冻并在 −18℃ 下贮藏 160d，鲜人参仍能保持色、形、味，且不生芽、不霉烂，保鲜率达 100%。鲜人参中人参皂苷含量略有波动，上浮 0.39%、下浮 0.31% 以内，但没有降低的趋势，人参水分含量也较稳定，产品质量完全符合有关规定。因此，用冷冻方法贮藏保鲜的鲜人参完全可以作为生产鲜人参制品或烹制鲜人参药膳的原料。

7. 苔藓贮藏　用苔藓保鲜贮藏人参在我国应用历史悠久，该方法是广大参农最常使用的传统保鲜方式。苔藓具有较强的生命力，吸水量大，水分流失缓慢，给鲜人参创造了良好的湿度环境。同时，苔藓在继续生长过程中，能分泌多种酸性物质和酶类物质，具有抑制细菌、真菌繁殖和生长的作用，减少了病菌侵染鲜人参的机会，人参保鲜效果良好。

8. 涂膜保鲜贮藏　涂膜保鲜技术是利用涂膜保鲜剂对被涂膜样品进行涂膜并贮藏的方法。具体操作方法是：将具有成膜性能的材料混合配制成适当浓度的溶液，通过涂膜方法将涂膜液涂于样品表面，经晾干处理后，在药品表面形成一层不易觉察、无色透明的半透薄膜，可阻碍药品表面气孔和皮孔与外界空气中的物质接触，不仅能有效抑制呼吸强度，降低营养物质损失，还可阻碍病原菌侵染，减缓水分散失，延缓生鲜药材的衰老和贮藏时间，保持新鲜度和硬度。研究人员用该方法对鲜人参进行保鲜贮藏研究，成功研制出淀粉基人参涂膜保鲜剂，其最佳辅助剂配方为 1.5% 海藻酸钠、1.0% 柠檬酸、0.005% 肉桂精油。经淀粉基人参涂膜保鲜剂涂膜的鲜人参需放在 4℃ 低温冷藏环境中，并放入用纱布包好的乙烯吸收剂（高锰酸钾）5g，该方法贮藏人参保鲜效果良好。

9. 其他贮藏方法 研究人员采用珍珠岩在 4℃环境下对鲜人参进行保鲜贮藏处理，贮藏 6 个月后的人参外观品相完好，具有成活能力，SOD、POD 活性较低，人参皂苷及蛋白等功能性成分得以有效贮存。该方法对鲜人参所受逆境侵害较小，是适宜鲜参贮藏运输的条件。除此之外，还有研究人员针对不同介质对鲜人参保质期的影响进行了系列研究，结果发现，大多数单体皂苷的含量会随介质的不同而发生变化，人参土壤和菌肥中保鲜的人参总皂苷和多糖含量最高。贮藏 200d 时，以林下土壤中贮藏的鲜人参软化速度最慢。因此，选择合适的介质和适宜条件贮藏鲜人参，是保鲜人参的有效方法，能够为人参产品的开发所需优质原料提供技术保障。

二、生晒参

生晒参在我国成品参应用中历史最悠久，目前主要产品有全须生晒参、普通生晒参（也称支头生晒参）。加工生晒参主要靠干燥的方法，使参根失去水分，抑制酶的活性，以防止人参皂苷水解、人参霉烂变质及保持药效。

全须生晒参加工工艺流程：选参→洗刷→晾晒→烘干→绑须。

普通生晒参加工工艺流程：选参→洗刷→下须→晾晒→烘干。

1. 选参 宜选取 4 年及 4 年参龄以上的鲜人参加工生晒参，其中体大浆足、须芦齐全、无破疤的鲜参常用于加工全须生晒参。另外，山参一般加工成全须生晒参。

2. 洗刷 用洗参机洗刷参根，使其达到洁净为止，去掉污物、病疤，但不要损伤表皮。

3. 下须（指加工普通生晒参） 将拟加工成普通生晒参的鲜参，经清洗后下须，除留下主根上较大的侧枝外，其余全部下掉。

4. 晾晒 将刷洗干净的鲜参，按大、中、小分别摆放于晒参帘上，单层均匀排放，要求无松挤现象，并按不同规格上架，置于阳光下晾干表面水分。

5. 烘干 将同一规格的上架人参放入同一干燥室中，保持室内热风循环良好，温湿度均一。一般室内温度控制在 38℃，每 2h 提高 1℃。当温度升至 55℃时，保持恒温，其间，持续排潮，当须根变脆时，应适当减少排潮量，直至参根含水量降至 13% 以下，即可出室。

6. 绑须（指加工全须生晒参） 用喷雾器喷须根，使其软化，将白棉线捆绑于须根末端，使其顺直，再烘干 1 次。此后，再干燥 1 次，即成商品全须生晒参。

三、红参

红参为人参的熟制品，是人参经蒸制、干燥后的干燥根和根茎。在蒸制过程中，人参由白变红，热处理引发化学反应，使红参化学成分有所变化，产生特有成分。因此，红参具有显著而独特的生理活性，如补气、滋阴、益血、生津、强心、健胃、镇静等作用，主要用于体虚欲脱、肢冷脉微、气不摄血、崩漏下血等证，补虚作用强于人参，在中医临床上应用广泛。目前，红参是人参市场中最为大宗的初级加工制品，不仅具有防虫蛀、防腐、易于保存、保持药效等优点，还有很高的药用价值和经济效益。现将红参加工工艺和技术要点进行总结归纳。

（一）红参加工工艺

红参粗加工工艺流程：选参→下须→浸润→洗刷→蒸制→晾晒→高温烘干→打潮→下红须→低温烘干→检斤→分级→包装。

1. 选参 选参是红参加工的第一道工序，要根据鲜参质量和红参规格标准的要求，挑选适合的人参。红参按照品种可分为普通红参和边条红参两大类。加工普通红参的鲜参，要求其根呈圆柱形，主体短、支根多，且与主体不相称；浆足质实，不烂，无破疤。边条红参主根完整，外形美观。加工边条红参的鲜参，要求主根完整，主体长12cm以上，有2～3条支根，支根的粗细相近，并与主体相匀称；表面光滑细腻，不烂，无破疤，无断腿。选参的质量直接关系到红参的品质，实践证明，个大、浆足、质实、根体坚硬不软、皮层无干状淀粉、参根无病疤残伤的鲜参，加工出的红参多为一等红参。

2. 下须 准备加工红参的鲜参，在洗刷之前，要把人参主根和侧根上的小毛须全部掐掉。掐掉时不要生拉硬扯，以免造成伤口，导致加工时出现跑浆现象。掐下来的须根要按大小分别放置，以便用于做红直须和红弯须等人参加工制品。

3. 浸润 把下完须的鲜参放进水池中浸润，有利于刷尽泥土。也可将参根装入小圆筐中，浸入水中摇晃，使鲜参相互冲撞，去掉附在参根上的泥沙。注意浸泡时间不宜过长，只要能浸透泥土即可，避免浸泡过程中过分损耗人参皂苷活性物质。

4. 洗刷 冲洗泥沙后，仔细去除参体纹缝里的泥土，先刷主根，后刷支根。主根要横竖反复刷，芦碗内的泥土要抠净。刷支根时，要把须根贴在木板上反复刷。传统红参加工采用效率低的手工洗参方法，现在红参加工厂多采用洗参机刷参，如滚筒式、喷淋式洗参机等。与滚筒式洗参机相比，喷淋式洗参机减少了洗参过程中对人参的损伤。无论是手工洗刷还是洗参机洗刷，都要以洗净泥土又不破坏表皮为标准，刮除病根，直至人参呈现出洁净的纯黄色或乳白色，但不得刷破皮或碰掉支根、芦头。洗刷时间不宜过久，以免人参皂苷被水溶出而流失。

5. 蒸参 蒸参是红参加工过程中的重要技术环节，目前有锅炉气罐蒸参和锅灶屉蒸参两种方式。批量大时，可用锅炉气罐蒸参；批量小时，可用锅灶屉蒸参。无论哪种方式都要注意掌握好蒸参时间及温度，时间过长，红参色泽发黑，重量轻；时间过短，则出现白硬心、生皮、色泽浅等问题。

（1）锅炉气罐蒸参。该方法是目前红参加工厂主要采用的加工方法。首先要进行装罐，把不同等级的人参分别摆在参盘里，上面盖一块屉布，摞在有轨平车上。各参盘之间要稍微垫起小缝隙，推进蒸参罐内，关严罐门使之不透气。从闭罐给气时算蒸参时间，大参3h，其余150～160min。开始5～10min时，用小气加热，使温度缓缓升高，10min后逐渐用大气，使人参各部位均匀受热。经30～40min，温度达到100℃时，用小气保持恒温90～100min后闭气，使参根的淀粉充分转化成红糊精。再隔30min，使罐内温度缓缓下降，内外温差减小后再打开罐门，10～20min后出罐。拉出平车，先缓慢放气，然后敞开，待屉布稍凉后再揭开，将屉布上的人参原浆放入桶内。然后将参重新摆盘，待下一步操作。整个蒸制过程总气压保持 2 个大气压，严格控制分气压，蒸参罐温度保持 100℃。

（2）锅灶屉蒸参。该方法适于小型加工厂和个人加工。首先进行装屉，先从屉的一边把参摆放一行，保证蒸参时参不倒，取参方便，然后再挨着斜摆，芦头向下，不要摆得过密，以防透不过气。也可以在屉中间先卧摆一行，再向两边摆。装人参时要按照人参大小分别装，每屉约 100kg，以装 2 层为宜，装完用屉布盖好。上屉后，屉周围要围严，避免漏气。大锅装足水，水面距离屉底部 25cm。具体蒸参时间根据参龄、参根大小、浆足与否调整。大龄参、大参根，浆不足的，蒸参时要大火，时间长；小龄参、小参根，浆足的，蒸参时要小火，时间短。蒸参时沸水上屉，开始时猛火上元气，持续 30～50min；然后调整至缓火，保持元气 100min，停火 30～50min 后出屉。上屉时水温为 80℃，上元气到停火前一直保持 99℃。蒸参时烧火要特别注意，火力大小直接影响温度。上元气前用急火，上元气至出屉时用慢火，保持屉内温度 99℃。火力不能忽大忽小，会影响红参重量和质量。出屉时把屉抬到屉桌上，避免冷空气从屉底钻入屉内，也不要急于打开屉布，以免屉内温度骤降而造成参根裂口，降低产品等级。下屉 20～30min 后，揭屉出参。

6. 晾晒 蒸制的人参必须经过 4h 以上的晾晒方可进入干燥室，进入干燥室的人参也要白天晒、晚上烘。

7. 高温烘干 晾晒后的人参，按大小摆在干燥室的架子上烘干。目前有锅炉硬汽烘干和炭火烘干两种形式。锅炉硬汽烘干共干燥两次，需要 36～48h。第一次干燥温度保持 60～70℃，每隔 2～3h 更换一次参盘位置。开始时，在 70℃温度下焖 1h，打开气窗排潮，之后每半小时排潮一次，潮气少时可 2h 排 1 次。待参须见红时，逐渐降温，约经 12h，当参体发硬达到半干、参须全干、参须剪口呈亮茬时，停止干燥，抬出干燥室准备打潮、下红须。下红须之后晾晒，再进行第二次干燥。第二次干燥以 40～45℃为宜。约经 24h，当手捏参根，除主根稍有一点发软外，其他全部硬化，呈枣红色即可。根据辽宁省农业科学院试验，2 次烘干比 1 次烘干的折干率平均提高 2.11%，最高提高 4.3%。炭火烘干需要 36～48h。参根上架时，把粗大的参放在最上一层，中等的参放在中层，小参放在最下层，因热气上升，上面温度高。在炭火盆上部高约 70cm 处悬挂一块铁盖，用于调节温度。烘参时，门窗要封闭好。上半夜（16～24h）温度稍高，为 60～70℃；下半夜温度稍低，为 50～60℃。温度要逐渐下降，不能骤然变化。烘烤 2h 后，室内水蒸气很多，温度也很高，要排潮气。排潮次数以水蒸气多少而定，一般一夜排 2～3 次。排潮时把炭火盆的上盖放下，盖在火盆上，再打开气窗。烘参过程中，根据大小参根的干湿程度调换参盘位置，使干燥均匀。当支根干而脆、主根一捏发软时，抬出参盘准备打潮、下红须。下红须后准备进行第二次烘干，温度比第一次稍低，上半夜 50～60℃，下半夜 40～50℃。此次烘干排潮次数少，但调换的次数要增加。白天晒，晚上烘，经过 2～3 次即可烘干。烘参必须控制火力。大火易把参烘焦，参根变成黑色，会降低产品质量；火过小则烘不出好看的红色，红参颜色变紫，质量受影响。

8. 打潮 经第一次干燥的红参，用喷雾器或喷壶喷适量温水，顺次摆在箱中，盖湿麻袋闷 10～12h，即打潮。也可放在潮湿的地方回潮软化。

9. 下红须 打潮后，当参发软时，即可下红须，也称下中尾。根据参根支头的大小和支根的粗细、长短，在适当的位置把一部分支根剪掉。剪下红参支根、须根，分别放整齐，留作红直须和红弯须。做直须时，把红须打潮、捋直，用线捆绑成直径 4.5cm 的小把，捆紧，剪口整齐。不能捋的毛毛须，做成小捆或散放，即红弯须。剪完须的红参，按大小分别装盘晾晒几个小时，再放入干燥室进行第二次干燥。要保证红参皮色好、有光泽。

10. 检斤、分级、包装 经加工的成品红参，依照商品参的规格、等级标准，挑选配支，做到配支的规格和等级合理，最后装箱。

边条红参的加工方法与普通红参大致相同。严格按边条红参的标准选参，蒸参时间较普通红参稍短，下须时只留 2～3 个支根。普通红参分为 8 支、12 支、15 支、20 支、32 支、48 支、64 支、80 支和小货共 9 种规格，各为 0.5kg。边条红参分为 8 支、10 支、12 支、16 支、25 支、35 支、45 支、55 支、80 支和小货共 10 种规格，各为 0.5kg。

（二）红参加工技术要点

1. 蒸参工艺 蒸参是红参加工的重要环节。一般来说，红参产量高低、质量好坏主要取决于蒸参时间、蒸参温度及初始增温和最终降温的过程。采用大型蒸参罐蒸参，罐温 60℃进罐，每分钟升温 1℃，经 40min 达到 100℃，蒸 100～200min，然后排气逐渐降温，罐温 80℃左右出罐，或人参进罐后经 20min 罐温达 40℃，经 40min 达 70℃，经 60min 达 100～102℃，保持 30min 停气，停气 30min 后出罐。随着蒸参时间的延长，红参色泽逐渐加深，但延长蒸参时间，会导致人参固有成分流失增多，红参产量下降。实验证明，红参加工时，当压力为 0.1kg/cm³、温度为 101～102℃、时间为 90min 时，红参出品率达 32.25%，即用 3.1kg 鲜参加工 1kg 红参，较传统蒸参法增产 2%～7%。当压力为 0.5kg/cm³、温度为 110.8℃、时间为 10min，是加工红参的适宜条件，此条件制得的红参感官特征符合《中华人民共和国药典》标准，内在质量好，人参皂苷含量高。蒸参时，开始应保证温度缓慢上升，给气不应过大，达到要求时不要立即停气，应保持一定时间再停气；蒸参时间要根据参体大小情况来定；出屉缓慢。常压蒸参是传统蒸参方法，蒸参时间较长。宋承吉等通过实验改革红参加工工艺，采用高压蒸气灭菌器探索研究高压蒸参工艺。研究发现，高压蒸参技术虽然能大大缩短蒸参时间，但是蒸制后的人参破肚率较高，目前高压蒸参技术仅停留在实验室研究阶段，常压蒸参方式仍是红参加工最常采用的方法。

2. 干燥工艺 干燥也是红参加工的重要环节。干燥温度和时间对红参产量有较大的影响。红参出罐后应先晒 1d，然后放进干燥室，在 60～70℃下烘 12～14h，下须后进行 2 次干燥，40～50℃经 24h 取出，日晒几天。将干燥过程分为 4 个阶段：①升温阶段：人参放进干燥室后，逐步增温，经 3h 达到 72℃，每 40min 排潮一次。②脱水定色阶段：逐步降温，历经 9h 降至 65℃，每 30min 排气 1 次，中尾淡棕色。③主根干燥阶段：逐步降温，历经 11h 降至 60℃，适当排气，主根淡棕色。④降温干燥阶段：逐步降温，历经 14h 降至 40℃，2 次干燥温度 40～45℃。

3. 黄皮问题 红参体部有斑状或大片的枯黄表皮，统称黄皮，俗称"黄马褂"。红参的黄皮问题，历来为研究者和加工者所重视。2008 年国家制定的《红参分等质量标准》中规定，一等红参无黄皮，二等红参稍有黄皮（不超过 1/3），三等红参有黄皮。在同一规格不同等级间，其价格差异高达 10％～30％，甚至更高。红参出现黄皮现象，主要有以下几方面原因：①土壤干旱，土壤温度过高。②病害严重，田间作业造成参根创伤。③连年采籽，空心、黄皮增多，支头越大者越严重。④平栽覆土浅，栽培年限太长，如 6～7 年，栓皮自然老化。⑤收获时间晚，据测定，9 月 15—20 日收获黄皮率 20％～30％，9 月 25—30 日收获黄皮率 35％～40％，10 月 1—5 日收获黄皮率 45％～60％。⑥加工前贮藏时间太长，贮藏方法不当，温度过高。⑦蒸参时间短，温度低。⑧分等不均匀，支头大小不一。⑨蒸参过程回收参露。据测定，回收参露黄皮率 40.3％，不收参露黄皮率 29.7％。⑩烘干时间短，温度高（>75℃）。

为防止和减少红参黄皮出现，应当实行科学栽培管理，覆好土、浅松土、斜栽参，保持适宜的土壤水分，加强防病，适时收获，随收随加工。根据人参的成熟程度，设计适宜的加工工艺，适当延长加工时间，注意烘烤温度，在保证质量的前提下，采用二次加工法，增强色泽，减少黄皮。

4. 破肚问题　在红参加工过程中，常出现破肚现象。主要原因包括：人参含水分过多，洗刷浸泡时间太长、洗刷破皮，蒸参开始给气过大，温度突然上升、蒸参后期突然降温等。为防止和减少红参破肚问题，人参收获后放置 1～2d，降低鲜参含水量，随泡、随降温、随蒸，蒸参初始温度要缓缓上升，出料时，先小开罐门，然后再大开，蒸参时间控制在 150～180min。这样可以防止破肚，红参质佳色正，成品率高。

5. 绵软不坚问题　导致红参绵软不坚的主要原因有以下方面：①栽培技术不合理。如种栽挑选不严，参畦水分调节不当，腐殖土比例过大，连年留籽，采光不足等。②鲜参采收期过晚，贮藏时间过长，吸收空气中水分多。③加工技术不合理，加工工艺不连贯。蒸参过急，支头大参蒸不透，中间有生心，断面达不到角质样，根内的糖和挥发油等成分多。干燥快，干燥过急，多数参干不透，水分含量超过 15％。④包装贮藏不当，导致红参受潮。

为防止和减少该问题的出现，可采取以下措施：①人参应在 9 月上旬收获，并在 10d 左右加工成干货。加工要按计划进行，鲜参不要积压过多，不要放在高温干燥处，应放在阴冷潮湿处，在 5～10℃的库房内呈长条小堆存放，使鲜参不至于糖化和霉烂。②加工方法可参考高丽参，采取低温慢蒸，时间稍长，温度为 90℃，蒸 3～4h。③红参干燥过程要低温（50～60℃）慢烘，延长干燥时间，缓慢干燥，使参根干燥时间充分。④红参怕高温潮湿，可采用防潮包装，并在阴凉干燥密封的库房存放，最好采用恒温低温保管。贮藏期间如发现异常，应通风晾晒或再次烘干。

6. 变酸问题　红参变酸的原因主要有以下几个方面：①鲜参贮藏不当，在高温下堆放，容易进行无氧呼吸，产生乳酸和丁酸，使参根中游离酸含量增加。②红参蒸熟后，不能及时晾晒和干燥，参盘通风不良，时间过长，气温高使微生物污染红参。③干燥室温度低。当干燥室温度低于工艺要求，维持在 30℃左右时，则适于细菌繁殖，超过 12h，红参就会变酸。采用红外线干燥也要先高温、后低温。④下红须前需打潮软化，打潮水多是温水，水里的细菌也会传染红参，使之变酸。⑤下红须不及时。为使红参软化好，要保持一定室温，同时为防止参须风干，装参箱要盖严。若当日的红参当日未剪完，积压时间过长，或打潮后闷的时间过长，均易导致微生物大量繁殖，导致红参变酸、发霉。⑥加工工具不干净造成真菌污染。

为防止红参变酸，可采取以下措施：①按计划安排生产，鲜参要随采收随加工，不要积压过多和拖延时间过长，库房要通风良好，保持5~10℃，不要大堆堆放，防止鲜参糖化霉烂。②红参蒸熟后，要放在温度较低的通风处，不要把参盘堆得太高。如果不能进干燥室，应采取通风晾晒的办法，以缓和干燥室使用紧张情况，先蒸先干燥。③第一次干燥温度不能低于50℃，第二次干燥不能低于40℃，并及时排潮。④第一次干燥不宜过干，参须尾部变红，主体变橙黄色即可。为防止下须时参须短碎，可用少量开水稍微打潮，然后将须根朝上，装进木箱并盖严，在15~20℃室内软化。这样，人参本身的水分会浸润到参须上，4h后软化剪须，可避免水里的杂菌污染红参，防止变酸。⑤红参下须需要当日完成，已剪好的红参要及时晾晒、干燥。⑥加工前把工具洗刷干净，晾干后备用。

四、活性参

活性参，又称冻干参，即冷冻干燥的人参，采用冷冻和低温干燥法加工而成。其加工原理是：鲜参在低温下呈冰冻状态，利用冰态直接变成气态的升华原理，使参根中水分脱出达到干燥的目的。在升华过程中，参根温度保持在0℃以下，因而对酶、蛋白质、核酸等不耐热的物质无破坏作用，保持了人参的天然活性，经干燥后能排除95%~99%的水分，有利于长期保存而不发生虫蛀，并可保持鲜人参的外形不变。

活性参工艺流程：选参→洗刷→沥水→整形→冻干→灭菌→包装。

1. 选参 应挑选浆足体实、无病疤、无伤残、体形美观的鲜人参作为加工活性参的原料。

2. 洗刷 用清水洗净参根上的泥土，刷去皱纹内及枝杈间的杂物，使参根达到洁净为止。

3. 沥水和整形 将洗刷后的人参摆放于参帘上进行沥水，沥水后对参根进行整形，然后放于冷库内备用。冷库内的温度应控制在1~5℃。

4. 冻干 冻干是加工活性参的重要环节，决定成品参的质量。冻干设备主要由冷冻干燥箱、冷凝器、冷冻机、真空泵、加热器等组成。操作过程包括冻结过程、升华干燥过程和再干燥过程。首先，将整形后的鲜参从冷库取出装盘后，放入低温真空干燥机制品柜中的隔板上，然后开机进行低温冷冻，经2~3h，当温度达到-20~-15℃时，参根被冷冻定形。冻结后接着启动真空系统抽出空气达较高真空度，此时开始升华排出参根中的冻结水分。由于冰晶升华时需要吸收热量，所以应加热升温。要求以每小时1~2℃的速度升温，直到冷冻机的隔板温度与参根温度一致时停止升温并保持2~4h，使参根中冻结水分全部蒸发出去。最后再快速加热升温，以便蒸发出未冻结的水分。随着水分不断排出，温度逐渐升高，但一般不能超过40~50℃。完成冻干全过程需经30~40h，参根即可达到干燥要求（含水量降至13%以下）。

5. 灭菌 为使活性参在保存期间不霉变，应对其进行灭菌。采用微波灭菌法为好，对其有效成分、色泽、气味无任何不良影响。其方法是：将活性参装入敞口塑料袋内，不封口，然后将塑料袋放入微波灭菌器内，以7~10kW功率进行短时间加热灭菌，可使真菌失去活性。

6. 包装　采用真空贴体包装法。将灭菌后的活性参轻微回潮，经进一步整形之后，将其单个固定在板纸上。然后，再将板纸连同人参一起装入复合薄膜袋中，抽出空气，热合封口后，再装入包装盒内，入库待销。

五、蜜制人参

鲜人参由于水分含量高，易发生腐败变质现象，贮存要求严格，贮存时间较短。生晒参、红参、糖参等传统人参制品质地较硬，服用不方便且口味欠佳。人参蜜制产品，可大补元气，固脱生津，不仅保存时间延长，服用方便，且效力更加温和绵密。研究表明，人参蜜制产品所含人参皂苷、多糖、蛋白质等成分与鲜人参基本一致，保持了鲜人参的天然活性，控制了人参挥发成分逸出，同时发挥了中药相辅相成的功能，达到了补而不燥的效果。药理学研究表明，蜜制人参对肠胃和血液相关疾病有较好的疗效，可增强人体免疫功能，具有抗疲劳、抗衰老、护肤美容、延年益寿等功效。同时，蜜制人参对哺乳类动物体细胞染色体及生殖细胞无损伤作用和明显毒性作用，食用安全性较高。

综上所述，人参蜜制产品外观与口感俱佳，是营养和保健的佳品，又因其男女老幼皆宜、无毒、无添加剂、香甜可口、携带和食用方便，备受消费者青睐，非常适合日常养生食疗。目前，市场上较为常见的人参蜜制产品主要包括：蜜制人参、鲜人参蜜片、红参蜜片。蜜制人参指用蜂蜜作为辅料，经蜜制工艺加工而成的人参制品。鲜人参蜜片指鲜人参洗刷后，将主根切成薄片，用热水清烫或短时蒸制、浸蜜、干燥、加工制成的人参产品。红参蜜片指以红参片为原料，经过软化、浸蜜、干燥、加工制成的人参制品。现将人参蜜制产品的加工工艺、规格等级及理化指标进行总结归纳。

（一）加工工艺

鲜人参蜜片的粗加工工艺流程为：原辅材料选用→人参洗刷→修整→切片→浸蜜→烘干→灭菌→包装→运输→贮存。

1. 原辅材料选用　鲜人参应无损伤、无病斑病害、浆足质实，符合 GB/T 19506 中鲜人参的规定；蜂蜜应符合 GB 14963 的相关规定。

2. 人参洗刷　20～30℃温水清洗鲜人参，可先用水浸泡，然后用高压水喷射式洗参机进行洗刷，使用纯化水，要求全部洗去人参支根间隙泥土、腐坏组织和病疤，保证清洗的物料干净无异物，并保持人参表皮完整。

3. 修整　取干净鲜人参去除支根、根须及芦头，得到主根。

4. 切片　用切片机将人参横向切成厚 2～3mm 的薄圆片或椭圆形片，外表不断裂，厚薄均匀，微烘备用。

5. 浸蜜　取人参片，置于减压浓缩罐中，在一定温度下浸没到蜜液中，冷浸过夜，然后抽真空、加热，使罐内真空度达 0.01～0.1MPa、温度为 50℃。密闭微沸一段时间，至蜜制结束。也可采用超声辅助浸蜜方法或其他浸蜜方法。

6. 烘干　浸蜜完成后，沥干或滤除蜜液，入盘室温下晾凉，入烘干室干燥。

7. 灭菌　多采用微波灭菌法进行灭菌，微波功率 750～950W、温度 70～85℃、时间 2～10min。

8. 包装 产品包装应用防潮、无毒、无异味的材料密闭包装，包装材料应符合卫生要求。外包装箱外应印有品名、规格、数量、贮存条件、运输条件、厂名、厂址、邮编、电话、出厂日期、产品条码、防雨、防潮、轻放等标志。

9. 运输、贮存 运输的交通工具应清洁、卫生、干燥、无异味；运输时应防雨、防潮、防暴晒，小心轻放；不得与有毒、易污染物品混装或混运。人参蜜制产品应贮存在清洁卫生、阴凉干燥（温度不超过 20℃、相对湿度不高于 65%）、通风、防潮、防虫蛀、无异味的库房中，定期检查人参蜜制产品的贮存情况。

（二）规格等级

1. 蜜制人参的规格、等级 蜜制人参的规格应满足表 8-1 的相关要求。蜜制人参的等级应满足表 8-2 的相关要求。

表 8-1 蜜制人参规格

规格	支数（支）	重量（g）
单支	1	>10
双支	2	>30
四支	4	>50

表 8-2 蜜制人参等级

项目	特等	一等
整体长度 x（cm）	$x \geq 15$	$10 \leq x < 15$
外观	根呈长圆柱形，体软，芦、须齐全	根呈长圆柱形，体软，芦、须不全
颜色	浅黄或棕红色	
主根、支根	主根充实、支根均匀	主根少有干瘪、支根均匀
表面	无返蜜、无破损、无抽沟	
气味、杂质、虫蛀、霉变	味甘微苦，无杂质、虫蛀、霉变	

2. 鲜人参蜜片的规格、等级 鲜人参蜜片的规格应满足表 8-3 的相关要求。鲜人参蜜片的等级应满足表 8-4 的相关要求。

表 8-3 鲜人参蜜片规格

规格	直径 x（mm）	片厚（mm）
特级	$x \geq 20.0$	1.0~3.0
一级	$10.0 < x < 20.0$	1.0~3.0

表 8-4 鲜人参蜜片等级

项目	特等	一等
外观	圆片或椭圆片，外观光亮，边缘整齐	圆片或椭圆片，外观光亮，边缘不整齐
颜色	浅黄或棕红色半透明片	
片厚、白心	参片薄厚均匀，没有白心	参片薄厚不均匀，或有白心
表面	表面没有积蜜，不黏手	
气味、杂质、虫蛀、霉变	味甘微苦，无杂质、虫蛀、霉变	

3. 红参蜜片的规格、等级 红参蜜片的规格应满足表 8-5 的相关要求。红参蜜片的等级应满足表 8-6 的相关要求。

表 8-5 红参蜜片规格

规格	直径 x（mm）	片厚（mm）
特级	$x \geqslant 20.0$	1.0～3.0
一级	$10.0 < x < 20.0$	1.0～3.0

表 8-6 红参蜜片等级

项目	特等	一等
外观	圆片或椭圆片，外观光亮，边缘整齐	圆片或椭圆片，外观光亮，边缘不整齐
颜色	棕红色半透明片	
片厚、白心	参片薄厚均匀，没有白心	
表面	表面没有积蜜，不黏手	
气味、杂质、虫蛀、霉变	味甘微苦，无杂质、虫蛀、霉变	

（三）理化指标

蜜制人参及鲜人参蜜片理化指标应满足表 8-7 的要求。

表 8-7 蜜制人参及鲜人参蜜片理化指标

序号	项目	指标
1	水分含量（%）	20.0～35.0
2	总灰分含量（%）	$\leqslant 5.0$
3	人参皂苷 Re、Rg_1、Rb_1、Rf，拟人参皂苷 F11 鉴别	供试品色谱图中在与阳性对照品色谱图中人参皂苷 Re、Rg_1、Rb_1、Rf 特征峰相同的出峰时间有明显的色谱峰；在与阴性对照品色谱图中拟人参皂苷 F11 特征峰相同的出峰时间无色谱峰
4	人参总皂苷含量（%）	$\geqslant 0.80$
5	总还原糖含量（%）	$\geqslant 40.00$

注：本表内除水分、总灰分鉴别外，其他指标均按干燥品计算。

六、大力参

大力参又称烫通参或烫参，是将新鲜的人参用沸水浸煮或汽烫后晒干而成，是介于生晒参和红参之间的一个品种。所以，大力参具有生晒参和红参的双重特点，即：外皮类似生晒参，肉质类似红参。大力参主要在中国和韩国生产销售，目前我国有关大力参的标准有国家推荐标准《大力参分等质量》（GB/T 22537—2018），该标准现行有效，主要规定了大力参产品的分等分级、卫生、外观、理化等指标，对于指导市场产品质量监测、交易等起到了重要作用。韩国大力参既是生产、消费的主要种类之一，也是国际贸易的重要产品之一，其生产管理、质量评价等主要参考红参进行。

大力参加工主要有两种技术路线：一是烫制，为传统加工工艺；二是蒸制，是近几年发展起来的一种大力参加工方式。目前这两种方式在市场上占比接近，具体工艺及要求如下。

（一）基本要求

1. 生产环境 选址和厂区环境应符合 GB 14881 的要求。

2. 厂房与车间 库房、洗参车间、干燥车间、下须车间、蒸参车间、晾晒场地、包装车间等应合理布局。内部结构应使用无毒、无味、防渗透、耐腐蚀的建筑装饰材料，顶棚、墙面等应平整、光滑，易于维护、清洁或消毒。

3. 原料 宜选取 4 年或 5 年参龄的鲜人参为原料。

4. 生产用水 应符合 GB 5749 的要求。

（二）工艺流程

大力参加工工艺分为 9 个阶段，其中第 6 个阶段可选用蒸制工艺或烫制工艺。工艺流程图如图 8-1 所示。

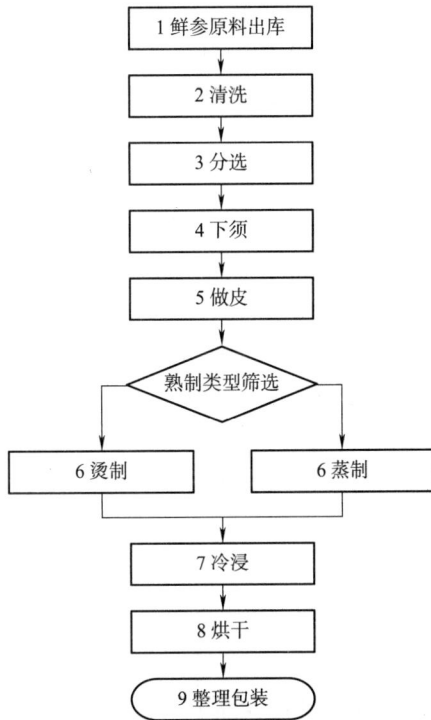

图 8-1 大力参加工工艺流程

（三）工艺要求

1. 清洗 将原料鲜参放入水中浸泡 15～20min，利用洗参机或人工清洗干净。

2. 分选 洗过的鲜参进行挑选，挑选单棵重量在 40g 以上，且主体顺长、侧根少或无、浆足、无烂疤的鲜参，作为大力参加工原料。

3. 下须 把分选后的人参主体上多余的侧根和参须剪掉，主体主支根按照鲜参的主体体形保留，主支根保留 1~2cm。

4. 做皮 把下须后的鲜参，按大中小分选，大号参（单支重＞100g）、中号参（75g≤单支重≤100g）、小号参（单支重＜75g）分别摆入沥水托盘，做皮 8~10h，其中 5h 后要翻动和倒盘。

5. 蒸参 做皮后的人参倒入笼屉，按照大小来决定蒸参时间。蒸参必须要保持 90℃以上的温度，时间控制范围：大号参 20~25min，中号参 16~20min，小号参13~16min。

6. 烫参 做皮后的人参倒入 95~97℃ 热水锅，按照大小来决定烫参时间。烫参必须保持 90℃以上的温度，时间控制范围：大号参 20~25min，中号参 16~20min，小号参13~16min。

7. 冷浸 蒸制或烫制后的人参出锅后要马上放入凉水，进行多次浸泡冷却，待完全冷却后捞出摆入盘中，每次冷浸都要换凉水。

8. 烘干 把冷却后的大力参放入烘干间，在 55~65℃ 条件下烘 4~6h，在达到指定温度后，每 30min 排一次潮。移出烘干间后，放置阴凉处经过 15h 冷却和返潮。连续进行 2~3 次烘干和冷却，然后放进阳光大棚中自然干燥，使产品水分≤12％。

9. 整理包装 把干燥的大力参，按重量分选好支头，修剪整理装箱。

（四）标志和包装

标志应符合 GB/T 191 规定，包装应符合 GB 14881 规定。

（五）贮藏、运输

1. 贮藏 成品大力参应贮藏在清洁、阴凉、干燥、通风、防潮、防虫蛀、无异味、温度不超过 20℃、相对湿度不高于 65％ 的库房中，定期检测贮藏情况。

2. 运输 运输工具应清洁、卫生、干燥、无异味；运输时应防雨、防潮、防暴晒，小心轻放；严禁与有毒、易污染物品混装或混运。

七、保鲜参

（一）工艺流程

选参→洗刷→烫焯→冷却→保鲜处理→沥干→真空包装→恒温检验→成品。

（二）工艺技术

1. 选参 选择无破损、无病虫害、形似人身、头支俱全的鲜人参。

2. 洗刷 用洗参机或人工洗刷干净。

3. 烫焯 烫焯的目的是使鲜人参细胞失活。漂烫水温为 95~100℃，时间为 3~5s。漂烫时间不宜过长，太长会使人参变软。

4. 冷却 将漂烫好的人参立即放入冷水中冷却。

5. 保鲜处理 当人参冷却到 40℃ 以下时，捞出晾干水分，放入预先配制好的保鲜液中进行保鲜处理。要掌握好保鲜处理时间，时间太长人参成分损失大，太短则达不到保鲜要求。

6. 沥干 经过保鲜处理的人参，稍加晾晒，除去人参表面残留的保鲜液。

7. 真空包装 包装袋采用透明复合塑料袋，真空封口机进行封口。封口要求真空度在 93kPa 以上，热合温度 180～200℃，时间 2～4s。

8. 恒温检验 封口后检查封口质量，将符合要求的保鲜参送入保温室保温 7d，室温 36～38℃，保温后的产品要经过严格检验，将涨袋、透气、内含杂质者挑出，合格产品装箱入库。

八、其他（糖参、黑参等）

（一）糖参加工技术

1. 工艺流程 刷参→炸参→排针→灌糖→干燥→包装。

2. 工艺技术

（1）刷参。刷参与加工红参的刷法基本相同，但质量要求更高，除刷净刷白以外，芦碗破疤一定要抠净，最好用线弓子将参根全过一遍。

（2）炸参。将刷好的人参按支头大小、老嫩程度、浆足与否分好等级，分别绑把。同一等级的一次炸。炸参时，先在沸水锅内放一竹帘子，用木棍作支撑，将成把的参头朝下放在水中的帘子上煮炸（浸水深度达主根与支根的交接处）。开始时水不要大开，约10min 后将参根全部放入水中，炸参 5min 后，用手捏一下参根，如外软内硬时，从沸水锅中捞出，放入冷水中浸泡 10～20min，然后捞出放在参盘上控水，约晾 20min 后排针。没有须根的短参，用纱布包上，每包 2.5kg 左右，放在沸水中煮炸（上面压竹帘子，以防参包浮上水面），时间及炸后处理同有须绑把参。

（3）排针。排针加工量大，采用排针机往参体上扎眼。做法是：把炸好的参单层摆在小木盘内排针，翻动几次参，使参体扎遍不漏针。加工量小时，可用手工排针，把参放在垫有白布或毛巾的木板上，用排针仪器向参根扎眼。较大的参要排顺针，用骨针在根上顺向扎一遍。

（4）灌糖。

①两次灌糖法。将排针后的参装入小瓷缸内，每缸装 20kg（用体短的破烂参垫底）。装时根须相对，芦头朝向缸壁，一层一层摆齐装好。然后熬糖，每千克鲜参需 1.5～2.0kg 白砂糖，每千克糖加水 0.2kg 左右。以铜锅熬糖为好，铝锅和不锈钢锅也可，但不宜用铁锅。锅内先加适量水，直火加热，水温 75℃以上时放糖，加热搅动，熬开以后，用搅糖板挑起糖浆见板上发亮并有细丝不断头时，表明糖浆已熬好。糖浆熬好后，立即倒入参缸，将参全部淹没，上面用重物压上。24h 后，将参从小缸倒入大缸（连同糖浆），淹没全部人参，用竹帘或木帘压上，浸泡 3～4d 出缸后灌第二遍糖。灌第二遍糖时，先在小缸内垫一竹帘，帘与缸底有一定距离，把参捞入小缸里控净糖浆，再将参放入小圆竹筐里（每筐装 1kg），放在 35～40℃的水盆内刷掉浮糖，动作要快，参筐在水盆里轻轻摆动

几下，立刻捞出控净附水，再放入垫有毛巾的板上，吸净参表面的水分。按参体大小摆入木盘内晾晒。木盘底垫一层纸，盘上盖玻璃盖，晴天晒一天即可，翻动一次，使上下都能晒到。经过晾晒的参，用40℃的温水打潮，直接喷到参上，斜放参盘，让余水流出。打潮后，装入小缸，放在温室里灌第二次糖。灌糖时温度45℃左右。用第一次的糖浆加上15％左右的白糖，放入锅里熬开，待糖上出现均匀小亮泡时（糖浆温度108～110℃），马上倒入参缸，盖上帘子，压上石头。缸内温度不能过高过低，以免出现油条参。经20h后出缸。捞出放在垫有帘子的缸里控净表面糖浆，然后摆放整齐，将须表面糖浆用水冲掉，用毛巾将水吸净，摆在大案板上晾干。晾1～2d可进行烘干。

②三次灌糖法。将洗刷后的人参晾干附水，炸参、排针与两次灌糖法相同。灌完第一次糖的参，浸泡3～4d后控净糖浆（保持温度35～40℃），装在小罐内灌第二次糖。熬两次糖的温度与前文相同，熬好后倒入缸内。第二天接着灌第三次糖。将灌第二次糖的人参捞出，控净糖浆，整齐摆在缸内。用第二次的糖浆加10％左右的白糖，熬糖温度118℃左右。灌后同样保持室温45℃左右。第二天出缸，放在案板上晾干浮糖，摆盘晾晒后烘干。

（5）干燥。糖参烘干前晒1～2d的色泽好。将晒后的糖参抬进烘干室摆在架上烘干，温度控制在40～45℃为好，及时排出潮气，温度不能过高过低。糖参必须烘干烘透，否则会返糖变质。烘到用针扎不进去时为干品参。干后断面白色，表面白色或黄白色。

（6）包装。干燥后的糖参用温水打潮装箱。

（二）黑参加工技术

1. 工艺流程 洗刷→干燥→第一次蒸制→第一次干燥→第二次蒸制→第二次干燥→形态固定→重复蒸制干燥→干燥→检验和包装。

2. 工艺技术

（1）洗刷。清洗未加工的鲜参，保证其完整性，除去鲜参表面的泥土和异物。

（2）干燥。清洗过的鲜人参在20～55℃下干燥20～28h。

（3）第一次蒸制。将参放在蒸参器中在80～120℃下蒸制1.5～5h。中小个体的参蒸制时间为4h，蒸制温度为102℃；大个体和浆气欠佳的参蒸制时间为4.5h，蒸制温度为112℃，压力保持在0.1MPa。

（4）第一次干燥。将参放入干燥箱或干燥室中，在40～75℃下干燥6～20h。

（5）第二次蒸制。将第一次干燥后的参放入蒸参器中在80～110℃下蒸制1.5～4h。中小个体的参蒸制时间为4h，蒸制温度为102℃；大个体和浆气欠佳的参蒸制时间为3.5h，蒸制温度为112℃，压力保持在0.1MPa。

（6）第二次干燥。蒸制过的黑参含水量为40％，根毛中为30％，在干燥时要保证人参的水分含量≥20％。

（7）形态固定。利用亚麻布包裹或者利用丝线绑扎参体，上述亚麻布或丝线将在最终蒸制和干燥工序结束后除去。

（8）重复蒸制干燥。重复7次"第二次蒸制"，重复6次"第二次干燥"。

（9）干燥。在阳光下或干燥室内干燥蒸制过的黑参，使其水分含量≤12％。

（10）检验和包装。按产品形态和品质对所得的产品进行检验，并采用符合卫生的方式。

第二节　人参加工机械

人参加工机械，是指在人参加工过程中所使用的机械设备，主要有洗参机械、蒸参机械、烘干设备、冷冻干燥机械、分支机械、精制人参加工机械、包装机械等。随着我国工业化水平提高、不断引进高新技术，人参加工机械自动化程度也越来越高。

（一）洗参机械

1. 主要指标

（1）洗净度与洗净率。

洗净度：单支人参的洗净程度，即单支人参洗净的外表面积占该支人参总表面积的百分比。

洗净率：加工人参群体的洗净比率，即在清洗后的人参中，达到规定洗净度的人参重量占洗净后人参总重量的百分比。

影响洗净度高低和洗净率大小的主要因素有以下几点：

①浸泡时间。清洗前的人参都需要浸润或浸泡，洗净率大小与浸泡时间的长短呈正比。浸泡时间太长，造成人参水溶性成分损失增加；而浸泡时间过短，又会降低人参的洗净度和洗净率。制定清洗工艺时，应当根据每批人参的外观情况，确定合理的浸泡（润）时间。

②人参堆放时间。起参后至清洗前的堆放时间与洗净度、洗净率呈反比。

③人参种植区的土壤和气候条件不同，也会影响洗净度和洗净率。酸性强、湿度大、人参表面黏土多，会降低洗净度和洗净率，因而要求洗参机附加水压调整机构。

（2）破损率。经洗参机洗净后的人参中，因清洗造成破损的人参重量占全部清洗后人参总重量的比率称为破损率。影响破损率大小的因素主要有：洗参机设计不合理导致的结构性破损，违反洗参机操作规程造成的破损等。在计算破损率时，一般不计算人参细须根等部分的断裂。

（3）清洗速率。清洗速率是在保证人参洗净度、洗净率和破损率规定指标条件下，洗参机在单位时间内清洗人参的数量，以 t/h 表示。生产操作时，需控制好此项指标。

（4）耗水量。清洗人参是一项耗水量较大的作业，与清洗速率相关，即在单位时间内清洗一定量人参所消耗的水量，以 t/h 表示。为了节约用水，一般均采用循环水方式。循环用水必须经过沉清、过滤残渣之后方可应用。

（5）噪声指标。洗参机的噪声以 dB 表示，一般要求小于 100dB。其噪声来源有传动机构、水泵、喷水嘴等。

（6）其他指标。洗参机规定了严格的使用条件，如供电方式、电压、频率、功率消耗以及水质情况等，按要求操作。对不能定量标识的指标，如故障率、稳定性与可靠性等，生产厂家不予标出，需用户在选型时考核。

2. 超声波洗参机

（1）工作原理。声波是机械波的一种，频率超过 20kHz 的声波称为超声波。超声波的特征是频率同、波长短，因具有很多特殊的物理性质而得到广泛应用。超声波在液体中会引起空化作用，即它在液体中沿传播方向引起液体疏密变化快，疏密的差别大，使液体时而受压、时而受拉，造成液体几乎不能承受拉力而断裂，产生一些近似真空的小空穴。在受压缩阶段，这些空隙发生崩溃，崩溃时，空穴内部压强最大可达几万个大气压，利用这一性质清洗人参，可提高洗净率。由于人参加工季节的时限性，要求在短的加工期内，加工数十万千克鲜参，生产效率就显得十分重要。超声波洗参机的清洗槽容积较大，采用单一波源清洗，往往不能获得处处均匀的水液振动强度，产生死角，导致人参清洗不均匀，所以清洗槽应设计多个波源。

（2）基本结构。超声波洗参机的基本结构由超声波发生器、电声换能器、传振变幅器、波源、清洗液槽、人参传送系统、淋浴系统、自动送料机构组成。超声波发生器由振荡器、电压放大器、功率放大器等几个主要部分组成。波源安装在清洗液槽底部。清洗液槽多为圆柱形或半球形，槽内有一容积与槽大小相似的网状物料筐，其上有自动起吊装置。当达到按工艺规定的清洗时间后，清洗槽的物料筐被吊出，立即放入另一物料筐，吊出的物料筐被传送到淋浴系统投料口，底部打开将洗净的人参投放到传送带上，通过传送带边传送边清洗，进入下道工序。空的物料筐自动传回装参工序，如此往复循环，完成清洗作业。

3. 滚筒式洗参机　滚筒式洗参机是最早代替人工刷洗人参的半自动化洗参机械，清洗人参时破损率较高，鲜人参成分损失较严重，但由于其洗净率较高，洗参效率高，操作维护方便，许多人参加工厂仍在使用。

（1）工作原理。滚筒式洗参机的工作原理直接来源于人工洗刷人参，即利用毛刷在水中刷净鲜人参表面泥土污物。毛刷宽度不等，嵌在滚筒内壁，呈螺旋状。滚筒直径一般 800～1 000mm，长度 3 000mm 左右，与水平方向倾斜 5°～15°放置，利用重力和螺旋状刷的旅转实现鲜人参在滚筒内自动传递。其传递速度与螺旋状刷条数、螺旋角、滚筒倾斜角大小及旋转速度呈正比。冲洗水从滚筒投料口射入。洗净率与水的冲击力、水量大小、滚筒长度及旋转速度呈正比。不停旋转的毛刷在水的冲击下连续洗刷人参表面，实现自动清洗。

（2）基本结构。主要由滚筒、支撑轮组、传动系统等组成。传送带用来投料和控制清洗速率。鲜人参进入滚筒后，随着滚筒的旋转，螺纹状毛刷在水的冲击下洗刷人参，直到冲洗干净。滚筒转速（2～20r/min）不等，视螺纹刷条数而定。冲击水的出口处压力一般不小于 300kPa。滚筒倾斜角度 5°～15°不等，倾斜度大，生产效率高，但洗净度低。滚筒出料口放置网筐，其上加喷水装置。滚筒两端各装 2～3 个支撑轮。电动机经减速机输出，带动摩擦轮，摩擦轮又与滚筒外沿凸起的环形摩擦轮做摩擦传动，保持滚筒的匀速转动。

4. 喷淋式洗参机

（1）工作原理。鲜参清洗前要浸泡，使表面泥土的黏结力降低。采用压力高、密度大的雨状水直接喷淋到人参上，当喷射到人参表面的水冲击压超过 0.3MPa，喷淋时间 2～4min 时，人参表面被清洗干净。喷淋式洗参机属非机械直接接触洗刷式洗参机，在人参清洗过程中几乎不会造成任何损坏。较超声波洗参机具有生产效率高的特点，制造与维护容易；但用水量较大，最小型的用水量也在 25t/h 以上。为降低清洗作业成本，节约水资源，多采用循环水方式。为减轻高泥沙含量循环水对水泵的损害，循环水要经过沉清、过滤，除去水中泥沙和悬浮杂物。

（2）基本结构。喷淋式洗参机由喷水系统、传动系统、外壳、工作台等组成。水泵从吸水井中通过过滤吸头吸水，经过高压水泵之后从进水口注入洗参机，水泵出水口的压力为 300～800kPa 不等，喷水量为 25～70t/h 不等。设计的依据是保证喷水嘴出口水压不小于 0.3MPa。洗参机传送带传送方向垂直并保证足够的长度，以方便对洗参质量进行检查，视洗净情况分选人参。喷淋式洗参机的使用性能优于超声波和滚筒式洗参机，深受用户欢迎。

（二）蒸参机械

1. 设计原理　在红参粗加工中，蒸参是影响其质量的关键工序。经洗净的人参在蒸参机内的熟化过程，使人参中许多内含成分发生质的变化。人参熟化过程的速度和熟化的均匀程度，不仅对红参外观物理性状，且对其内在质量也产生决定性的影响。鲜人参的导热性能较差，因含水率不同，热传导率也有差异。当蒸汽产生有一定压力时，就形成了人参由里及表的正压力梯度，大大加快了热能由人参表层向深层传导的速度，缩小了人参里外组织熟化速度的差异。同时，蒸参机内的压力还大大增加了水分子热运动的激烈程度，减少了蒸汽机内不同区域空间的温度梯度，使热量均匀性得到明显改善，稳定的蒸汽压力还防止人参出现"爆米花"效应（破肚）。在人参加热过程中，人参内部水分子动能激烈增加，宏观上增加了人参表层内水蒸气压力，人参表层的不渗透性阻止了激烈运动的水分子动能增加。蒸制过程中由于高温、参表层水分含量降低、熟化等，失去了原有的抗机械破坏能力。在人体内外无压力差或压差很小时，或者是外部压力高于人参体内压力时，水分子会胀破皮层，造成"爆米花"肚，但当外部蒸汽压力急剧降低时，人参内部的高压力就会像"爆米花"那样挤破人参皮层。如果造成破肚，人参内在有效成分会从破裂处损失。

在密封良好的蒸汽加热式密封容器中，蒸汽压力与温度相关，温度越高压力越高。蒸参工艺要求蒸汽压力、温度、蒸制时间同时控制。这就要求蒸参机装有特殊调整装置，保证工艺条件的实现。

2. 蒸参机的主要质量指标

（1）密封性能。蒸参机密封性能指标的定量描述方法为耐压大小，以 kPa 表示，一般为 100kPa。

（2）热场分布均匀性。热场分布均匀性的定量描述指标为温度梯度，以℃/min 表示。一般来说，蒸参机容积越大，温度梯度越大。结构合理的蒸参机，温度梯度小于 1℃/min。在蒸参的升温、元气、降温三阶段，升、降温阶段的温度梯度较大是正常的，但以不超过 5℃/min 为限度，元气阶段的温度梯度最好小于 0.5℃/min。质量较好的蒸参机温度采样点一般有 3～5 个，不能选用仅有一个温度采样点的蒸参机。

（3）保温性能。这是描述热场边界条件稳定性的指标。定量描述保温性能方法是：蒸参机连续工作 24h，20℃室温条件下，蒸参机外壳表面温度值。现场检测各类蒸参机，这个温度值在 30~70℃ 不等，温度越低蒸参机保温性能越好。一般要求低于 50℃。

（4）使用温度范围。由蒸参机加热方式、密封材料性质决定，蒸参机最高使用温度为 130℃。

（5）控温精度。控温精度是蒸参机在使用时温度控制的准确程度。由于蒸参机的容积较大，热容量很大，温度调整敏感性差，热惯性常常抵消了控温仪本身的控制精度。通常情况下，控温精度在 1% 范围内完全满足加工工艺要求。例如，当元气温度值选择为 100℃时，其控温误差为 ±1℃。

（6）压力控制精度。压力控制精度是指蒸参机内蒸汽压力的控制精度。工程压力值测量精度一般较低，这是由各类压力传感器性质决定的。压力控制精度以 ±xkPa 表示。根据人参加工实际需要，蒸汽加热式蒸参机的压力控制精度为 1~10kPa，电热式蒸参机的压力控制精度可达 1kPa。

（7）升温速率。指蒸参机从加热开始温度到达规定工作温度与所经历时间的比值，以℃/min 表示。升温过程中的升温速率是非线性的，一般蒸参机升温速率平均值为 2~3℃ 之间。由于蒸参机满载时热容远大于空载时热容，所以满载时升温速率小于空载时的升温速率。

（8）有效容积。蒸参机常用的有效容积单位为立方米。结构比较巧妙的蒸参机有效容积也仅占全容积的 85% 左右。

（9）其他使用条件。

①供电电压制式、电压值、频率。

②耗电功率，以 kW 表示。

③进气阀门口径、进气口蒸汽压力。

④冷却水压力和用水量，以 kPa、t/h 表示。

⑤安装尺寸、外形几何尺寸等。

3. 蒸汽加热式蒸参机　压力、温度、时间由微机自动控制管理。在蒸参全过程中，温度与压力传感器不间断地连续采集蒸参机内温度及温度梯度信号、蒸汽压力大小变化信号，远传给离现场较远的控制微机。微机不间断地在时间坐标上与预先设定的标准工艺程序参数进行比较。一旦发现偏差，立即通过执行机构调整工作状态。操作者只要预先设定好工艺条件，就可以全自动地完成蒸参过程。

4. 电热式蒸参机　在电力供应比较充足的地区，电热式蒸参机也得到广泛应用。与蒸汽加热式蒸参机相比，具有工艺参数控制准确、卫生指标高（不受锅炉蒸汽污染的影响）等许多优点。

进料过程与蒸汽加热式蒸参机完全相同。关闭大门后，电脑程序启动，电加热子通电，水温升高，机内蒸汽压力与温度同时升高，达到规定值后，电加热停止，压力与温度保持或下降。远传压力表与温度传感器不间断地向微机提供压力与温度信息，电脑以工艺参数为标准综合判断之后，立即由执行机构电加热控制电路执行加热或不加热。蒸参时间到降温开始，先经自然冷却，当降到安全值时，注入凉水，加快冷却速度。至此一次蒸参全过程结束。为了防止元气时温度升降过分偏离标准值，有些蒸参机还可以设置保持某一温度的维持电加热子，而升温过程自动并入一组加热子，使蒸参作业质量提高。

5. 其他蒸参机　随着蒸参技术的进步，各种型号的人参蒸制机不断涌现，主要在加热方式上变化较大。例如：微波加热式蒸参机、红外加热式蒸参机、外加热式蒸参机、高频加热式蒸参机、载热液流循环加热式蒸参机等。其共同点在于首先把热能传递给蒸参机下部水槽中的水，沸腾后利用水蒸气加热人参，其本质与蒸汽加热式或电热式蒸参机完全相同。上述不同类型蒸参机普及程度远不如蒸汽加热式和电热式蒸参机广泛，其余结构并无太大改变。

无论何种形式的蒸参机械，在评定其质量优劣程度时，主要考察蒸参工艺参数控制的灵敏程度、气密性、稳定性与重复性等。因为这些参数对最终人参产品质量和质量的同一性产生决定性影响，用户在选择机型时，主要看上述质量指标的优劣。

（三）烘干设备

同蒸参工艺一样，烘干工艺也是影响人参产品质量的关键。除了保鲜人参产品外，几乎所有的人参产品都有烘干工序。例如白参，无蒸参工序，但有烘干工序，从这个意义上说，烘干工序较蒸参工序对人参加工有更重要的影响。

1. 远红外负压烘干机

（1）人参烘干机理。人参烘干最直接的目的是去掉人参中多余的水分。多余的水分子以游离态存在于人参组织中。当烘干加热时，水分子很快逃脱人参组织的束缚而逸出，内部水分子必须穿过较厚的人参组织才能到达表层，当表层已干燥形成致密层时，内部组织（如木质部）还积存着大量水分。这些水分子通过人参组织传导加热获得能量后，"挤"出人参表层，当干燥速度过快时，先干燥的人参表层的良好不渗透性阻止水分子逸出，导致人参内部组织有较高的蒸汽压力呈膨胀状态，水分子逸出留下许多空洞不能被人参组织迅速收缩所占领，俗称"空心"。当空气压力相对较高时，环境空气中水分子会产生反渗现象，减缓干燥速度，使人参韧皮部形成红圈，表皮发霉，参味变酸。一般干燥开始时，水分逸出较快；干燥后期，外部环境水分子浓度与人参组织内部水分子浓度差别越来越小，烘干速度变得十分缓慢。实验证明，在同样烘干条件下，人参含水率为60％时较14％时的失水率要高2％～3％。因此，烘干过程前1/3时间对人参物理性状的影响起决定性作用。另外，在高温烘干过程中，往往使人参内含成分发生质的变化，除影响人参外观物理性状外，还影响人参内在指标。烘干温度下降到50℃以下，人参成分互相转化已基本停止，但对人参产品物理性状的影响仍很大。因此，人参烘干系统的自动控制十分重要。

（2）远红外烘干原理。水分子为三原子分子，吸收红外线的能力很强。波长较短的红外线，如 $0.75\sim2.5\mu m$ 的红外光，光子能量较高，水分子吸收后转变为分子振动能。$2.5\mu m$ 以上的红外光则引起水分子振动与转动共同作用的复合运动。水分子在 $2.5\sim4.3\mu m$、$5\sim8\mu m$ 内光谱区有强吸收带存在，被吸收的红外线就是用来加强水分子的热运动。无论水分子是振动还是转动，都是水分子获得逸出人参组织束缚所需的能量。如果设计的红外源只是在上述光谱区间选择辐射能量，而在其他光谱区间辐射能量很弱或不辐射能量，那么在消耗能量相同的条件下，加热烘干的效率将会提高。一般蒸汽加热式红外加热源的实际辐射峰值波长位于 $7.2\sim8\mu m$ 区间，覆盖水分吸收带的后部分，这部分红外线被人参表层水分子吸收，不能穿透人参组织内部，使表层水分子热运动迅速达到逸出能量而逸出人参体外，称匹配吸收。但该部分的能量只占红外辐射源全部能量的少部分，其他大量的红外辐射能量穿透到人参组织内部，加热水分子载体-人参组织，并迅速将能量传递给水分子，使其达到逸出能量，挤出人参表面。该吸收过程称非匹配吸收。由于深层组织水分子逸出能量大于表层水分子逸出能量，所以一般选择非匹配吸收的那部分能量要大于匹配吸收的那部分能量，最后达到人参内外干燥速率（失水率）基本相等。人参内外温度相同，干参内部胶质化程度高，表层无抽沟，光泽好，人参呈半透明状。

（3）负压的意义。负压是指烘干室内空气压力低于当地大气压力。负压使人参组织由里及表产生负的气体压力梯度，大大降低水分子逸出所需能量，也减少了水分子吸附在人参表面，并向深层组织渗透扩散的机会。到烘干后期，人参水分含量接近企业标准规定值，失水率极低时，这个负压将大大提高烘干速率，降低烘干温度，提高效率，节约能源。

综上所述，远红外负压烘干法干燥效率高，节约能源，里外加热均匀，同步干燥，烘干的人参物理性状指标优良；干燥过程同时灭菌，卫生指标高，有利于人参长期保存；容易实现工业的自动化控制。

2. 蒸汽加热式远红外负压烘干系统 人参的水分含量、烘干温度、烘干室相对湿度由三个传感器连续监测。由于单台电脑对多间烘干室群控，单间烘干室的数据集是不连续的。电脑以循环巡检的方式通过三个传感器测量烘干单元的工作状态。

3. 电加热式红外烘干系统 电加热式红外烘干系统的工作过程与蒸汽加热式烘干系统完全一致。电加热式红外烘干系统的工艺条件控制更简便、更精确，烘干效果更好。但由于电力供给比较紧张和一次投资增容费用较高而限制其推广。小水电站较多的地区常见此种红外烘干系统。由人参红外烘干原理可知，选用时要求其表面工作温度以 $100\sim130℃$ 比较理想。控制温度的方式以通断式为宜，并采用无触点开关控制。

（四）冷冻干燥机械

1. 冷冻干燥机 广泛适用于绿色食品、生化药品和不耐高温的滋补保健品的脱水干燥加工行业，在人参加工领域的应用较晚。由于大多数人参加工方法或多或少会造成人参成分的损失，而鲜人参的保存又相当困难，因此采用鲜人参冷冻干燥的方法，得到"活性人参"制品，例如全须冻干参、鲜人参片、鲜人参粉等等，广受欢迎，使冻干机在人参加工行业应用越来越广泛。冷冻干燥机产品型号很多，更新换代速度很快，自动化程度越来越高，利用微机对冻干机管理与控制已不鲜见。冷冻干燥机在人参加工设备中是比较复杂、价格昂贵的设备。

2. 冷冻干燥机的主要性能指标

（1）冻干仓的形状与有效容积。冷冻干燥机的冻干仓在负压条件下工作，灭菌处理时又类似高压锅，要求有较高的机械强度。冷冻干燥过程约 $-45℃$ 低温及加热时的高温，又要求仓壁保温性能好，高生产效率要求在仓壁面积相同情况下，仓容积尽可能大。因而仓的几何形状以圆柱形常见，偶见正方形、类球形和长方形。在给定仓形状时，要给定几何尺寸。

（2）冷凝器收集水分的有效容积。冷冻干燥机一次作业是不能间断的，作业中途又不能取出脱出的水分。冷凝器收集后以冰形式存在的水分，在作业完成后加热脱出。冷凝器收集水分的容积大小，决定了冷冻干燥机脱水总量。对一些含水量很高的物品，常常不是仓容积限制了一次作业生产量，而是冷凝器收集水分的容积有限。厂家一般直接给出冷凝器一次收集水分并冷冻成冰的重量。

（3）一次作业周期。指向仓内填料后至物料干燥所需的时间，这也是一项决定生产效率的硬指标。在选择冷冻干燥机型号时，务必充分注意。

（4）搁板性能指标。搁板-物料架的选择依据，主要由被冻干物的几何形状决定。一般生产厂家都为用户提供一组一目了然的数据。

①可使用的搁板面积总和，单位 m²。

②可供使用的搁板个数。

③每个搁板的大小，长×宽，单位 cm²。

④每两个搁板之间的距离，单位 cm。

⑤用户可以自行选择的搁板规格和间距数表。订货时可预先声明。了解上述指标，可计算一次添料量。

（5）冷冻及加热参数。

①冷冻仓最低工作温度。指定被冻干物情况下，有时也给定达到此温度经历的时间及工作一周期所需的时间。

②搁板流体温度范围，单位℃。

③搁板加热能力，给定加热功率，单位 kW。

④冷凝器的个数及类型。类型有内冷式，一般以 int 表示；外冷式，以 ext 表示。

⑤冰的容积，单位 L。

⑥冷凝板在关闭时的温度，单位℃。根据干燥脱水量，可推算一次最多装料数量。

（6）灭菌指标。灭菌方式有高温高压蒸汽灭菌和用户指定的特殊灭菌液灭菌两种方式。冷冻干燥仓和冷凝器分别灭菌，说明书提供灭菌方法和能达到的细菌个数指标。灭菌有全自动和半自动两种。

（7）除霜。在指标中给定除霜时间。冷凝器冰块不易取出，要注意是否加了冷凝加热装置，方便冰块滑出。全自动冻干机，还详细给定除霜参数和程序。用户可视具体挂霜状况，方便选择。

（8）使用条件。主要有供电制式、电压值、频率、总电功率消耗、启动时最小冷却水流量、正吊工作时冷却水流量等。不带冷却水处理的设备，用户可视此指标自行配齐。供电大部分为三相380V制式。灭菌的用户订货时提出可自行提供的蒸汽量和蒸汽压力等。

（9）机械参数。

①压缩机根据人参是含大量水分的物品，选用双冷系统比较实用。

②真空泵参数。抽气速率：L/min 或 m³/h，电功率消耗：kW。有些机型则以真空泵气缸工作容量（m³/h）来表示。极限真空度，以 Pa 表示。

（10）安装参数。

①各部件长、宽、高几何尺寸。

②各部件平面、空间位置尺寸。

③各部件重量、整机重量，地面基础要求。

④配电、蒸汽入口、冷却水入口等空间位置、管径、线径尺寸、连接方式等。

⑤环境要求、室内温度、空气相对湿度、空气中粉尘指标等。

（11）其他特殊性能。为特殊用途用户提供特殊服务。如冻干仓分隔冻干不同物料功能，不停机更换不同干燥物要求，不同含水量物料功能，真空泵油挥发蒸汽不污染物料的附加保证设备；其他特殊要求配套部件等。

3. 冷冻干燥机结构 冷冻干燥机主要由微机管理与控制系统、制冷机组及其制冷剂循环系统、真空机组、加热及其载热流体循环系统、冻干仓、搁板、冷凝器、自动除霜与灭菌系统等几部分组成。

（1）冻干仓。冻干仓壁由不锈钢材料制成，双层结构，以便冷却水循环，加保温层。仓内壁精加工到 0.05mm 以上，前门安装透明玻璃窗，可使操作人员方便观察仓内物料情况。为了提高使用寿命，用氟化橡胶代替了聚氯丁橡胶，并特别注意绝热问题，以保证高温和低温使用时的保温性能。带螺栓的后盖是为了便于内部维修，后盖的外框架安装有滚轮，以便后盖移动。

仓壁有连接到冷凝器的管嘴及可调节流通量大小的管嘴。压力检测传感器和温度检测传感器，向微机报告仓内物理条件参数。设置有安全阀，以保证"高压锅"式（1～2 个大气压）灭菌过程中的安全操作。

（2）搁板。由不锈钢板焊接制成。钢板比较平直、稳定，两边端头都经过研磨和抛光。在每个搁板上都加有隔离板，以保证热流的均质环流，每层搁板均独立供给制冷剂和加热液流，以保证不同搁板之间温度误差最小。传导液流通过柔韧的不锈钢管导入搁板之间，每根管都可以在接头处拆开。接头也是不锈钢制成的。

（3）冷凝器。冷凝器的作用是把物料中蒸腾的水蒸气收集并凝固成冰，分内冷式冷凝器和外冷式冷凝器两种。内冷式冷凝器的表面由不锈钢管制成"线圈形"。为了保证冷凝器能使用到一次处理周期后，冷凝器表面可以收集厚 10～15mm 的冰。外冷式冷凝器以及凝结部件的容器均由不锈钢板制成。容器的两端都配有一个大转向半径的圆盖，每一端圆盖均可以打开，以便冷凝器的维护。冷凝器的容器是垂直安装的，其吸热表面积尽可能大，以便于整个升华操作期间能得到最高的冷凝收集水汽的效率。

（4）冷冻系统。冷冻系统由压缩机（单一压缩机或双压缩机组）、制冷剂循环管路、油分离器（油离析器）、干燥器、透明玻璃和过滤器、压力指示器等组成。物料的冷却，依靠压缩机或水冷凝系统来保证。而制冷剂的蒸发，依靠一个恒温减压阀进行。

（5）真空系统。真空系统由具有一定抽气速率的机械真空泵、通气阀门组、可调阀口径的微调阀门等组成，微调阀门与能够调节真空程度的电磁阀相连接。

（6）管理与控制。比较先进的冷冻干燥机操作管理与工艺参数控制是由微机来实现的。设备硬件配置：温度传感器、压力传感器；中央处理单元；20MB 内存，200MB 硬盘，1.2MB 软盘驱动器与光驱动器各一个，串行与并行端接口；102 键键盘；VGA 彩色显示器与适配卡；LQ1600 打印机；电缆线及连接件部件；输入用的工业接口卡和输出用的接口卡；不间断电源（VPS），在紧急掉电的情况下，数毫秒时间内转到 UPS 供电，以保护作业现场。

辅助控制设备：冷冻部分、再加热器、真空泵、离心式循环泵等设备的运行以及关闭控制及报警和指示。

产品的记录控制：可用打印机记录下一次作业的步骤、温度与压力参数及每个步骤持续的作业时间。还可以依据主要作业过程变量，把温度、压力、机器运行情况用图形显示出来。

（7）全方位清洗系统。冷冻干燥机提供的全方位清洗（CIP）系统，是利用一个高压喷射系统，由此系统覆盖整个内表面的最大范围。这种系统保证冷冻干燥机内表面 100％被清洗。高压喷射液体可以是水、灭菌溶剂等不同清洗剂或高温高压蒸汽。清洗周期：①加工前喷洗；②冲洗；③干燥。喷射柱位于仓内关键区域，每个柱都安装许多喷嘴，其个数按照实际需要覆盖的表面积及搁板的位置计算得到。每个柱在运行时都能旋转60°（全行程为 120°范围）。喷射液加压系统由一个标准压力为 6 个大气压的加压泵组成，这个系统允许分配给 4 个喷射柱中的任何一个。如果不加说明，厂家提供的标准加压系统适合于城市自来水或去离子水。冷冻干燥机仓的底部容水能力限制了循环清洗能力。清洗循环闭路系统包括洗液收集罐、过滤器和收集泵。

（8）灭菌。有效的灭菌，是利用高温高压蒸汽，采用"高压锅"的原理进行。灭菌时整个冻干仓由负压系统变成正压系统，并连同一套控制系统，保证灭菌过程的有效性。控制系统有快速反应灭菌阀和温度与压力测试及控制。利用仓的夹层通入冷却水快速冷却与真空干燥方法合用，使整个灭菌周期很短。冷却流网络回路包括许多散热器，以保证灭菌完成之后，把载热流体的温度由 120℃下降到 40℃。灭菌时蒸汽一般由用户自己解决。

4. 冷冻干燥机干燥人参机理与工作过程　含大量水分的鲜人参在冻干仓内急速冷却，使呈自由游离态存在于人参组织的水分子立即冻结成冰。当冷却速度较慢时，人参组织中水分子冻结成冰的成核密度低，大量水分子以冰核为基础双向生长，最后形成十分细长、尖端锋利的冰针。这些冰针的杂乱排列严重损伤人参组织（例如刺破细胞壁）。当冷却速度足够快时，水分子结冰成核密度很高，不会冻结成对人参组织完整性造成破坏的冰针，而结成颗粒直径大大小于人参细胞组织单元尺寸的细小冰粒，完好地保持住了鲜人参形状及内部组织结构。

机械真空泵工作，使冻干仓内气压降至几十帕至几百帕之间，鲜人参周围环境相对真空，大大提高了人参内部水分逸出能量，使人参中水分子逸出人参组织并不停地被排走。水分子从凝固的冰中，不溶化成液态水，而直接变为气态。在常压下，水分子逃脱人参组织后，遇到空气分子的撞击而损失能量，又被人参组织束缚，向内渗透、扩散，人参干燥几乎停止。而当环境变为真空条件时，人参中水分子就会自由逃脱人参组织束缚而跑到环境中，由于抽气机不间断地工作，水分子不停地从人参组织中脱出，最后达到干燥的目的。人参组织表层水分子逸出能量大于内部组织逸出能量，冻干过程永远是表面先于内部干燥。干燥的鲜人参外表层很好地保持了其原有形状。内部继续干燥，组织收缩时，已经不能连同外部组织一道收缩，因而人参内部会留下许多空洞。在冻干流体物料时，也会在表层形成与原液面一样高的厚壳层。

水分升华的速度是较慢的，为了提高生产效率，新的冻干工艺在鲜人参外层已冻干成型后，停止冷冻，改为加热烘干，温度一般控制在50℃以下。在真空中，水分子很快获得热能而逃脱人参组织束缚，大大提高烘干效率，同时又不影响人参表面原有形状。在一些不能耐受高温物料的冻干过程中，不宜采用此种方法。

人参冻干过程：装料→仓封闭→制冷→抽空干燥→烘干→出料。冻干过程中的冷冻温度低于-40℃，排出水蒸气的冷凝温度为10℃上下。当干燥到人参表层具有足够的抗机械形变强度时，为提高干燥速度，采用加热烘干方法，直至干燥到规定的含水量。冻干过程人参失水速率主要取决于冻干仓真空度，真空度越高，脱水速度越快。但单独追求生产效率，可能增加人参内含成分的损失程度，如挥发性成分损失可能会很严重。

冷冻干燥的时间越长，鲜人参外形保持得就越好，生产效率越低。加热烘干时间越长，生产效率越高；但烘干开始得越早，人参外形保持得越差。合理配比冻干与烘干水分量，会获得十分满意的效果。

（五）分支机械

人参单支重量不同，销售价格相差悬殊。因此，分支机械是人参加工中十分有意义的机械设备。自动分支机械在人参加工业的应用刚刚开始，大多数厂家还是采用人工称重方法分支，分支速度缓慢，单支重量误差较大，在一定程度上影响了人参产品的单体质量水平。按称重方式不同，自动分支机分为连续式与间隙式两种。按结构造型不同，可分为立式、卧式、圆盘式三种。由于重量传感器精度较低，称重误差较大，加之传动、分支机械精密度不高的影响，大大增加了自动分支机的制作难度。目前应用的分支机械都有不足之处。本节仅简单介绍几种分支机械的工作原理与基本结构。

1. 连续称重式自动分支机　连续称重式自动分支机由料斗、拨参盘、传送带、重量传感器、导槽、导槽门组参仓、控制器等8部分组成。其工作原理主要是拨参盘做匀速转动，保证每间隔一个重量传感区长度拨下一支人参；传感器靠传感头的灵敏度反映人参重量不同，然后送入不同导槽，进入各级参仓，达到分支目的。整个工作程序由小型微机控制，可按用户要求将单支人参重量分段范围分成8~10个不同规格。

2. 间隙式全自动分支机　间隙式全自动分支机托盘，人参在托盘上称重后，电磁力驱动器将投料口挡板打开，人参落至参仓中。为了提高分支效率，可在一个圆盘对称位放两台重量传感器、两个投料装置，圆盘每转动一个投料口位，分两支人参，效率提高一倍。目前使用的全自动分支机，机器造价和分支精度尚不尽如人意，还需进一步研究，使自动分支机真正代替人工分支。

（六）小包装精制人参加工机械

小包装精制人参加工机械主要有软化机、外烘干系统、塑膜各种油压机、保压机、真空热合机、铁盒封口机、风力清洗机等。机械设备设计、选型的依据为人参形变理论与产品规格、质量指标。

1. 人参造型压力机　由于人参抗形变能力差，就要求其专用压力机应是油压机。人参的恢复形变性质，决定了压力机必须有时间长、压力稳定的保压功能，且保压时间与压力值的调整应方便、可靠。由于不同产地人参形变性质差异显著，就要求压力机的压力值调整范围要宽，且调整后的压力值长时间稳定不变。根据小包装精制人参包装剂量变化较大的特点，动、静两个压（力）头最大开口距离调整范围要宽，即动压头行程调整范围要宽。人参加工过程中要防止油污及其他脏物污染，动压头活塞长时间往复运动会使油封性能下降，导致油渗漏，因此动压头一般设置在下部，静压头在上部。为提高工作效率，压力机要设置全自动工作状态往复循环功能。由于人参装模比较讲究，操作工因熟练程度差异造成较大时间差，因而两次工作全过程中等待时间的调整要方便、可靠，不能出现误操作。其他要求与普通液压机几无差别。液压机是一种比较经典的成型机械，下文只侧重不同于一般压力机部分，其他部分从略。

12t 人参造型压力机的主要性能指标与普通油压机大致相同。这里主要根据人参专用压力机使用特点，列举了一些主要技术性能指标，提醒人参加工厂购买压力机时给予充分注意。

①标称压力值：以 t 表示，是指动压头输出的最大压力值。具体使用时压强更有意义，压力表单位为 MPa。

②压力调整范围与精度：调整精度是指所选工作压力波动范围，一般以 kPa 表示。调整精度有时会限制压力调整范围。

③最大开口距离：以 mm 表示，指动、静两个压（力）头能张开的极限宽度。

④动压头行程：以 mm 表示。

⑤动压头有效面积：以长×宽表示，单位为 mm^2；或直接给定面积，单位为 mm^2。

⑥保压时间调整范围：指动压头施加的压力值达到后至压力释放所间隔的时间调整范围，以 s 来表示。

⑦施压速度：施压开始到最大值所经历的时间调整范围，以 s 表示。

⑧等待时间调整范围：两次重复作业操作之间的时间间隔，以 s 表示。

⑨缩芦头小油缸（活塞）最大压力：以 MPa 表示。保压时间，以 s 表示。

⑩其他性能指标：如外形几何尺寸，工作台面距地高度，供电参数如相数、电压、周波、功率消耗等，噪声，连续作业时间，安全保护功能等。

2. 二次加工专用蒸参机

（1）设计原理。二次加工专用蒸参机与普通红参蒸制机比较，其蒸制人参的目的完全不同。后者主要是使鲜人参熟化，而前者是使干燥的人参具有良好的可塑性，又不失去恢复形变能力。因此，采用二次加工专用蒸参机，要在保证人参水分含量达到加工标准条件下，尽量降低蒸制温度，缩短蒸制时间。采用蒸参机，人参蒸制前都要打潮，其方法有两种：一种是利用喷雾状水喷洒，通过表层直接吸水，缓慢向内部组织扩散、渗透；另一种是将棉布浸湿后包裹人参，棉布中水缓慢被人参吸收。这两种方法都使人参表层溶水性好的有效成分不同程度地遭到损失。洒水部分和接触到棉布的部分，人参表层发白，水的颜色呈红色，布上也沾上许多人参成分而逐渐变黑，就是最好的证明。二次加工专用蒸参机结构设计特殊，有利于大量而迅速地增加人参含水率，而又不过高提高人参温度，干人参直接放入蒸参机内，15～20min 就可以达到良好的可加工形变状态。

受到压力机生产能力的限制，特别是精制人参生产量少，每次蒸制人参数量较少，10～50kg，因此二次加工专用蒸参机的体积一般都比较小，耐压不高，属低压容器。但也需要良好的密封性能和保温性能。

（2）技术性能指标。①耐压。指外壳可承受的最大压力值，以 MPa 或 kPa 表示。②压力测量精度：以 $\pm x$Pa 表示。③温度范围与测量精度：因为是蒸汽式蒸参机，其温度最高不会超过 110℃（压力值较低），因而不是重要指标。但温度测量精度比较重要，一般以 $\pm x$℃表示。④储水箱的容积：以 L 表示，同时给出警戒水位。实际装水容积可在水位观察计上读出。⑤最高一次蒸参量：以 kg 表示。⑥安装尺寸：主要有长×宽×高外形尺寸、进气阀口径、给排水阀门口径、排（泄）气阀门口径、蒸参帘的几何尺寸等。

（3）工作过程。蒸参机使用前，先用去污力较强的洗涤剂清洗内壁，然后用清水冲洗干净，密闭机门，打开进气阀门送气，使机内压力略低于蒸参机最高耐压，30min 后，送气停止，打开机门，清洗过程结束。向机内储水箱注水，注水量由水位监测指示位置观察。将装人参的参帘放入参帘架上，紧闭机门，打开进气阀，蒸参开始。密切注意蒸汽压力表和表式温度计。按工艺规定的条件软化人参。操作过程十分简单。

小包装精制人参的主要原料为边条红参和长条红参。各地产的人参，肉质鲜嫩程度、皮层厚度、内含成分均有差异，对于不同的人参原料，设置通用滤帘和附加辅助装置，辅助装置的情况要视最终产品的不同要求来决定。

（七）包装机械

包装对产品质量的重要影响不言而喻，所谓一等质量，二等包装，三等价格，就很形象地描述了包装对产品质量的重要影响。精美、考究的包装除了使产品的外观给人以美的感受外，还影响到产品的内在质量、卫生指标、长期保存等。近些年，人参的包装水平日新月异，越来越好。归纳起来，主要有以下几类：

①复合塑料膜（铝箔）包装，主要产品有礼品人参、小包装精制人参、保鲜人参及方便食用的人参制品如糖参（片）、蜜饯人参（片）、人参切片等，其适用范围广，重量轻，密封性能好。

②纸包装，主要作外包装材料。

③木质材料包装，常见的有礼品人参、小包装精制人参的内包装等。

④铁皮包装，以小包装压块精制人参为主。人参的包装机械同其他产品包装机械相似，基本采用通用包装机械。本节重点介绍一些比较先进的包装机械。

1. 卧式包装机

（1）基本结构。卧式包装机主要由包装物绕筒、开卷装置、开启装置、封口部分、驱动器、送料漏斗等组成。

（2）工作过程。材料通过开卷辊开卷，送料是通过输送播臂周期性的拉动包装材料实现。垂直封口夹分割材料并封口，由可移动式漏斗准确装料，由顶部封口夹封口，边封边驱动，最后包装袋顺出口滑道滑出。此种卧式包装机除可包装人参茶、人参粉、人参糖浆、人参精、人参片、人参冲剂等人参产品以外，还可包装粉末状、粒状、低黏度或高黏度的流体物料，如食品与药品等。

（3）主要技术性能指标。用户在选用包装机时，对下述技术性能指标必须给予充分注意。

①工作方式选择。连续和间隙式两种，间隙式更为可靠。

②包装物体积。每包装单元可装物料的最小体积、最大体积，单位以 mm^3 表示。

③包装速度。每分钟最多可以包装的袋数，大多数可以根据物料情况调整。

④包装材料要求。主要有材料的厚度变化范围、材料种类列举和材料装载绕筒宽度限制等。为使用户订购包装材料方便，还给定了材料绕筒轴的直径。

⑤电气参数。电压、相数、线制、频率、电功率消耗等。

⑥辅助动力要求。如动力气体的压强、用量。

⑦安装尺寸。长×宽×高，以 mm^3 表示。另外，还有机器重量、防振动要求、噪声大小等。对机器性能的主要使用要求还有物料定量控制准确，操作比较简单，维护容易，封口严密，对物料适应性强，用途广泛等。

2. 多功能真空充气包装机　多功能真空充气包装机是对食品、药品、化工原料、仪表及电子元器件、服饰等各种物品进行复合塑料薄膜包装物的包装通用设备。在人参加工行业可用于精制人参，人参粉、片剂、冲剂，礼品人参，保鲜人参，蜜饯人参，糖参等系列人参制品的包装。封装后的人参在特殊气体或真空隔氧保护下，得以长期保质保存。

（1）真空系统的结构与工作过程。启动真空泵，抽气开始，大气压力使真空室与真空室盖密闭，真空度达到用户需要值时，真空泵自动停止工作。需要充入气体的，立即打开充气阀门，充入规定量的气体后热封；不需要充气的，立即开始热封。

该类型机器一般选用单级旋片式真空泵，泵本身不带自动隔离阀，当真空泵停止运转时，进气口通过机器专门设置的隔离阀自动与抽气系统、真空室隔离，防止真空室中的油返回真空室。隔离阀为电磁驱动阀，有三个隔离阀或一个组合式阀控制，按系统预先设置的动作程序工作。

（2）技术指标。

①真空室空载时的极限真空度。单位以 Pa 表示，要求越低越好。

②真空室几何尺寸。有效容积长×宽×高，单位以 mm^3 表示。

③热封口条的长度与宽度。单位以 mm 表示。

④热封条的条数。有 4 条、8 条几种。

⑤包装效率。主要指一个循环周期，单位以 s 表示。

⑥电气参数。供电相数、线制、电压、频率、电功率消耗，以 kW 表示。

⑦真空泵抽气速率。单位以 L/s 表示。

⑧安装尺寸。外形几何尺寸、自重、振动、噪声等。

⑨其他。如电源插口型号、充气管接口口径及其他特殊性能指标。多功能真空充气包装机种类、型号较多，一般只在真空室个数、容积上做改动，抽气、充气、热合控制方法与程序基本一致。一般人参加工厂生产量不大，加工季节性强，选择一台双真空室机器即

可。真空室物料摆放平台有效面积 $400mm^2$，封口刻度 5～10mm 可调，封口温度、真空度、充气量可调可控，自动、手动、要否充气等工作方式可自由选择。封口条上可清晰热压显示生产日期、规格等数字。

3. 塑料薄膜自动连续封口机 该包装机械适用于聚乙烯、聚丙乙烯膜、以聚乙烯或聚丙乙烯膜为内层薄膜、铝箔与塑膜复合膜等为包装袋的热合封口。此机外形体积小，可连续作业，不受塑料袋封口长度的限制。该机不能抽空、充气。通过温度控制仪和调速装置调整热合封口薄膜所需温度和速度。对于相同厚度的同类包装材料，温度与速度呈正比，即温度越高封口速度越快。加热温度与材质熔点和材质的厚度呈正比。封口速度与材质厚度和材质熔点呈反比。型料包装袋由输送带传送。将其封口部分送入运转中的两根封口带之间，并在上下两条封口带的夹持下，送入加热区。塑料膜袋在封口带加热区受两块加热板的挤压热合，并继续传送至冷却区。滚压封口部分可以在塑料袋封口部分压上生产日期、花纹、商标等标记。主要技术性能指标如下。

（1）电气参数。供电相数、线制、电压、频率、电功率消耗等。多为单相 220V 交流市电供电，电功率消耗为 1kW 以内。

（2）封口速度。以每分钟封口长度（m/min）表示，最快可达 10m/min，连续可调。

（3）封口宽度。一般为 0～20mm，可调。

（4）封口厚度。指热封材料的双层厚度，以 mm 表示，在 0.01～2.00mm 连续可调。

（5）热封温度范围。热封条表面温度 200～250℃，连续可调。

（6）输送带允许载荷。以 kg 表示，此种小型封口机一般约为 10kg。

（7）安装条件。此机大多数为台式机，给出长×宽×高尺寸和重量等。

4. 铁制包装盒封口机 采用铁制包装材料的人参制品大多为小包装精制人参，或压制的各种规格礼品人参。人参粉或冲剂类人参制品，虽可见采用铁制包装盒的，但内部预先已用塑料复合膜包装，铁盒封口为软封口。铁制包装盒封口机在比较大型的人参加工厂已广泛应用，常见的为立式封口机，也有卧式、倾斜式等，均属于通用机械。

（八）其他人参加工机械设备

近些年来，人参生产厂家不断推出人参新产品，以适应消费市场的变化。传统人参产品所占比例逐年下降，精加工人参制品，特别是那些方便食用、可长期保存的人参制品，产量逐年增加。如保鲜人参和活性保鲜人参粉畅销，使得一些采用相关学科先进技术的人参专用加工机械应运而生。其中有些是其他通用加工机械经改进后变成人参加工专用机械，有些则直接引进通用加工设备。在 20 世纪 80 年代后相继引进传感器技术、微机控制管理技术、远红外负压烘干技术、自动化控制技术等。在系统研究人参品质、生物活性评价、加工过程中人参成分变化机理的基础上，对传统人参加工工艺实施大规模改造。

近几年根据人参市场和消费者需求的变化，人参制品研究发展较快，也相应引进、研制出一些新的加工机械。

1. 多用途人参粉碎机 主要适合于颗粒度较大的人参渣，不同粗细的人参粉，人参冲剂的前处理及人参片、人参浆等人参中间产品的加工。严格来说，本节介绍的多用途人参粉碎机并不仅仅是粉碎机，还有切片、打渣、磨浆等功能，称为人参原料处理机比较贴切。机器的多用途主要是靠更换刀头实现。主要技术性能指标如下。

（1）待加工物料的几何形状与尺寸和硬度要求。尺寸大小主要受投料口和螺旋送料器几何尺寸的限制。硬度以压痕显微硬度表示，单位以 kg/mm^2 表示。

（2）切片厚度变化范围。单位以 mm 表示。粉碎颗粒度，以目数表示。

（3）生产能力。即每小时可加工物料的重量。因粉碎颗粒度和切片厚度要求不同，生产能力略有变化。

（4）电气指标。供电电压、相数、线制、功率消耗。

（5）安装指标。整机体积、振动、噪声、自重等。

2. 浸渍机械　浸渍机械主要用来加工糖参、糖参片、蜜饯人参等产品的浸糖、浸蜜、人参精的熬制与浓缩等。浸渍机的基本结构由真空加热室、排气系统、测温与控制系统组成。真空加热系统由电动机、真空泵、电磁组合阀和抽、放气管道组成。真空室上部有压力表和温度表，温度可以自动控制。

（1）工作过程。浸渍容器内的液态物料经预先熬制，内置一略小于容器内部尺寸的不锈钢网筐，将人参棒或片放入网筐内浸渍。浸渍温度由加热控温系统恒定，封闭真空加热室门，开启真空泵电源，保持真空室内维持 1.3～40kPa 负压。真空计既可以直接读出真空度值，还可以设置真空度上下限定值，完成控制真空度工作。当真空计针碰到压力上限指针后，电磁组合阀将真空泵与真空加热室分隔，真空室内真空度停止下降，否则会使容器内糖浆等物料沸腾、跑冒溢出。真空度下降到下限值时，真空计表针碰到压力上限指针，会指令磁力阀动作，恢复抽气状态，提高真空室真空度，使浸渍全过程温度恒定、真空度基本不变。浸渍时间到，加热停止，真空泵关机，放气，真空加热室门打开，物料容器顺导轨滑出，物料网筐由起吊设备吊出，控净浸渍液之后，将人参物料送入下道工序。

（2）主要技术性能指标。

①物料容器的容积。长×宽×高，单位以 mm^3 表示。

②真空加热室的极限加热温度。单位以 ℃ 表示。

③控温精度。以 $\pm x$℃ 表示。

④真空加热室空载极限真空度。单位以 Pa 表示。

⑤真空度控制精度。以 $\pm x$Pa 表示。

⑥真空泵抽气速率。单位以 L/s 表示。

⑦连续使用时间。单位以 h 表示。

⑧安装尺寸。外形几何尺寸，长×宽×高，单位以 mm^3 表示。整机重量，单位以 kg 表示。

⑨供电指标。电压、相数、线制、功率消耗、周波，特别指明电加热功率。

⑩消毒灭菌指标。指明真空加热室内清洗、灭菌方法和达到的技术指标。一般应机载灭菌清洗装置，两次作业之间均要灭菌。

3. 通用加工机械　在人参加工设备中，还大量使用通用机械设备，如动力设备中的发电机，锅炉采暖设备、给排水设备，排风机、制冷机及冷库成套设备，各类电动机、叉车、空调设备等，还有一部分从其他行业引进的设备，如各种规格的反应罐、搅拌机、造粒膨化设备、传送设备、喷淋浸润设备等。

参考文献

戴锡珍，张立娜，1987. 关于人参对皮肤作用的实验研究 [J]. 日用化学工业 (1)：7-9.

高飞飞，郑毅男，李永娟，等. 一种鲜人参提取物的制备方法及其在化妆品中的应用：CN103565679A [P]. 2014-02-12.

姜锐，孙立伟，赵大庆，2016. 人参美容护肤作用机制及应用研究进展 [J]. 世界科学技术-中医药现代化，18 (11)：1988-1992.

李慧萍，郑毅男，范宁，等，2014. AFG 系列人参化妆品体外活性研究 [J]. 人参研究，26 (2)：12-15.

李俊峰，刘千辉，苏凤艳，等，2017. 人参茎叶对鹌鹑生长、免疫器官指数和血液生化指标的影响 [J]. 西北农林科技大学学报 (自然科学版)，45 (3)：31-36，42.

李子安，孙常磊，朱丽平，2015. 人参抗衰老系列产品临床功效测试与分析 [J]. 日用化学品科学，38 (12)：48-51.

栗建明，林莉，刘峻，等，2004. 人参生物技术在化妆品中的应用 [C]. 2004 年中国化妆品学术研讨会论文集. 中国香料香精化妆品工业协会：中国香料香精化妆品工业协会：136-141.

刘本艳，段大航，李坦，2006. 人参有效成分对皮肤作用的研究现状 [J]. 吉林中医药 (11)：77-78.

刘博，俞婷，韩晓蕾，等，2019. 人参皂苷抗炎作用及其分子机制的研究进展 [J]. 中国药学杂志，54 (4)：253-258.

刘持年，1988. 人参 [J]. 山东中医杂志，7 (1)：58-59.

刘宏群，曲正义，2017. 人参化妆品研究进展 [J]. 人参研究，29 (3)：45-47.

刘焕焕，何天竺，王伟楠，等，2017. 人参健康产品的研究开发进展 [J]. 食品工业，38 (5)：264-267.

密鹤鸣，郑汉臣，吴焕，等，1986. 美加净人参防皱霜抗皮肤衰老作用的定量评价 [J]. 日用化学工业 (5)：36-38.

明雷，宋继红，战桂娟，2017. 人参副产物对猪生长性能、胴体性状的影响及经济效益分析 [J]. 饲料工业，38 (1)：39-41.

宋玉琴，2016. 人参药渣添加到动物饲料调节动物抵抗力和肉质的实验研究 [D]. 成都：成都中医药大学.

谢艳君，孔维军，杨美华，等，2015. 化妆品中常用中草药原料研究进展 [J]. 中国中药杂志，40 (20)：3925-3931.

熊晨阳，许明良，易帆，等，2019. 人参不同部位主要活性成分及其在美容护肤方面的研究进展 [J]. 日用化学工业，49 (3)：193-198.

许明良. 一种采用人参制作抗衰老化妆品的制作方法及其工艺流程：CN109528521A [P]. 2019-03-29.

杨启辉，1997. 人参与美容化妆品 [J]. 中国化妆品 (4)：31.

杨荣桓，徐延华，1980. 人参与化妆品 [J]. 日用化学工业 (2)：18-19.

袁阳明，曾衍生，毛善巧，2019. 6 种常见中草药在防脱化妆品中的运用前景 [J]. 日用化学工业，49 (10)：674-680.

张蓓蓓，邓梦娇，王昕妍，等，2015. 传统益气类中药的美容药理及其在现代化妆品中的应用 [J]. 中药药理与临床，31 (6)：235-240.

张瑞，闫梅霞，许世泉，等，2014. 人参美容护发功效研究现状 [J]. 日用化学工业，44 (3)：

163-166.

张瑞，赵景辉，王英平，等，2011. 人参、黄芪（残渣）、五味子（残渣）等对白羽野鸭生产性能和免疫性能的影响［J］. 中兽医医药杂志，30（3）：48-51.

张智萍，关建云，何秋星，2013. 人参果提取物的美白保湿功效及安全性研究［J］. 日用化学品科学，36（10）：33-37.

赵岩，王红，蔡恩博，等，2017. 人参挥发油化学成分及其主要活性成分聚乙炔醇类药理作用研究进展［J］. 中国药房，28（13）：1856-1859.

朱丽平，孙常磊，李子安，2016. 人参抗衰老面膜临床功效测试与分析［J］. 中国美容医学，25（2）：33-36.

第九章

人参的鉴别

第一节　野生人参的鉴别

一、人参各部位的名称

人参的性状鉴别既要看"五形"，又要识别"六体"。五形指人参的五个部位：芦、体、纹、皮、须（彩图 9-1）；六体指的是野生人参"体"的六种不同表现形态：横体、顺体、灵体、笨体、老体、嫩体。

不同文献对"五形"的描述略有不同，如《野山参鉴定及分等质量》（GB/T 18765—2015）、王伟等（2011）将五形确定为"芦、芋、体、纹、须"，而多数文献还是认同"芦、体、纹、皮、须"的传统观点（李向高，1980；孙三省等，1999；娄子恒等，2003；徐世义等，2013；陈军力等，2015）。五形的两种划分各有侧重，反映了野生人参鉴别的六个重要部位：芦、芋、体、纹、皮、须。

（一）芦

人参的地下茎，也称"芦头"，是判定参龄的核心部位，上有芽苞、潜伏芽、芦碗等。

1. 芽苞　芦头顶端的越冬芽（彩图 9-2）。芽苞在每年的 7、8 月开始萌生，到植株枯萎前迅速增大，冬天进入休眠期。芽苞含有叶、茎、花的雏形体。芽苞一旦遭到破坏，人参翌年就不能出土，将激发潜伏芽萌发，形成新的芽苞，重新生长。

2. 潜伏芽　茎痕外侧边缘呈乳头状突出部分（彩图 9-2）。潜伏芽在正常情况下处于休眠状态。

3. 芦碗　地上茎秋季枯萎脱落后，在芦上残留茎痕，呈四边隆起而中间凹陷的"碗"状，习称芦碗（彩图 9-2）。芦碗每年增加一个，芦碗的数量代表了人参的参龄。但是，仅凭芦碗的数量确定参龄，常会出现以下错误：①随着参龄的增加，早年形成的芦碗模糊退化；②生长过程中，芽苞出现损伤，人参进入休眠，一至数年不等；③参芦如受到损伤，从基部或中间断失，芦碗多年的生长印记也将消失。

4. 芦的形态类型　由于人参的品类及生长环境的复杂多样性，人参的芦也有不同类型。

（1）具有圆芦型。

基本概念：①圆芦。位于芦的基部，与主根直接相连，无芋，上有细小的芦碗及芽痕，因相对平滑而称圆芦（彩图9-3）。其中，线芦是圆芦的一种特殊形式。线芦是指圆芦均匀细长如线，平滑无碗痕，顶端是突然变大的芦碗（彩图9-4）。在我国朝鲜族，线芦又形象地被称为"灯草芯"（金学培等，1993）。灯芯草（*Juncus effusus* L.）是多年生草本植物，其茎细长，茎的髓部常用作菜油灯的灯芯（彩图9-5）。②堆花芦。芦头的中段或中上段，芦碗紧密、叠压，状如堆花的一段芦（彩图9-6）。③马牙芦。位于芦头的中上段，芦碗大而清晰、中心凹陷，状如马牙的一段芦。野生人参马牙芦的芦碗左右层叠整齐排列，又形象地称为"对花芦"（彩图9-3，彩图9-6）。

基本分类：具有圆芦型的芦头大致可以分为两类：①二节芦。人参生长年限不长，芦分为上下两段，上段为马牙芦，下段为圆芦（彩图9-3）。随着人参的生长，二节芦会慢慢进化为三节芦。②三节芦（彩图9-7）。芦由三部分组成，即圆芦、堆花芦和马牙芦。

雁脖芦：人参秋脱春生，年复一年，芦碗逐渐加长。几十年的野生人参，芦长而弯曲，称为"雁脖芦"。不同资料对"雁脖芦"的概念描述不一。孙三省等（1999）、邹影秋和高万山（2000）、方土福（2010）、王伟等（2011）等将细长的圆芦称为"雁脖芦"；《中药大辞典》（1977）、李向高（1980）、马艳梅（2001）、王铁生（2001）、娄子恒等（2003）、李世洋和王爽（2008）将长而弯曲的整个芦称为"雁脖芦"。本书认为后者含义在行业内更有趋同性，对野生人参的鉴别更有意义。野生人参常讲五形之美，"雁脖芦"是其美必备的条件之一，指的是整支芦长而弯曲，不仅仅是圆芦长而弯曲。

（2）无圆芦型。可大致分为两种类型：①竹节芦。芦碗节距长，形如竹节，称为竹节芦（彩图9-8）。土壤疏松、深厚是形成竹节芦的重要原因之一。②草芦。芦碗紧密、清晰，芦细长，形如细草而得名（彩图9-9）。

（3）有关芦的其他术语。①后憋芦。也写作"蹬芦""吞芦""蹭芦""退芦"等。芽苞被破坏后，主根在地下憋伏，外侧潜伏芽将恢复分生能力而形成新芽苞重新生长的芦（彩图9-10）。②多茎芦。人参有多个芦的现象，称为多茎芦（彩图9-11）。正常情况下，人参单茎单芦，但如芽苞或地上植株受到损害，多个潜伏芽恢复分生能力，就会形成多茎芦。③转芦。人参在移栽时，如将人参的阴阳面颠倒，芦碗将出现180°急转，称为转芦（彩图9-12）。转芦有时也称为"回脖芦"（孙三省等，1999；邹影秋和高万山，2000；李向高等，2002），但也有将"回脖芦"认同为"雁脖芦"的不正确观点（王铁生，2001）。④缩脖芦。又称土鳖芦，是指芦与其参龄不匹配，明显缩短的芦（彩图9-13）。大马牙常出现缩脖芦，芦碗挤缩在一起，难以判断参龄。

（二）艼

艼是指生长在人参芦头上的不定根，多集中在芦头中上部（圆芦上不长艼）。艼的数量、大小、方向等呈现了人参生长过程中环境因素及人为因素诸多变化信息。

1. 毛毛艼　芦头上细、嫩的不定根。随着人参的生长，有的毛毛艼自动脱落，有的演化发展为顺长艼、蒜瓣艼等。

2. 顺长艼　艼大而长，上粗下细或粗细均匀（彩图9-14）。顺长艼是人参生长活跃期的表现。当人参得到充足的养分，毛毛艼快速长大，成为顺长艼。

3. 蒜瓣艼　芦碗一端的艼头钝圆粗大，而另一头顺长，形如蒜瓣，俗称蒜瓣艼

（彩图 9-15）。蒜瓣芦也是人参生长活跃期的表现。

4. 枣核芦 两端细、中间粗，形如枣核的芦，称为枣核芦（彩图 9-16）。

5. 有关芦的其他术语

（1）大芦帽。芦头顶部生有众多大芦，比重超过主体，喻称大芦帽（彩图 9-17）。大芦帽的出现多是人参生长过程受到外部刺激（如移栽，芽苞或主根等受到损伤等）的结果。因其年限短、生长过快等，影响野山参的等级，降低其商品价值。《野山参鉴定及分等质量》（GB/T 18765—2015）中规定，芦的总重量如果超过主体 50%，不得列入一等标准。

（2）奴欺主。芦生长迅猛而主根发育缓慢，出现芦大过主根的现象，称为"奴欺主"。如主根后期继续萎缩或残失，大芦代替主根，演变为芦变。

（3）一棒一芦。行业内有"一棒一芦，必为佳品"之说，棒是指参体，芦则指年老的枣核芦，一棒一芦是优质野生人参的典型标志。

（4）芦变。人参遇到鼠咬及其他病虫害侵害，致使主根损伤腐烂，芦将代替主根继续生长，形成了极不典型的人参，称为芦变山参或芦变。

（5）圆芦茬。指芦变残留的圆芦痕迹（彩图 9-18、彩图 9-19）。圆芦茬是鉴定芦变的重要依据。有文献将圆芦茬表述为"拉谷渣"（孙三省等，1999；方土福，2010），追溯其来源，出自《山参的质量鉴别》一文（杨春山，1981）。"拉谷渣"不是通俗用语，行业内鲜有人明白。在东北，将植物收割后留下的根基都称为"茬子"，如玉米根基称为棒子茬子，稻谷根基称为谷茬子，行业的常用语是"圆芦茬"。

（6）掐脖芦与护脖芦。芦头基部对生的芦称掐脖芦（彩图 9-20），芦头基部单生的芦称为护脖芦（彩图 9-21）。具有掐脖芦或护脖芦的人参主要集中在两类："小栽子上山"及"小池底"。掐脖芦或护脖芦是 2、3 年参龄人参幼苗移栽的典型特征，因移栽时人参幼苗芦的长度还极短，移栽后芦基部生芦，形成掐脖芦或护脖芦。对于秧趴、部分移山参（野生人参小苗移栽、林下山参小苗移栽、籽趴小苗移栽）等品类，移栽前也已具备明显的芦头，移栽后新芦生于芦的中段或上部，因而不具有掐脖芦或护脖芦；而对于野生人参、林下山参、籽趴等品类，因"未动土"，一般没有掐脖芦或护脖芦。

（7）兔耳芦。位于芦头中段或上段，向上翘的两个对生的不定根，形如兔耳，称为兔耳芦（彩图 9-22）。在人参移栽过程中，如秧趴，由于新环境肥力过猛，常形成兔耳芦。

（三）体

体是人参主根和支根的总称。其中，延长的支根又称为腿。体是鉴别人参野性的最主要部位。根据体的不同形态，分为六体：横体、顺体、灵体、笨体、老体、嫩体。

行业内，对人参体态的描述还有"武形"与"文形"之说。武形参指参体形似练武之人，两个腿呈八字分开，体态玲珑自然，属于横灵体。文形参指人参主体挺直、文静，但体态并不美好，属于顺笨体。在市场上，武形参常常比文形参溢价很多。

1. 横体与灵体 横体指人参体部粗短，灵体则形容人参体态玲珑美观。由于横体也多玲珑美观，二者又常合称为横灵体。横灵体多产于腐殖土层较薄的地域。人参直立而生，如延伸遇到阻碍，转而横向发展，形成横灵体。常包含以下几种：

（1）菱角体。主根粗短，两腿大小相近，均匀上跷，形如湖中菱角（彩图 9-23）。

（2）疙瘩体。主根状如"疙瘩"，无腿（彩图 9-24）。

（3）跨海体。两腿自然分开，一长一短，构成跨越之势（彩图 9-25）。

（4）过梁体。两腿劈分大，近似 180°，构成"一"字形（彩图 9-26）。

（5）短柱体。主根短柱状，稍长，无腿（彩图 9-27）。

（6）坐桩体。主根粗短，由多条腿支撑，呈立体分布（彩图 9-28）。

2. 顺体与笨体

（1）顺体。指人参主根形态顺直，顺体一般是单腿。①胡萝卜参（彩图 9-29）。外形呈胡萝卜状，体长腿短。②牛尾巴参（彩图 9-30）。外形呈牛尾巴状，体长腿也长。

（2）笨体。指体态呆笨，无小巧玲珑感，参体多腿，腿多无形。顺体是笨体的一种，二者常合称为顺笨体。

3. 老体与嫩体　老体（彩图 9-31）和嫩体（彩图 9-32）是针对人参质地老嫩而言。老体的人参，根中的淀粉含量少，质地松泡，重量轻，呈海绵状，习称海绵体。海绵体是野山参年老的重要特征。

4. 有关体的其他术语

（1）膀头。指主根上端与芦头连接处，或称为肩。

（2）圆膀。膀头粗壮、宽平、圆润者，习称圆膀，行业内又称为将军肩（彩图 9-33）。圆膀体现了野生人参的优美，所以歌谣对此有"圆膀圆芦枣核艼"的佳句。生长于长白山脉的野生人参多具有圆膀特征。

（3）短鸡腿。是对人参锥形腿的一种形象描述（彩图 9-33）。人参生长遇到硬土层，腿尾骤然变细，呈尖锥状，并向上弯钩，伸向营养丰富的表层土。短鸡腿以"粗、短、尖、钩"为特点，是野生人参的重要特征。明朝陈嘉谟所著《本草蒙筌》（张印生等校，2009）有"俏人形神俱，类鸡腿者力洪"等论述，认为具有短鸡腿特征的野生人参为上品。

（4）尖嘴子。膀头呈上细圆而下宽形状，也称为溜肩膀特征或美人肩（彩图 9-34）。生长于锡霍特山脉的俄罗斯野生人参多具有美人肩。

（5）人参的阴阳面。人参的主根向下生长到硬土层后，将沿地皮而生，从而形成仰姿。接近地面的一面称为人参的阳面，另一面称为人参的阴面。阴阳面性状特点有所不同：阳面的纹密而深，皮色较深（彩图 9-35、彩图 9-36）。

（四）纹

（1）铁线纹。指集中在野生人参肩部的深、密、细的横纹，因夹有黑土，如同铁丝捆绑，俗称铁线纹（彩图 9-37）。铁线纹的形成与人参向下收缩的特性有关。芦头逐年生长，年年加长，其顶端的越冬芽苞为了不被冻伤往往要保持在地下一定深度，所以每年根茎向上生长的同时也会产生向下收缩的现象，其结果是人参的肩部形成深、密、细的环纹。铁线纹是野生人参的典型特征之一。为表示铁线纹的不同特点，相关文献又有不同名称。①深兜纹。是目前对铁线纹较为准确的一种描述（李向高，2002；方土福，2010），环纹深陷，下纹的上沿覆盖上纹的下沿，呈侧立的深兜状。②螺旋纹或螺丝纹。部分文献对铁线纹的错误解释。铁线纹实际是多条环纹冰片，纹与纹之间并非螺旋状连接。③皱褶纹。早期文献所采用的概念，现一般不采用。

铁线纹具有深、密、细的典型特征，尤其横灵体野生人参体现尤为明显。一方面，横灵体人参在硬土层横向而生，参芦的收缩不会连带主体的移动，因而参芦收缩对肩部的作用力更加集中，产生深纹；另一方面，横灵体多为圆膀型，平圆的将军肩不易跑纹，经过多年的积累，形成纹密的特点。另外，人参每年都产生新的铁线纹，势必引起整个铁线纹的重排。稳定缓慢的野生人参生长特点，使重排的铁线纹虽深而不显，虽密而不乱，形成了铁线纹"细"的最重要特点。

（2）缢缩痕。在圆芦基部与主体的连接处，明显凹陷的环纹称为缢缩痕。缢缩痕的深浅也可以为野生人参的鉴定提供一定的信息。野生人参主根直立而生，参芦向下的作用力直接作用于主体肩部，缢缩痕深而明显；而人参经过移栽，主体斜卧或横卧而生，作用力在人参主体上发生偏移，缢缩痕不明显。

即使同样是野生人参，将军肩比美人肩的缢缩痕要明显（彩图9-38），因美人肩铁线纹的向下扩展，缓解了参芦收缩对主体的作用力（彩图9-39）。

（3）跑纹。人参榜头的环纹延伸到主根下部，夹有粗纹、浮纹、断纹等，行业内称跑纹。①粗纹。指人参的环纹粗糙（彩图9-40）。粗纹呈沟槽状（上下纹的边沿各自方向平行，中间是沟槽），不像铁线纹呈侧立的深兜状。②浮纹。环纹浮浅、稀疏者称浮纹。③断纹。环纹不连续、不完整者称为断纹。

（五）皮

（1）老皮。主根表面略显凹凸不平，皮色偏深，呈老黄色，是人参"够老"的显著特征。

（2）嫩皮。主根表面整体圆润光洁，色白脆弱，是年幼人参的特征。

（3）花生皮。老皮烘干后，呈花生皮网络状，习称花生皮，常为人参老皮的性状特征。

（4）锦皮。野生人参30年以上进入成熟期，皮面富有挥发油而显油性，皮色光润平滑，好似锦缎有光，习称锦皮，也称锦缎皮。锦皮描述的是鲜参特点，人参干燥后，加热导致部分挥发油丢失，无锦皮之说（彩图9-41至彩图9-43）。

传统野生人参鉴别，曾流行不少师徒相承、口传心授的歌谣，最为著名的是"芦碗紧密相互生，圆膀圆芦枣核艼。紧皮细纹疙瘩体，须似皮条长又清。珍珠点点缀须下，具此特征野山参"。实际上，歌谣中的"紧皮"是对"锦皮"的误写。成熟的野生人参，皮色油润、光亮，如锦缎般华丽，引人注目，是非常典型的特征。于学明和张志新（1987）在《山参的鉴别与分类》一书中曾将歌谣中的紧皮修正为锦皮，但目前很多文献还是将"锦皮"与"紧皮"混用，甚至作为两个独立概念进行错误解释。

（六）须

（1）主须。起源于人参腿上最粗、最长的参须。

（2）侧须。主须上的分支参须。年幼体嫩的山参，侧须多而短，丛生散乱，生机勃勃，但随着参龄的增加，部分侧须自然淘汰而显清疏。

（3）水须。生长在主须、侧须上细小、白嫩的吸收根，俗称水须（彩图 9-44）。水须多出现在夏天，尤其移栽后，肥沃的泥土刺激水须大量繁生，而秋天则多枯萎脱落，少数变为次生须根继续生长。

（4）体须。人参体部细小的参须，多集中在肩膀处，随着参龄的增长，自行脱落，留下米粒大小的残痕（彩图 9-45）。

（5）立体状根须。指人参的侧根（腿）及参须呈立体状分布。当人参生长遇到硬土层后，侧根及参须向四周多向伸展，形成立体状根须。立体状根须起源于腿的走向，是腿和须立体分布的综合表现。立体状根须是人参生长过程"未动土"的典型特征，如野生人参、林下山参、籽趴等常具有立体状的根须。行业内有"皮条须"之称，也有文献采用"龙缠须"之说，但其表达的含义远不如立体状根须丰富及准确。①皮条须。参龄长的野生人参，根系不发达，主须清疏而长（又称清须），质地柔韧，形如皮条鞭子，习称皮条须。参龄越长，木质部越发达（彩图 9-46），则参须越柔韧。皮条须主要体现参龄的长短，对野性信息的反映有局限性。②龙缠须。龙缠须的概念由方土福（2010）提出，"野生人参主须的伸展常穿越石块、树根、草根等障碍，弯曲回旋，龙游蛇舞，呈立体状分布"，称为龙缠须。龙缠须反映的野生信息也有局限性，不管是"不动土"的野生人参还是"动土了"的觅货，达到一定的参龄，都会出现龙缠须的现象。

（6）平面状根须。指人参移栽后侧根（腿）及参须呈平面状分布。人参移栽时，不管是平放还是斜放，都是将人参放置在一个平面。平面状根须是人参"动土了"的典型表现，如觅货、秧趴等常具有平面状根须。也有文献采用"扇面须""扫帚须"等表达人参移栽后须的平面特点，但未包含腿的走向，不如平面状根须描述的状态准确。

（7）珍珠疙瘩。侧根自然脱落后残留的痕迹，称为珍珠疙瘩，也称珍珠点（彩图 9-47）。方彝文等（1995）认为，珍珠疙瘩的形成是吸收根每年生长、脱落逐渐积累的瘤状残痕，笔者对此观点并不认同。吸收根是季节性吸收根，是水须，主要由薄壁细胞组成，须嫩，脱落后的痕迹会慢慢自然消失，很难想象每年还会在同一地方继续生出水须进行瘤状积累。珍珠疙瘩的形成其实是侧须脱落后一次性留下的残痕，开始呈短柱状，后随着参龄的增长，逐渐扁平而模糊。根据形成过程，可以更好地了解人参珍珠疙瘩的特点。①野生人参珍珠疙瘩大小的特点。野生人参生长稳定、缓慢，侧须存留年限长，木质化程度高，须老，脱落后更易留下残痕，干燥后也不易消失，因而野生人参的珍珠疙瘩大而明显。其他种类人参，如秧趴等，繁茂参须来自薄壁细胞的快速生长，须嫩，脱落后的痕迹随着人参的生长逐渐模糊，干燥后也容易消失。②野生人参珍珠疙瘩数量的特点。野生人参珍珠疙瘩的数量与其生长环境相关。土壤含水量丰富的环境，如山坡的阴面，野生人参水须的薄壁细胞生长速度快，但木质化程度低，因而不易形成明显的珍珠疙瘩。具有大而明显珍珠疙瘩的野生人参多产于山坡的阳面。③野生人参不同部位珍珠疙瘩的特点。皮条须从较粗的一端延伸到末梢，都有珍珠疙瘩，但开始形成的珍珠疙瘩，随着时间的延长将会逐渐扁平而模糊，反而后期新形成的珍珠疙瘩呈柱状，显得更加突出（彩图 9-48）。

二、长白山野生人参的性状鉴别

行业内流传的野生人参鉴别歌谣有很多：

"芦碗紧密相互生，圆膀圆芦枣核艼；紧皮细纹疙瘩体，须似皮条长又清；珍珠点点缀须下，具此特征野山参。"

"马牙雁脖芦，下伸枣核艼，身短体横灵，环纹深密生，肩膀圆下垂，皮紧细光润，腿短二三个，分档"八"字形，须疏根疣密，山参特殊形。"

"芦长碗密枣核艼，紧皮细纹珍珠须。山参支大皮细润，五形全美为佳品。"

这些歌谣都体现了野生人参的一些特征，但在实践中，如抓不住鉴别依据的内在本质，照搬照抄，常常错误百出。

（一）体、纹、皮是鉴别核心

野生人参的鉴别在民间有"南看芦头北看须"之说，即南方人多重视芦头，而北方人则多重视须条。虽然芦碗、艼及须的特点承载了人参一定的野生信息，但体、纹、皮才是鉴别的核心要素。此观点与方土福（2010）、陈军力等（2015）观点基本一致。

1. 体态精悍、自然是人参的野生特征 野生人参生长在茫茫林海中，稳定的自然环境使得人参生长稳定、缓慢。长白山脉土层的上层为松软的腐殖土层，下层为黄泥、石砾等混合硬土层，这样的土壤环境易生横灵体，造就了野生人参小巧玲珑、精悍强健的自然体态（彩图9-49）。与野生人参比较，其他种植人参体态则明显不同。林下山参生长在半野生环境，光线充足，生长速度加快，体胖；觅货生长也处于半野生环境，光线充足，但动过土，体胖且走形；趴货则生长在池床中，松软的土壤、丰富的营养、充足的光线，使人参疯狂生长，则体肿且走形。常见的走形如：

（1）大屁股。人参移栽后，突然改变了生长环境，新的环境土壤肥沃，使得人参的主根下部急速膨大，习称大屁股（彩图9-50）。

（2）肿长腿。移栽后人参的腿变得肥而臃肿，习称肿长腿（彩图9-51）。

（3）拧腿或拼腿。人参移栽后，容易产生拧腿或拼腿现象（彩图9-52）。

2. 铁线纹是人参的野生特征

（1）铁线纹分布在肩部或有少量延伸到主根的中上部，具有深、密、细的典型特征（彩图9-53）。长白山野生人参多横灵体，铁线纹的特点尤为明显。一方面，横灵体沿硬土层横向而生，参芦的收缩不会连带主体的移动，因而参芦收缩对肩部的作用力更加明显，产生深纹；另一方面，横灵体多为圆膀型，平圆的将军肩不易跑纹，经过多年的积累，形成纹密的特点。此外，人参每年都产生新的铁线纹，势必引起整个铁线纹的重排，稳定缓慢的野生人参生长特点，使铁线纹虽深而不显，虽密而不乱，形成了纹细的重要特点。

铁线纹是深兜纹，与跑纹的沟槽纹（彩图9-54）有明显区别。深兜纹的特点是环纹深陷，下纹的上沿覆盖前纹的下沿，犹如倒立锯齿，呈深兜状；沟槽纹的特点是环纹较浅，上下沿各自平行，中间是沟槽。如果用手从上向下在纹上滑动，深兜纹具有明显的划手感，沟槽纹则没有。

（2）野生人参一直长在原生地，"不跑纹"是其典型特点。不跑纹包含两个含义：一方面人参纹在参体的中上部排列规则，不会有遍及全身的粗纹；另一方面人参纹在参体的阳面多而深，阴面的则浅而少，并且渐变过程自然流畅。人参纹的这种分布特点，行业内称为"阴阳纹"，而阴阳纹的体现，圆膀型人参又比溜肩膀型人参明显得多（彩图 9-55）。对于人参阴阳纹的分布特点，很多从业者容易忽视，恰是这一细节，更容易抓住人参的野生特征。

3. 锦皮细腻、颜色均一是人参的野生特征　30 年参龄以上的野生人参开始进入成熟期，其外皮积累了丰富的挥发油，使人参油光发亮，如锦缎，称为锦皮或锦缎皮。但锦皮不是野生特征，因为挥发油是人参生长的必然次生代谢产物，锦皮是年限积累的结果。虽然锦皮不是野生人参的专属特征，但可以区分人参生长的山林环境。如野生人参、林下山参、觅货等，生长在山林中，经过大自然的滋养，年深岁久都可以形成锦皮；而池床中的籽趴、秧趴等，在农药、肥料、高温的人工环境下，生长速度过快，外皮是一层浮皮，没有油性，老黄色，不可能形成锦皮。

野生人参传统鉴别歌谣中常有"紧皮细纹"之说，"紧皮"实际是对"锦皮"的误写。"紧皮"的说法给行业造成很大的困扰，行业外人士无从体会，行业内人士也缺乏让人信服的解释。如将"紧皮"解释为"质地紧密"（李向高，1980）、"坚实"（方彝文等，1995）等，都是在错误的基础上进行的错误解释。"质地紧密""坚实"根本不是优质野生人参的特点，优质的野生人参，因生长过程缓慢稳定，体内淀粉含量低，浆气不足，鲜品皮质不会坚实，用手轻捏会有一定的松软感，甚者呈松泡体状态；还有将"干货无抽沟"称"紧皮"的解释（方土福，2010），也是犯了同样的错误。优质的野生人参因浆气不足，干燥后表面都会出现一定程度的抽沟现象，更谈不上紧皮。野生人参干燥后具有一定程度抽沟的特点，在各种人参的加工过程中被竞相模仿，如林下山参，因为浆气足，为避免烤"釉"（烤干后参体饱满、僵硬、无抽沟等），挖出后常将人参"困"几天（在冷阴处放置，以便跑浆），使抽沟程度更接近优质野生人参。

皮的野生特征在于锦皮的细腻性及颜色的均一性。野生人参生长缓慢稳定的特点，是锦皮细腻、颜色均一的重要原因。对人参皮面的鉴别，应将重点集中在锦皮的细腻性及颜色的均一性上。

（1）锦皮的细腻性。综合相关文献，野生人参外皮细腻的观点基本没有歧义，如郝春明（1982）、方彝文等（1995）、方土福（2010）、张毅等（2010）、徐世义等（2013）、陈军力等（2015），《野山参鉴定及分等质量》（GB/T 18765—2015）都明确描述了野生人参外皮细腻的特性。

（2）锦皮颜色的均一性。野生人参缓慢稳定的生长特点，造就了参皮颜色的均一性。如果发生人参移栽，主根下部得到快速生长，颜色发白，与原来的皮色形成明显的对比，形成"阴阳脸"（彩图 9-56）。

相对于体、纹的野生特点，皮的野生特点具有很大的不确定性。如野生人参加工成干参后，部分挥发油挥发，锦皮特征消失，锦皮细腻、颜色均一的野生特征则难以判定。即使鲜的野生人参，外皮的细腻性也不是恒定的，如野生人参进入衰老期后，出现老皮（孙三省等，1999；李向高等，2002）；生长在黄土地的野生人参皮色偏黄，略显粗糙等（孙三省等，1999）。

（二）芦、须为鉴别佐证

芦是最敏感的部位，其上苄的性状承载了很多人参生长过程中环境的变化信息，即使人参不发生人工干扰因素，芦也常因自身代谢的需要或自然环境刺激，如人参病害、雨水冲刷、野兽踩踏等因素，导致苄的形态发生明显改变，因而芦只能作为野生人参鉴别的佐证；对于须，其独有的野生特征也不明显，所以也只能作为佐证。

1. 圆芦的特点　随着参龄的增长，圆芦部分的碗痕会慢慢减弱，但其减弱程度与其参龄一致。人参移栽后，刺激了人参的快速生长，常导致圆芦过度圆滑（彩图 9-57），而野生人参圆芦上的碗痕一般比较明显（彩图 9-58）。

另外，还有一些芦碗的异常现象：①大碗。野生人参的芦碗小而紧密，如果突然出现疏松的大碗，要究其原因综合判断，或源于自然吞芦，或源于人为移栽等。②转芦。芦碗常呈对花状单面排列或呈自然螺旋上升（彩图 9-59），如果出现转芦，考虑人工干预因素陡然增加。

2. 苄的特点

（1）苄的伸出方向。苄的伸出方向承载了重要的野生信息。野生人参的苄一般是自然下垂，有较多上翘的朝天苄的人参有可能经过了移栽。因为人参在移栽时，一般取平卧或斜卧，用手握住人参呈垂直状态时，原本向下伸展的苄则呈平伸或上翘状态。

（2）枣核苄。对枣核苄的认识主要有两种观点：野生特征和年老特征。歌谣"芦碗紧密相互生，圆膀圆芦枣核苄。紧皮细纹疙瘩体，须似皮条长又清。珍珠点点缀须下，具此特征野山参。"将枣核苄作为人参野生的重要特征；而方土福（2010）在《野山参性状鉴别技术》中将枣核苄认为是年老特征。

但目前还没有任何文献对枣核苄的形成进行过系统研究，不管作为野生特征，还是作为年老特征，都缺乏科学依据。枣核苄作为野生特征，显然具有很大的局限性，因为即使不是野生人参，池底参存在枣核苄的现象也较多（彩图 9-60）；而将枣核苄作为年老的特征，年幼的趴货有时却可见白嫩的枣核苄。枣核苄确实能明显增加人参的商品价值，但其发生规律、显微结构特点还有待于进一步研究。

3. 立体状根须体现了一定的野生信息　野生人参从籽的发育开始，以主根为中心，自然向周围生长，形成立体状根系。人参立体状根须没有移栽的重要特征，如野生人参、林下山参、籽趴等都具有立体状根须。人参移栽后，根须多在一个平面，呈扇形分布，如觅货、秧趴等都具有扇形根须。

"立体状根须"非常准确地描述了野生人参根系的特点，最初见于方彝文（1995）《对野山参种类形态特征与环境的研究》一文。立体状根须源于人参支根（腿）的走向，其立体特点决定了整个根系的立体特征。有的文献所描述的"皮条须""龙缠须"等，反映的都是根的局部特征，其含义表达远不如立体状根须丰富及准确。

（三）长白山野生人参的混淆品

"飞籽"指的是园参、移山参或林下山参等人参种植基地的种子经鸟兽传播于基地周围的山林，没有经过人工干预自然生长的人参。

花鼠（*Tamias sibiricus*）别名桦鼠子、五道眉、花狸棒等（彩图 9-61），属于松鼠科花鼠属，因体背有数条明暗相间的平行纵纹而得名，喜食种子、坚果及浆果。每年 7 月中旬，红艳艳的人参果实为它们提供了丰富的食源。但花鼠对食物贮存地记忆不强，搬运到鼠洞的人参果实又多被遗忘，因而花鼠是天然的"人参播种机"。

飞籽的生长领域多在人们的活动范围之内，容易被发现，因而参龄较短，多在 20～30 年参龄，是放山货（野生人参、飞籽、池底参等）的主要品种之一。飞籽的生长环境接近野生环境，但其生长终归又受到部分基地人工因素的影响，因而生长速度要快于野生人参。在性状上，飞籽是野生人参和林下山参的混交品（彩图 9-62、彩图 9-63）。

芦：生长速度快于野生人参，芦的基部比野生人参粗壮；生长速度慢于林下山参，芦碗较林下山参紧密。

体：体多自然，但由于生长环境差异，有的主体仍具有林下山参体胖的特征，而有的主体则接近野生人参精悍的特征。

第二节　林下山参的鉴别

一、林下山参的性状特点

林下山参，民间又俗称"白胖小子"，非常生动地描绘了林下山参的性状特点。"白"是因为作为商品的林下山参年限多集中在 15～20 年，相比老山参，年限还是很短，皮色嫩白。"胖"则体现了人工干预的半野生结果。林下山参在生长过程中，由于清林、放阳、除草、摘蕾等人为干预，林下山参的生长速度比"纯货"也快得多，形成胖的体态。"小子"是对人参的爱称，民间常把人参比喻为"人参娃娃"。

1. 芦的特点　15 年参龄以上林下山参，多二节芦（圆芦＋马牙芦），少三节芦。林下山参由于没有经过移栽，艼多下垂。林下山参的生长比野生人参快得多，芦碗较大而稀疏（彩图 9-64）。二节芦是林下山参的典型特征，林下山参初期生长缓慢，芦碗细小，但 8～10 年后参苗发育旺盛，产生大碗，形成了明显的二节芦。《野山参鉴定及分等质量》（GB/T 18765—2015）中，将二节芦作为等级鉴定的重要标准。

2. 体的特点　人参未经过移栽，根须呈立体状，横灵体、顺笨体常见（彩图 9-65）。因生长环境属于半野生环境，人参生长快，体胖特点明显。多数文献对体的描述基本一致，也比较符合客观实际。如"横体或疙瘩体，少为顺体"（李向高，1980）、"横灵体、顺体皆有，其中横灵体美观者较多"（郝春明，1982）、"多数短小，分腿灵活"（孙三省等，1997）、"灵体较多，也有顺长体"（寿小燕等，2002）、"灵体笨体都有，横灵体多见"（娄子恒等，2003）、"灵体、疙瘩体、顺体都有，笨体者少"（张毅等，2010）。

3. 纹的特点　没动土，纹多集中于主根的中上部，但由于体胖，纹稀疏而浮浅。在加工干品过程中，为增加纹的辨识度，常人工上泥，将黑泥搓入细纹中。因而，干品的纹常比鲜品的纹要明显些。

4. 皮的特点　参龄短，皮色多为黄白色，细腻。但随着参龄延长，皮色也会逐渐变黄，具有一定的油性（彩图 9-66）。林下山参一般浆气足，因而在加工过程中，为避免烤"釉"（烤干后参体饱满、僵硬，无抽沟），挖出后常将人参"困"几天（在冷阴处放置，以便跑浆），使抽沟程度更接近优质野生人参（彩图 9-67）。

5. 须的特点 立体状的根须是其重要特点。须较多、较长，但还未到"清须"阶段。在干制品中，漂亮的清须多是人工修剪的结果。

对须的质地描述，相关文献出现的错误非常多，如"柔软细嫩"（李向高，1980）、"柔软细脆"（张毅等，2010）、"主须柔软细长，无韧性弹性，软塌塌立不起来，如一团蚕丝，称丝线须"（方土福，2010）、"面条须：……柔弱无筋骨……"（方土福，2014）等。实际上，林下山参须的柔韧性是比较好的，这是由其内部木质化程度所决定。林下山参的木质化程度虽比不上野生人参，但其比趴货、园参须的木质化程度强得多（彩图 9-68）。也就是说，林下山参的根须柔韧性虽逊于野生人参，但远比趴货、园参的柔韧性强得多。

二、林下山参的混淆品

林下山参是人参的优质品类，部分野性得到体现。但林下山参从生产到流通，缺失有效的质量监督管理体制，市场上的质量参差不齐，以次充好、以假乱真的现象时有发生。

1. 林下池床籽 林下山参，行业内也称为"林下参""林下籽"或"籽货"等。林下池床籽，虽也是林下生长且由参籽直接发育而来，但绝不能称为"林下山参""林下参""林下籽"或"籽货"等。林下池床籽，生长在池床中，是园参的一种，是趴货。林下池床籽的生长环境、性状特点与林下山参有着明显不同。

（1）土壤环境不同。林下山参生长的土壤环境保持了山林的原始状态，而林下池床籽则生长在松软用肥的池床中（彩图 9-69、彩图 9-70）。

（2）生长方式不同。林下山参的生长是自然状态，呈头朝山坡下的仰卧状态（彩图 9-71）；林下池床籽生长在松软的池床中，呈直立状态，故也称为林下直生根（彩图 9-72）。

（3）性状特点不同（彩图 9-73、彩图 9-74）。①芦。由于人参生长在松软的池床中，生长快，多形成竹节芦，开门见碗，无圆芦。主根及根须起到了主要的营养吸收作用，少大艼，多为毛毛艼。②体。池床土厚，松软，多顺体，粗腿及支根四处伸展，呈立体状。③纹。横纹肤浅不连贯，常延伸到主体的中下部，跑纹。④皮。生长在舒适的池床中，生长速度快、皮粗糙，少林下山参的青白色。⑤须。生长在舒适的池床中，少长须；也没有经过移栽的刺激，少毛须。

2. 林下山参趴货 是指将林下山参小苗重新移栽到池床，催肥增重，经过几年后，重新挖出的人参。目前，林下山参的种植已具有一定的规模，并且逐渐达到上市的高峰。采挖人参后，首先要进行选等，挑选参形好的人参按等级售卖或加工，剩余的人参则按破烂货处理。有些不上等的小苗，因价钱不高，又不忍心低价处理，于是就重新移栽到池床，催肥增重后，挖出按林下山参售卖。

林下山参趴货早期生长在山林中，处于半野生状态，移栽到池床后，则变成了完全的人工环境，用药施肥，加速了人参的生长，属于趴货的一种。在性状上，因来源于林下山参，保留了原来芦根的特征，而后期的疯狂生长则完全体现了趴货特征：生艼、多须、肿腿（彩图 9-75）等。

第三节 移山参的鉴别

国家标准（GB/T 22532—2015）将移山参定义为"移栽在山林中具有野山参部分特征的人参"，从种植方式（移栽在山林）及外形特点（具有野山参部分特征）两方面对移山参的概念进行了规范。

移山参最原始的含义是指把野生人参小苗从一个野生环境移栽到另一个野生环境，让其自然生长。野生人参在早期简称为"山参"，移山参名称由此而来。但野生人参小苗终归数量有限，人们又将园参小苗、籽趴小苗等移栽到山林中，形成了移山参的不同品类。

移山参的概念随着人参种植史的发展而不断演化。《中药大辞典》（江苏新医学院，1997）中将幼小的野生人参移植于田间的也称为移山参，方彝文等（1995）等将池床中"石柱参"也列入移山参，洪木兴等（1996）认为池床中的趴货也是移山参的一种等。实际上，以上这些品类人参都属园参一类，它们的生长环境都是人工池床，不是移山参的山林环境。

移山参主要包含两种类型的人参：觅货及池底参。

觅货，有人也写作"密货"，最早是指放山人将挖到的价值不高的野生人参小苗再找一块林地偷偷栽上，做上暗记，多年以后再挖出的人参。随着人参种植产业化的发展，移栽到山林里的人参小苗也得到丰富，出现了将池床中的园参小苗、籽趴小苗等移栽到山林中的培育方式，并逐步实现了产业化。人参在移栽时，一般是将人参平放，像趴在土里，因而在早期，觅货也称为趴货，如将野生人参小苗的移栽参称为"山趴"或"山参趴货"（李向高，1980；郝春明，1982；孙三省等，1997），普通园参小苗的移栽参称为"林趴"（方土福，2010）等。但目前的民间用语中，觅货和趴货概念已经明确分化。在辽宁省桓仁满族自治县、吉林省通化市等地区，觅货指移栽到山林里的人参，趴货则是指生长在池床里的人参。依据分类标准，觅货是移山参的一类，趴货则是园参的一类。

池底参又俗称撂荒棒槌，是指池床参（园参）在移栽或作货过程中遗漏在池床中又生长多年的人参。"池"是对"畦"的误读误写。种植园参要先建畦，再在畦上种植人参。很多山东人把畦（qí）床读成池（chí）床，东北人戏称为"咬舌子"，"畦底参"变成了"池底参"，一辈辈传下来，成为约定俗成的专用术语（王德富，2018）。

一、觅货

用于移栽的人参小苗常用的有野生人参小苗、园参小苗移栽（普通园参小苗、籽趴小苗）等。

1. 野生人参小苗移栽 最早放山人将挖到的野生人参小苗埋植于原处或移植到山野他处，做上暗记，多年以后再寻找挖出。这是觅货最原始的种植方式。移栽前本就是野生人参，移栽后生长的环境也是野生环境（彩图 9-76）。在这样的环境下，人参茎秆纤细，生长非常缓慢（彩图 9-77）。

传统上，这类人参被称为"山参趴货"（李向高，1980；郝春明，1982）、"山趴"（孙三省等，1997）等。但随着长白山野生人参资源的匮乏，放山人也越来越少，偶尔发现的野生人参小苗要么被泡酒，要么流入市场，已很少有人再重新移栽到原始的森林中，"山趴"等概念在行业内也逐渐被淡化。

多数文献对"山趴"的特征描述仅限于移栽的共性，如"转芦""多芋""大屁股""跑纹""肿长腿""拼腿""扇面多须"等（李向高，1980；郝春明，1982；孙三省等，1998；娄子恒等，2003；胡双丰，2009；方土福，2010），很少有山趴专属性的描述。

山趴的鉴别实际上非常困难，一方面小苗不具有共性，体或灵或笨，参龄或长或短，基础特点差异非常大；另一方面移栽环境、移栽深浅也是个性特征，没有形成产业化规模，因而很难总结出专属群体特征。山趴只能根据少量残留的野生信息推断。人参移栽后，虽芦碗、芋、体、皮、须等大部分都会发生很大变化，但圆芦及肩纹却是两个相对稳定的部位（彩图9-78、彩图9-79）。缺失圆芦、铁线纹的野生信息，山趴的判定就没有依据（彩图9-80、彩图9-81）。

（1）圆芦的特点。野生人参圆芦表面并非完全光滑，上有紧密芦碗痕迹。移栽后，人参的加速生长使圆芦变粗，边缘清晰度减弱（彩图9-78）；有部分文献对山趴的特征描述出现错误，如山趴具有"掐脖芋"（郝春明，1982；杜东娜等，2000；方土福，2010）等。野生人参小苗移栽时，绝大多数都已有圆芦，因而移栽后不可能再生掐脖芋。掐脖芋或护脖芋是生长在芦头基部的对生芋或单生芋，是2～3年参龄园参小苗移栽后的典型特征。

（2）铁线纹的特点。移栽后，人参首先长芋、长腿、长须，演变为肿腿、大屁股、跑纹等，而肩部铁线纹却相对稳定，可推断移栽前的野生信息（彩图9-79）。

2. 园参小苗移栽 不少文献对移山参的描述有"小栽子上山""老栽子上山"之称。"小栽子上山"：是指将2～3年参龄普通园参小苗移栽到山野，多年后采挖。目前，小栽子上山是移山参的主要种植方式。"老栽子上山"：是指栽培园参在5～6年参龄进行第二次移栽或起货时，留心选择那些体型好的人参或经过整形的人参，移栽到山野，多年后采挖（李向高，1980；郝春明，1982；孙三省等，1997）；也有将五六年参龄的籽趴小苗移栽到山野，多年后采挖（李向高等，2002；方土福，2010）。前者市场基本绝迹，后者市场可见。

（1）普通园参小苗移栽。将2～3年参龄普通园参小苗（彩图9-82）移栽到山林培育移山参的种植方式已经规模化，也是市场上移山参占比最大的一种。

人参生长的山林是半野生状态，移栽前清林，移栽后除草、放阳、摘花等。与野生人参相比，这种管理加快了人参的生长，如同林下山参的性状，其外形特点都有"胖"的共性。

随着林下山参的产业化发展，这种觅货的种植规模呈逐渐萎缩状态，上市的总量也在逐年降低，因为人参籽的成本比人参苗还低，且林下山参的成品率比移山参的成品率高得多。

人参移栽后开始主要是长芋、长须，后增重在腿，变成"肿长腿"或"大屁股"，随着移栽年限的增长，出现跑纹等现象。①芦。小苗移栽后快速生长，多开门见碗（彩图9-83），常见护脖芋或掐脖芋（彩图9-84）；因移栽时多采用平卧或斜卧，芋的走向也发生改变，多平伸或上翘（彩图9-84）。受到半野生环境加快生长的影响，芦碗特点与林下山参类似，较大而疏松。参龄较长的移山参，基部芦碗被逐渐挤压，少数具圆芦（彩图9-85）。"开门见碗"和"护脖芋、掐脖芋"是此类移山参的专属特征。②体。由于移栽，参形呆板（彩图9-85）、不自然（彩图9-86），常见"肿长腿、大屁股"（彩图9-84）或"拧腿、拼腿"等现象。③纹。跑纹到中下部，常见浅纹、断纹。④皮。黄白色，较细腻，随着参龄增长，皮色逐渐由嫩白变为油性（彩图9-87），此特点可与池床中的趴货相区别。⑤须。移栽后，须多平面。随着参龄增长，逐渐演变成清须，须条柔韧（彩图9-87）。

当然，也有个例，极少数具有籽货特征，甚至与籽货难以区分（彩图9-88）。

（2）籽趴小苗移栽。籽趴是生长在池床中的一种特殊园参。种子在池床中发芽并生长5～10年后，由于池床肥力减弱，多数需要进行倒栽。倒栽时，挑选参形好的小苗（彩图9-89）移栽到山林中，十几年后作货。但此类移山参市场货量较少。①生长环境。同林下山参的管理，为半野生环境。②性状特点。具有移山参的共性，如"跑纹""参形呆板""肿长腿、大屁股""平面须"等。但由于移栽的小苗来源于籽趴，因而芦基部的竹节芦常清晰可见，可推断移山参的类别（彩图9-90）。

二、池底参

人参栽培忌连作，人参采挖作货后，遗留下的参地不能再栽培人参，被称为"老参地"。当老参地被撂荒后，遗漏的人参仍继续生长。这种撂荒后在老参地中生长多年的人参，便称为池底参，也称撂荒棒槌。

行业内对池底参的概念没有歧义，但对池底参的分类略有不同。孙三省等（1999）将池底参分为"大池底"和"小池底"，大池底指的是池床参在移栽或作货后遗漏在池床中又生长多年的人参；小池底指的是老参地落籽，由掉落的人参种子自然发育而成。目前，行业内更通俗的分类是：货漏与秧漏。货漏是指4年生的小中货或5、6年生的下山货遗漏的人参所形成的池底参；秧漏是指2年或3年倒栽时遗漏的人参小苗所形成的池底参，其中老参地落籽属于秧漏的一种，行业内通俗的叫法是"小池底"。

池底参先期在池床中生长，既有遮棚调节阳光的照射，也有农药的使用防治病虫害，良好的生长环境反而使得人参的抗病能力与抵抗自然灾害的能力变差。人参被移栽或作货后，遗漏的人参即刻被切换了生长环境，遮棚被移走，人参茎叶完全暴露在强烈的阳光下，也没有各种病虫害防护措施，遇雨还会被淋洗，许多落在参池内的人参被大自然淘汰掉（彩图9-91）。

（一）池底参的一般特征

池底参在移栽或作货的过程中，因受到伤残，多有疤痕或参体残断；池土的营养被前期的人参吸收，人参生长非常缓慢，虽经多年，仍基本保持了撂荒时的大小，呈海绵体状；废弃的池土使人参极易患病，导致池底参全身病态，红锈、烂根、烧须等常见；松软的池床也使人参在生长过程中布满了横的粗纹。在恶劣的生存环境下，池底参基本遍体鳞伤，原本光泽嫩白的园参变得病态、横纹褶皱与疤痕于一身（彩图9-92）。①芦。土壤松软，芦碗多稀疏；后期营养不良，芦头从下至上越来越细弱，呈"倒脖芦"；无芋或有非常稀少的毛毛芋。②体。池底参在生长过程中长芦不长体，基本保持撂荒时的形态和大小，外形多顺体，体多有伤残，质松泡。③纹。横纹粗，"一纹到底"。④皮。黄褐色，全身病态，有疤痕，部分有红锈。外皮粗糙、无光泽、皮老多皱。⑤须。烧须，须稀少、短粗。

由于池底参具有长芦不长体的特点，基本保持了撂荒时的基本形态和大小，因而对于秧漏、货漏的区分比较容易（彩图9-93）。

（二）秧漏的一个特殊品类——小池底

小池底是秧漏的一种特殊形式，部分文献又称老参地落籽，是由园参籽掉落在作业道上发育的人参小苗演化而成。

小池底的性状特征由其生长环境所决定。一方面，人参作货时，作业道上的人参小苗常被忽视，多数没有被刨动。作业道土壤硬实，使人参主体小而有灵气，有的体形甚至接近野生人参。另一方面，小池底生长的环境终归是老参地，表面增加了一层松软的老参土，导致后期生竹节芦。参地被撂荒十几年或几十年后，由于参后还林的树木及伴生植物慢慢长大，变成了山林的野生环境，存活下来的小池底也渐渐适应了新的野生环境，有的开始恢复性生长，一改"倒脖芦"的常态，反而呈现芦的上端多芋、碗大的旺盛状态。

优质小池底的市场价格仅次于野生人参，在纷杂的人参品类中别具一格，尤其在野生人参的对比鉴别中，占有重要的一席。

老参地撂荒后，后期增加的表层松土使小池底具有竹节芦及上翘的芋等共同特征，但由于小池底主体生长在作业道硬实的土壤中，造就了体部特征的多样性，体、皮、纹、须呈现多种不同特点。①芦。表层增加松软的老参土后，芦呈竹节状，芋上翘（彩图9-94至彩图9-98），刺激芦形成护脖芋（彩图9-94、彩图9-96、彩图9-98）。顶端由于得到恢复性生长，可见芋多碗大（彩图9-94至彩图9-98）。②体。如受到刨挖动土，"大屁股"常见（彩图9-94、彩图9-95），而落籽在作业道未经刨挖的小池底，可见灵体（彩图9-97、彩图9-98）。③纹。受到刨挖的小池底，跑纹（彩图9-94、彩图9-95），而落地籽在作业道未经刨挖的小池底，也可见少纹（彩图9-98）。④皮。由于年限较长，光亮的油性皮多见（彩图9-94至彩图9-96）。⑤须。烧须（彩图9-94、彩图9-96）可见，但也偶见悠长立体须（彩图9-97）。

（三）池底参的品质评价

高参龄的池底参，经过多年野生环境的培育，其内在品质已非常接近野生人参。宿艳霞等（2004）的研究证实，18年参龄的池底参与30年参龄的野生人参相比，人参皂苷 Re、人参皂苷 Rg_1、人参皂苷 Rb_1 含量已经非常相似（表9-1）。

表 9-1　野生人参与池底参三种人参皂苷含量的比较

种类	生长年限	人参皂苷 Re	人参皂苷 Rg_1	人参皂苷 Rb_1
野生人参	30 年	0.477	0.428	0.710
池底参	18 年	0.440	0.550	0.690

（四）池底参的混淆品

1. 池底参趴货 市场上总有小重量的池底参，由于价格低利润微薄，于是又将其重新移栽到池床快速生长，增重几年后挖出售卖。这种人参不能算作真正的池底参，是以池底参为"本"的趴货，经历了池床→野生环境→池床的生长过程。池底参在池床中快速增重，芦、体、纹基本保留了原来的特征，但长芋、长须等特征明显（彩图9-99）。

2. "趴货"冠名"池底参" 池底参后期在自然环境下生长，残存的农药慢慢降解，是移山参的一类。在东北人参集市上，池底参鲜品散在，总量都不大。但在干品市场上，却充斥着大量的混淆品。这些冠名池底参的人参实际是趴货中低档品。籽趴刨挖时，总有些发育不良的小人参夹杂其中，挑拣后染色、整形，冠名"池底子"售卖（彩图9-100）。①芦。与池底参特征类似，开门见碗，多呈竹节状，无芋或少芋，部分也有"倒脖芦"。②体。多顺体，较完整，无正品池底参的残断及质地松泡现象。③纹。一纹到底，但比正品池底参的横粗纹浅得多。这种伪品池底参，在加工过程中多经过高锰酸钾的浸泡染色，使原有的横纹突出、明显。④皮。远比正品池底参的皮嫩，少正品池底参的疤痕。因经过高锰酸钾的浸泡染色，参皮暗灰色。⑤须。须少但较完整，有别于正品池底参的残须。

第四节 园参的鉴别

一、园趴

园趴是生长在人工池床内的一种园参（彩图9-101），因其表面显土黄色，又称"黄皮子"。这层黄皮实际是一层浮皮，在洗参加工过程中，很容易被搓洗掉。黄皮形成的机制目前还不清楚，但可以推测与两方面因素有关：其一，与土壤类型有关。具有黄皮的园趴生长在黄土上，与其种植区域（吉林省与辽宁省的交界地区）土壤类型一致；而没有黄皮的普通园参多生长在黑土上，与其种植区域（吉林省靖宇县、抚松县等其他地区）土壤类型一致。其二，与种植方式有关。具有黄皮的园趴生长在高温池床内，而同一地区的林下山参生长在自然的山林环境中，则没有黄皮。

园趴、普通园参相比，其差别在于品种及肥料的使用选择不同。①园趴多选用长脖类，如圆膀圆芦、竹节芦、草芦、线芦等品种；而普通园参多选用大马牙、二马牙等品种。②园趴池床底肥可用有机肥，生长过程中一般不施化肥；而普通园参池床底肥充足，生长过程中一般增施化肥，使普通园参可以快速生长。

根据种植过程的不同，园趴分为"籽趴""秧趴"两大类。①籽趴是将人参种子播撒于池床内，不移栽，经过一二十年的生长后采收作货。因人参是直立在松软的池床上生长，行业内有时又称为"直生根"。②秧趴是指将生长5～10年的直生根小苗，再次翻栽于新的池床，加速园趴的生长速度，十几年以后作货。

1. 籽趴 "松软池床""没有经过移栽"决定了籽趴的性状特点（彩图9-102、彩图9-103）。①芦。人参生长在松软的池床中，芦碗稀疏、直立、单面交互排列，常

"一碗到顶"，少圆芦。无芋或少量的毛毛芋。生长后期，由于肥力不足，有"倒脖芦"现象。②体。由于池床的土厚、松软，多顺体、少横灵体。③纹。跑纹，纹细浮浅，土壤松软、生长快速导致。④皮。土黄色、粗糙，没有经过山林环境的滋养，干巴巴无任何光泽油性。⑤须。参腿向四处伸展，呈立体须，清疏不乱，主须较长，质脆易折断，珍珠点扁而圆。

2. 秧趴 秧趴在生长过程中，为保证其营养充足，中间又常经过几次倒栽。"完全人工环境的松软池床""倒栽"决定了"秧趴"的性状特点。①芦。移栽后转芦，芦碗突然增大，前期底部竹节芦演化成圆芦（彩图 9-104）。芋多，芋上翘或旁伸（彩图 9-104）。芦碗稀疏，碗沿虚胖，烘干后薄而瘪，与林下山参的碗沿具有明显区别（彩图 9-105）。秧趴多采用 5～10 年的直生根移栽（彩图 9-106、彩图 9-107），移栽前已经形成了明显的竹节芦，移栽后多在芦中部生芋，不可能在芦头基部再生掐脖芋或护脖芋。②体。体肥肿，有时有拧腿或拼腿现象（彩图 9-108）。③纹。肥肿的参体上浮纹稀疏（彩图 9-104）。④皮。移栽后人参快速增肥，表面黄皮不均一，常有爆裂感，部分区域呈现嫩白色（彩图 9-109）。有的移栽时，为了防病用药过猛，显红色（彩图 9-110）。⑤须。须根发达，毛毛须繁多，丛生，整个参体多呈平面状，须脆易断，无珍珠点。须脆易断由其根须的内部结构特点所决定。徐世义等（2013）对趴货、野生人参的须根进行了显微特征研究，结果显示趴货的木质化程度非常低，导管孔径小，木质部面积仅占其总面积的 1/5 左右；而野生人参导管孔径大，木质部约占其横切面积的 1/2。木质化程度决定了人参根须的柔韧度，是野生人参须条柔韧而趴货参须脆性大的内在原因（彩图 9-111）。

二、普通园参

1. 普通园参的性状鉴别 普通园参，又称"萝卜参"，是制药企业的主要人参原料，一般以吨为单位按重量出售。普通园参靠产量取得效益，施肥、施药等人工干预方法都不可缺少。在我国，普通园参的品类主要有两种（王谷强等，2009）：一种是原产于抚松的大马牙品种，芦头、根形粗短，须多，产量高（彩图 9-112）；另一种是原产于集安等地区的边条参（二马牙），根形较长，须少，产量略低（彩图 9-113）。

在人参集市上，也可见到普通园参中的特例，以个大（大个头园参）或参龄长（老园参直生根）为卖点，按支出售，每支几百元或上千元。

（1）大个头园参（彩图 9-114）。挑选体型好的 5、6 年参龄普通园参，重新移栽到底肥充足的池床内，再生长几年，以个大为卖点。每支多超过 0.5kg，甚至达到几千克。

（2）老园参直生根（彩图 9-115）。极少数参农，将园参种子撒播于施加底肥的池床内，不再移栽，在人工管理下，经过十几年生长作货，以参龄长为卖点。这种人参在松软的池床上，直立生长，人参腿向四周伸展，呈立体状，头部罗叠着大的芦碗，鲜重多在 0.25kg 左右，由于年限长，质地泡松。

2. 人参品种大马牙的分子鉴别 经过长期的自然变异和人工选育，人参栽培群体中形成了一些性状稳定且在生产上非常有意义的变异类型，如大马牙、二马牙等，被称为农家品种。大马牙芦头、根形粗短，须多，产量高，是我国种植最广泛的人参品种之一。笔者团队从人参线粒体基因第二个内含子中发掘出了大马牙的单核苷酸多态性（SNP）位点。如彩图 9-116 标注位置所示，大马牙人参碱基为 A，而其他人参品种该位置为 C。

利用该位点，通过人为引入错配碱基的方式设计了大马牙品种的位点特异性引物，并成功利用多重 PCR 对大马牙人参品种进行了鉴定（Wangetal，2016）。

（1）模板 DNA 提取。取适量冷藏人参根，液氮研磨至粉末状后取 0.05g 研磨后的材料置于 1.5mL 离心管中，加入消化液 275μL［细胞核裂解液 200μL、0.5mol/L 乙二胺四乙酸二钠溶液 50μL、蛋白酶 K（20μg/mL）20μL，RNA 酶溶液 5μL］，在 55℃ 水溶液保温 1h（保温期间每 15min 轻微振荡离心一次）。加入裂解缓冲液 250μL，混匀，加入 DNA 纯化柱中，离心（转速为 12 000r/min）3min，弃去过滤液。加入洗脱液 800μL ［5mol/L 乙酸钾溶液 26μL、1mol/L Tris-盐酸溶液（pH 7.5）18μL、0.5mol/L 乙二胺四乙酸二钠溶液（pH 8.0）3μL、无水乙醇 480μL、灭菌双蒸水 273μL］，离心（转速为 10 000r/min）1min。将纯化 DNA 转化到另一新的 1.5mL 离心管中，加入无菌双蒸水 100μL，室温放置 2min 后，离心（转速为 10 000r/min）2min，取滤液作为供试品溶液，置 −20℃ 保存备用。

（2）PCR 扩增。利用大马牙的特异性引物 DaF 及内含子侧翼引物 CoxlF、CoxlR 进行多重 PCR 反应，对大马牙进行鉴定，设计的特异性引物序列为 DaF：5′-ATTCAATGGAGGACTTCACA-3′，内含子侧翼引物序列为 CoxlF：5′-GAGTTATTC CAGCTTCTTCATG-3′，CoxlR：5′-ATGCCTCTTGACTTTAGTATGG-3′。多重 PCR 在 50μL PCR 管中进行。PCR 反应体系为 20μL，其中包括 10ng 的模板 DNA、0.5μmol/L DaF、0.125μmol/L CoxlF、0.5μmol/L CoxlR、10μL 2×PremixDNApolymerase。PCR 的反应条件为 94℃ 预变性 4min；94℃ 变性 30s，64℃ 退火 30s，72℃ 延伸 30s，共 33 个循环；72℃ 延伸 5min，4℃ 保温结束反应。

（3）电泳检测。取 3μL 反应产物在含有溴化乙锭的琼脂糖凝胶上电泳并在凝胶成像系统下检测。结果如彩图 9-117 所示。所有的人参品种均出现了由通用引物 CoxlF 及 CoxlR 扩增出的 771bp 条带，而只有大马牙产生了由 DaF 和 CoxlR 扩增出的 410bp 特异性条带。结果表明，利用该特异性引物及建立的多重 PCR 体系可以实现对大马牙品种的特异性区分和鉴定。

第五节　人参与西洋参的鉴别

一、野生西洋参的性状鉴别

西洋参，又名花旗参，自然生长于北纬 31°—47°、西经 67°—125° 的北美洲地区。西洋参，是五加科人参属的一种，即与人参是同属不同种的植物。远在殖民者未到北美洲之前，北美洲大片的原始森林中居住着印第安人的伊洛魁民族，他们将西洋参称为"Garentoquen"，即"迈开大腿的人"，人们也经常食用这种植物的根以解除疲劳。

17 世纪，法国的牧雅图斯在我国东北工作期间，对被当地人视作灵丹妙药、根似人形的人参产生了极大的兴趣。他详细叙述了中国人参的形态特征、药用价值，并附有原植物图，此文在英国皇家协会会议上发表。其中，加拿大蒙特利尔地区的法国传教士法朗土·拉费多被该文深深吸引，他仔细研究了从中国寄来的人参植物标本，认为当地森林与人参产地的自然环境相近，应当有人参存在。他在当地印第安人的帮助下，按图索骥在原始丛林中找到了与中国人参形态极其相似的植物，拉丁学名为 *Panax quinquefolium* L.，即西洋参。

18 世纪后期，每年有大约 70t 野生西洋参从美国运往中国，但是再多的西洋参也经不住毫无节制的狂挖滥采。为防止野生西洋参的灭绝，1987 年美国政府将野生西洋参列入稀有植物，重点保护，对其采挖和交易制定了严格规定。美国的野生资源保护以美国渔农处（US Fish and Wild Life Service，USFWS）为主要的管理机构。

野生西洋参的性状鉴别：①芦。野生西洋参芦碗浅而外兜，排列不规则，枣核艼常见（彩图 9-118）；野生人参芦碗凹陷较深，顶部常见对花芦，枣核艼少见（彩图 9-119）。②体。野生西洋参疙瘩体较多，体质硬；野生人参体形多样，灵体较多，年老者松泡体。③纹。野生西洋参纹深、粗，常跑纹（彩图 9-120）；野生人参是铁线纹，一般位于体的中上部（彩图 9-121）。④皮。野生西洋参皮色偏青灰色，粗糙，皮孔明显，即使年限长，也缺少油性，锦缎皮特征不明显；野生人参年限长者锦缎皮，油润般光泽。⑤须。野生西洋参须条少、短，直硬（彩图 9-122）；野生人参须条长、多，柔曲（彩图 9-123）。

二、种植西洋参的性状鉴别

美国西洋参的种植：西洋参栽培之父一般认为是乔治·斯坦顿（George Stanton）。1885 年，他成功地在纽约州种植了 60.70hm² 的西洋参。美国是西洋参的产量大国，有 25 个州生产西洋参，栽培参以威斯康星州产量最高。这些西洋参基本都供出口，留在国内销售的也以卖给华人为主。目前，每年约有 2 000t 美国西洋参出口到中国和其他亚洲市场。

加拿大西洋参的种植：加拿大目前是全球西洋参最大的生产国，其中 85％来自安大略省，15％来自卑诗省。目前，每年约有 3 000t 加拿大西洋参出口到中国和其他亚洲市场。

20 世纪 80 年代初，我国进行西洋参试验栽培引种获得成功。经过近 40 多年的推广，我国现在已经成为继加拿大、美国之后的第三大西洋参生产国。

1. 进口西洋参与国产西洋参的性状鉴别　进口西洋参与国产西洋参的性状区别见表 9-2，二者的外观区别见彩图 9-124，横切面区别见彩图 9-125。

表 9-2　进口西洋参与国产西洋参的性状鉴别（聂桂华，1988）

指标	进口西洋参	国产西洋参
性状	外表土黄色，横纹突起，内部黄白，质轻	外表颜色浅，表面较光滑，横纹细而浅，内部较白，质坚
气味	气香而浓，味苦兼甘，口感持久	气微，味苦重而甜淡，久嚼淡而涩，稍黏舌
断面	有菊花心纹理	菊花心纹理较轻

2. 国产种植西洋参与生晒园参的性状鉴别 国产种植西洋参与生晒园参的性状区别见表 9-3（刘惠军和苏颖，2002），二者的外观区别见彩图 9-126 和彩图 9-127，横切面区别见彩图 9-128 和彩图 9-129。

表 9-3 国产种植西洋参与生晒园参的性状鉴别

指标	种植西洋参	生晒园参
芦头	芦头较短	芦头较长
主根	主根较短	主根较长
颜色	浅黄褐色	浅灰黄色
表面	皮细腻，纵皱纹较细密且浅，皮孔突起明显，皮孔一般较细长	皮粗糙，纵皱纹粗大而明显，横纹粗，皮孔不隆起，较粗短
质地密度	坚实，质较重，密度较大，比水重	较松泡，质较轻，密度较小，比水轻
断面	浅黄白色，略显粉性，皮部树脂道多，黄棕色，形成层环棕黄色，皮层与木质部中心偶见裂隙	略显白色，粉性，皮部树脂道少，色浅，形成层环颜色浅，皮层与木质部中心多见裂隙
气味	芳香气较浓，苦味较重	芳香气较淡，苦味较轻

3. 西洋参与人参的分子鉴别 笔者团队利用人参的 Unigene 开发了人参和西洋参两物种间的内含子长度多态性标记（王戎博等，2018）。如彩图 9-130 所示，在细胞色素 P450（CYP71A50U）基因组序列中，与西洋参相比，人参存在 1 个 365bp 的插入序列。此外，在甘油醛-3-磷酸脱氢酶（GAPDH）基因组序列中，与西洋参相比，人参存在 1 个 5bp 的碱基插入序列和 1 个 20bp 的缺失序列（彩图 9-131）。基于所发现的插入/缺失序列，分别设计了人参与西洋参的特异性引物，并以此建立用于人参及西洋参鉴别的多重 PCR 体系，对不同来源和产地的人参与西洋参进行了有效的区分和鉴定。

（1）模板 DNA 提取。分别取各待测样品 0.5g，置研钵中，加适量液氮，充分研磨成粉末。取 0.05g 研磨后的材料置 1.5mL 离心管中，加入消化液 275μL［细胞核裂解液 200μL、0.5mol/L 乙二胺四乙酸二钠溶液 50μL、蛋白酶 K（20μg/mL）20μL、RNA 酶溶液 5μL］，在 55℃水溶液保温 1h（注意在保温期间每 15min 轻微振荡离心管一次）。加入裂解缓冲液 250μL，混匀，加到 DNA 纯化柱中，离心（转速为 12 000r/min）3min，弃去过滤液。加入洗脱液 800μL［5mol/L 乙酸钾溶液 26μL、1mol/L Tris-盐酸溶液（pH 7.5）18μL、0.5mol/L 乙二胺四乙酸二钠溶液（pH 8.0）3μL、无水乙醇 480μL、灭菌双蒸水 273μL］，离心（转速为 10 000r/min）1min。将纯化 DNA 转移至另一新的 1.5mL 离心管中，加入无菌双蒸水 100μL，室温放置 2min 后，离心（转速为 10 000r/min）2min，取滤液作为供试品溶液，置－20℃保存备用。

（2）PCR 扩增。利用多重 PCR 对人参和西洋参进行鉴定，人参的特异性鉴别引物序列为：PgF（5′-GACGGAGATACATGGTTGTTG -3′）和 PgR（5′-AGCCAGTAATGCTTGTGCTT -3′），西洋参的特异性鉴别引物为：PqF（5′-TTTTGTTAGGGAGGAGTCGG-3′）和 PqR（5′-ACACCAAAAGGGTCAGTAACAT-3′）。多重 PCR 在 50μL PCR 管中进行。反应总体积为 20μL，反应体系包括：0.5μmol/L 的每种引物，20ng 基因组 DNA，10μL 2×EF-TaqPCRPreMix。将 PCR 离心管置于 PCR 仪中，PCR 反应过程如下：94℃预变性

4min；94℃变性 30s，58℃退火 30s，72℃延伸 30s，40 个循环；最终 72℃延伸 7min。

（3）电泳检测。PCR 产物在含有溴化乙锭的 1% 琼脂糖凝胶中电泳，再在紫外透射仪上检测。如彩图 9-132 所示，不同品种的人参样品均产生了 440bp 的特异性条带，而不同产地的西洋参样品则均扩增出了 692bp 的特异性条带。该方法不仅可以对人参和西洋参进行准确的区分和鉴定，还可以检测 DNA 模板量低至 0.01ng 的样品。

第六节　人参参龄的鉴别

一、林下山参参龄的评估

（一）评估依据

以芦为主要依据。

（二）评估方法

"籽货"参龄鉴别：在市场上流通的"籽货"一般在 20 年以内，如果没有蹚芦可以简单依据芦碗的数量来判断参龄，一般为芦碗数（包含圆芦上芦碗的痕迹）＋2。由于人参生长的第一年是形成主根期，第二年的生长也难以留下芦碗痕迹，所以最终参龄的计算要在芦碗数的基础上多加 2 年（彩图 9-133）。

二、野生人参参龄的评估

野生人参的参龄一般靠传统的方法进行估算：参龄＝A＋B＋C＋D。

A 马牙芦的芦碗数量：马牙芦位于芦碗的顶端，清晰可见，1 个芦碗代表 1 年。

B 堆花芦的芦碗数：芦碗排列紧密或层叠紊乱，难以真实查清，根据可数的芦碗数乘以 2 来计算年限。

C 圆芦代表的年限：20 年。

圆芦代表 20 年参龄的依据来源于传统的放山经验：1～5 年参龄的野山参植株，地上部仅长出一枚三出复叶，小叶柄不明显，俗称"三花"；参龄在 5～10 年的野山参会长出一枚完整的五片掌状复叶，称"巴掌"；野山参参龄在 10～20 年后会长有两枚掌状复叶，称"二甲子"，老放山的老把头称之为"开山钥匙"；野山参参龄达到 30 年左右才有可能长出 3 枚掌状复叶，称"灯台子"，此时主根已经具有鲜明的野山参特征，开始渐入成熟期，长有圆芦，会开花结果；野山参参龄在 50 年以后有 4 枚掌状复叶，称"四品叶"，进入健壮期；近百年参龄的野山参多长有 5 枚掌状复叶，称为"五品叶"，非常少见，为参中极品。在东北，叶的个数常用"品""匹""批"等表示。

行业内也有把圆芦计作 30 年参龄的说法。实际上，这种说法是扩大了圆芦代表的年限。从放山经验来看，30 年左右的野山参长有圆芦，此时的芦应为二节芦，二节芦＋圆芦，圆芦代表的年限应低于 30 年。"籽货"圆芦形成的年限多在 8～12 年，而"纯货"生长的速度比"籽货"要缓慢得多，因而对于"纯货"的圆芦，代表 20 年的参龄应是比较客观的。

D 遗漏年限：成龄野山参或老龄野山参由于生长年限较长，在其生长过程中，常常受到意外伤害，导致芦头受损或断失，靠上端的潜伏芽需要经过一年或几年才能从休眠状态进入萌发状态，因而导致第二年或几年内不能长出地上植株，这一部分年限也应计算在野山参的参龄中，因为野山参虽然没有出土，但仍然在土中存活，仍然代表着生存的过程。

还有一种更严重的情况，野山参在生长过程中，部分芦头甚至整个芦头断失，几年后又发育长出地上植株，断失的芦头所代表的年限便无法确定。这种遗漏的年限也要参考主根的大小、皮色、参须等综合情况进行推定。如彩图 9-134 显示，这支野生人参芽苞以上的芦头已经干枯，第二年茎叶从芽苞处出土，上部十几年的芦碗将逐渐烂掉缺失。如彩图 9-135 所示，断失的芦头年限已无从判定。

参考文献

陈军力，李跃雄，吴咏梅，等，2015. 野山参及其相似品的来源及鉴别 [J]. 中成药，37（11）：2562-2564.

杜东娜，邹建伟，李树殿，2000. 山参的现状及分类的几点看法 [J]. 人参研究，12（2）：5-7.

方土福，2010. 野山参性状鉴别技术 [M]. 长春：吉林人民出版社.

方土福，2014. 野山参纯货与籽货性状特征的变异 [J]. 人参研究（1）：42-43.

方彝文，朱晓明，关铭元，1995. 对野山参种类形态特征与环境的研究 [J]. 人参研究（1）：32-34.

郝春明，1982. 吉林人参的形态鉴别 [J]. 吉林医学，3（2）：55-57.

洪木兴，关铭元，1996. 移山参的产地与应用的研究 [J]. 人参研究（1）：15-16.

胡双丰，2009. 山参与移山参形态辨析 [J]. 传统医药，18（6）：58.

江苏新医学院，1997. 中药大辞典 [M]. 上海：上海人民出版社：9.

金学培，金精日，1993. 中国长白山天然药物 [M]. 延吉：延边人民出版社：32.

李世洋，王爽，2008. 野山参的来源、形态、产地、类别及鉴别 [J]. 亚太传统医药，4（1）：37-39.

李向高，1980. 山参的鉴别 [J]. 中药材科技（2）：30-33.

李向高，孙桂芳，王丽娟，2002. 野山参的鉴别及其相关问题的讨论 [J]. 中药材，25（4）：243-245.

刘惠军，苏颖，2002. 国产西洋参与生晒参的鉴别 [J]. 传统医药，11（6）：66.

娄子恒，金慧，王明芝，等，2003. 对山参分类和鉴别的探讨 [J]. 人参研究（2）：14-18.

马艳梅，2001. 几种贵重中药材的鉴别术语释义 [J]. 时珍国医国药，12（10）：905-906.

聂桂华，1988. 进口西洋参与国产西洋参的鉴别 [J]. 中药材，11（6）：26.

寿小燕，陶铎，赵维良，2002. 山参及其异变类型 [J]. 浙江中医杂志（8）：354-355.

宿艳霞，陈锋，宿艳丽，等，2004. 山参内在质量研究 [J]. 人参研究（3）：32-35.

孙三省，刘宝玲，张志民，等，1998. 山参类药材及"趴货"的来源与商品性状 [J]. 中国药学杂志，33（6）：331-335.

孙三省，王雅君，刘宝玲，等，1997. 山参的分类与鉴别研究（一）谈野山参、移山参、"育山参"和"类山参"[J]. 人参研究（3）：7-10.

孙三省，张继，刘宝玲，等，1999. 野山参移山参育山参及各类山参趴货的鉴别 [J]. 解放军药学学报，15（1）：47-51.

王德富，2018. 纠正人参产业常用词语中的几个错误 [J]. 人参研究 (2)：56-57.

王谷强，2016. 浅谈中国石柱参 [J]. 人参研究 (1)：57-60.

王戎博，田惠丽，王洪涛，等，2018. 开发 indel 分子标记对人参与西洋参的鉴别研究 [J]. 中国中药杂志，43 (7)：1441-1445.

王铁生，2001. 中国人参 [M]. 沈阳：辽宁科学技术出版社：70.

王伟，仲伟同，武伦鹏，2011. 人参图鉴 [M]. 北京：化学工业出版社：38.

徐世义，李可欣，史德武，等，2013. 野山参、林下山参、趴货、园参性状及显微特征的比较研究 [J]. 中草药，43 (16)：2304-2307.

杨春山，1981. 山参的质量鉴别 [J]. 特产科学试验 (2)：41.

于学明，张志新，1987. 山参的鉴别与分类 [J]. 特产科学实验 (2)：23-26.

张毅，丁国伟，天景鑫，2010. 山参分类、鉴别及栽培技术 [J]. 中国园艺文摘 (6)：176-177.

张印生，韩学杰，赵慧玲，2009. 本草蒙筌 (校注) [M]. 北京：中医古籍出版社.

邹影秋，高万山，2000. 野山参参芦的鉴别 [J]. 基层中药杂志，14 (6)：22，30.

Wang H T，Wang J，Li G S，2016. A simple real-time polymerase chain reaction (PCR)-based assay for authentication of the Chinese Panax ginseng cultivar Damaya from a local ginseng population [J]. Genetics and Molecular Research，15：8801.

第十章

人参标准体系

第一节 人参标准化现状与问题

一、人参标准化现状

目前，在人参标准化方面，涉及的全国标准化技术委员会有 3 个，即：

TC403 全国参茸产品标准化技术委员会，负责参茸种植（养殖）及其深加工产品等标准化工作。

TC477 全国中药标准化技术委员会，负责中药材、中药饮片的标准化工作。

TC479 全国中药材种子（种苗）标准化技术委员会，负责中药材种子种苗标准化工作。

本书在原有标准基础上，重新整理了国际、国内与人参种植相关的标准共计 210 项（截至 2020 年 7 月底），其中国际标准 5 项、国家标准 59 项、行业标准 61 项、地方标准 57 项、团体标准 28 项。210 项相关标准中，包括 88 项食品通用标准，覆盖产地环境、农药和肥料使用、土壤检测、农药残留检测、认证认可方面的标准。人参专用标准共 122 项，其中：国际标准 5 项、国家标准 19 项、行业标准 13 项、地方标准 57 项、团体标准 28 项。

经统计分析，将搜集到的 210 项相关标准按照标准的级别和标准发布的年代号进行统计，具体见表 10-1。从表 10-1 可以看出，2016—2020 年实施的标准较多，2010—2015 年次之，2005—2009 年实施的标准数量略少，1999 年之前实施的标准不多，2009 年之前的标准应逐渐被修订或废止。

表 10-1 标准级别和标准发布年代号统计（统计有效时间截至 2022 年 1 月）

年份	国际标准	国家标准		行业标准		地方标准	团体标准	合计	
		人参相关	人参专用	人参相关	人参专用			人参相关	人参专用
2016—2020	1	26	11	22	3	18	28	95	61
2010—2015	3	10	4	24	6	38	0	75	51
2005—2009	1	11	2	10	1	0	0	22	4
1999 年以前	0	12	2	5	3	1	0	18	6
合计 人参相关	5	59		61		57	28	210	
合计 人参专用	5		19		13	57	28		122

按照种植栽培环节统计，210 项人参相关标准具体分布在：基础通用 1 项、良种繁育 13 项、生产资料 42 项、种植栽培 26 项、初加工 10 项、产品 24 项、检验检测 70 项、认证认可 15 项、安全控制 5 项、包装储运 4 项、质量追溯 1 项；122 项人参专用标准具体分布在基础通用 1 项、良种繁育 13 项、生产资料 23 项、种植栽培 18 项、初加工 10 项、产品 24 项、检验检测 26 项、安全控制 4 项、包装储运 2 项、质量追溯 1 项，详见表 10-2。

表 10-2　人参种植栽培相关标准统计（统计有效时间截至 2022 年 1 月）

种植栽培环节	国际标准	国家标准		行业标准		地方标准	团体标准	合计	
		相关	专用	相关	专用			相关	专用
基础通用标准	0	0	0	1	1	0	0	1	1
良种繁育标准	1	3	3	0	0	1	8	13	13
生产资料标准	0	10	0	9	0	23	0	42	23
种植栽培标准	0	4	1	7	3	10	4	25	18
初加工标准	1	1	1	1	1	1	6	10	10
产品标准	2	11	11	2	2	2	7	24	24
检验检测标准	0	24	2	28	6	18	0	70	26
认证认可标准	0	2	0	13	0	0	0	15	0
安全控制标准	1	2	1	0	0	1	1	5	4
包装储运标准	0	2	0	0	0	0	2	4	2
质量追溯标准	0	0	0	0	0	1	0	1	1
合计　相关	5	59		61		57	28	210	
合计　专用	5		19		13	57	28		122

二、人参标准化存在问题

对人参标准化现状分析后发现，人参标准化存在以下主要问题：

（一）标准体系不健全

从目前人参种植相关标准概况来看，标准覆盖面不全，在各个环节都有空白。

在人参基础通用标准方面，缺少人参分类标准，目前人参产品的分类及名称很多，如：石柱参、边条参、红参、黑参、生晒参、保鲜人参、活性参、糖参、大力参、蜜制人参、野山参、移山参、园趴参、池底参等；另外还存在药用人参、食用人参、保健人参等的提法。因此，应该在全国范围内，综合考虑国际国内对人参产品的分类，构建人参分类标准。

在人参生产资料标准方面，目前制定了系列农药使用准则标准，但是人参专用农药、专用肥料方面及种植设施设备方面还没有相关标准。

在人参种植栽培标准方面，目前在移山参种植、人参种植、有机林下参种植、非林地人参种植的产地环境方面制定了相关标准，但是参业种植用土壤环境及检测、非林地种植、机械化作业以及老参地连作等都没有相关标准。

在人参产品标准方面，主要集中在初加工产品及其成分等方面，对于深加工产品涉及很少。

在人参加工标准方面，对野山参、红参、西洋参和大力参的初加工技术制定了标准，对其他产品的加工技术，尤其是深加工技术没有及时转化为标准。

在人参产品质量安全控制标准方面，与国际和主要出口国相比，农药残留限量标准及农药残留检测方法标准缺失。国际食品法典委员会对人参农药残留限量规定了 7 种农药，其中有一种农药残留限量我国未做规定。欧盟对人参农残限量规定了 488 种，美国规定了 22 种，加拿大规定了 36 种，日本规定了 305 种，我国规定了 48 种。我国规定的农药残留限量种类与韩国相比，有 28 种相同。我国农药限量标准种类与美国、加拿大相同共 8 种。我国农药限量标准从标准级别上，普遍规定是由吉林省地方标准进行规定，国家标准只有中国药典标准和食品安全国家标准食品中农药最大残留限量对 13 种农残进行了最大限量规定。人参农药限量标准没有独立标准，都是农药使用准则和产品标准中提及。

人参农药残留限量的检测方法标准也不健全，目前只有 37 种农药残留限量检测方法标准，且其中有 20 余种检测方法涉及的农药并没有残留限量规定。有农残限量规定的检测方法大部分是直接采用食品中农药残留限量检测方法标准。

在人参产品质量追溯标准方面，目前只有一项吉林省 2019 年立项标准《人参产品质量追溯规范》。在人参质量追溯体系建设及运维管理方面缺失标准。

（二）标准更新滞后

人参行业很多标准都未能随着引用标准的更新而及时更新，造成标准适用性不强、指标不符合强制性标准要求等问题。如 GB/T 34789—2017《人参优质种植技术规范》和 DB22/T 1746—2012《人参非林地生产技术规程》中关于土壤规定直接引用 GB 15618—1995《土壤质量环境标准》中的二级以上标准，但是目前 GB 15618—1995《土壤质量环境标准》在 2018 年已经修订为 GB 15618—2018《土壤环境质量农用地土壤污染风险管控标准》，土壤不再进行分级。因为引用标准的修订造成 GB/T 34789—2017 和 DB22/T 1746—2012 对土壤规定缺失标准。类似这种未随引用标准修订而修订的标准还有：NY 317—1997《西洋参制品》、NY 318—1997《人参制品》、NY/T 32—1986《人参田间调查记载方法》、GB 6941—1986《人参种子》和 GB 6942—1986《人参种苗》等。此外，GB 2763—2016《食品安全国家标准农药残留最大限量》标准的修订，造成 DB22/T 1975.1—2013《农药在人参上的使用准则第 1 部分：丙环唑在人参上的使用准则》、DB22/T 1975.5—2013《农药在人参上的使用准则第 5 部分：福美双在人参上的使用准则》、DB22/T 1975.15—2014《农药在人参上的使用准则第 15 部分：己唑醇·醚菌酯在人参上的使用准则》、DB22/T 1975.16—2016《农药在人参上的使用准则第 16 部分：丙环唑·嘧菌酯》及 DB22/T 1726—2012《人参中 12 种农药合理使用标准》的农残限量指标超过国家强制性标准。还有，由于《中国药典》的修订也造成一些引用标准存在时效性问题。如 DB22/T 2758—2017《黑参》中的抽样方法引用《中国药典》2015 版四部通则 0211 规定的方法执行。GB/T 19506—2009《地理标志产品吉林长白山人参》中引用的是 2005 版《中国药典》。

（三）标准的适用范围小

现行 122 项人参专用标准中，国家标准占 19 项，行业标准占 13 项，地方标准占 57 项，团体标准占 28 项。国家标准占 15.6%、行业标准占 10.7%，加起来 26.3%；地方标准和团体标准占 73.7%。从各级标准占比看，人参专用标准大都是小范围（地方或团体）使用，全国范围内适用的标准只占 26%，这种情况不利于全国统一，会造成各地区各自为政，人参产品质量良莠不齐，市场混乱。

第二节　人参种植标准体系构建

依照 GB/T 13016—2018《标准体系构建原则和要求》的规定，按照目标明确、全面成套、层次恰当、划分清楚、动态开放的原则，构建人参种植标准体系。

人参种植标准体系的范围涵盖从种质种苗繁育、生产资料、产地环境、种植规程、初级加工及储运、产品质量、检验检测、认证认可、安全控制到质量追溯所有与人参产品质量相关的关键要素和环节。构建的标准体系结构如图 10-1 所示。

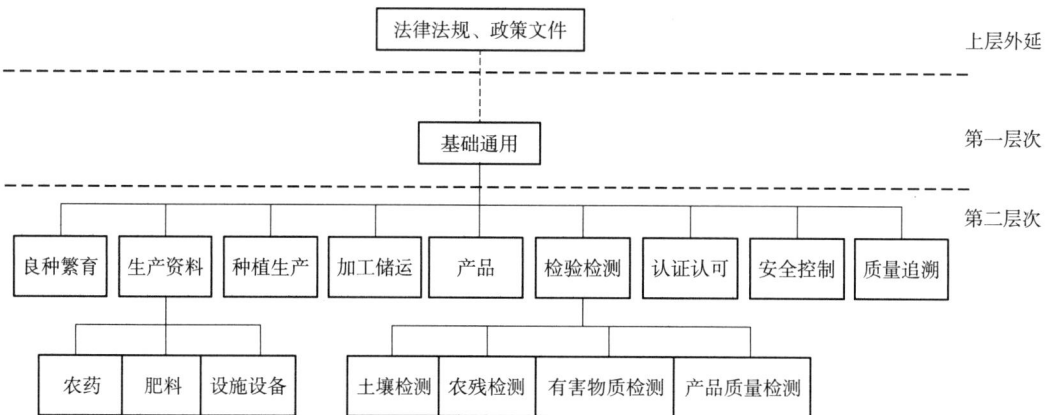

图 10-1　人参种植标准体系结构

人参种植标准体系是在人参法律法规和政策文件的框架下构建的，法律法规、政策文件作为标准体系的指导性文件，位于标准体系的上层外延。从国际来看，美国、加拿大、日本等发达国家都把人参作为食品应用。人参大国韩国自产的人参 90% 以上是作为食品消费。在中国，20 世纪 90 年代初以前，部分人参制品被允许作为食品在市场上销售，如人参酒、人参烟、人参糖、人参饮料、人参蜜饯等。但 2002 年卫生部发布《关于进一步规范保健食品原料管理的通知》，人参被列入《可用于保健食品的物品名单》中，被局限于保健品食用范围，而且凡是以人参为原料的制品不能办理食品生产许可证，导致目前人参食品几近消失。2012 年，卫生部第 17 号公告批准人参（人工种植）为新资源食品。在人参被列为药食同源的同时，卫生部表示，符合条件的人参（人工种植）来源于 5 年及 5 年以下人工种植的人参，食用部位为根及根茎，卫生安全指标应当符合我国标准要求，并明确规定了人参的食用量应不大于 3g/d。

　　目前，人参既是药品、保健品，又是食品和初级农产品，因此，人参产业要遵守药品、保健品、食品和食用农产品的法律法规。人参种植过程中还涉及农药残留、生物毒素、重金属等污染物质相关规定的法律法规。此外，人参还涉及进出口方面的法律法规和"三品一标"相关法律法规。综上所述，人参产业相关法律法规、政策文件目录见表 10-3。

表 10-3　人参法律法规、政策文件目录（统计有效时间截至 2022 年 1 月）

序号	文件名称
1	中华人民共和国产品质量法（2018 修正）
2	中华人民共和国食品安全法（2021 修正）
3	中华人民共和国农产品质量安全法（2022 修正）
4	中华人民共和国计量法（2018 修正）
5	中华人民共和国标准化法（2017 修订）
6	中华人民共和国进出口商品检验法（2021 修正）
7	中华人民共和国药品管理法（2019 修订）
8	中华人民共和国进出境动植物检疫法
9	中华人民共和国产品质量认证管理条例
10	中华人民共和国进出口商品检验法实施条例（2022 修正）
11	中华人民共和国食品安全法实施条例（2019 修订）
12	中华人民共和国药典（2020 版）
13	食用农产品市场销售质量安全监督管理办法
14	食品安全国家标准管理办法
15	产品质量国家监督抽查管理办法
16	地理标志产品保护规定
17	进出口食品标签管理办法
18	无公害农产品管理办法
19	绿色食品标志管理办法
20	有机产品认证管理办法
21	新资源食品管理办法
22	保健食品注册与备案管理办法
23	保健食品管理办法
24	食品标识管理规定
25	农药限制使用管理规定
26	限制使用农药名录（2017 版）
27	农业部对硫丹、溴甲烷、乙酰甲胺磷、丁硫克百威、乐果等 5 种农药采取管理措施
28	农业部对 2，4-滴丁酯、百草枯、三氯杀螨醇、氟苯虫酰胺、克百威、甲拌磷、甲基异柳磷、磷化铝等 8 种农药采取管理措施
29	农业部对杀扑磷等 3 种农药采取限制性管理措施

（续）

序号	文件名称
30	农业部对氯磺隆、胺苯磺隆、甲磺隆、福美胂、福美甲胂、毒死蜱和三唑磷等7种农药采取进一步禁限用管理措施
31	农业部等多部门对百草枯采取限制性管理措施
32	农业部等多部门对高毒农药采取进一步禁限用管理措施
33	农业部加强氟虫腈管理有关事项公告
34	农业部进一步加强对含有八氯二丙醚农药产品的管理
35	农业部决定对含甲磺隆、氯磺隆和胺苯磺隆等除草剂产品实行停止批准新增登记等管理措施
36	农业部决定分三个阶段削减甲胺磷等5种高毒有机磷农药的使用
37	农业部公布国家明令禁止使用的农药和不得在蔬菜果树茶叶中草药材上使用的高毒农药品种清单
38	农业部决定停止受理甲拌磷等11种高毒、剧毒农药的新增登记，撤销部分高毒农药在部分作物上的登记
39	关于促进野生动植物可持续发展的指导意见
40	吉林省人参产业条例
41	吉林省人民政府办公厅关于推进人参产业高质量发展的意见

标准体系采用层次结构和序列结构相结合的方式，共分为两层。第一层是基础通用。第二层按照种植过程中关键环节进行分类，包括：良种繁育、生产资料、种植生产、加工储运、产品、检验检测、认证认可、安全控制、质量追溯。生产资料和检验检测又按照不同对象进一步划分为农药、肥料、设施设备和土壤检测、农残检测、有害物质检测及产品质量检测。

人参种植相关标准明细见表10-4。

表10-4　人参种植标准明细（统计有效时间截至2022年1月）

序号	标准号	标准名称	备注
基础通用标准			
1	NY/T 2301—2013	参业名词术语	修订转国家标准
良种繁育标准			
2	ISO17217-1：2014	传统中医药学．人参种子和幼苗．第1部分：人参 Traditional Chinese Medicine Ginseng Seed And Seedling	
3	GB 6941—1986	人参种子	建议修订
4	GB 6942—1986	人参种苗	建议修订
5	GB/T 22531—2015	野山参人工繁衍护育操作规程	
6	DB21/T 3009—2018	桓仁移山参繁衍护育技术规程	
7	T/CATCM004.1—2019	人参种子质量	中国医药协会团标
8	T/CATCM004.2—2019	人参种苗质量	中国医药协会团标
9	T/CATCM004.3—2019	人参种子质量检验规范	中国医药协会团标

（续）

序号	标准号	标准名称	备注
10	T/CATCM004.4—2019	人参种子生产技术规范	中国医药协会团标
11	T/CATCM004.5—2019	人参种苗繁育技术规范	中国医药协会团标
12	T/FSRS3.1—2019	"抚松人参"种子种苗第1部分：福星1号	抚松县人参协会团标
13	T/FSRS4.1—2019	"抚松人参"种子催芽规程第1部分：福星1号	抚松县人参协会团标
14	T/FSRS5.1—2019	"抚松林下山参"护育规程	抚松县人参协会团标

生产资料标准

农药标准

序号	标准号	标准名称	备注
15	GB/T 8321.1—2000	农药合理使用准则（一）	
16	GB/T 8321.2—2000	农药合理使用准则（二）	
17	GB/T 8321.3—2000	农药合理使用准则（三）	
18	GB/T 8321.4—2006	农药合理使用准则（四）	
19	GB/T 8321.5—2006	农药合理使用准则（五）	
20	GB/T 8321.6—2000	农药合理使用准则（六）	
21	GB/T 8321.7—2002	农药合理使用准则（七）	
22	GB/T 8321.8—2007	农药合理使用准则（八）	
23	GB/T 8321.9—2009	农药合理使用准则（九）	
24	GB/T 8321.10—2018	农药合理使用准则（十）	
25	NY/T 393—2013	绿色食品农药使用准则	
26	NY/T 1276—2007	农药使用规范总则	
27	DB22/T 1233—2019	人参安全生产农药使用规范	
28	DB22/T 1726—2012	人参中12种农药合理使用标准	
29	DB22/T 1975.1—2013	农药在人参上的使用准则第1部分：丙环唑在人参上的使用准则	建议修订
30	DB22/T 1975.2—2013	农药在人参上的使用准则第2部分：戊唑醇在人参上的使用准则	
31	DB22/T 1975.3—2013	农药在人参上的使用准则第3部分：腈菌唑在人参上的使用准则	
32	DB22/T 1975.4—2013	农药在人参上的使用准则第4部分：多菌灵在人参上的使用准则	
33	DB22/T 1975.5—2013	农药在人参上的使用准则第5部分：福美双在人参上的使用准则	建议修订
34	DB22/T 1975.6—2013	农药在人参上的使用准则第6部分：氟吗啉在人参上的使用准则	
35	DB22/T 1975.7—2013	农药在人参上的使用准则第7部分：吡唑醚菌酯在人参上的使用准则	
36	DB22/T 1975.8—2013	农药在人参上的使用准则第8部分：异菌脲在人参上的使用准则	

（续）

序号	标准号	标准名称	备注
37	DB22/T 1975.9—2013	农药在人参上的使用准则第 9 部分：咪鲜胺在人参上的使用准则	
38	DB22/T 1975.10—2013	农药在人参上的使用准则第 10 部分：霜脲氰在人参上的使用准则	
39	DB22/T 1975.11—2013	农药在人参上的使用准则第 11 部分：霜霉威在人参上的使用准则	
40	DB22/T 1975.12—2014	农药在人参上的使用准则第 12 部分：王铜在人参上的使用准则	
41	DB22/T 1975.13—2014	农药在人参上的使用准则第 13 部分：噻虫·咯·霜灵在人参上的使用准则	
42	DB22/T 1975.14—2014	农药在人参上的使用准则第 14 部分：精甲·噁霉灵在人参上的使用准则	
43	DB22/T 1975.15—2014	农药在人参上的使用准则第 15 部分：己唑醇·醚菌酯在人参上的使用准则	建议修订
44	DB22/T 1975.16—2016	农药在人参上的使用准则第 16 部分：丙环唑·嘧菌酯	建议修订
45	DB22/T 1975.17—2016	农药在人参上的使用准则第 17 部分：肟菌酯·戊唑醇	
46	DB22/T 1975.18—2016	农药在人参上的使用准则第 18 部分：10 亿活芽孢/克枯草芽孢杆菌	
47	DB22/T 1975.19—2016	农药在人参上的使用准则第 19 部分：1 000 亿活芽孢/克枯草芽孢杆菌	
48	DB22/T 1975.20—2016	农药在人参上的使用准则第 20 部分：哈茨木霉菌	
肥料标准			
49	NY/T 394—2013	绿色食品肥料使用准则	
50	NY/T 496—2010	肥料合理使用准则 通则	
51	NY/T 1105—2006	肥料合理使用准则 氮肥	
52	NY/T 1535—2007	肥料合理使用准则 微生物肥料	
53	NY/T 1868—2010	肥料合理使用准则 有机肥料	
54	NY/T 1869—2010	肥料合理使用准则 钾肥	
55	DB22/T 2192—2014	人参土壤调理剂	
设施设备标准			
种植生产标准			
56	GB3095—2012	环境空气质量标准	
57	GB5084—2005	农田灌溉水质标准	
58	GB15618—2018	土壤环境质量农用地土壤污染风险管控标准	

（续）

序号	标准号	标准名称	备注
59	GB/T 34789—2017	人参优质种植技术规范	
60	NY/T 32—1986	人参田间调查记载法	
61	NY/T 391—2013	绿色食品产地环境技术条件	
62	NY/T 1054—2013	绿色食品产地环境调查、监测与评价规范	
63	NY/T 1604—2008	人参产地环境技术条件	
64	NY/T 5295—2015	无公害食品产地环境评价准则	
65	LY/T 2474—2015	移山参生产技术规范	
66	HJ/T 166—2004	土壤环境监测技术规范	
67	DB21/T 1381—2017	人参生产技术规程	
68	DB21/T 3115—2019	辽东山区林下参播种栽培技术规程	
69	DB2104/T 0002—2019	新宾农田人参种植技术规范	
70	DB22/T 1562—2012	人参种植保险查勘定损技术规范	
71	DB22/T 1727—2012	人参安全生产植保技术规程	
72	DB22/T 1729—2012	人参生产基地建设规范	
73	DB22/T 1728—2012	人参安全优质生产技术规程	
74	DB22/T 1730—2012	有机林下参生产技术规程	
75	DB22/T 1736—2012	非林地人参种植第1部分：产地环境技术条件	
76	DB22/T 1746—2012	人参非林地生产技术规程	
77	DBXM132—2020	人参机械化整地、收获作业技术规范	
78	T/CATCM004.6—2019	人参无公害种植技术规范	中国医药协会团标
79	T/CATCM004.7—2019	人参药材采收技术规范	中国医药协会团标
80	T/FSRS1.1—2019	"抚松人参"栽培技术规程第1部分：福星1号	抚松县人参协会团标
81	T/CBSRS1.1—2020	"长白山人参"品牌鉴评规范第1部分：生产基地	抚松县人参协会团标

加工储运标准

82	ISO19610—2017	传统中药工业生产工艺的基本要求：红参 Traditional chines emedicine-General requirements for industrial manufacturing process of red ginseng	
83	GB/T 191—2016	包装储运图示标志	
84	GB7718—2011	食品安全国家标准预包装食品标签通则	
85	GB/T 31766—2015	野山参加工及储藏技术规范	
86	NY/T 2784—2015	红参加工技术规范	
87	T/CATCM004.8—2019	人参药材加工技术规范	中国医药协会团标
88	T/CATCM004.9—2019	人参药材包装技术规范	中国医药协会团标
89	T/CATCM004.10—2019	人参药材仓储、养护、运输技术规范	中国医药协会团标
90	T/FSRS2.4—2019	"抚松人参"加工技术规程第4部分：生晒参片	抚松县人参协会团标

（续）

序号	标准号	标准名称	备注
91	T/FSRS2.3—2019	"抚松人参"加工技术规程第3部分：红参片	抚松县人参协会团标
92	T/FSRS2.2—2019	"抚松人参"加工技术规程第2部分：生晒参	抚松县人参协会团标
93	T/FSRS2.1—2019	"抚松人参"加工技术规程第1部分：红参	抚松县人参协会团标
94	T/CBSRS3.1—2020	"长白山人参"品牌产品加工技术规程第1部分：红参	抚松县人参协会团标
95	DBXM007—2020	大力参加工技术规程	

产品标准

96	Codexstan295R—2009	人参制品区域标准	
97	Codexstan321—2015	人参产品标准 standard for ginseng products	
98	GB/T 18765—2015	野山参鉴定及分等质量	
99	GB/T 22532—2015	移山参鉴定及分等质量	
100	GB/T 22533—2018	鲜园参分等质量	
101	GB/T 22534—2018	保鲜人参分等质量	
102	GB/T 22535—2018	活性参分等质量	
103	GB/T 22536—2018	生晒参分等质量	
104	GB/T 22537—2018	大力参分等质量	
105	GB/T 22538—2018	红参分等质量	
106	GB/T 22539—2018	糖参分等质量	
107	GB/T 22540—2018	蜜制人参分等质量	
108	GB/T 19506—2009	地理标志产品吉林长白山人参	
109	NY318—1997	人参制品	
110	NY/T 1043—2016	绿色食品人参和西洋参	
111	DB22/T 2758—2017	黑参	
112	DB21/T 3010—2018	桓仁移山参鉴定及分等质量	
113	T/CCCMHPIE1.51—2019	植物提取物人参提取物	中国医药保健品进出口商会
114	T/CACM1020.66—2019	道地药材第66部分：东北人参	
115	T/CACM1021.2—2018	中药材商品规格等级人参	
116	T/GDGAA0001—2018	同方高丽参	
117	T/CBSRS1.2—2020	"长白山人参"品牌鉴评规范第2部分：产品	
118	T/CBSRS2.1—2020	"长白山人参"品牌产品第1部分：生晒参	
119	T/CBSRS2.2—2020	"长白山人参"品牌产品第2部分：鲜人参	

检验检测标准

土壤检测标准

| 120 | HJ491—2019 | 土壤和沉积物铜、锌、铅、镍、铬的测定火焰原子吸收分光光度法 | |

（续）

序号	标准号	标准名称	备注
121	HJ680—2013	土壤和沉积物汞、砷、硒、铋、锑的测定微波消极/原子荧光法	
122	HJ780—2015	土壤和沉积物无机元素的测定波长色散 X 射线荧光光谱法	
123	HJ784—2016	土壤和沉积物多环芳烃的测定高效液相色谱法	
124	HJ803—2016	土壤和沉积物 12 种金属元素的测定王水提取-电感耦合等离子体质谱法	
125	HJ805—2016	土壤和沉积物多环芳烃的测定气相色谱-质谱法	
126	HJ834—2017	土壤和沉积物半挥发性有机物的测定气相色谱-质谱法	
127	HJ835—2017	土壤和沉积物有机氯农药的测定气相色谱-质谱法	
128	HJ921—2017	土壤和沉积物有机氯农药的测定气相色谱法	
129	HJ923—2017	土壤和沉积物总汞的测定催化热解-冷原子吸收分光光度法	
130	DB22/T 3081—2019	人参床土中腐霉利等 9 种农药残留量的测定气相色谱法	

农残检测标准

序号	标准号	标准名称	备注
131	GB/T 2828.1—2012	计数抽样检验程序第 1 部分：按接收质量限（AQL）检索的逐批检验抽样计划	
132	GB/T 5009.19—2008	食品中有机氯农药多组分残留量的测定	
133	GB/T 5009.20—2003	食品中有机磷农药残留量的测定	
134	GB/T 5009.31—2016	食品安全国家标准食品中对羟基苯甲酸酯类的测定	
135	GB/T 5009.104—2003	植物性食品中氨基甲酸酯类农药残留量的测定	
136	GB/T 5009.110—2003	植物性食品中氯氰菊酯、氰戊菊酯和溴氰菊酯残留量的测定	
137	GB/T 5009.136—2003	植物性食品中五氯硝基苯残留量的测定	
138	GB/T 5009.145—2003	植物性食品中有机磷和氨基甲酸酯类农药多种残留的测定	
139	GB/T 5009.218—2008	水果和蔬菜中多种农药残留量的测定	
140	GB/T 20769—2008	水果和蔬菜中 450 种农药及相关化学品残留量的测定液相色谱-串联质谱法	
141	GB/T 20770—2008	粮谷中 486 种农药及相关化学品残留量的测定液相色谱-串联质谱法	
142	GB/T 22996—2008	人参中多种人参皂甙含量的测定液相色谱-紫外检测法	
143	GB23200.8—2016	食品安全国家标准水果和蔬菜中 500 种农药及相关化学品残留量的测定气相色谱-质谱法	

（续）

序号	标准号	标准名称	备注
144	GB23200.46—2016	食品安全国家标准食品中嘧霉胺、嘧菌胺、腈菌唑、嘧菌酯残留量的测定气相色谱-质谱法	
145	GB23200.49—2016	食品安全国家标准食品中苯醚甲环唑残留量的测定气相色谱-质谱法	
146	GB23200.113—2018	食品安全国家标准植物源性食品中208种农药及其代谢物残留量的测定气相色谱-质谱联用法	
147	NY/T 1464.64—2017	农药田间药效试验准则第64部分：杀菌剂防治五加科植物黑斑病	
148	SN0157—1992	出口水果中二硫代氨基甲酸酯残留量检验方法	
149	SN/T 1541—2005	出口茶叶中二硫代氨基甲酸酯总残留量检验方法	
150	SN/T 1923—2007	进出口食品中草甘膦残留量的检测方法液相色谱-质谱/质谱法	
151	SN/T 1957—2007	进出口中药材及其制品中五氯硝基苯残留量检测方法气相色谱-质谱法	
152	SN/T 4261—2015	出口中药材中苯并（a）芘残留量的测定	
153	SN/T 4527—2016	出口中药材中多种有机氯、拟除虫菊酯类农药残留量的测定	
154	SN/T 4653—2016	出口中药材中氨基甲酸酯类农药残留量的检测方法液相色谱-质谱/质谱法	
155	DB12/T 183—2003	人参中六六六、滴滴涕、五氯硝基苯最高残留限量和测定方法	
156	DB22/T 1680—2012	人参及其制品中醚菌酯残留量的测定液相色谱-质谱/质谱法	
157	DB22/T 1847—2013	人参中辛硫磷农药残留量的测定液相色谱-质谱/质谱法	
158	DB22/T 1848—2013	人参及其制品中嘧菌酯等11种农药残留量的检测方法	
159	DB22/T 2598—2016	人参中吲哚乙酸和吲哚丁酸的测定液相色谱-质谱/质谱法	
160	DB22/T 2992—2019	人参中噻菌灵等20种农药及相关化学品残留量的测定超高效液相色谱串联质谱法	
有害物质检测标准			
161	GB/T 5009.11—2014	食品安全国家标准食品中总砷及无机砷的测定	
162	GB/T 5009.12—2017	食品安全国家标准食品中铅的测定	
163	GB/T 5009.13—2017	食品安全国家标准食品中铜的测定	
164	GB/T 5009.15—2014	食品安全国家标准食品中镉的测定	
165	GB/T 5009.17—2014	食品安全国家标准食品中总汞及有机汞的测定	

（续）

序号	标准号	标准名称	备注
166	GB/T 5009.22—2016	食品安全国家标准食品中黄曲霉毒素 B 族和 G 族的测定	
167	GB/T 5009.34—2016	食品安全国家标准食品中二氧化硫的测定	
168	SN/T 3873—2014	出口药用植物中总汞的测定	
169	SN/T 3874—2014	出口药用植物中总砷的测定	
170	SN/T 4062—2014	出口植物性中药材中稀土元素的测定方法	
171	SN/T 4063—2014	出口植物性中药材中汞含量的测定直接进样-冷原子吸收光谱法	
172	SN/T 4064—2014	出口植物性中药材中多种元素的测定方法	
173	DB22/T 1531—2011	人参中铜、铅、镉的测定电感耦合等离子体质谱法	
174	DB22/T 1532—2011	人参中砷和汞的测定原子荧光法	
175	DB22/T 1535—2011	人参中黄曲霉毒素 B_1 的测定液相谱法	
产品质量检测标准			
176	NY/T 1055—2015	绿色食品产品检验规则	
177	NY/T 1842—2010	人参中皂苷的测定	
178	NY/T 2332—2013	红参中总糖含量的测定分光光度法	
179	NY/T 2748—2015	植物新品种特异性、一致性和稳定性测试指南：人参	
180	SN/T 1001—2001	出口人参检验方法	
181	SN/T 5131—2019	人参鉴定方法	
182	DB22/T 1605—2012	人参中灰分、水分、水不溶性固形物，水饱和丁醇提取物的无损快速测定近红外光谱法	
183	DB22/T 1668—2012	人参食品中人参总皂苷的测定分光光度法	
184	DB22/T 1670—2012	人参中木质素含量的测定分光光度法	
185	DB22/T 1685—2012	人参中人参多糖的测定分光光度法	
186	DB22/T 1812—2013	人参中人参多糖的无损快速测定近红外光谱法	
187	DB22/T 2072—2014	人参新品种鉴定技术规范 DUS 测试	
188	DB22/T 2257—2015	人参感官鉴定管理通则	
189	DB22/T 2478—2016	人参中人参总皂苷的测定重量法	
190	20193275-T-469	人参单体皂苷检验方法	
认证认可标准			
191	GB/T 33761—2017	绿色产品评价通则	
192	GB/T 19630—2019	有机产品生产、加工、标识与管理体系要求	
193	NY/T 5341—2017	无公害农产品认定认证现场检查规范	
194	NY/T 5342—2006	无公害食品产品认证准则	

（续）

序号	标准号	标准名称	备注
195	NY/T 5343—2006	无公害食品产地认定规范	
196	RB/T 001—2019	有机产品生产中投入品使用评价技术规范	
197	RB/T 002—2019	有机产品生产中投入品核查、监控技术规范	
198	RB/T 003.1—2019	有机产品生产中植保类投入品评价第 1 部分：技术规范	
199	RB/T 027—2019	有机产品生产中投入品核查、监控技术规范	
200	RB/T 164—2018	有机产品认证目录评估准则	
201	RB/T 165.1—2018	有机产品产地环境适宜性评价技术规范第 1 部分：植物类产品	
202	RB/T 170—2018	区域特色有机产品生产优势产地评价技术指南	
203	CNCAN-009—2014	有机产品认证实施规则	
204	CNASEC011—2007	关于有机产品认证业务范围的认可分类	
安全控制标准			
205	Code xMRLs of pesticide	国际食品法典委员会（CAC）有关人参农药残留限量标准	
206	GB2763—2019	食品安全国家标准食品中农药最大残留限量（12 种涉及人参）	
207	GB2762—2017	食品安全国家标准食品中污染物限量	
208	T/CATCM001—2018	无公害人参药材及饮片农药残留与重金属及有害元素限量	
质量追溯标准			
209	DBXM029—2019	人参产品质量追溯规范	

彩图 5-1　人参播种方法

彩图 7-1　人参苗期病害症状

1. 立枯病　2. 猝倒病　3. 根腐病

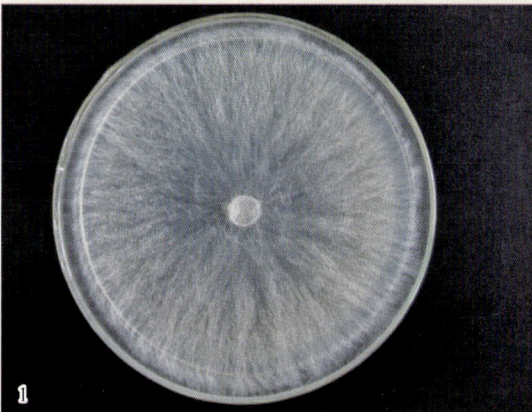
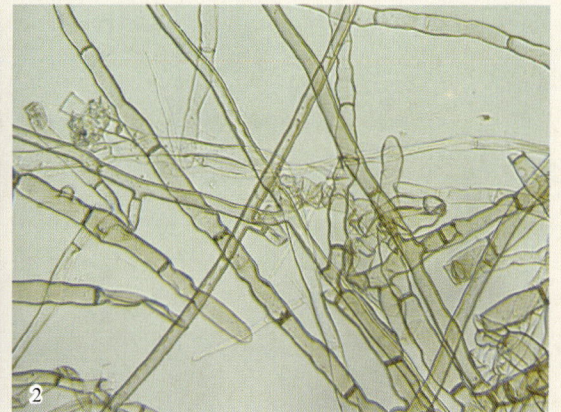

彩图 7-2　立枯丝核菌培养形态和菌丝形态

1. PDA 培养形态　2. 菌丝形态

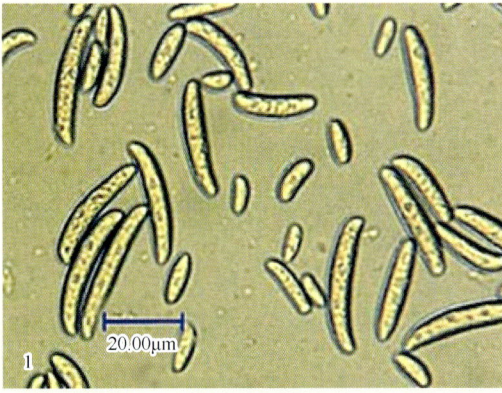

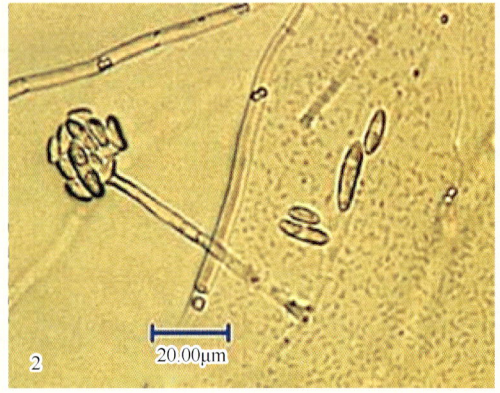

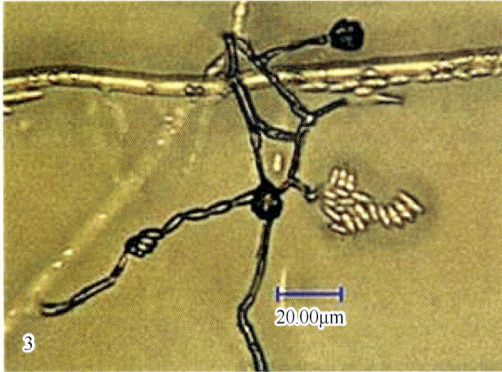

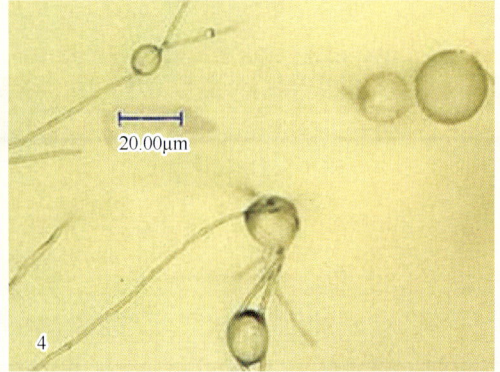

彩图 7-3　腐皮镰孢菌（*Fusarium solani*）显微形态

1. 大型分生孢子和小型分生孢子　2～3. 小型分生孢子假头状着生　4. 厚垣孢子

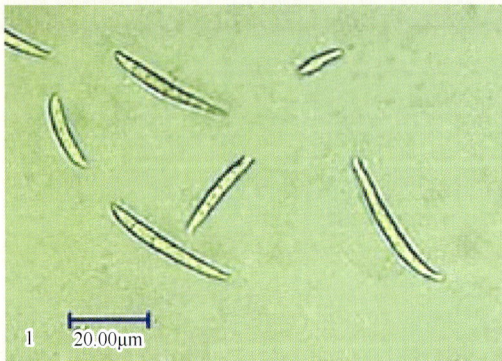

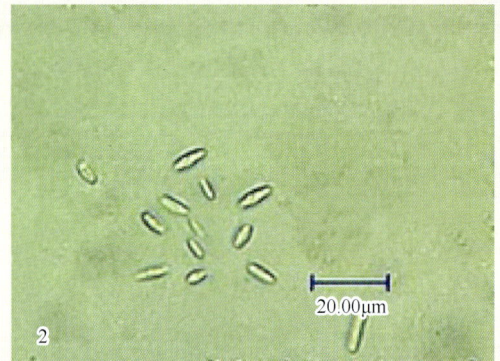

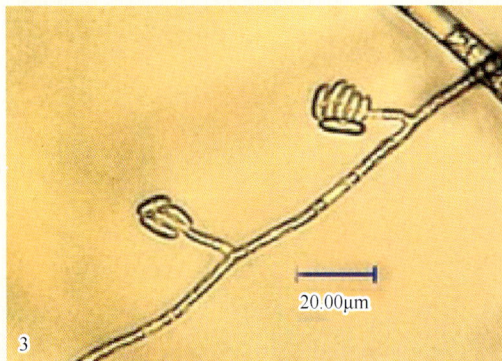

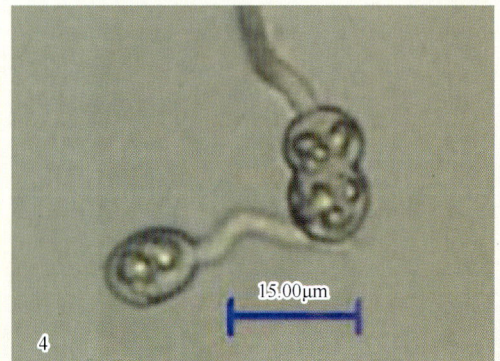

彩图 7-4　尖镰孢菌（*Fusarium oxysporium*）显微形态

1. 大型分生孢子　2. 小型分生孢子　3. 产孢细胞　4. 厚垣孢子

彩图 7-5　人参黑斑病田间发病症状

1～2. 人参叶片黑斑病田间发病症状　　3～4. 人参茎部黑斑病田间发病症状　　5～6. 人参果实黑斑病田间发病症状

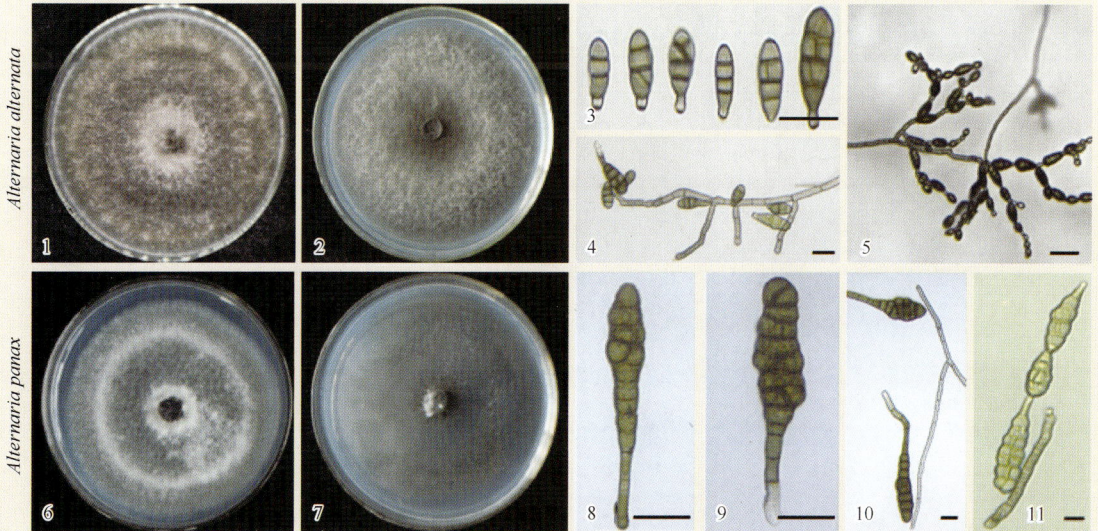

彩图 7-6　人参黑斑病菌形态（标尺表示 10μm）

1. A. alternata 的 PDA 菌落形态　　2. A. alternata 的 PCA 菌落形态　　3. A. alternata 的分生孢子

4. A. alternata 的分生孢子梗　　5. A. alternata 的分生孢子链　　6. A. panax 的 PDA 菌落形态

7. A. panax 的 PCA 菌落形态　　8～9. A. panax 的分生孢子　　10～11. A. panax 的分生孢子梗

彩图 7-7　人参灰霉病病害症状

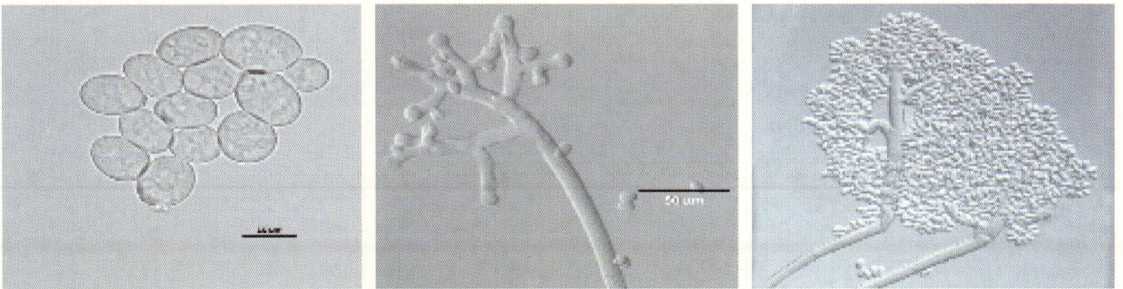

彩图 7-8　灰葡萄孢形态

彩图 7-9　人参疫病病害症状

1. 茎顶端初期　2. 茎顶部发病产生白色霉层　3. 叶片症状　4. 叶片发病后期呈萎垂状　5. 根发病初期　6. 根发病中后期

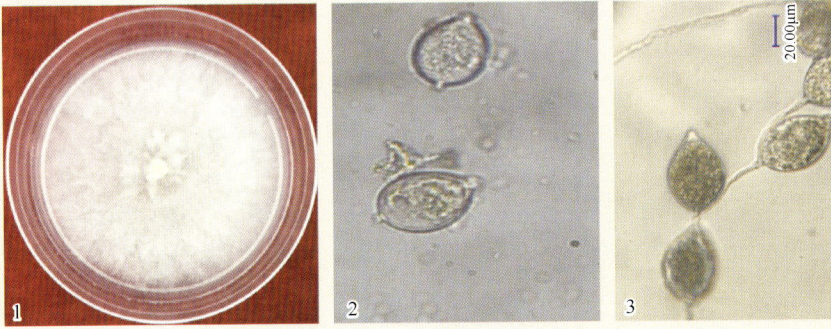

彩图 7-10　恶疫霉形态

1. PDA 菌落培养形态　2. 孢子囊及乳突　3. 孢子囊着生状态

彩图 7-11　人参炭疽病田间发病症状

1～3. 叶部发病症状　4、5. 茎部发病症状　6. 果实发病症状　7. 人参发病严重时的症状

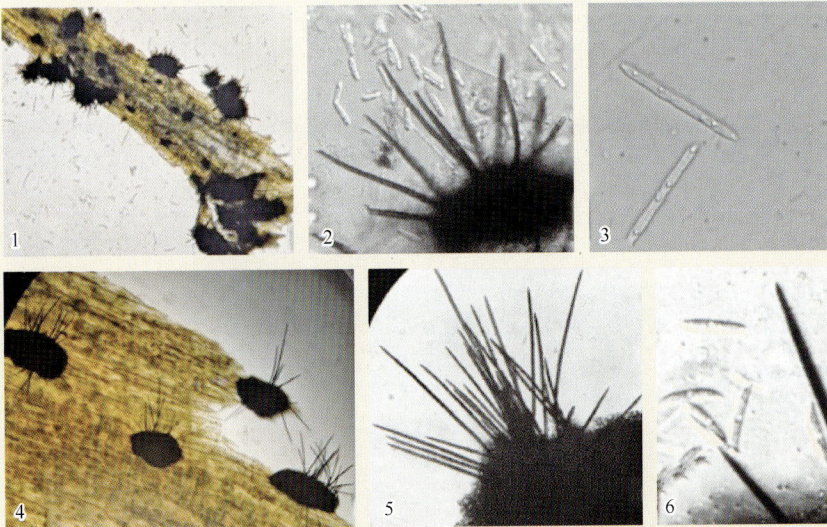

彩图 7-12　人参炭疽病菌显微形态

1～3. *Colletotrichum panacicola* 的分生孢子盘着生状态、刚毛和分生孢子

4～6. *C. lineola* 的分生孢子盘着生状态、刚毛和分生孢子

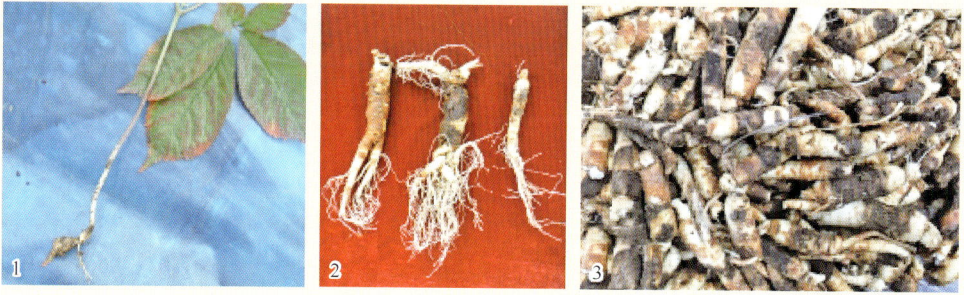

彩图 7-13　人参锈腐病病害症状

1. 锈腐病整株发病症状　2~3. 锈腐病根部发病症状

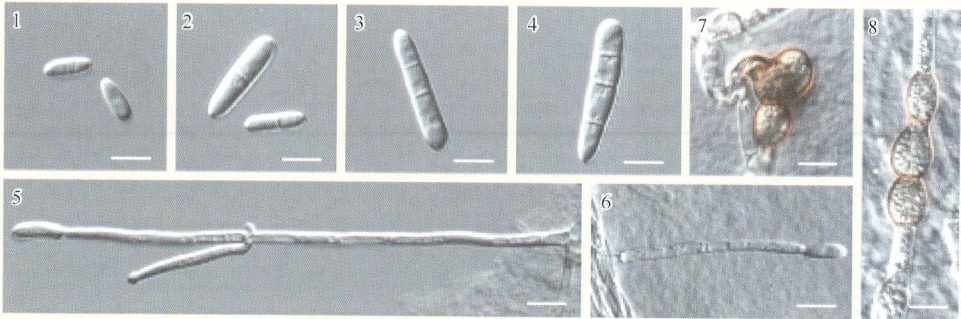

彩图 7-14　强壮土赤壳 *Ilyonectria eobusta* 分生孢子、厚垣孢子及产孢结构形态

1~2. 小型分生孢子　3~4. 大型分生孢子　5~6. 小型分生孢子假头状着生　7~8. 厚垣孢子

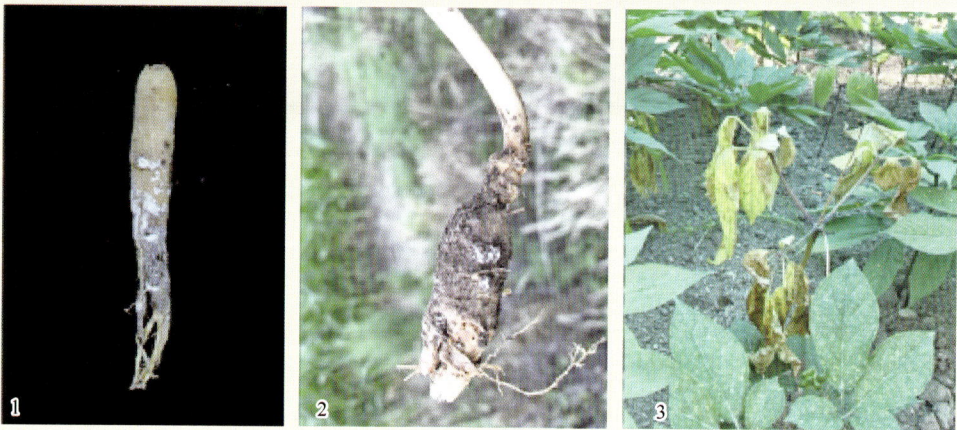

彩图 7-15　人参根腐病病害症状

1. 根前期症状　2. 根后期症状　3. 地上部症状

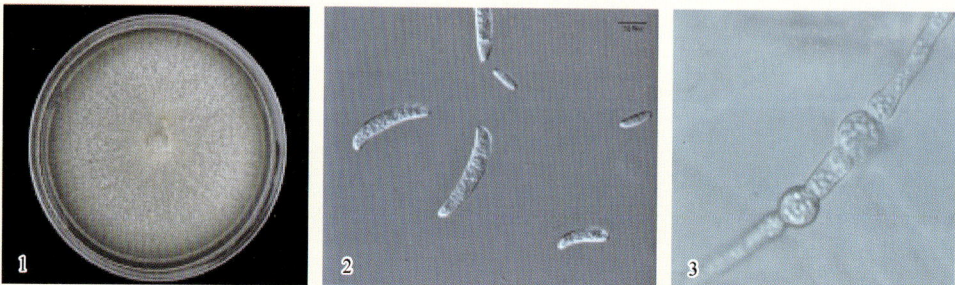

彩图 7-16　茄镰孢的培养性状、分生孢子及厚垣孢子

1. 培养性状　2. 分生孢子　3. 厚垣孢子

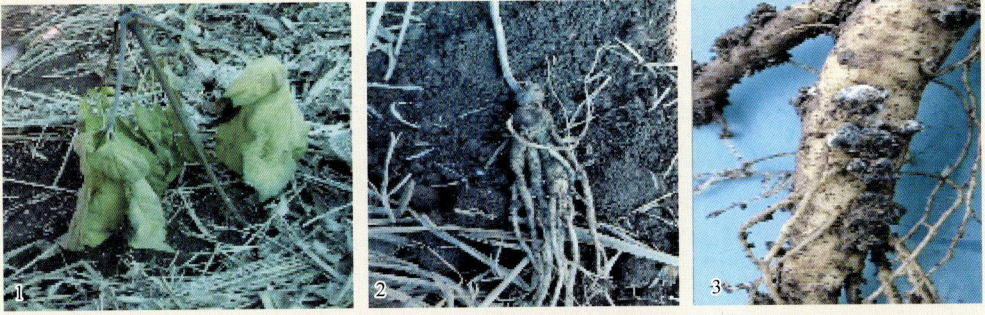

彩图 7-17　人参菌核病田间发病症状

1. 地上部症状　2. 根部发病前期　3. 根部发病后期

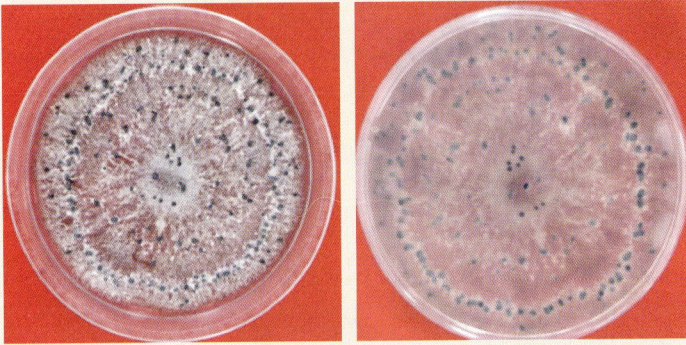

彩图 7-18　人参菌核病菌在 PDA 培养基上的培养性状

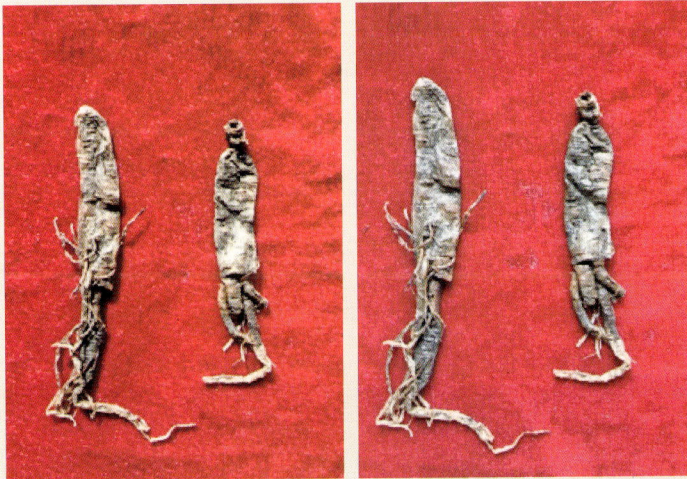

彩图 7-19　人参细菌性软腐病病害症状

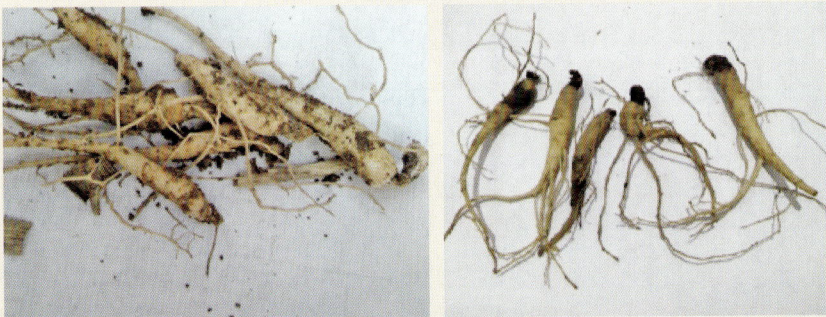

彩图 7-20　人参冻害症状

彩图 7-21　人参红皮病病害症状

芦，上有苧

纹与皮

须，上有珍珠点

体

彩图 9-1　人参鉴别的重要部位

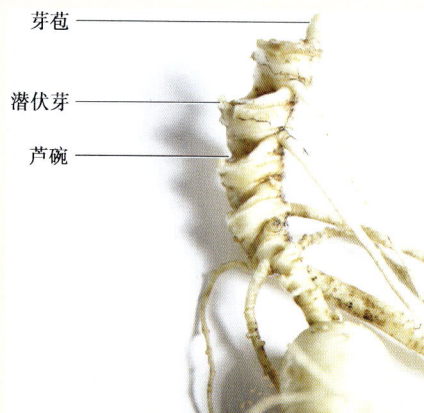

芽苞

潜伏芽

芦碗

彩图 9-2　芽苞、潜伏芽和芦碗

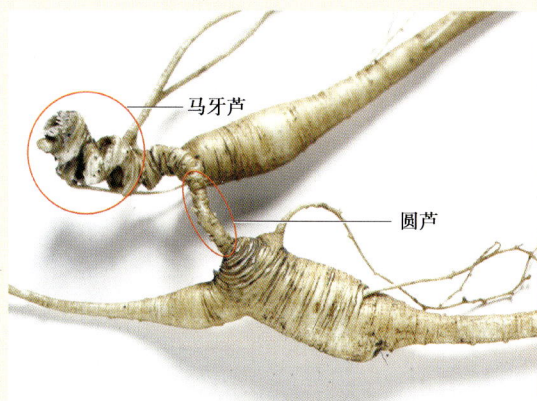
彩图 9-3　圆芦与马牙芦

马牙芦

圆芦

彩图 9-4　线　芦

彩图 9-5　灯芯草

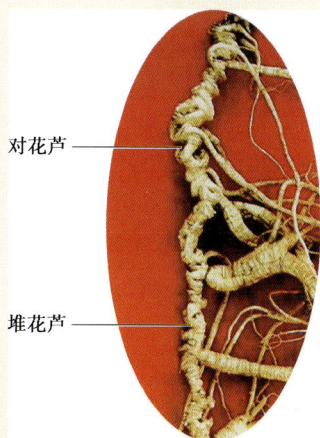
对花芦

堆花芦

彩图 9-6　堆花芦和对花芦

马牙芦

堆花芦

圆芦

彩图 9-7　三节芦

彩图 9-8 竹节芦

彩图 9-9 草　芦

彩图 9-10 后憋芦

彩图 9-11 多茎芦

彩图 9-12 转　芦

彩图 9-13 缩脖芦

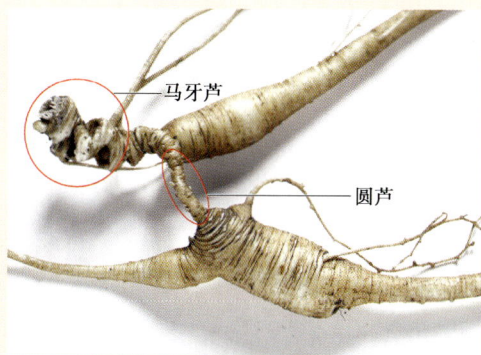

彩图 9-14　毛毛芦和顺长芦

马牙芦

圆芦

彩图 9-15　蒜瓣芦

彩图 9-16　枣核芦

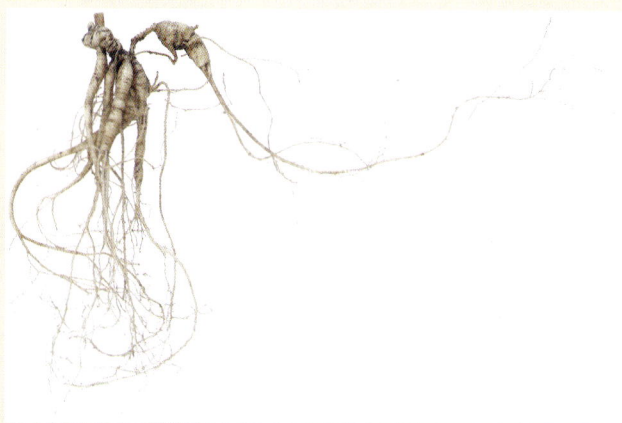

彩图 9-17　大芦帽

彩图 9-18　圆芦苷（一）

彩图 9-19　圆芦苷（二）

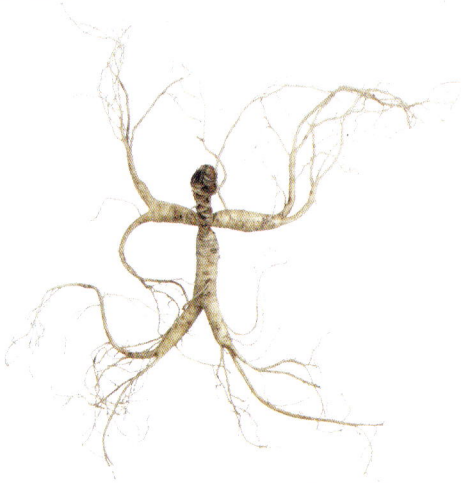
彩图 9-20　掐脖艼

彩图 9-21　护脖艼

彩图 9-22　兔耳艼

彩图 9-23　菱角体

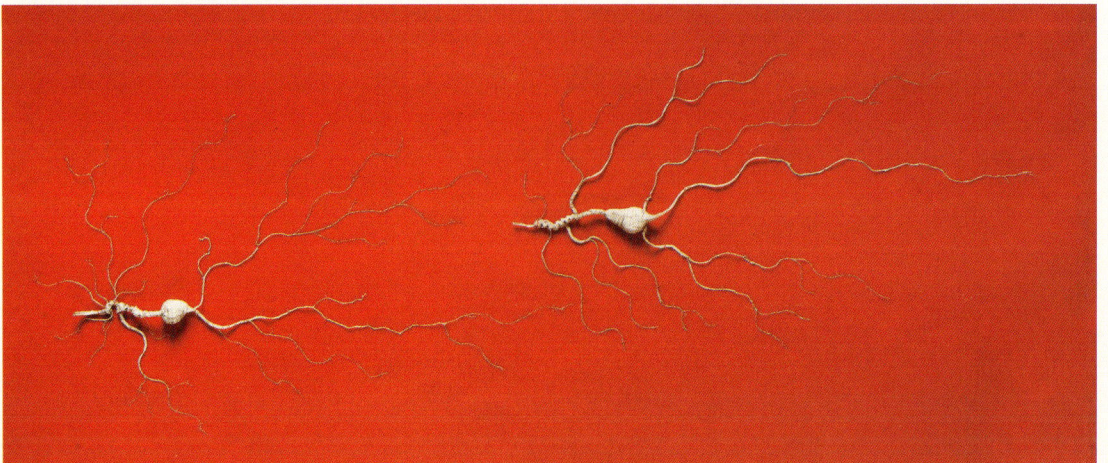
彩图 9-24　疙瘩体

彩图 9-25　跨海体

彩图 9-26　过梁体

彩图 9-27　短柱体

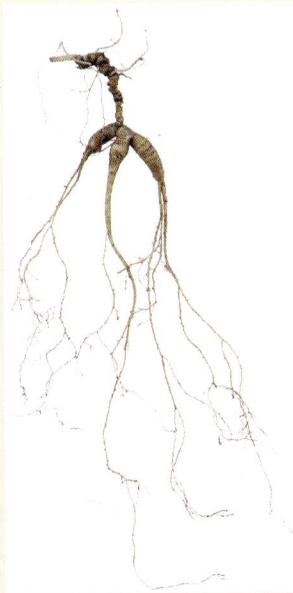
彩图 9-28　坐桩体

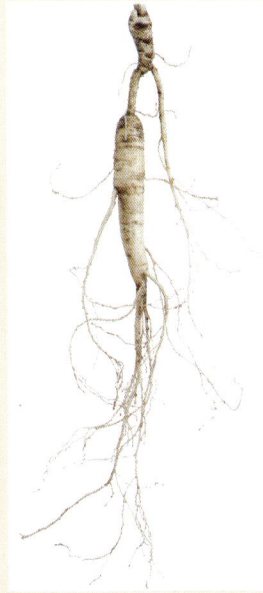
彩图 9-29　胡萝卜参

彩图 9-30　牛尾巴参

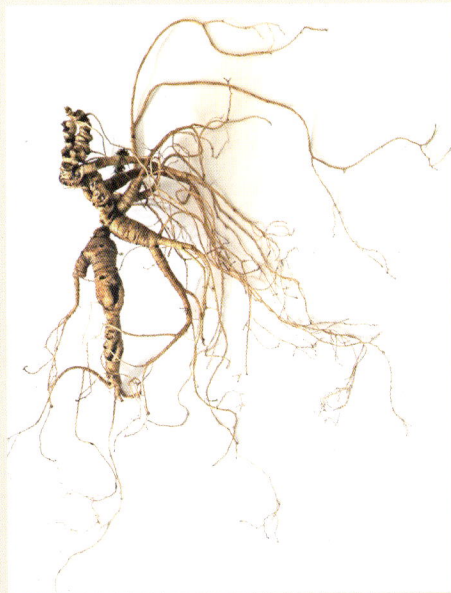
彩图 9-31　老　体

彩图 9-32　嫩　体

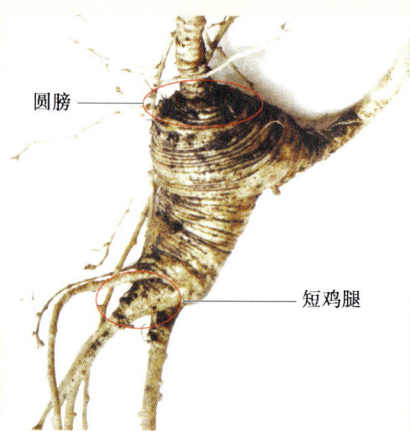

彩图 9-33　圆膀与短鸡腿

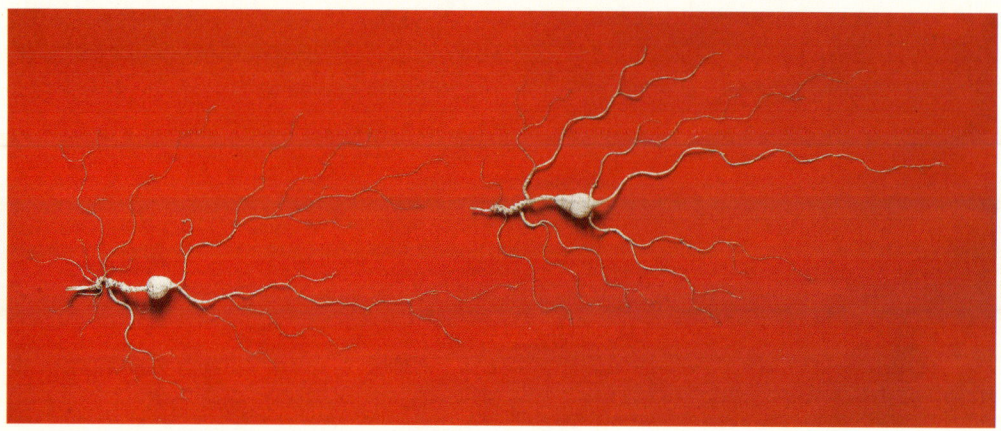

彩图 9-34　尖嘴子

彩图 9-35　人参的阳面

彩图 9-36　人参的阴面

彩图 9-37 铁线纹

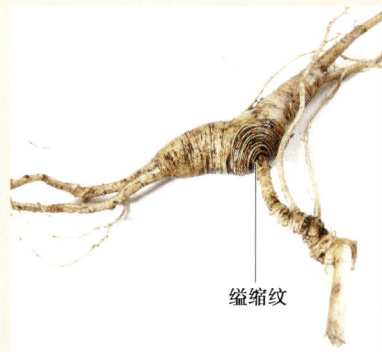

缢缩纹

彩图 9-38 将军肩缢缩痕

彩图 9-39 美人肩缢缩痕

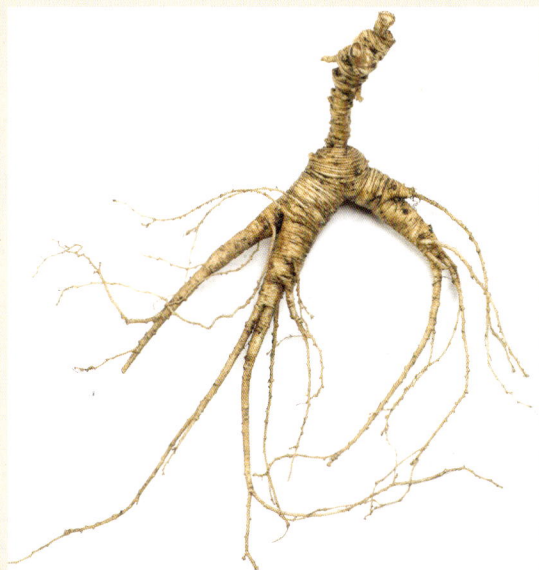

彩图 9-40 粗 纹

彩图 9-41 锦皮（一）

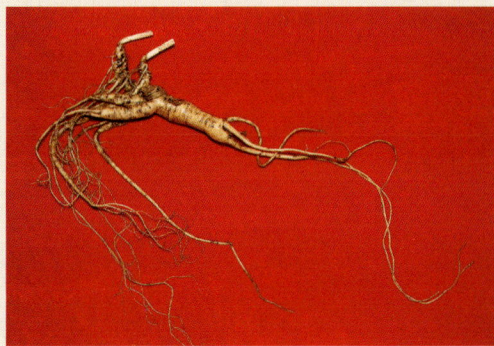

彩图 9-42 锦皮（二）

彩图 9-43　干燥野生人参（干燥后无锦皮特征）

彩图 9-44　水　须

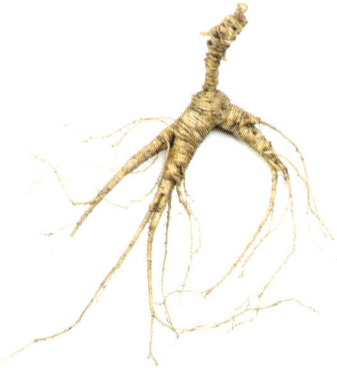

彩图 9-45　体须及残痕

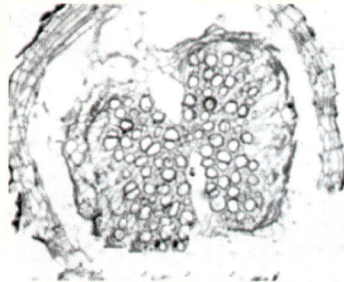

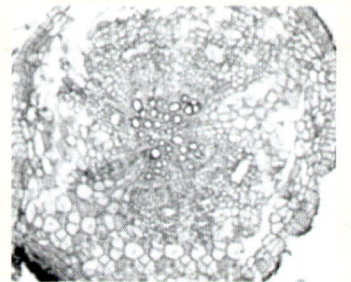

彩图 9-46　野生人参（左）、趴货（右）须根横切面示木质部
（徐世义等，2013）

彩图 9-47　代谢旺盛的参须及珍珠点

彩图 9-48　皮条须及珍珠点

彩图 9-49　长白山野生人参（参龄 40 年
左右，参鲜重 2.9g)

彩图 9-50　大屁股

彩图 9-51　肿长腿

彩图 9-52　拧　腿

彩图 9-53　野生人参铁线纹

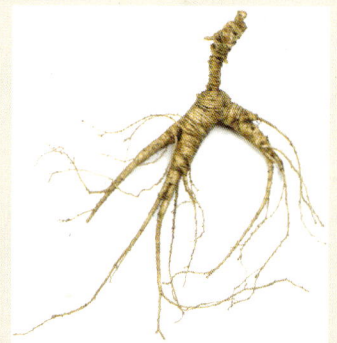

彩图 9-54　跑　纹

彩图 9-55　阴阳纹

彩图 9-56　阴阳脸

彩图 9-57 圆芦过度圆滑

彩图 9-58 芦碗痕迹明显

彩图 9-59 转 芦

彩图 9-60 池底参枣核艼

彩图 9-61 花鼠（*Tamiassibiricus*）

彩图 9-62 飞籽（一）

彩图 9-63 飞籽（二）

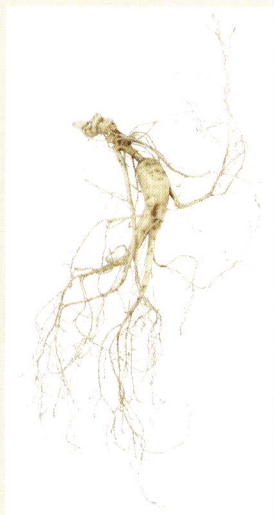

彩图 9-64 18 年林下山参（二节芦、艼下垂、碗大而疏）

彩图 9-65 18 年林下山参（横灵体多）

彩图 9-66 17 年参龄与 24 年参龄皮色比较

彩图 9-67 18 年林下山参干货

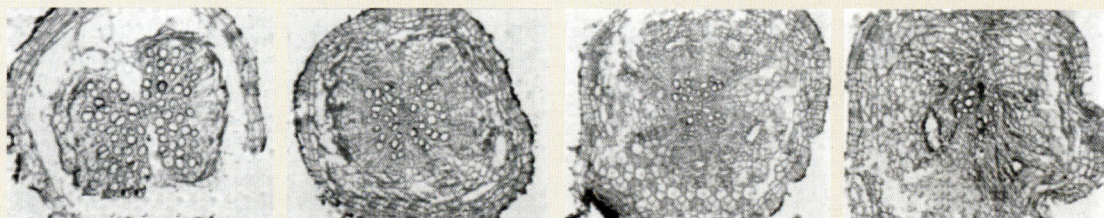

| 野山参 | 林下山参 | 趴货 | 园参 |

彩图 9-68 野山参、林下山参、趴货、园参须根横切面示木质部（徐世义等，2013）

彩图 9-69 无棚林下池床籽

彩图 9-70 有棚林下池床籽

彩图 9-71 林下山参的生长状态

彩图 9-72 林下池床籽的生长状态

彩图 9-73 林下池床籽鲜品

彩图 9-74 林下池床籽干品

彩图 9-75　林下山参趴货

彩图 9-76　野生环境

彩图 9-77　野生环境下人参生长慢、茎秆纤细

彩图 9-78　野生小苗觅货（示圆芦特点）

彩图 9-79　野生小苗觅货（示铁线纹特点）

彩图 9-80　野生小苗觅货（移栽时
幼苗太小，无圆芦）

彩图 9-81　野生小苗觅货（移栽时幼苗
太小，无圆芦，示护脖芋）

彩图 9-82　普通园参小苗（左为 2 年参龄
小苗，右为 3 年参龄小苗）

彩图 9-83　18 年参龄移山参

彩图 9-84　18 年参龄移山参（开门见碗、芦碗疏松、
跑纹）（护脖芋、芋上翘、大屁股）

彩图 9-85　25 年参龄移山参（圆芦、红锈）

彩图 9-86　25 年参龄移山参（体形不自然）

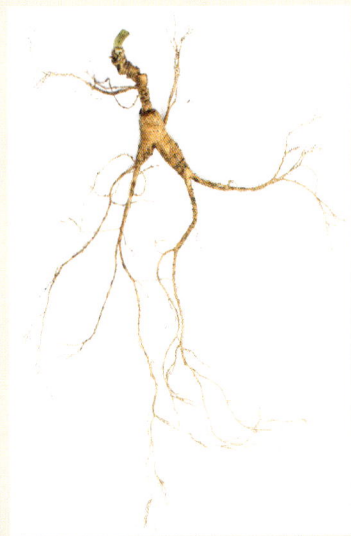

彩图 9-87　25 年参龄移山参
（油性皮、清须）

彩图 9-88　25 年参龄移山参（籽货特征）

彩图 9-89　趴货 5 年参龄小苗

彩图 9-90　移山参（籽趴小苗移栽）

彩图 9-91　池底参生长环境

彩图 9-92　池底参的典型特征

彩图 9-93 秧漏与货漏

彩图 9-94 小池底（示竹节芦、上翘芋、护脖芋、大屁股、烧须、跑纹、恢复性生长等特征）

彩图 9-95 小池底（示竹节芦、上翘枣核芋、大屁股、油性皮、跑纹等特征）

彩图 9-96 小池底（示竹节芦、护脖芋、烧须、跑纹、恢复性生长等特征）

彩图 9-97 小池底（示竹节芦、灵体、悠长立体须等特征

彩图 9-98 小池底（示竹节芦、上翘芋、护脖芋、灵体、少纹等特征）

彩图 9-99　池底参趴货

彩图 9-100　市场售卖的伪品池底参

彩图 9-101　园趴基地

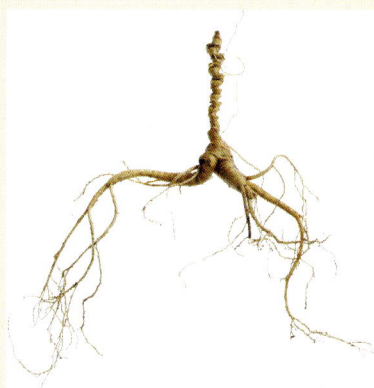
彩图 9-102　籽趴鲜品（一）

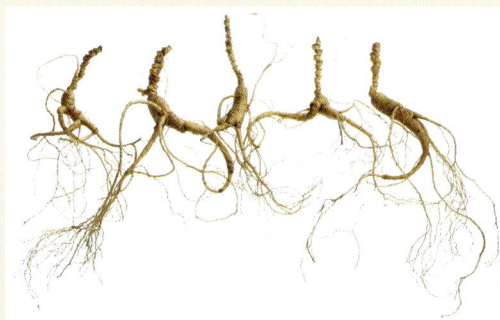
彩图 9-103　籽趴鲜品（二）

彩图 9-104　秧趴鲜品（圆芦、
上翘芋、浮纹稀疏）

彩图 9-105　林下山参与园趴芦碗特点比较

彩图 9-106　直生根 5 年参龄小苗

彩图 9-107　直生根 10 年参龄小苗

彩图 9-108　秧趴鲜品

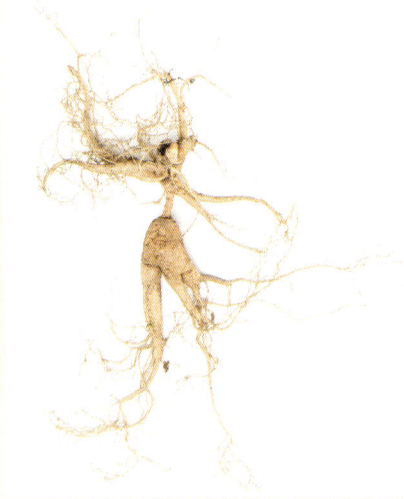

彩图 9-109　园趴鲜品（皮色不均）

彩图 9-110　园趴鲜品（移栽时用药过猛变红）

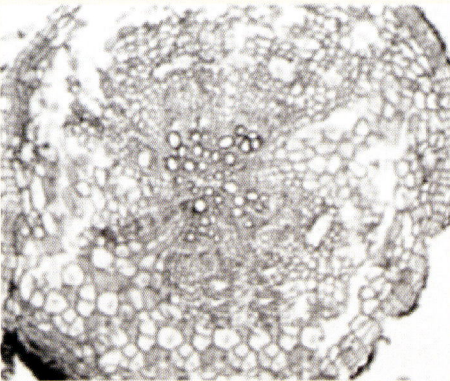

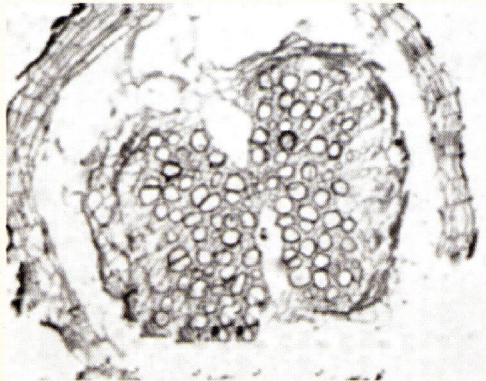

彩图 9-111　趴货、野生人参须根横切面示木质部

彩图 9-112 大马牙

彩图 9-113 边条参（二马牙）

彩图 9-114 大个头园参

彩图 9-115 老园参直生根

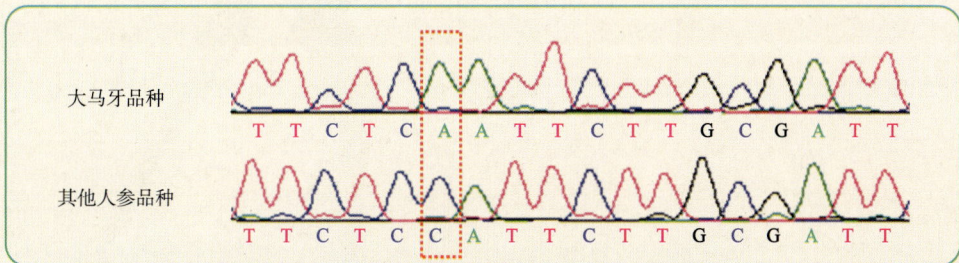

	340	350	360	370	380	390	400

大马牙　　　　CCGAACCTGTCTTTCTCACCCCATTCAATTCAATGGAGGACTTCTCAATTCTTGCGATTCC
二马牙　　　　CCGAACCTGTCTTTCTCACCCCATTCAATTCAATGGAGGACTTCTCAATTCTTGCGATTCC
长脖　　　　　CCGAACCTGTCTTTCTCACCCCATTCAATTCAATGGAGGACTTCTCAATTCTTGCGATTCC
边条　　　　　CCGAACCTGTCTTTCTCACCCCATTCAATTCAATGGAGGACTTCTCAATTCTTGCGATTCC
黄果　　　　　CCGAACCTGTCTTTCTCACCCCATTCAATTCAATGGAGGACTTCTCCATTCTTGCGATTCC
俄罗斯野生人参　CCGAACCTGTCTTTCTCACCCCATTCAATTCAATGGAGGACTTCTCCATTCTTGCGATTCC
　　　　　　　*** ******************

大马牙品种
T T C T C A A T T C T T G C G A T T

其他人参品种
T T C T C C A T T C T T G C G A T T

彩图 9-116 大马牙与其他人参品种的 DNA 区别位点

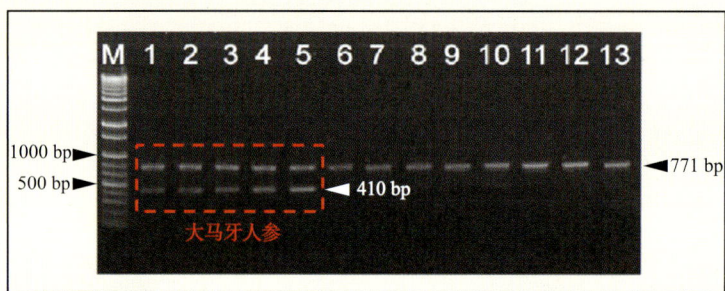

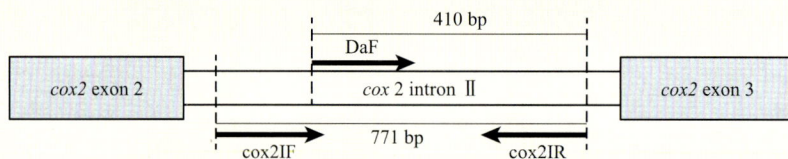

彩图 9-117 大马牙人参品种的特异性鉴定

M. DNALadder 1～5. 大马牙 6～7. 二马牙 8～9. 长脖 10～11. 黄果 12～13. 俄罗斯野生人参

图 9-118 野生西洋参芦碗

彩图 9-119 野生人参芦碗

彩图 9-120 野生西洋参纹

彩图 9-121 野生人参纹

彩图 9-122　野生西洋参须

彩图 9-123　野生人参须

国产西洋参表面较光滑，
纵纹明显，皱纹细而浅

进口西洋参的皱纹不规则，
外表横纹细密，粗而深

国产西洋参　　　　　　　　　进口西洋参

彩图 9-124　国产西洋参与进口西洋参的外观区别

国产西洋参片详解图　　　　　　　　　　进口西洋参片详解图

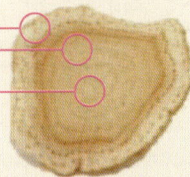

参片中间没有任何纹理

内部较白，断面平坦，粉粒较多，没有横纹

表皮较光滑，几乎无任何横纹

参片中间有紧密的菊花纹理

内部黄白，断面平坦，粉粒较少，横纹紧密

老皮尾参原枝切片，质轻皮老，略见横纹

彩图 9-125　国产西洋参与进口西洋参的横切面区别

彩图 9-126　国产种植西洋参

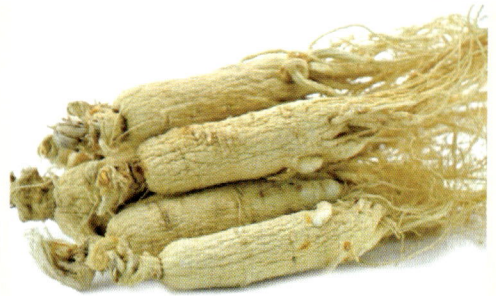

彩图 9-127　生晒园参

彩图 9-128　国产种植西洋参片

彩图 9-129　生晒园参片

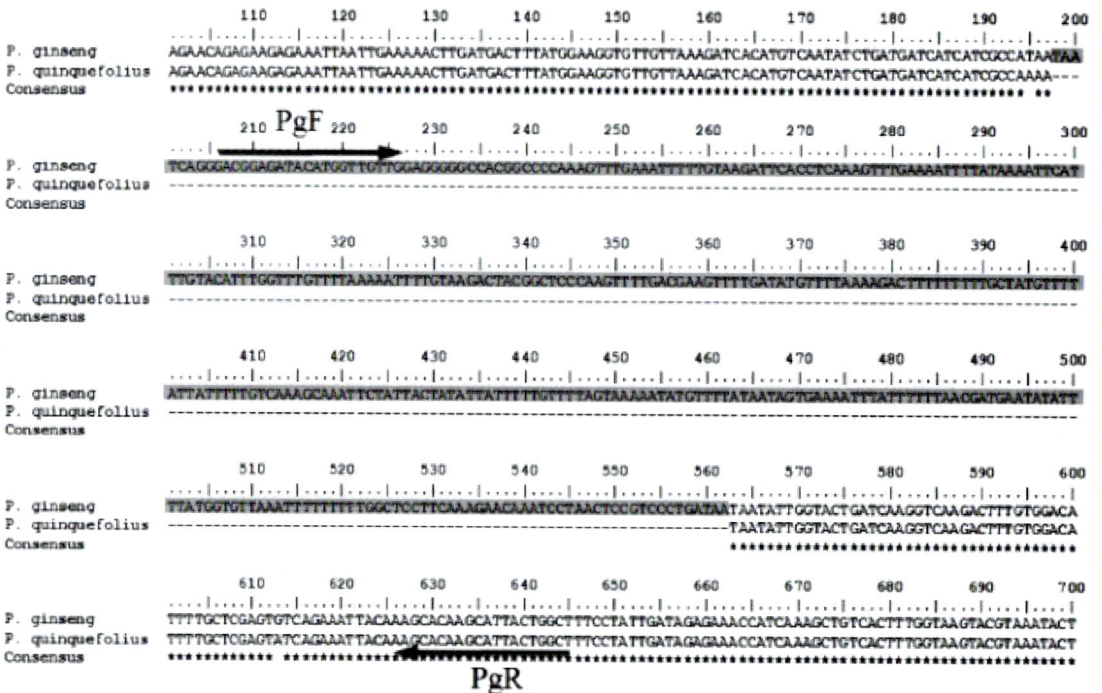

彩图 9-130　人参与西洋参的细胞色素 P450（CYP71A50U）基因序列比对结果（灰色阴影表示插入序列）

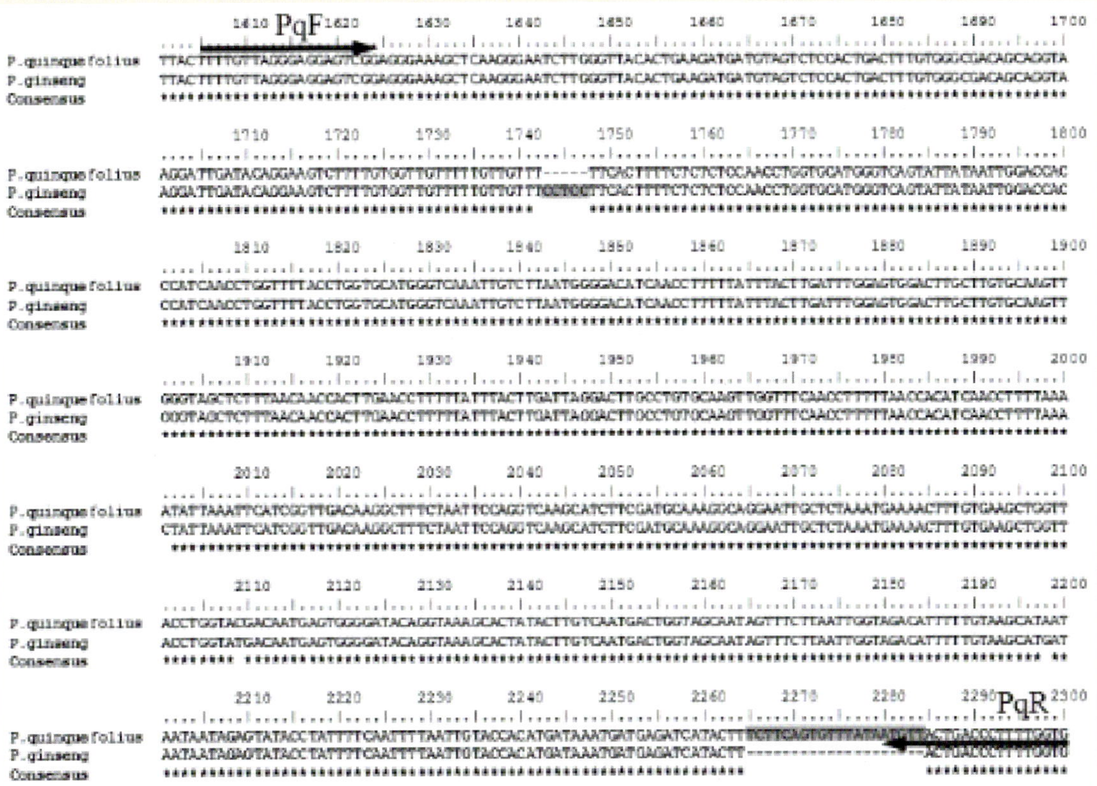

彩图 9-131 人参与西洋参的甘油醛-3-磷酸脱氢酶（GAPDH）基因序列比对结果（灰色阴影表示插入序列）

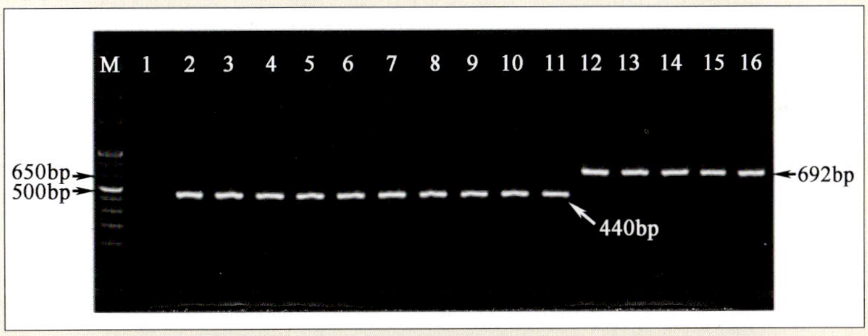

彩图 9-132 人参和西洋参的分子鉴定图

M. DNALadder 1. 空白对照 2~11. 不同品种的人参样品 12~16. 不同来源和产地的西洋参样品

彩图 9-133 林下山参参龄的判断

彩图 9-134 遗漏年限（一）

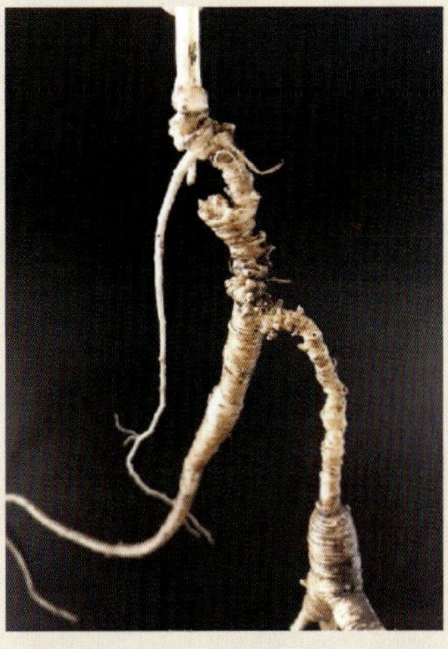

彩图 9-135 遗漏年限（二）